全国高职高专园林类专业“十二五”规划教材

园林工程招投标及预决算

主　编　许桂芳　王梦飞
副主编　竹　丽　唐　敏　王金贵
主　审　张朝阳

黄河水利出版社
·郑州·

内 容 提 要

本书依据全国新版工程量清单计价规范和地方园林计价定额，结合最新文件和计价方法编写而成。

全书分为10章，主要内容包括：园林工程造价，园林工程定额，园林工程费用计算，工程量清单计价及报价编制，园林绿化、园路、园桥、假山、景观小品与建筑等各类项目的计量与计价，园林工程结算与竣工决算，园林工程预算软件的应用，园林工程招投标，园林工程合同管理与资料管理，园林工程计价案例等。本书充分体现了任务引领的课程设计思想，每个章节均以具体工程项目为载体，并配有大量的园林工程计价案例，通过对工程实例的分析、讲解和实训操作来培养学生的技能。

本教材适用于高职高专园林工程技术、园林技术、环境艺术设计、景观等相关专业的园林工程计价与招投标课程教学，还可作为各类培训班的培训教材，并可供行业从业人员参考学习。

图书在版编目(CIP)数据

园林工程招投标及预决算/许桂芳，王梦飞主编. —郑州：黄河水利出版社，2010.12

全国高职高专园林类专业"十二五"规划教材

ISBN 978-7-80734-973-0

Ⅰ.①园… Ⅱ.①许… ②王… Ⅲ.①园林-工程施工-招标-高等学校：技术学校-教材②园林-工程施工-投标-高等学校：技术学校-教材③园林-工程施工-建筑概算定额-高等学校：技术学校-教材④园林-工程施工-建筑预算定额-高等学校：技术学校-教材 Ⅳ.①TU986.3

中国版本图书馆CIP数据核字(2010)第264585号

策划编辑：韩美琴　李洪良　马广州　0371-66024331　66023343

出 版 社：黄河水利出版社

地址：河南省郑州市顺河路黄委会综合楼14层　邮政编码：450003

发行单位：黄河水利出版社

发行部电话：0371-66026940、66020550、66028024、66022620(传真)

E-mail：hhslcbs@126.com

承印单位：河南省瑞光印务股份有限公司

开本：787 mm×1 092 mm　1/16

印张：21.25

字数：491千字　　印数：1—4 100

版次：2010年12月第1版　　印次：2010年12月第1次印刷

定价：39.00元

全国高职高专园林类专业“十二五”规划教材

编审委员会

参编院校

出版说明

近年来，随着社会的进步和人们生活水平的提高，人类对生存环境的质量要求越来越高，园林作为生态环境建设的重要组成部分和提高人类生存环境质量的重要凭借手段，越来越受到环境决策者和建设者的重视，特别是在城市，生态园林建设已成为解决社会快速发展所带来的环境问题的主要方式之一，因而以服务和改造室内外环境为基本内容的园林专业也随之迅速发展，新观念、新技术不断涌现，社会对园林工程专业高素质技能型人才的要求也不断提高。

为了配合全国高职高专园林类专业的教学改革与教材建设规划，按照国家对高职高专园林专业人才培养目标定位和市场对园林专业人才生态知识及实践技能的要求，在对现有园林工程专业教材出版情况进行深入调研并充分征求了各课程主讲老师意见的基础上，我社组织出版了这套"全国高职高专园林类专业'十二五'规划教材"。教材的编写立足于高起点、出精品，本着知识传授与能力培养并重的原则，以培养园林高级专业技术人才为目标，着重加强职业教育的技能培养特色，重点突出实验、实训教学环节。

本系列教材的编写和出版得到了全国20多所园林类高职高专院校的大力支持，我们特别邀请了多所高等院校相关专业的老师对稿件进行了严格审查把关。正是由于他们的辛勤工作和无私奉献，才使得这些教材能够在最短的时间内付梓印刷，并有效保证了教材的整体水平和质量。在此，对推进此次教材编写与出版工作的各院校领导、参编和审稿的老师表示衷心的感谢和诚挚的敬意。

诚然，人才的培养需要教育者长期坚持不懈的努力，好的教材也需要经过时间的考证和实践的检验。希望各院校在使用这些教材的过程中提出改进意见与建议，以便再版时不断修改和完善。

黄河水利出版社

前　言

园林工程计价与招投标是园林建设中的重要环节，具有很强的政策性、经济性、科学性和技术性。合理确定好园林工程造价、编制好园林工程招投标文件、进行工程资料管理等，是园林从业人员的重要技能之一。本书是根据园林类专业培养目标、培养方案和课程标准的内容要求及新版的《建设工程工程量清单计价规范》（GB 50500—2008）、部分地区园林工程计价定额、取费定额和相关最新文件编写的。

本书的特点如下：

(1)项目导向，理论与实践相结合。

以完成园林工程项目的计价与招投标工作为任务，在每个章节中，均以具体工程项目为载体，围绕项目进行计价过程学习，并配有大量的园林工程计价案例，通过对工程实例的分析、讲解和实训操作来培养学生的技能。

(2)应用性、针对性强。

作者根据多年的实际工作和教学经验，在编写上充分考虑学生的学习能力和学习特点，力求做到内容生动、简明浅显、实例丰富且突出园林专业的特点。本书的大量实例都来自工程实际，缩短了理论与实践的差距，并使学生在真实的任务中学习，边做边学，激发学习兴趣，为学生全面掌握专业技能和专业理论打下坚实的基础。

(3)兼顾了统一性和地域性。

园林工程计量与计价既有国家统一的工程量清单计价规范，又有各地方采用的定额、价格、费用规定。因此，教材在编写中兼顾了统一性和地域性，以满足不同地区对园林工程计价的适应性。在教材的正文与习题部分，套用定额时，均给出了相应定额表，以利学生理解掌握计价方法，在实训中可由任课教师根据当地实际情况，完善问题，着重培养学生解决问题能力。

全书分为10章，主要内容包括：园林工程造价，园林工程定额，园林工程费用计算，工程量清单计价及报价编制，园林绿化、园路、园桥、假山、景观小品与建筑等各类项目的计量与计价，园林工程结算和竣工决算，园林工程预算软件的应用，园林工程招投标，园林工程合同管理与资料管理，园林工程计价案例等。

本教材由许桂芳（长沙环境保护职业技术学院）、王梦飞（浙江广厦建设职业技术学院）任主编，竹丽（长沙环境保护职业技术学院）、唐敏（河南科技大学）、王金贵（黑龙江农垦农业职业技术学院）任副主编，曾志勇（长沙环境保护职业技术学院）、孙清梅（浙江广厦建设职业技术学院）、黄晓林（湘潭市城市道路绿化维护处）、朱永兴（河南农业职业学院)、黄新文(湖南生物机电职业技术学院)参编。张朝阳教授(长沙环境保护职业技术学院)担任主审。

虽竭尽全力,但由于水平与条件所限,本书难免存在一些缺点和不妥之处,欢迎读者提出宝贵意见。同时,园林工程计价是一门实践性、政策性很强的课程,如内容存在与国家、省市有关部门的规定(新规定)不符之处,以国家、省市部门的最新有关规定为准。

编　者

2010 年 12 月

目　录

第一章　园林工程造价

第一节　概　述

一、工程造价的概念

工程造价，是指进行一个工程项目的建造所需要花费的全部费用，即从工程项目确定建设意向直至建成、竣工验收为止的整个建设期间所支出的总费用，这是保证工程项目建造正常进行的基础，是建设项目投资中最主要的部分。

工程造价的含义实质上就是以不同角度把握同一事物的本质。对市场经济条件下的投资者来说，工程造价就是项目投资，是“购买”工程项目要付出的价格；同时，工程造价也是投资者作为市场供给主体，“出售”工程项目时确定价格和衡量投资经济效益的尺度。对规划、设计、承包商以及包括造价咨询在内的中介服务机构来说，工程造价是他们作为市场供给主体出售商品和劳务价格的总和，或者是特指范围的工程造价，如建筑安装工程造价。

园林绿化工程属于艺术范畴，它不同于一般的工业、民用建筑等工程，由于每项工程各具特色，风格各异，工艺要求不尽相同，且项目零星、地点分散、工程量小、工作面大、花样繁多、形式各异，又受气候条件的影响较大，因此不可能用简单、统一的价格对园林绿化产品进行精确的核算，必须根据设计文件的要求和园林绿化产品的特点，对园林绿化工程事先从经济上加以计算，以便获得合理的工程造价，保证工程质量。

对于任何一项园林绿化工程，我们都可以根据设计图纸在施工前确定工程所需要的人工、机械和材料的数量、规格和费用，预先计算出该项工程的全部造价。

二、园林工程造价的作用

工程造价涉及国民经济各部门、各行业，涉及社会再生产中的各个环节，也直接关系到人民群众的生活和城镇居民的居住条件，所以它的作用范围和影响程度都很大。其作用主要有以下几点。

（一）园林工程造价是项目决策的依据

园林工程投资大、生产和使用周期长等特点决定了项目决策的重要性。工程造价决定着项目的一次投资费用。投资者是否有足够的财务能力支付这笔费用，是否认为值得支付这项费用，是项目决策中要考虑的主要问题。财务能力是一个独立的投资主体必须首先解决的问题。如果建设工程的价格超过投资者的支付能力，就会迫使他放弃拟建的项目；如果项目投资的效果达不到预期目标，他也会自动放弃拟建的工程。因此，在项目决策阶段，建设工程造价就成为项目财务分析和经济评价的重要依据。

（二）园林工程造价是制定投资计划和控制投资的依据

投资计划是按照建设工期、工程进度和建设工程价格等逐年分月加以制定的。正确的投资计划有助于合理和有效地使用资金。

工程造价在控制投资方面的作用非常明显。工程造价是通过多次性预估，最终通过竣工决算确定下来的。每一次预估的过程就是对造价的控制过程；而每一次估算对下一次估算又都是对造价严格的控制，具体讲，每一次估算都不能超过前一次估算的一定幅度。这种控制是在投资者财务能力的限度内为取得既定的投资效益所必需的。园林工程造价对投资的控制也表现在利用制定各类定额、标准和参数，对建设工程造价的计算依据进行控制。在市场经济利益风险机制的作用下，造价对投资控制作用成为投资的内部约束机制。

（三）园林工程造价是筹集建设资金的依据

投资体制的改革和市场经济的建立，要求项目的投资者必须有很强的筹资能力，以保证工程建设有充足的资金供应。工程造价基本决定了建设资金的需要量，从而为筹集资金提供了比较准确的依据。当建设资金来源于金融机构的贷款时，金融机构在对项目的偿贷能力进行评估的基础上，也需要依据工程造价来确定给予投资者的贷款数额。

（四）园林工程造价是评价投资效果的重要指标

工程造价是一个包含着多层次工程造价的体系，就一个园林工程项目来说，它既是建设项目的总造价，又包含单项工程的造价和单位工程的造价，同时也包含单位生产能力的造价，或一平方米建筑面积的造价等。所有这些，使工程造价自身形成了一个指标体系。它能够为评价投资效果提供出多种评价指标，并能够形成新的价格信息，为今后类似项目的投资提供参照系。

（五）园林工程造价是合理利益分配和调节产业结构的手段

工程造价的高低，涉及国民经济各部门和企业间的利益分配。在计划经济体制下，政府为了用有限的财政资金建成更多的工程项目，总是趋向于压低建设工程造价，使建设中的劳动消耗得不到完全补偿，价值不能得到完全实现。而未被实现的部分价值则被重新分配到各个投资部门，为项目投资者所占有。这种利益的再分配有利于各产业部门按照政府的投资导向加速发展，也有利于按宏观经济的要求调整产业结构。但是也会严重损害建筑企业等的利益，从而使建筑业的发展长期处于落后状态，与整个国民经济的发展不相适应。在市场经济中，工程造价也无例外地受供求状况的影响，并在围绕价值的波动中实现对建设规模、产业结构和利益分配的调节。加上政府正确的宏观调控和价格政策导向，工程造价在这方面的作用会充分发挥出来。

三、园林工程造价的特点

园林工程造价特点见表1-1。

表 1-1　园林工程造价的特点

序号	特点	说　明
1	大额性	能够发挥投资效用的任何一项工程,不仅实物形体庞大,而且造价高昂。工程造价的大额性使其关系到有关各方面的重大经济利益,同时也会对宏观经济产生重大影响。这就决定了工程造价的特殊地位,也说明了造价管理的重要意义
2	个别性、差异性	任何一项工程都有特定的用途、功能、规模。因此,对每一项工程的结构、造型、空间分割、设备配置和内外装饰都有着具体的要求,因而使工程内容和实物形态具有个别性、差异性。产品的差异性决定了工程造价的个别性差异。同时,每项工程所处地区、地段都不相同,使这一特点得到强化
3	动态性	任何一项工程从决策到竣工交付使用,都有一个较长的建设期间,而且受多种不可控因素的影响,在预计工期内,许多影响工程造价的动态因素,如工程变更、材料价格变化、工资标准以及费率、利率、汇率会发生变化,这种变化必然会影响到造价的变动。所以,工程造价在整个建设期中处于不确定状态,直至竣工决算后才能最终确定工程的实际造价
4	层次性	造价的层次性取决于工程的层次性。一个建设项目往往含有多个能够独立发挥设计效能的单项工程(车间、写字楼、住宅楼等)。一个单项工程又是由能够各自发挥专业效能的多个单位工程(土建工程、电气安装工程等)组成。与此相适应,工程造价有 3 个层次:建设项目总造价、单项工程造价和单位工程造价。如果专业分工更细,单位工程(如土建部分)的组成部分——分部分项工程也可以成为交换对象,如大型土方工程、基础工程、装饰工程等,这样工程造价的层次就增加分部工程和分项工程而成为 5 个层次。即使从造价的计算和工程管理的角度看,工程造价的层次性也是非常突出的
5	兼容性	工程造价的兼容性首先表现在它具有两种含义,其次表现在工程造价构成因素的广泛性和复杂性。在工程造价中,首先成本因素非常复杂。其中为获得建设工程用地支出的费用、项目可行性研究和规划设计费用、与政府一定时期政策(特别是产业政策和税收政策)相关的费用占有相当的份额。再次,盈利的构成也较为复杂,资金成本较大

四、园林工程造价的职能

工程造价的职能既是价格职能的反映,也是价格职能在这一领域的特殊表现。工程造价的职能除一般商品价格职能外,还有自己特殊的职能。

(一)预测职能

工程造价的大额性和多变性,无论投资者或是建筑商都要先对拟建工程进行测算。投资者预先测算工程造价不仅作为项目决策的依据,同时也是筹集资金、控制造价的依据。承包商对工程造价的测算,既为投标决策提供依据,也为投标报价和成本管理提供依据。

(二)控制职能

工程造价的控制职能表现在两方面:一方面是它对投资的控制,即在投资的各个阶段,根据对工程造价的多次性预估,对工程造价进行全过程多层次的控制;另一方面,是对以承包商为代表的商品和劳务供应企业的成本控制。在价格一定的条件下,企业实际成本开支决定企业的盈利水平。成本越高赢利越低,成本高于价格就危及企业的生存。所以,企业要以工程造价来控制成本,利用工程造价提供的信息资料作为控制成本的依据。

(三)评价职能

工程造价是评价总投资、分项投资合理性和投资效益的主要依据之一。评价土地价格、建筑安装产品和设备价格的合理性时,就必须利用工程造价资料;在评价建设项目偿贷能力、获利能力和宏观效益时,也可依据工程造价。工程造价也是评价建筑安装企业管理水平和经营成果的重要依据。

(四)调控职能

工程建设直接关系到经济增长,也直接关系到国家重要资源分配和资金流向,对国计民生都产生重大影响。所以,国家对建设规模、结构进行宏观调控是在任何条件下都不可缺少的,对政府投资项目进行直接调控和管理也是非常必要的。这些都要用工程造价作为经济杠杆,对工程建设中的物质消耗水平、建设规模、投资方向等进行调控和管理。

第二节　园林工程计价

园林工程计价即园林工程产品的价格。园林工程产品的价格由成本、利润及税金组成。但与工业产品标准化、批量生产、便于统一定价不同,园林工程产品自身生产特点决定它需要单独定价,而不能事先统一定价。

园林工程计价的主要特点就是将一个工程项目分解成若干基本子目,找到合适的计量单位,采用特定的估价方法进行计价,组合汇总,得到该工程项目的工程造价。

一、基本建设程序

(一)基本建设程序的概念

基本建设程序是指建设项目从策划、评估、决策、设计、施工到竣工验收、投入生产或交付使用的整个建设过程中各项工作必须遵守的先后顺序。按照建设项目发展的内在联系和发展过程,将建设项目分成若干阶段,这些发展阶段有严格的先后次序。

投资建设一个项目都经过投资决策、建设实施、生产运营和总结评价四个发展时期。

(二)基本建设程序

1.编制项目建议书

项目建议书是建设某一具体项目的建议文件。项目建议书是工程建设程序最初阶段的工作,业主根据区域发展和行业发展规划要求,结合各项目自然资源、生产力状况和市场预测等,经过调查分析,说明拟建项目建设的必要性、条件的可行性、获利的可能性,而提出的立项建议书。

2.进行可行性研究

项目建议书一经批准,即可着手进行可行性研究,在现场调研的基础上,提出可行性研究报告。可行性研究是运用多种科研成果,在建设项目投资决策前进行技术经济论证,以保证取得最佳经济效益。可行性研究是项目前期工作中最重要的一项工作。

3. 编制计划任务书

计划任务书是根据可行性研究的结果向主管机关呈报的立项报批的文件，是确定建设项目规模、编制设计文件、列入国家基本建设计划的依据。计划任务书应包括规划依据、建设目的、工程规模、地址选择、主要项目、平面布置、设计要求、资金筹措、工程效益、项目组织管理等主要内容。

4. 编制设计文件

计划任务书批准后，经地方规划部门划定施工线后，方可开始进行勘测设计。设计文件一般由主管部门或建设单位委托设计单位编制。一般建设项目设计分为三阶段设计和两阶段设计两种。

三阶段设计：初步设计（编制初步设计概算）、技术设计（编制修正概算）、施工图设计（编制施工图预算），适用于技术复杂且缺乏经验的大中型项目。

两阶段设计：初步设计、施工图设计，适用于一般小型项目。

一般项目采用两阶段设计，有的小型项目可直接进行施工图设计。

5. 建设准备

建设准备主要内容有：征地、拆迁、场地平整，施工用水、电、路准备工作，组织设备、材料订货，准备招标文件和必要的施工图纸，组织施工招标。

6. 建设实施

建设实施前须取得当地建设主管部门颁发的施工许可证方可正式施工。

一般情况下，合理的园林工程建设施工程序为：整地→安装给水排水→修建园林建筑→铺装广场、道路→大树移植→种植树木→种植草坪→达到竣工验收标准后，由施工单位移交给建设单位。

7. 竣工验收、交付使用

建设项目按批准的设计文件所规定的内容建完后，便可以组织勘察、设计、施工、监理等有关单位参加竣工验收。验收合格后，施工单位应向建设单位办理竣工移交和竣工结算手续，并把项目交付建设单位使用。

8. 工程项目后评价

工程项目后评价是指工程建设完成并投入生产或使用之后所进行的总结性评价。

二、园林工程计价的特征

工程计价的特征由工程项目的特点决定，工程计价具有以下特征。

（一）计价的单件性

目标工程在生产上的单件性决定了在造价计算上的单件性，它不能像一般工业产品那样，可以按品种、规格成批地生产、统一定价，而只能按照单件计价。国家或地区有关部门不能按各个工程逐件控制价格，只能就工程造价中各项费用项目的划分、工程造价构成的一般程序、概预算的编制方法、各种概预算定额和费用标准等，做出统一性的规定，据此作宏观性的价格控制。

（二）计价的多次性

目标工程的生产过程是一个周期长、数量大的生产消费过程。它要经过可行性研究、设计、施工、竣工验收等多个阶段,并分段进行,逐步接近实际。为了适应工程建设过程中各方经济关系的建立,适应项目管理,适应工程造价控制与管理的要求,需要按照设计和建设阶段多次计价,如图 1-1 所示。

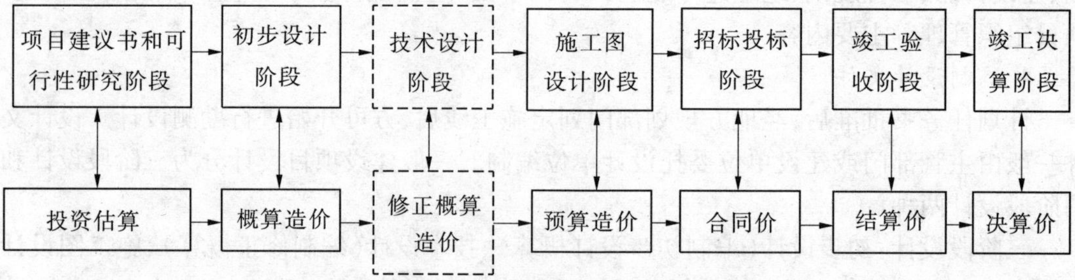

图 1-1　工程多次计价示意图

(1)投资估算:是指在项目建议书和可行性研究阶段通过编制估算文件测算和确定的工程造价。投资估算是建设项目进行决策、筹集资金和合理控制造价的主要依据。

(2)概算造价:是指在初步设计阶段,根据设计意图,通过编制工程概算文件预先测算和确定的工程造价。与投资估算造价相比,概算造价的准确性有所提高,但受估算造价的控制。概算造价一般又可分为建设项目概算总造价、各个单项工程概算综合造价、各单位工程概算造价。

(3)修正概算造价:是指在技术设计阶段,根据技术设计的要求,通过编制修正概算文件预先测算和确定的工程造价。修正概算是对初步设计阶段的概算造价的修正和调整,比概算造价准确,但受概算造价控制。

(4)预算造价:是指在施工图设计阶段,根据施工图纸,通过编制预算文件预先测算和确定的工程造价。它比概算造价或修正概算造价更为详尽和准确,但同样要受前一阶段工程造价的控制。

(5)合同价:是指在工程招标投标阶段通过签订总承包合同、建筑安装工程承包合同、设备材料采购合同,以及技术和咨询服务合同所确定的价格。合同价属于市场价格,它是由承包发包双方根据市场行情共同议定和认可的成交价格。但要注意:合同价并不等同于最终决算的实际工程造价。根据计价方法不同,建设工程合同有许多类型,不同类型合同的合同价内涵也会有所不同。

(6)结算价:是指在工程竣工验收阶段,按合同调价范围和调价方法,对实际发生的工程量增减、设备和材料价差等进行调整后计算和确定的价格,反映的是工程项目实际造价。结算价一般由承包单位编制,由发包单位审查,也可委托具有相应资质的工程造价咨询机构进行审查。

(7)决算价:是指工程竣工决算阶段,以实物数量和货币指标为计量单位,综合反映竣工项目从筹建开始到项目竣工交付使用为止的全部建设费用。决算价一般是由建设单位编制,上报相关主管部门审查。

(三)计价的组合性

工程造价的计算是分部组合而成的,这一特征与建设项目的组合性有关。一个建设项目是一个工程综合体,它可以分解为许多有内在联系的工程。从计价和工程管理的角度，分部分项工程还可以进一步分解。建设项目的组合性决定了确定工程造价的逐步组合过程，同时也反映到合同价和结算价的确定过程中。工程造价的组合过程是：分部分项工程单价→单位工程造价→单项工程造价→建设项目总造价。

（四）计价方法的多样性

工程项目的多次计价有其各不相同的计价依据，每次计价的精确度要求也各不相同，由此决定了计价方法的多样性。例如，计算投资估算的方法有设备系数法、生产能力指数估算法等；计算概、预算造价的方法有单价法和实物法等。不同的方法有不同的适用条件，计价时应根据具体情况加以选择。

（五）计价依据的复杂性

由于影响工程造价的因素较多，决定了计价依据的复杂性。计价依据主要可分为以下七类：

（1）设备和工程量计算依据。包括项目建议书、可行性研究报告、设计文件等。

（2）人工、材料、机械等实物消耗量计算依据。包括投资估算指标、概算定额、预算定额等。

（3）工程单价计算依据。包括人工单价、材料价格、材料运杂费、机械台班费等。

（4）设备单价计算依据。包括设备原价、设备运杂费、进口设备关税等。

（5）措施费、间接费和工程建设其他费用计算依据。主要是相关的费用定额和指标。

（6）政府规定的税、费。

（7）物价指数和工程造价指数。

工程计价依据的复杂性不仅使计算过程复杂，而且需要计价人员熟悉各类依据，并加以正确运用。

三、园林工程计价的基本方法

（一）定额计价方法

定额计价方法即工料单价法，是指项目单价采用分部分项工程的不完全价格（即包括人工费、材料费、施工机械台班使用费）的一种计价方法。我国现行有两种计价方法：一种是单价法，一种是实物法。

1. 单价法

首先按相应定额工程量计算规则计算工程中各个分部分项工程的工程量，然后套取相应预算定额的各个分部分项工程量的定额基价，直接得出各个分部分项工程的直接费，汇总得出工程总的直接费，再用工程总的直接费乘以相应的费率得出工程总的间接费、利润和税金，最后汇总得出工程的造价。其工作程序如图1-2所示。

2. 实物法

在算出各个分部分项工程的工程量后套用相应的分部分项工程的定额消耗量，将各个分部分项工程量分解为相应的人工、材料、机械台班的消耗量，然后分别乘以相应的人工、材料、机械的市场单价后相加得出相应分部分项工程的工料机合价（即分部分项工程的直接费），再将各个分部分项工程的直接费汇总得出工程的总直接费，后面取费与单价法是一样的。其工作程序如图1-3所示。

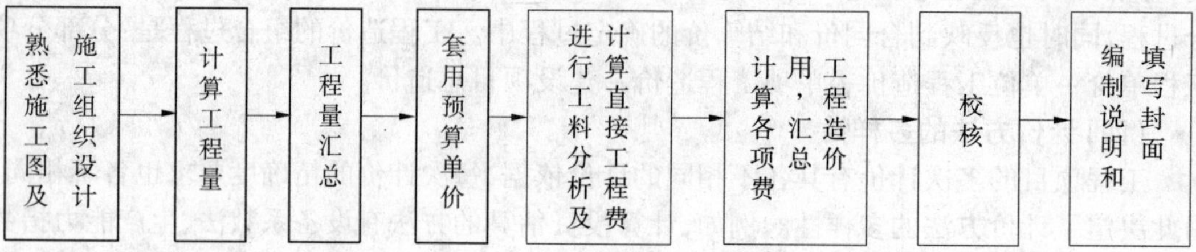

图 1-2　单价法计算工程造价工作程序示意图

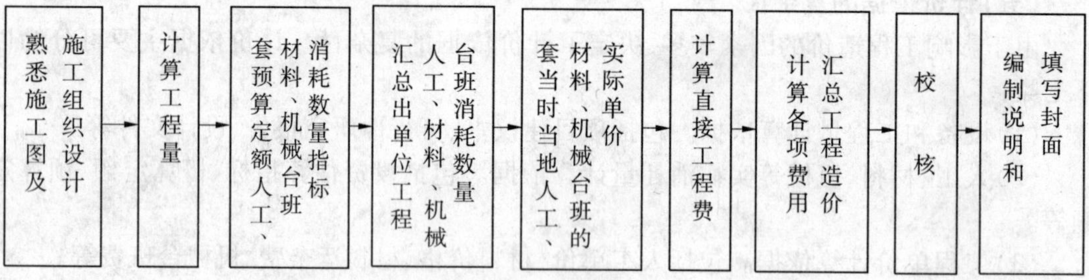

图 1-3　实物法计算工程造价工作程序示意图

可以看出单价法与实物法最主要也是最根本的区别就在于计算出工程量以后的步骤。各个分部分项工程的工料机合价计算依据不同,单价法用“定额基价”直接计算,而实物法用“消耗量定额”和“工料机的市场单价”确定各个分部分项工程的工料机合价。不管哪种方法计算,所计算出来的各个分部分项工程的费用都只包括工料机费用,各个分部分项工程的费用没有间接费、利润、税金、措施费、风险费等,换句话来说,就是定额计价法中只能计算工程总的间接费、措施费、利润和税金等,在这种计价方法下我们无法得出各个分部分项工程的间接费、措施费、利润和税金,因此我们将此种工料单价称之为“不完全单价”。

(二)工程量清单计价方法

工程量清单计价法即“综合单价法”。它是以国家颁布的《建设工程工程量清单计价规范》为依据,首先根据“五统一”(即统一项目名称、项目特征、计量单位、工程量计算规则、项目编码)原则编制出工程量清单;其次由各投标施工企业根据企业实际情况与施工方案,对完成工程量清单中一个规定计量单位项目进行综合报价(包括人工费、材料费、机械使用费、企业管理费、利润、风险费用),最后在市场竞争过程中形成园林工程造价。工程量清单计价是一种国际上通行的计价方式。

其各个分部分项工程的费用不仅包括工料机的费用,还包括各个分部分项工程的间接费、利润、税金、措施费、风险费等,即在计算各个分部分项工程的工料机费用的同时就开始计算各个分部分项工程的间接费、利润、税金、措施费、风险费等。这样就会形成各个分部分项工程的“完全价格(综合价格)”,最后直接汇总所有分部分项工程的“完全价格(综合价格)”就可直接得出工程的工程造价。工程量清单计价方法如图 1-4 所示。

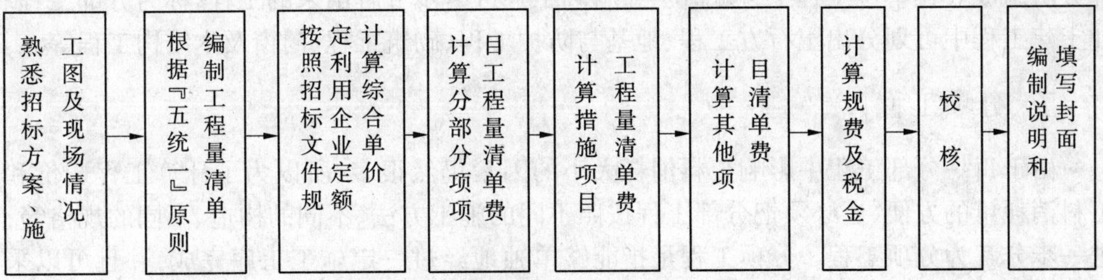

图 1-4　工程量清单计价方法示意图

第三节　园林绿化工程分部分项工程划分

园林建设产品种类丰富，但是经过层层分解后，都具有许多共同的特征。例如，一般园林建筑由基础、墙体、门窗、屋面、地面等组成；仿古建筑一般也由台基、屋身、屋顶构成，构件的材料不外乎砖、木、石、钢材、混凝土等。工程做法虽不尽相同，但有统一的常用模式及方法；设备安装也可按专业及设备品种、型号、规格等加以区分。

一、建设项目

建设项目是指在一个总体设计或初步设计范围内进行施工、在行政上具有独立的组织形式、经济上实行独立核算、有法人资格与其他经济实体建立经济往来关系的建设工程实体。建设项目一般是指一个企业或一个事业单位的建设，如××化工厂、××商厦、××大学、×××住宅小区等，如一个公园、一个游乐园、一个动物园等就是一个工程建设项目。建设项目可以由一个或几个工程项目组成。

二、工程项目

工程项目又称单项工程，它是建设项目的组成部分。工程项目都有独立的设计文件，竣工后能够独立发挥生产能力或使用效益，如民用建设项目××大学中的图书馆、理化教学楼等。工程项目是具有独立存在意义的一个完整过程，也是一个极为复杂的综合体，它是由许多单位工程组成的，如一个公园里的码头、水榭、餐厅等。

三、单位工程

单位工程是指具有单独设计，可以独立组织施工，但竣工后不能独立发挥生产能力或使用效益的工程。一个工程项目，按照它的构成，一般都可以把它划分为建筑工程、设备购置及其安装工程，其中建筑工程还可以按照其中各个组成部分的性质、作用划分为若干个单位工程。以一幢住宅楼为例，它可以分解为一般土建工程、室内给排水工程、室内采暖工程、电气照明工程等单位工程。如餐厅工程中的给排水工程、照明工程等。

四、分部工程

每一个单位工程仍然是一个较大的组合体，它本身是由许多结构构件、部件或更小的部分所组成。在单位工程中,按部位、材料和工种进一步分解出来的工程,称为分部工程。如土建工程中可划分出土石方工程、地基与防护工程、砌筑工程、门窗及木结构工程等。

五、分项工程

由于每一分部工程中影响工料消耗大小的因素仍然很多,所以为了计算工程造价和工料消耗量的方便,还必须把分部工程按照不同的施工方法、不同的构造、不同的规格等,进一步分解为分项工程。分项工程是指能够单独地经过一定施工工序完成,并且可以采用适当计量单位计算的建筑或安装工程。例如每 10 m 暖气管道铺设、每 10 m^3 砖基础工程等,都分别为一个分项工程。但一般说来分项工程独立的存在往往是没有实用意义的,它只是建筑或安装工程构成的一种基本部分,是建设工程预算中所取定的最小计算单元,是为了确定工程项目造价而划分出来的假定性产品。

根据《建设工程工程量清单计价规范》(GB 50500—2008)规定,园林绿化工程分为三个分部工程:绿化工程,园路、园桥、假山工程,园林景观工程。每个分部工程又分为若干个子分部工程。每个子分部工程中又分为若干个分项工程。每个分项工程有一个项目编码。园林绿化工程分部分项工程划分详见表 1-2。

表 1-2　园林绿化工程分部分项工程划分

分部工程	子分部工程	分项工程
绿化工程	绿地整理	伐树、挖树根;砍挖灌木丛;挖竹根;挖芦苇根;清除草皮;整理绿化用地;屋顶花园基底处理
	栽植花木	栽植乔木;栽植竹类;栽植棕榈类;栽植灌木;栽植绿篱;栽植攀缘植物;栽植色带;栽植花卉;栽植水生植物;铺种草皮;喷播植草
	绿地喷灌	喷灌设施
园路、园桥、假山工程	园路桥工程	园路;路牙铺设;树池围牙、盖板;嵌草砖铺装;石桥基础;石桥墩、石桥台;拱旋石制作、安装;石旋脸制作、安装;金刚墙砌筑;石桥面铺筑;石桥面檐板;仰天石、地伏石;石望柱;栏杆、扶手;栏板、撑鼓;木制步桥
	堆塑假山	堆筑土山丘;堆砌石假山;塑假山;石笋;点风景石;池石、盆景石;山石护角;山坡石台阶
	驳岸	石砌驳岸;原木桩驳岸;散铺砂卵石护岸(自然护岸)
园林景观工程	原木、竹构件	原木(带树皮)柱、梁、檩、椽、原木(带树皮)墙;树枝吊挂楣子;竹柱、梁、檩、椽;竹编墙
	亭廊屋面	草屋面;竹屋面;树皮屋面;现浇混凝土斜屋面板;现浇混凝土攒尖亭屋面板;就位预制混凝土攒尖亭屋面板;就位预制混凝土穹顶;彩色压型钢板(夹芯板)攒尖亭屋面板;彩色压型钢板(夹芯板)穹顶
	花架	现浇混凝土花架柱、梁;预制混凝土花架柱、梁;木花架柱、梁;金属花架柱、梁
	园林桌椅	木制飞来椅;钢筋混凝土飞来椅;竹制飞来椅;现浇混凝土桌凳;预制混凝土桌凳;石桌石凳;塑树根桌凳;塑树节椅;塑料、铁艺、金属椅
	喷泉安装	喷泉管道;喷泉电缆;水下艺术装饰灯具;电气控制柜
	杂项	石灯;塑仿石音响;塑树皮梁、柱;花坛铁艺栏杆;标志牌;石浮雕、石镌字;砖石砌小摆设(砌筑果皮箱、放置盆景的须弥座等)

例如某小区环境景观工程：

建设总项目是：某某小区。

单项工程是：园林建设工程、土建工程、市政工程、水电安装工程等。

单位工程是：园林工程、园林建筑工程等。

分部工程是：园林绿化工程；园路、园桥工程、假山工程；园林小品工程等。

分项工程是：栽植乔木（裸根、带土球）、栽植灌木（裸根、带土球）、草坪等。

研讨与练习

1. 工程造价的概念是什么？
2. 园林工程造价的作用有哪些？
3. 简述工程造价的特点和职能。
4. 简述园林工程造价的计价特征。
5. 园林绿化工程分部分项工程划分为哪些内容？
6. 如何理解园林工程造价计价特征中计价依据的复杂性？
7. 园林工程多次计价主要表现在哪些方面？
8. 园林工程计价的基本方法有哪几种？试述各种不同计价方法的特点与计价程序。

第二章 园林工程定额

第一节 概 述

一、工程定额的概念

(一)定额的概念

所谓“定”就是规定;“额”就是额度或限度。从广度理解,定额就是规定的额度或限度,即标准或尺度,是指用于生产所消耗的数量界限,在园林工程施工中定额是施工的标准或尺度。

(二)工程定额的概念

工程定额是指在正常的施工条件下,完成一定计量单位产品所消耗的人工、材料、机具和资金的数量标准。

这些生产消耗会受到技术水平、组织管理水平及施工客观条件的影响,所以它可以反映出一定时期的生产力水平。为了统一考核其消耗水平,就需要有一个统一的消耗标准,所以定额需要由国家或地方主管部门确定。

例如某省园林绿化工程定额堆砌湖石假山(高 3 m 以内)项目规定:

工作内容:放样,选石,运料。调制混凝土,砂浆,堆砌,搭、拆简单脚手架,塞垫嵌缝,清理,养护。

消耗量:每吨湖石假山所需人工消耗 4.62 工日;湖石 1 t,现浇混凝土 0.08 m^3,1∶2.5 水泥砂浆 0.05 m^3,木脚手板 0.003 m^3,二片石 0.06 m^3;5 t 汽车式起重机 0.027 台班。

质安要求:国家施工验收规范和安全标准。

不同社会制度下的工程定额的性质不同,我国的各类定额,都是由授权部门根据所在地域内当时的生产力水平制定并颁发的,供所属单位使用。各类定额是在大量测算、综合分析研究实际生产中的数据与资料的基础上,经科学的方法,按照客观规律要求并结合群众的经验制定出来的,所以定额具有严密的科学性和广泛的群众基础。

二、工程定额的特点

(一)科学性特点

园林工程定额的科学性包括两重含义:一重含义是指工程定额和生产力发展水平相适应,反映出工程建设中生产消费的客观规律;另一重含义是指工程定额管理在理论、方法和手段上适应现代科学技术和信息社会发展的需要。

工程定额的科学性,首先表现在用科学的态度制定定额,尊重客观实际,力求定额水平合理;其次表现在制定定额的技术方法上,利用现代科学管理的成就,形成一套系统的、完整的、在实践中行之有效的方法;再次,表现在定额制定和贯彻的一体化。制定是为了提供贯彻的依据,贯彻是为实现管理的目标,也是对定额的信息反馈。

(二)系统性特点

工程定额是由多种定额结合而成的有机的整体。它的结构复杂,有鲜明的层次,有明确的目标。工程定额的系统性是由工程建设的特点决定的。按照系统论的观点,工程建设就是庞大的实体系统。工程建设定额是为这个实体系统服务的,因而工程建设本身的多种类、多层次就决定了以它为服务对象的工程建设定额的多种类、多层次。从整个国民经济来看,进行固定资产生产和再生产的工程建设,是由多项工程集合的整体。工程的建设有严格的项目划分,如建设项目、单项工程、单位工程、分部分项工程;在计划和实施过程中有严密的逻辑阶段,如规划、可行性研究、设计、施工、竣工交付使用以及投入使用后的维修。与此相适应,必然形成工程建设定额的多种类、多层次。

(三)统一性特点

为了使国民经济按照既定的目标发展,就需要借助于某些标准、定额、参数等,对工程建设进行规划、组织、调节、控制;而这些标准、定额、参数必须在一定范围内是一种统一的尺度,才能实现上述职能,才能利用它对项目的决策、设计方案、投标报价、成本控制进行比较和评价。

工程定额的统一性按照其影响力和执行范围来看,有全国统一定额、地区统一定额和行业统一定额等;按照定额的制定、颁布和贯彻使用来看,有统一的程序、统一的原则、统一的要求和统一的用途。

(四)指导性特点

定额是由国家或其授权机关组织编制和颁发的一种综合消耗指标,它是根据客观规律的要求,用科学的方法编制而成的,因此在企业定额尚未普及的今天,工程造价的确定与控制仍是十分重要的指导性依据。另外,企业编制企业定额时,它也是重要的参考依据,同时政府投资工程的造价确定与控制仍离不开定额。

随着投资体制的改革和投资主体多元化格局的形成,随着企业经营机制的转换,它们都可以根据市场的变化和自身的情况,自主地调整决策行为。一些与经营决策有关的工程建设定额的权威性特征,自然也就弱化了。但直接与施工生产相关的定额,在企业经营体制转换和增长方式的要求下,其权威性还必须进一步强化。

(五)稳定性和时效性

工程定额中的任何一种都是一定时期技术发展和管理水平的反映,因而在一段时间内都表现出稳定的状态。稳定的时间有长有短,一般在5年至10年。保持定额的稳定性是维护定额的权威性所必需的,更是有效地贯彻定额所必需的。如果某种定额处于经常修改变动之中,那么必然造成执行中的困难和混乱,使人们感到没有必要去认真对待它,很容易导致定额权威性的丧失。工程建设定额的不稳定也会给定额的编制工作带来极大的困难。但是工程建设定额的稳定性是相对的,生产力向前发展了,定额就会与已经发展了的生产力不相适应。这样,原有的作用就会逐步减弱以致消失,需要重新编制或修订。

三、定额的作用

定额是指按国家有关产品标准、设计标准、施工质量验收标准(规范)等确定的施工过程中完成规定计量单位产品所消耗的人工、材料、机械等消耗量的标准。这种量的规定,反映了在一定社会生产力发展水平和正常生产条件下,完成建设工程中某项产品与各种生产消费之间的特定的数量关系。园林工程定额在园林工程造价确定与控制中起到十分重要的作用,同时定额管理的双重性决定了它在市场经济中具有重要的地位和作用。

(一)具有促进节约社会劳动和提高生产效率的作用

企业用定额计算工料消耗、劳动效率、施工工期并与实际水平对比,衡量自身的竞争能力,促使企业加强管理,厉行节约的合理分配和使用资源,以达到节约的目的。

(二)是国家对工程建设进行宏观调控和管理的手段

市场经济并不排斥宏观调控,主要表现在以下三个方面:第一,对工程造价进行宏观管理与调控;第二,对资源进行合理配置;第三,对经济结构进行合理的调控,包括对企业结构、技术结构、产品结构进行合理调控。

(三)有利于市场公平竞争、市场规范

园林产品的价值是由社会必要劳动时间决定的,而园林工程定额消耗量标准是建筑产品形成市场公平竞争、等价交换的基础。

工程定额提供的信息,为市场供需双方的交易活动和竞争创造条件。需方可用以进行投资决策和购买决策,供方可用以进行定价决策,赢得用户,取得合同额。

(四)有助于完善市场信息系统

定额本身是大量信息的集合,既是大量信息加工的结果,又向使用者提供信息。工程发包承包价格就是依据定额提供的信息进行计价的。

四、工程定额的种类

工程定额是工程建设中各类定额的总称,它包括许多种类的定额。为了对工程建设定额全面了解,可以按照不同的原则和方法对其进行科学分类。根据使用对象和组织施工的具体目的、要求不同,定额的形式、内容和种类也有所不同(见图2-1)。

根据生产要素可分为劳动定额、材料消耗定额、机械台班使用定额。

根据编制程序和用途可分为工序定额、施工定额、预算定额、概算定额和概算指标、投资估算指标。

根据专业和费用性质划分,可以把工程建设定额分为建筑工程定额、设备安装工程定额、建筑安装工程费用定额、工器具定额以及工程建设其他费用定额等。

按照专业性质分类,工程建设定额分为全国通用定额、行业通用定额和专业专用定额3种。全国通用定额是指在部门间和地区间都可以使用的定额;行业通用定额是指具有专业特点的行业部门内可以通用的定额;专业专用定额是指特殊专业的定额,只能在指定范围内使用。

根据主编单位和执行范围可分为全国统一定额、地方定额、行业定额、企业定额。

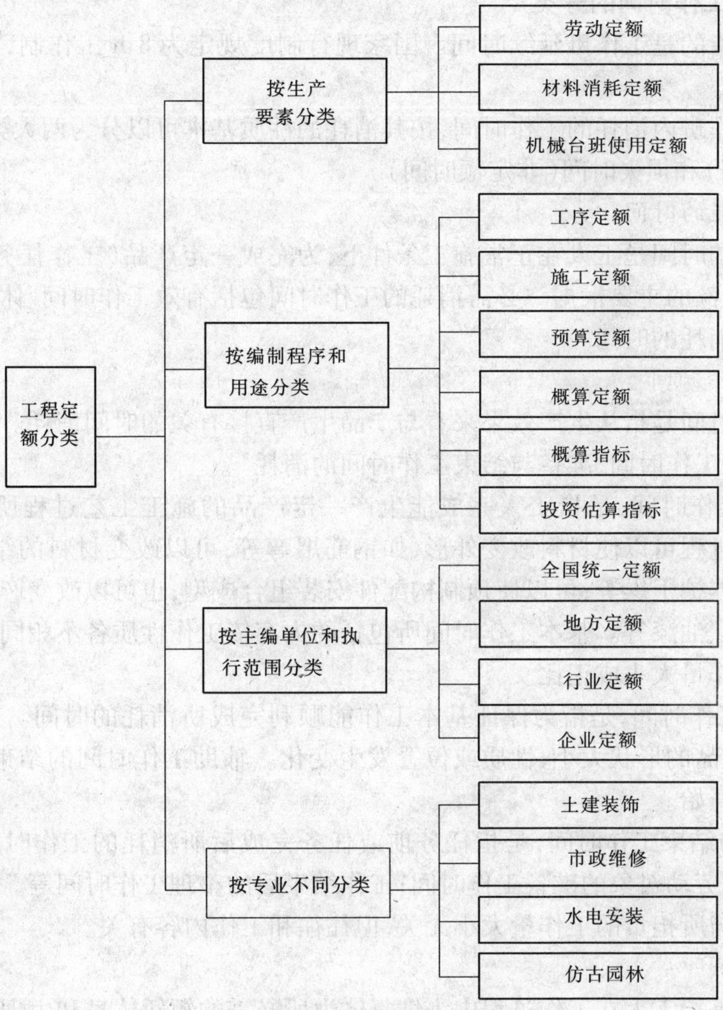

图 2-1　工程定额的分类

第二节　人工、材料、机械台班消耗定额

一、人工消耗定额

(一)人工消耗定额的概念

人工消耗定额也称劳动消耗定额、劳动定额、人工定额。在各种定额中,人工消耗定额都是很重要的组成部分。其含义是指活劳动的消耗,而不是指活劳动和物化劳动的全部消耗。

人工消耗定额是指在正常的施工条件下,规定完成单位合格的产品所必需的劳动时间消耗量的标准或在单位时间内完成合格产品的数量标准。

(二)工人工作时间的分类

工作时间指的是工作班延续时间。国家现行制度规定为8 h工作制,即日工作时间为8 h。

工人在工作班内消耗的工作时间,按其消耗的性质基本可以分为两大类:必需消耗的时间(定额时间)和损失时间(非定额时间)。

1. 必需消耗的时间

必需消耗的时间是工人在正常施工条件下,为完成一定产品(工作任务)所消耗的时间,它是制定定额的主要根据。必需消耗的工作时间包括有效工作时间、休息时间和不可避免的中断所消耗的时间。

1)有效工作时间

有效工作时间是指从生产效果来看与产品生产直接有关的时间消耗。其中包括基本工作时间、辅助工作时间、准备与结束工作时间的消耗。

(1)基本工作时间,是指工人完成能生产一定产品的施工工艺过程所消耗的时间。通过这些工艺过程可以使材料改变外形,如钢筋煨弯等;可以改变材料的结构与性质,如混凝土制品的养护干燥等;可以使预制构配件安装组合成型;也可以改变产品外部及表面的性质,如粉刷、油漆等。基本工作时间所包括的内容依工作性质各不相同。基本工作时间的长短和工作量大小成正比。

(2)辅助工作时间,是指为保证基本工作能顺利完成所消耗的时间。在辅助工作时间里,不能使产品的形状大小、性质或位置发生变化。辅助工作时间的结束,往往就是基本工作时间的开始。

(3)准备与结束工作时间,是指任务前或任务完成后所消耗的工作时间。如工作地点、劳动工具和劳动对象的准备工作时间;工作结束后的整理工作时间等。准备和结束工作时间的长短与所担负的工作量大小无关,但往往和工作内容有关。

2)休息时间

休息时间是指工人在工作过程中为恢复体力所必需的短暂休息和生理需要的时间消耗。这种时间是为了保证工人精力充沛地进行工作,所在定额时间中必须进行计算。

3)不可避免的中断所消耗的时间

不可避免的中断所消耗的时间是指由于施工工艺特点引起的工作中断所必需的时间。与施工过程工艺特点有关的工作中断时间,应包括在定额时间内,但应尽量缩短此项时间消耗。与工艺特点无关的工作中断所占用时间,是由于劳动组织不合理引起的,属于损失时间,不能计入定额时间。

2. 损失时间

损失时间是和产品生产无关,而和施工组织和技术上的缺点有关,与工人在施工过程中的个人过失或某些偶然因素有关的时间消耗。

损失时间中包括有多余和偶然工作、停工、违背劳动纪律所引起的工时损失。

(1)多余和偶然工作,多余工作就是工人进行了任务以外的工作而又不能增加产品数量的工作。如重砌质量不合格的墙体。多余工作的工时损失,一般都是由于工程技术人员和工人的差错而引起的,因此不应计入定额时间中。偶然工作也是工人在任务外进行的工作,但能够获得一定产品。如抹灰工不得不补上偶然遗留的墙洞等。从偶然工作的性质看,在定额中不应考虑它所占用的时间,但是由于偶然工作能获得一定产品,拟定定额时要适当考虑它的影响。

(2)停工时间,是工作班内停止工作造成的工时损失。停工时间按其性质可分为施工本身造成的停工时间和非施工本身造成的停工时间两种。施工本身造成的停工时间,是由于施工组织不善、材料供应不及时、工作面准备工作做得不好、工作地点组织不良等情况引起的停工时间。非施工本身造成的停工时间,是由于水源、电源中断引起的停工时间。前一种情况在拟定定额时不应该计算,后一种情况定额中则应给予合理的考虑。

(3)违背劳动纪律造成的工作时间损失,是指工人在工作班开始和午休后的迟到、午饭前和工作班结束前的早退、擅自离开工作岗位、工作时间内聊天或办私事等造成的工时损失。由于个别工人违背劳动纪律而影响其他工人无法工作的时间损失也包括在内。此项工时损失不应允许存在,因此在定额中是不能考虑的。

(三)时间消耗的测定方法

测定时间消耗的基本方法是计时观察法。

1. 测时法

测时法主要适用于测定那些定时重复的循环工作的工时消耗,是精确度比较高的一种计时观察法,有选择法和连续法两种。

采用选择法测时,应特别注意掌握定时点。记录时间时仍在进行的工作组成部分,应不予观察。

连续法测时较选择法测时准确、完善,但观察技术也较之复杂。它的特点是,在工作进行中和非循环组成部分出现之间一直不停止秒表,秒针走动过程中,观察者根据各组成部分之间的定时点,记录它的终止时间。

2. 写实记录法

写实记录法是一种研究各种性质的工作时间消耗的方法。采用这种方法,可以获得分析工作时间消耗的全部资料。

写实记录法的观察对象,可以是一个工人,也可以是一个工人小组。测时用普通表进行。写实记录法按记录时间的方法不同分为数示法、图示法和混合法 3 种。

数示法写实记录,是 3 种写实记录法中精确度较高的一种,可以同时对两个工人进行观察,观察的工时消耗,记录在专门的数示法写实记录表中。数示法用来对整个工作班或半个工作班进行长时间观察,因此能反映工人或机器工作日全部情况。

图示法写实记录,可同时对三个以内的工人进行观察,观察资料记入图示法写实记录表中。

混合法适用于 3 个以上工人工作时间的集体写实记录。

3. 工作日写实法

这是一种研究整个工作班内的各种工时消耗的方法。

运用工作日写实法主要有两个目的:一是取得编制定额的基础资料;二是检查定额的执行情况,找出缺点,改进工作。当它被用来达到第一个目的时,工作日写实的结果要获得观察对象在工作班内工时消耗的全部情况,以及产品数量和影响工时消耗的影响因素,其中工时消耗应该按工时消耗的性质分类记录。当它被用来达到第二个目的时,通过工作日写实应该做到:查明工时损失量和引起工时损失的原因,制定消除工时损失的方法,改善劳动组织和工作地点组织的实施,查明熟练工人是否能发挥自己的专长,确定合理的小组编制和合理的小组分工;确定机器在时间利用和生产率方面的情况,找出使用不当的原因,订出改善机器使用情况的技术组织措施;计算工人或机器完成定额的实际百分比和可能百分比。

工作日写实法和测时法、写实记录法比较,具有技术简便、费力不多、应用面广和资料全面的优点,在我国是一种采用较广的编制定额的方法。

上述方法是计时观察的主要方法。在实际工作中,有时为了减少测时工作量,往往采取某些简化的方法,这在制定一些次要的、补充的和一次性定额时,是很可取的。在查明大幅度超额和完不成定额的原因时,采用简化方法也比较经济。简化的最主要途径是合并组成部分的项目。

首先确定需要进行计时观察的施工过程,然后对施工过程进行预研究,全面地对各个施工过程及其所处的技术组织条件进行实际调查和分析,以便设计正常的(标准的)施工条件和分析研究测时数据。再选择施工的正常条件,包括采用的劳动工具、机械的类型、工作的组成、工人的组成(包括小组成员的专业、技术等级和人数)、施工方法和劳动组织等。最后对施工过程进行观察、测时,计算实物和劳务产量,记录施工过程所处的施工条件和确定影响工时消耗的因素。

(四)人工消耗量的确定

人工消耗量的确定常采用技术测定法。

1.拟定基本工作时间

基本工作时间在必需消耗的工作时间中占的比重最大,在确定基本工作时间时,必须细致、精确。基本工作时间消耗一般应根据计时观察资料来确定。其做法是,首先确定工作过程每一组成部分的工时消耗,然后再综合出工作过程的工时消耗。如果组成部分的产品计量单位和工作过程的产品计量单位不符,就需先求出不同计量单位的换算系数,进行产品计量单位的换算,然后再相加,求得工作过程的工时消耗。

2.拟定辅助工作和准备与结束工作时间

辅助工作和准备与结束工作时间的确定方法与基本工作时间相同。但是,如果这两项工作时间在整个工作班工作时间消耗中所占比重不超过5%~6%,则可归纳为一项,以工作过程的计量单位表示,确定出工作过程的工时消耗。如果在计时观察时不能取得足够的资料,也可采用工时规范或经验数据来确定。如果有现行的工时规范,可以直接利用工时规范中规定的辅助和准备与结束工作时间的百分比来计算。

3.拟定不可避免中断时间

在确定不可避免中断时间的定额时,必须注意由工艺特点所引起的不可避免中断才可列入工作过程的时间定额。

不可避免中断时间也需要根据测时资料通过整理分析获得,也可以根据经验数据或工时规范,以占工作日的百分比表示此项工时消耗的时间定额。

4. 拟定休息时间

休息时间应根据工作班作息制度、经验资料、计时观察资料，以及对工作的疲劳程度作全面分析来确定。同时，应考虑尽可能利用不可避免中断时间作为休息时间。

5. 拟定时间定额

确定的基本工作时间、辅助工作时间、准备与结束工作时间、不可避免中断时间和休息时间之和，就是劳动定额的时间定额。

利用工时规范计算时间定额用下列公式：

规范时间 = 准备与结束工作时间 + 不可避免中断时间 + 休息时间

工序作业时间 = 基本工作时间 + 辅助工作时间

= 基本工作时间/(1 - 辅助作业时间%)

定额时间 = 工序作业时间/(1 - 规范时间%)

时间定额和产量定额是人工定额的两种表现形式，两者互为倒数关系。即

时间定额 × 产量定额 = 1

时间定额是指某种专业、某种技术等级的工作班组或个人，在合理的劳动组织、合理的使用材料和施工机械同时配合的条件下，完成单位合格产品所必需消耗的工作时间。包括基本工作时间、辅助工作时间、不可避免中断时间、准备与结束的工作时间以及工人必需的休息时间。

【例2-1】　某工程为人工挖土方，土壤是潮湿的黏性土，按土壤分类属二类土(普通土)。测时资料表明，挖1 m^3 需消耗基本工作时间60 min，辅助工作时间占工作班延续时间的2%，准备与结束工作时间占工作延续时间的2%，不可避免中断时间占1%，休息时间占20%。试计算时间定额。

解　时间定额 = 60/(1 - 2% - 2% - 1% - 20%) = 80(min) = 0.167 工日

根据时间定额和产量定额互为倒数的关系，可以计算出产量定额：1/0.167 = 5.99 m^3 ≈6 m^3

时间定额和产量定额虽然是同一劳动定额的不同表现形式，但其用途却不同。前者是以产品的单位和工日来表示的，便于计算完成某一分部(项)工程所需的总工日数，核算工资，编制施工进度计划和计算工期；后者是以单位时间内完成产品的数量表示的，便于小组分配施工任务，考核工人的劳动效率和签发施工任务单。

【例2-2】　某土方工程，挖基槽的工程量为450 m^3，每天有24名工人负责施工，时间定额为0.205 工日/m^3，试计算完成该分项工程的施工天数。

解　(1)计算完成该分项工程所需的总劳动量。

总劳动量 = 450 × 0.205 = 92.25(工日)

(2)计算施工天数。

施工天数 = 92.25/24 = 3.84(天)≈4 天

即该分项工程需4天完成。

【例2-3】　根据计时观察资料测得某工序工人工作时间有关数据如下：准备与结束工作时间12 min，基本工作时间68 min，休息时间10 min，辅助工作时间11 min，不可避免中断时间6 min，试计算规范时间。

解　规范时间 = 12 + 10 + 6 = 28(min)

二、材料消耗定额

(一)材料消耗定额的概念

材料消耗定额是指在节约与合理使用材料的条件下,生产单位合格的产品所需消耗的一定品种、一定规格的建筑材料(包括半成品、构件、配件及周转材料等)的数量标准。

材料消耗定额是编制材料需要量计划、运输计划、供应计划、签发限额领料单和经济核算的依据。

(二)材料消耗定额的组成

材料消耗定额的消耗量是由材料消耗的净用量和材料损耗量组成的,净用量是指直接用于建筑产品上的材料。损耗量是指在施工过程中不可避免的废料和损耗。损耗量通常用损耗率表示,损耗率是指材料的损耗量与材料总耗量之比。

材料总耗用量 = 材料净用量 + 材料损耗量

材料损耗量 = 材料净用量 × 材料损耗率

材料净用量是指直接用于建筑工程的材料数量;材料损耗量是指不可避免的施工废料和材料损耗数量。

材料损耗率确定后,材料消耗定额也可用下式表示:

材料消耗量 = 材料净用量 ×(1 + 材料损耗率)

(三)材料消耗定额的制定

1. 观测法(技术测定法)

观测法是指通过在施工现场对产品数量、材料净用量和损耗量观察与测定,然后进行分析和计算。从而确定材料消耗定额的方法。该方法主要适用于测定材料的损耗定额。

2. 试验法

试验法是指专业人员在实验室通过试验方法来确定材料消耗定额的方法。该方法主要用于研究材料强度与各种材料消耗量的数量关系,以获得多种配合比(如混凝土、砂浆等)。但容易脱离现场的实际情况,无法估计到施工中的某些因素对材料消耗的影响。

3. 统计法

统计法是以现场积累的用料资料(拨、付材料数量;完成产品数量及剩余材料数量),通过分析计算确定材料消耗定额的方法。该方法简单易行,但不能区分材料消耗的性质,故材料消耗量的准确性不高。

4. 理论计算法

理论计算法是根据施工图和建筑构造要求,运用一定的计算公式确定材料消耗的净用量的方法。该方法主要用于块、板类材料的净用量的确定(其特点是原材料构成工程实体后,形体不发生变化),如砖砌体、玻璃、面砖、防水卷材等。

例如:(1)1 m^3 标准砖(普通黏土砖)墙的材料净用量计算公式:

$$1\ m^3 \text{ 砌体标准砖净用量} = \text{砌体厚度的砖数} \times 2 \times \frac{1\ m^3}{\text{砌体厚} \times (\text{标准砖长} + \text{灰缝厚}) \times (\text{标准砖厚} + \text{灰缝厚})}$$

砂浆用量 = 1 − 砖净用量 × 每块砖体积

式中:标准砖尺寸及体积 = 长 × 宽 × 厚 = 0.24 m × 0.115 m × 0.53 m = 0.001 462 8 m^3。

砖体厚:半砖墙为 0.115;一砖墙为 0.24;一砖半墙为 0.365。(标准砖长加宽,再加灰缝厚,即:0.24 m + 0.115 m + 0.01 m = 0.365 m)

(2)100 m^2 块料面层的材料净用量计算公式:

$$\text{块料净用量} = \frac{100\ \text{m}^2}{(\text{块料长}+\text{灰缝厚})\times(\text{块材宽}+\text{灰缝厚})}$$

(四)施工周转材料的计算

按多次使用、分次摊销方法,以摊销量确定。

周转性材料即施工措施项目的计算已成为定额与预算中的一个重要内容。

(1)若周转材料在每次周转中损耗量较少时(如预制混凝土构件的模板)。

摊销量 = 一次使用量/周转次数

①一次使用量是指周转性材料一次使用的基本量,即一次投入量。

一次使用量 = 一次使用的净用量 ×(1 + 制作损耗率)

②周转次数是指周转性材料从第一次使用起可重复使用的次数。

(2)周转材料在每次周转使用中需逐次补损时(如现浇构件的木模)。

摊销量 = 周转使用量 − 周转回收量

【例 2-4】 求一砖半厚的砖墙的标准砖、砂浆净用量。

解

(1)标准砖净用量 =

$$\frac{1\ \text{m}^3}{\text{砌体厚}\times(\text{标准砖长}+\text{灰缝厚})\times(\text{标准砖厚}+\text{灰缝厚})}\times 2\times\text{砌体厚度的砖数}$$

$$=\frac{1\ \text{m}^3}{0.365\times(0.24+0.01)\times(0.053+0.01)}\times 2\times 1.5$$

= 522(块)

(2)砂浆净用量 = 1 − 0.001 462 8 × 522 = 0.237(m^3)

三、机械台班消耗定额

(一)机械台班消耗定额的概念

机械台班消耗定额是指在正常施工条件、合理劳动组织和合理使用机械的条件下,完成单位合格产品所必须消耗机械台班数量的标准,简称机械台班定额。

一台机械工作一个工作班(即 8 h)称为一个台班。

(二)机械工作时间消耗的分类

机械工作时间的消耗分为必需消耗的工作时间和损失的工作时间两类。

1. 必需消耗的工作时间

在必需消耗的工作时间里,包括有效工作、不可避免的无负荷工作和不可避免的中断工作三项时间消耗。

1)有效工作

有效工作的时间消耗又包括正常负荷下、有根据地降低负荷下和低负荷下工作的工时消耗。

(1)正常负荷下的工作时间,是指机械在其说明书规定的计算负荷相符的情况下进行工作的时间。

(2)有根据地降低负荷下的工作时间,是在个别情况下由于技术上的原因,机器在低于其计算负荷下工作的时间。例如,汽车运输重量轻而体积大的货物时,不能充分利用汽车的载重吨位因而不得不降低其计算负荷。

(3)低负荷下的工作时间,是由于工人或技术人员的过错所造成的施工机械在降低负荷的情况下工作的时间。此项工作时间不能作为计算时间定额的基础。

2)不可避免的无负荷工作

不可避免的无负荷工作时间,是由施工过程的特点和机械结构的特点造成的机械无负荷工作时间。例如筑路机在工作区末端调头等,都属于此项工作时间的消耗。

3)不可避免的中断工作

不可避免的中断工作时间,与工艺过程的特点、机器的使用和保养、工人休息有关,所以它又可以分为三种。

(1)与工艺过程的特点有关的不可避免中断工作时间,有循环的和定期的两种。循环的不可避免中断,是在机械工作的每一个循环中重复一次。如汽车装货和卸货时的停车。定期的不可避免中断,是经过一定时间重复一次。比如当把灰浆泵由一个工作地点转移到另一工作地点时的工作中断。

(2)与机械有关的不可避免中断工作时间,是由于工人进行准备与结束工作或辅助工作时,机械停止工作而引起的中断工作时间。它是与机械的使用与保养有关的不可避免中断时间。

(3)工人休息时间前面已经作了说明。这里要注意的是,应尽量利用与工艺过程有关的和与机械有关的不可避免中断时间进行休息,以充分利用工作时间。

2. 损失的工作时间

损失的工作时间中,包括多余工作、停工和违背劳动纪律所消耗的工作时间。

(1)机械的多余工作时间,是机械进行任务内和工艺过程内未包括的工作而延续的时间。如工人没有及时供料而使机器空运转的时间。

(2)机械的停工时间,按其性质也可分为施工本身造成和非施工本身造成的停工。前者是由于施工组织得不好而引起的停工现象,如由于未及时供给机械燃料而引起的停工。后者是由于气候条件所引起的停工现象,如暴雨时压路机的停工。上述停工中延续的时间,均为机械的停工时间。

(3)违背劳动纪律引起的机械的时间损失,是指由于工人迟到早退或擅离岗位等原因引起的机器停工时间。

(三)机械台班定额的制定

1. 拟定机械工作正常的施工条件

拟定机械工作正常条件,主要是拟定工作地点的合理组织和合理的工人编制。

工作地点的合理组织,就是对施工地点机械和材料的放置位置、工人从事操作的场所，做出科学合理的平面布置和空间安排。它要求施工机械和操作机械的工人在最小范围内移动，但又不阻碍机械运转和工人操作；应使机械的开关和操作装置尽可能集中地装置在操作工人的近旁，以节省工作时间和减轻劳动强度；应最大限度地发挥机械的效能，减少工人的手工操作。

拟定合理的工人编制，就是根据施工机械的性能和设计能力，工人的专业分工和劳动工效，合理确定操纵机械的工人和直接参加机械化施工过程的工人的编制人数。

2. 确定机械纯工作1小时的正常生产率 N_h

(1)循环动作机械净工作1小时的正常生产率。

一次循环动作的延续时间 t：

机械一次循环的正常延续时间 = ∑(循环各组成部分正常延续时间) - 交叠时间。

完成产品的数量为 m。

净工作1小时的循环次数：$n = 60 \times 60 \div t$

工作1小时的正常生产率：$N_h = n \times m$

(2)连续动作机械净工作1小时的正常生产率。

工作1小时的正常生产率：

$N_h = m \div t$（m 为工作时间内完成的产品数量，t 为工作时间）

3. 确定机械工作时间利用系数 K_B

机械利用系数(K_B)是指机械在施工作业班内对作业时间的利用率。

$$\text{机械利用系数 } K_B = \frac{\text{作业班净工作时间}}{\text{机械工作时间}}$$

4. 确定机械台班产量定额 $N_{台班}$

机械台班产量定额等于该机械净工作1小时的生产率 N_h 乘以工作班的延续时间 T(8 h)，再乘以机械时间利用系数 K_B。即：

$$N_{台班} = N_h \times T \times K_B$$

【例2-5】　用塔式起重机安装某混凝土构件，由1名吊车司机、6名安装起重工、3名电焊工组成的小组共同完成。已知机械台班产量定额为50根。试计算吊装每一根构件的机械时间定额及人工时间定额及台班产量定额(人工配合)。

解　(1)吊装装配每一根混凝土构件的机械时间定额

=1/机械台班产量定额

=1/50 =0.02(台班)

(2)吊装每一根构件的人工时间定额

=(1 +6 +3)/50 =0.2(工日)

(3)台班产量定额(人工配合)

=1/0.2

=5(根/工日)

第三节　人工、材料、机械台班单价

一、人工单价的组成与确定方法

(一)人工单价及其组成内容

1.人工单价定义

人工单价是指一个建筑安装工人一个工作日在预算中应计入的全部人工费用。

2.人工单价组成内容

人工工日单价反映了一定技术等级的建筑安装生产工人在一个工作日中可以得到的报酬,一般组成如下。

(1)生产工人基本工资,是指发给直接从事生产的工人的基本工资,包括岗位工资、技能工资、年终工资等。

(2)生产工人工资性补贴,是指为了补偿工人额外或特殊的劳动消耗及为保证工人的工资水平不受特殊条件影响,而以补贴形式支付给工人的劳动报酬。它包括按规定标准发放的交通补贴、流动施工津贴、住房补贴、地区津贴、物价补贴和工资附加等。

(3)生产工人辅助工资,是指工人在年有效施工天数以外非作业天数的工资。包括职工学习、培训期间的工资,调动工作、探亲、休假期间的工资,因气候影响的停工工资,女工哺乳时间的工资,病假在6个月以内的工资,及产、婚、丧假期的工资。

(4)职工福利费。

(5)劳动保护费。

(二)人工单价的确定方法

1.生产工人基本工资(G_1)

计算公式如下:

$$基本工资(G_1)=\frac{生产工人平均月工资}{年平均每月法定工作日}$$

式中:年平均每月法定工作日=(全年日历日-法定假日)÷12。

2.生产工人工资性补贴(G_2)

计算公式如下:

$$工资性补贴(G_2)=\frac{\sum 年发放标准}{全年日历日-法定假日}+\frac{\sum 月发放标准}{年平均每月法定工作日}+每工作日发放标准$$

式中:法定假日指双休日和法定假日。

3.生产工人辅助工资(G_3)

计算公式如下:

$$生产工人辅助工资(G_3)=\frac{全年无效工作日\times(G_1+G_2)}{全年日历日-法定假日}$$

4.职工福利费(G_4)

计算公式如下:

$$职工福利费(G_4)=(G_1+G_2+G_3)\times 福利费计提比例(\%)$$

5. 生产工人劳动保护费(G_5)

计算公式如下：

$$生产工人劳动保护费(G_5)=\frac{生产工人年平均支出劳动保护费}{全年日历日-法定假日}$$

$$人工日工资单价(G)=G_1+G_2+G_3+G_4+G_5$$

【例2-6】　已知某园林施工企业，初级工的基本工资(G_1)为18元/工日，工资性补贴(G_2)为5元/工日，生产工人辅助工资(G_3)为1元/工日，生产工人劳动保护费(G_5)为2元/工日，职工福利费计提比例为2.5%，求该企业初级工的人工工资单价。

解　职工福利费 $=(G_1+G_2+G_3)\times$ 福利费计提比例(%)

$=(18+5+1)\times 2.5\%=0.6$(元/工日)

人工日工资单价 $(G)=G_1+G_2+G_3+G_4+G_5$

$=18+5+1+0.6+2=26.6$(元/日)

二、材料价格的组成与确定方法

(一)材料价格及其组成内容

1. 材料价格定义

材料的预算价格是指材料(包括构件、成品及半成品等)从其来源地(或交货地点)到达施工工地仓库后的出库价格。

2. 材料价格的组成

材料价格一般由以下四项费用组成：

(1)材料供应价，就是材料的进价，一般包括原价和供销部门手续费两部分。

(2)材料运杂费，指材料由来源地(或交货地点)至施工仓库地点运输过程中发生的全部费用。

(3)运输损耗费，指材料在装卸和运输过程中所发生的合理损耗。

(4)采购及保管费，指为组织材料采购、供应和保管过程中需要支付的各项费用。

其计算公式如下：

$$材料价格=[(材料供应价+材料运杂费)\times(1+运输损耗率)]\times(1+采购及保管费率)-包装品回收值$$

(二)材料价格的确定方法

(1)材料供应价的确定。在确定材料预算价格的原价时，当遇有同一种材料因来源地或供应单位等不同而导致有几种原价时，应按其不同的供应数量及不同的单价，通过加权平均方法计算其平均原价。

【例2-7】　某工程需钢材1 500 t，其中A地供应1 000 t，每吨1 200元；B地供应200 t，每吨1 300元；C地供应300 t，每吨1 400元。计算钢材的平均原价。

解　钢材的平均原价：$(1\,000\times 1\,200+200\times 1\,300+300\times 1\,400)\div 1\,500$

$=1\,253.33$(元/t)

(2)材料运杂费的确定。包括车、船等的运输费、调车费、驳船费、出入库费、附加工作费、装卸费、保险费及合理的材料运输损耗等。

材料运输费用应按两个阶段计算，即外地运输费和市内运输费。材料运输费的计算应按国家或地方主管部门规定的有关运价标准并结合材料来源地、运输方式、运输里程、运输工具等采用加权平均的方法计算。

【例2-8】 某工程用水泥由甲、乙、丙三地供应，各地的供应量分别为50 t、65 t、80 t。运费单价分别为28元/t、26元/t、22元/t。试计算其平均运输费。

解 平均运输费为：

$$T=(50\times28+65\times26+80\times22)/(50+65+80)=24.87(\text{元/t})$$

(3)材料运输损耗率的确定。材料运输损耗是指材料在运输过程中，不可避免的非人为过失的损失，是合理的损耗，需在材料预算价格内计入的合理补偿。

(4)材料采购保管费。包括材料采购和保管人员的工资、职工福利费、办公费、劳保费、差旅费、固定资产使用费、工具用具使用费、消防设施费、检验试验费、材料储存损耗和其他费用等。

材料采购保管费=(材料原价+材料包装费+材料运杂费)×采购保管费率

【例2-9】 某园林公司采购1 000 m^2花岗岩，运至施工现场。已知该花岗岩出厂价为1 000元/ m^2，运杂费30元/ m^2，当地供销部门手续费率为1%，当地造价管理部门规定的材料采购及保管费率为1%，单位材料量检验试验费为3元/ m^2，求这批花岗岩的材料费用。

解 材料基价=

[(材料供应价+材料运杂费)×(1+运输损耗率)](1+采购及保管费率)

$=(1\ 000\times1.01+30)\times1.01=1\ 050.4(\text{元/m}^2)$

检验试验费$=\sum$(单位材料量检验试验费×材料消耗量)$=1\ 000\times3=3\ 000$(元)

材料费$=\sum$(材料消耗量×材料基价)+检验试验费

$=1\ 000\times1\ 050.4+3\ 000=105$(万元)

(三)影响材料预算价格变动的因素

(1)市场供需变化。

(2)材料生产成本的变动直接涉及材料预算价格的波动。

(3)流通环节的多少和材料供应体制也会影响材料预算价格。

(4)运输距离和运输方法的改变会影响材料运输费用的增减，从而也会影响材料预算价格。

(5)国际市场行情会对进口材料价格产生影响。

三、施工机械台班单价的组成与确定方法

(一)机械台班单价及其组成

1. 施工机械台班单价的概念

施工机械单价以“台班”为计量单位，机械工作8 h称为“一个台班”。施工机械台班单价是指一个施工机械，在正常运转条件下一个台班中所支出和分摊的各种费用之和。

2. 施工机械台班单价的构成

由两类费用组成，即第一类费用和第二类费用。

(1)第一类费用(不变费用)。这一类费用不因施工地点和条件而发生变化，它的大小与机械工作年限直接有关，其内容包括四项，即机械折旧费、机械大修费、机械经常修理费、机械安拆费及场外运输费。

(2)第二类费用(可变费用)。这一类费用是机械在施工运转时发生的费用，常因施工地点和施工条件的变化而变化，大小与机械工作台班数直接相关。其内容包括三项，即机上人工费、燃料动力费、养路费及车船使用税。

(二)机械台班单价的确定方法

1. 第一类费用的计算

(1)机械折旧费。机械折旧费就是指机械设备按规定的使用期限，陆续收回其原值及所支付的贷款利息而分摊到每一台班的费用。

机械折旧费 = [机械预算价格 ×(1 − 残值率) + 机械时间价值系数]/耐用总台班数

①机械预算价格：是按机械出厂(或到岸完税)价格及机械以交货地点或口岸运至使用单位机械管理部门的全部运杂费计算。

②残值率：是指机械报废时回收的残值占机械原值(机械预算价格)的比率。按有关文件规定。

③机械时间价值系数：是指购置机械的资金在施工生产过程中随时间的推移而产生的单位增值。

$$机械时间价值系数 = 1 + (n + 1)i/2$$

式中，n 为机械折旧年限；i 为年折现率，根据编制期银行年贷款利率确定。

④耐用总台班数：是指机械在正常施工作业条件下，从投入使用直至报废为止，按规定应达到的使用总台班数。

耐用总台班数 = 折旧年限 × 年工作台班

或　　耐用总台班 = 大修间隔台班 × 大修周期

大修间隔台班是指机械自投入使用起至第一次大修或自上一次大修投入使用起至下一次大修止应达到的使用台班数。

大修周期是指机械在正常的施工作业条件下，将其寿命期按规定的大修次数划分为若干个周期。其计算公式为：

大修周期 = 寿命期大修次数 + 1

(2)机械大修费。机械大修费是指机械设备按规定的大修理间隔台班进行必要的大修理，以恢复正常使用功能所需要的费用。其计算公式如下：

机械大修费 =(一次大修理费 × 大修次数)/耐用总台班数

= 一次大修理费 ×(大修周期 − 1)/耐用总台班数

【例 2-10】 某 6 t 载重汽车一次大修费为 1 万元，大修周期为 3 个，耐用总台班数为 1 650 个，试求机械大修理费。

解　由上述条件：台班大修理费 = 1 ×(3 − 1)/1 650 = 0.001 212(万元/台班)

(3)机械经常修理费。

机械经常修理费是指机械设备除大修理外的各级保养及临时故障排除所需费用，为保障机械正常运转所需替换设备、随机使用工具、附具摊销及维护费用；机械运转及日常保养所需润滑、擦拭材料费用和机械停置期间的维护保养费用等。

(4)机械安拆费及场外运费。

①机械安拆费是指机械在施工现场进行安装、拆卸所需的人工、材料、机械和试运转费用，以及机械辅助设施(包括基础、底座、固定锚桩、行走轨迹、枕木等)的折旧费及搭设、拆除费用。

②机械场外运费是指机械整体或分体自停放场地运至施工现场或由一个工地运至另一个工地的机械进出场运输及转移费用(包括机械的装卸、运输、辅助材料及架线费用等)。

2. 第二类费用的计算

(1)机上人工费。机上人工费是指机上司机、司炉和其他操作人员的工作日工资以及上述人员在机械规定的年工作台班以外的基本工资和工资性补贴。

机上人工费 = 机上操作人员人工工日数 × 日工资单价

(2)燃料动力费。燃料动力费是指机械设备在运转作业中所耗用的固体燃料(煤炭、木材)、液体材料(汽油、柴油)、电力、水和风力等的费用。

燃料动力费 = ∑(每台班所消耗的动力燃料数 × 相应单价)

(3)养路费及车船使用税。养路费及车船使用税是指机械按国家有关规定应交纳的养路费和车船使用税。

第四节 园林工程预算定额

一、预算定额的概念

预算定额，是规定消耗在合格质量的单位工程基本构造要素上的人工、材料和机械台班的数量标准，是计算建筑安装产品价格的基础。

基本构造要素，即通常所说的分项工程和结构构件。预算定额按工程基本构造要素规定劳动力、材料和机械的消耗数量，以满足编制施工图预算、规划和控制工程造价的要求。

预算定额的各项指标，反映了在完成规定计量单位符合设计标准和施工质量验收规范要求的分项工程消耗的劳动和物化劳动的数量限度。这种限度最终决定着单项工程和单位工程的成本和造价。

预算定额由国家主管部门或其授权机关组织编制、审批并颁发执行。在现阶段，预算定额是一种法令性指标，是对基本建设实行宏观调控和有效监督的重要工具。各地区、各基本建设部门都必须严格执行，只有这样，才能保证全国的工程有一个统一的核算尺度，使国家对各地区、各部门工程设计、经济效果与施工管理水平进行统一的比较与核算。

预算定额按照表现形式可分为预算定额、单位估价表和单位估价汇总表 3 种。在现行预算定额中一般都列有基价，像这种既包括定额人工、材料和施工机械台班消耗量又列有人工费、材料费、施工机械使用费和基价的预算定额，我们称它为“单位估价表”。这种预算定额可以满足企业管理中不同用途的需要，并可以按照基价计算工程费用，用途较广泛，是现行定额中的主要表现形式。单位估价汇总表简称为“单价”，它只表现“三费”即人工费、材料费和施工机械使用费以及合计，因此可以大大减少定额的篇幅，为编制工程预算查阅单价带来方便。

预算定额按照综合程度，可分为预算定额和综合预算定额。综合预算定额是在预算定额基础上，对预算定额的项目进一步综合扩大，使定额项目减少，更为简便适用，可以简化编制工程预算的计算过程。

二、预算定额的作用

预算定额是确定一定计量单位的分项工程或结构构件的人工、材料和施工机械台班合理消耗的数量标准。预算定额是由国家主管机关或被授权单位组织编制并颁发的一种法令性指标，是一项重要的经济法规。定额中的各项指标，反映了国家对完成单位产品基本构造要素所规定的人工、材料、机械台班等消耗的数量限额。

由于预算定额是确定工程成本的重要基础，也是制定施工进度的主要参考依据，所以编制预算定额的目的就在于确定工程中每一单位分项工程的预算基价，力求用最少的人力、物力和资金，生产出符合质量标准的园林建设产品，取得最好的经济效益。定额中主要施工定额指标，应是先进管理水平和生产力水平的平均消耗数量标准。它规定了施工企业和建设单位在完成施工（生产）任务时，所允许消耗的人工、材料和机械台班的数量额度。从而规定了国家和建设单位在工程建设中能够向施工企业提供物质和资金的限度。施工企业就在这个限度内，合理组织施工生产，按质、按量地完成施工任务。预算定额确定了国家、建设单位和施工企业之间的技术经济关系，在我国建设施工工程中占有十分重要的地位和作用。预算定额的作用主要表现在以下几个方面：

（1）是编制地区单位估价表的依据；

（2）是编制园林工程施工图预算、确定工程造价的依据；

（3）是园林工程编制招标标底的主要依据；

（4）是施工企业编制施工组织设计，确定人工、材料、机械台班需要量的主要参考标准；

（5）是建设单位和银行拨付工程价款、建设资金贷款和进行工程竣工结算的依据；

（6）是施工企业贯彻经济核算、进行经济活动分析的参考依据；

（7）是编制概算定额和概算指标的基础资料；

（8）是设计部门对设计方案进行技术经济分析的工具。

三、预算定额编制的依据与原则

（一）预算定额编制的依据

（1）现行的劳动定额和施工定额；

（2）现行的设计规范、施工验收规范、质量评定标准和安全操作规程；

（3）具有代表性的典型工程施工图及有关图集；

(4)新技术、新结构、新材料和先进的施工方案等;

(5)有关科学实验、技术测定的统计、经验资料;

(6)现行的预算定额、材料预算价格及有关文件规定等。

(二)预算定额编制的原则

(1)平均水平原则;

(2)简明适用、严谨准确原则;

(3)集中领导分级管理的原则;

(4)坚持由专业人员编审的原则。

四、预算定额的编制步骤

预算定额的编制一般要经过编前准备、编制初稿、修改定稿三个阶段。

(一)编前准备阶段

在此阶段,主要是根据收集到的有关资料和国家政策性文件,拟定编制方案,对编制过程中一些重大原则问题做出统一规定。

(二)编制初稿、测定预算定额水平

(1)编制预算定额初稿。根据确定的定额项目和基础资料,进行反复分析和测算,编制定额项目劳动力计算表、材料及机械台班计算表,并附注有关计算说明,然后汇总编制预算定额项目表,即预算定额初稿。

(2)预算定额水平测算。新定额编制成稿,必须与原定额进行对比测算,分析水平升降原因。一般新编定额的水平应该不低于历史上已经达到的水平,并略有提高。

(三)修改定稿、整理资料阶段

(1)印发征求意见。定额编制初稿完成后,需要征求各有关方面意见和组织讨论,反馈意见。在统一意见的基础上整理分类,制定修改方案。

(2)修改整理报批。根据修改方案,将初稿按照定额的顺序进行修改,并经审核无误后形成报批稿,经批准后交付印刷。

(3)撰写编制说明。为顺利地贯彻执行定额,需要撰写新定额编制说明。其内容包括:项目、子目数量;人工、材料、机械单价的计算资料;施工方法、工艺的选择及材料运距的考虑;各种材料损耗率的取定资料;调整系数的使用;其他应该说明的事项与计算数据、资料。

(4)立档、成卷。定额编制资料是贯彻执行定额中需查对资料的唯一依据,也为修改定额提供历史资料数据,应作为技术档案永久保存。

五、预算定额编制主要工作

(一)定额项目的划分

因产品结构复杂、形体庞大,所以就整个产品计价是不可能的。但可根据不同部位、不同消耗或不同构件,将庞大的产品分解成各种不同的、较为简单、适当的计量单位(称为分部分项工程),作为计算工程量的基本构造要素,在此基础上编制预算定额项目。确定定额项目时要求:

(1)便于确定单位估价表;

(2)便于编制施工图预算;

(3)便于进行计划、统计和成本核算。

(二)工程内容的确定

基础定额子目人工、材料消耗量和机械台班使用量是直接由工程内容确定的。因此,工程内容范围的规定是十分重要的。

(三)确定预算定额的计量单位

预算定额与施工定额计量单位往往不同。施工定额的计量单位一般按工序或施工过程确定,而预算定额的计量单位主要是根据分部分项工程和结构构件的形体特征及其变化确定。由于工作内容综合、预算定额的计量单位亦具有综合性质,工程量计算规则的规定应确切反映定额项目所包含的工作内容。

预算定额的计量单位关系到预算工作的繁简和准确性。因此,要正确确定各分部分项工程的计量单位。

(四)确定施工方法

编制预算定额所取定的施工方法,必须选用正常、合理的施工方法,用以确定各专业的工程和施工机械。

(五)确定预算定额中人工、材料、施工机械消耗量指标

确定预算定额中人工、材料、机械台班消耗指标时,必须先按施工定额的分项逐项计算出消耗指标。然后,再按预算定额的项目加以综合。但是,这种综合不是简单合并和相加,而需要在综合过程中适当增加两种定额之间的水平差。预算定额的水平,首先取决于这些消耗量的合理确定。

人工、材料和机械台班消耗量指标,应根据定额编制原则和要求,采取理论与实际相结合、图纸计算与施工现场测算相结合、编制人员与现场工作人员相结合等方法进行计算和确定,使定额既能符合政策要求,又与客观情况一致,便于贯彻执行。

(六)编制定额表和拟定有关说明

定额项目表的一般格式是:横向排列为各分项工程的项目名称,竖向排列为分项工程的人工、材料和施工机械消耗量指标。有的项目表下部还有附注以说明设计有特殊要求时,怎样进行调整和换算。

预算定额的主要内容包括:目录,总说明,各章、节说明,定额表以及有关附录等。

六、单位估价法中消耗量的确定

(一)人工工日消耗量的确定

预算定额中人工工日消耗量是指在正常施工生产条件下,生产单位合格产品必需消耗的人工工日数量,是由分项工程所综合的各工序劳动定额包括的基本用工、其他用工以及人工幅度差三部分组成的。

1.基本用工

基本用工是指完成单位合格产品所必需消耗的技术工种用工。其包括以下几方面。

(1)完成定额计量单位的主要用工。按综合取定的工程量和相应的劳动定额进行计算。计算公式为：

$$基本用工=\sum(综合取定的工程量\times劳动定额)$$

例如工程实际中的砖基础，有一砖厚、一砖半厚、二砖厚等之分，用工各不相同，在预算定额中由于不区分厚度，需要按统计的比例，加权平均（即上述公式中的综合取定）得出用工量。

（2）按劳动定额规定应增加计算的用工量。例如砖基础埋深超过1.5 m，超过部分要增加用工。预算定额中应按一定比例给予增加。又例如砖墙项目要增加附墙烟囱孔、垃圾道、壁厨等零星组合部分的加工。

（3）由于预算定额是以劳动定额子目综合扩大的，包括的工作内容较多，施工的工效视具体部位而异，需要另外增加用工，列入基本用工内。

2.其他用工

预算定额内的其他用工，包括材料超运距用工和辅助工作用工。

（1）材料超运距用工。材料超运距用工是指预算定额取定的材料、半成品等运距，超过劳动定额规定的运距应增加的工日。其用工量以超运距（预算定额取定的运距减去劳动定额取定的运距）和劳动定额计算。计算公式为：

$$超运距用工=\sum(超运距材料数量\times时间定额)$$

（2）辅助工作用工。辅助工作用工是指劳动定额中未包括的各种辅助工序用工，如材料的零星加工用工、土建工程的筛砂、淋石灰膏、洗石子等增加的用工量。辅助工作的工量一般按加工的材料数量乘以时间定额计算。

3.人工幅度差

人工幅度差是指预算定额对在劳动定额规定的用工范围内没有包括，而在正常情况下又不可避免的一些零星用工，常以百分率计算。一般在确定预算定额用工量时，按基本用工、超运距用工、辅助用工之和的10%～15%取定。其计算公式为：

$$人工幅度差(人工)=(基本用工+超运距用工+辅助用工)\times人工幅度差百分率$$

（二）材料消耗量的确定

预算定额中的材料消耗量是在合理和节约使用材料的条件下，生产单位假定建筑安装产品（即分部分项工程或结构件）必需消耗的一定品种规格的材料、半成品、构配件等的数量标准。材料消耗量主要计算方法如下：

（1）凡有标准规格的材料，按规范要求计算定额计量单位的耗用量，如砖、防水卷材、块料等。

（2）凡设计图纸标注尺寸及下料要求的按设计图纸尺寸计算材料净用量，如门窗制作用材料、木方、板料等。

（3）换算法。各种胶接、涂料等材料的配合比用料，可以根据要求条件换算，得出材料用量。

（4）测定法。测定法包括实验室试验法和现场观察法。其指各种强度等级的混凝土及砌筑砂浆配合比的耗用原材料数量的计算，需按照规范要求试配经过试压合格以后并经过必要的调整后得出的水泥、砂、石子、水的用量。对新材料、新结构且不能用其他方法计算定额消耗用量时，需用现场测定方法来确定，根据不同条件可以采用写实记录法和观察法，得出定额的消耗量。

材料损耗量，指在正常条件下不可避免的材料损耗，如现场内材料运输及施工操作过程中的损耗等。其关系式如下：

材料损耗率 = 材料损耗量/材料净用量 ×100%

材料损耗量 = 材料净用量 × 材料损耗率

材料消耗量 = 材料净用量 + 材料损耗量

或　　材料消耗量 = 材料净用量 ×(1 + 材料损耗率)

其他材料的确定。一般按工艺测算并在定额项目材料计算表内列出名称、数量，并依编制期价格以其他材料占主要材料的比率计算，列在定额材料栏之下，定额内可不列材料名称及消耗量。

【例 2-11】 计算砌 1 m^3 370 厚标准砖墙的标准砖和砂浆的净用量与总耗量(标准砖的尺寸:240 mm ×115 mm ×53 mm，灰缝是 1 cm，标准砖、砂浆的损耗率均为 1.5%，计算结果标准砖取整数、砂浆保留 3 位小数)。

解 标准砖净用量 =2 ×1.5(砌体厚度砖数)/[0.365(砌体厚) ×(0.24 +0.01) ×(0.053 +0.01)] =3/0.005 749 =521.8(块)

标准砖总耗量 =521.8/(1 −1.5%) =529.7≈530(块)

砂浆净用量 =1 −0.24 ×0.115 ×0.053 ×521.8 =0.237(m^3)

(三)机械台班消耗量的计算

预算定额中的机械台班消耗量是指在正常施工条件下，生产单位合格产品(即分部分项工程或结构)必需消耗的某类型号施工机械的台班数量。它由分项工程综合的有关工序劳动定额确定的机械台班消耗量以及劳动定额与预算定额的机械台班幅度差组成。

垂直运输机械依照工期定额分别测算台班量，以台班/100 m^2 建筑面积表示。

确定预算定额中的机械台班消耗量指标，应根据《全国统一建筑安装工程劳动定额》中各种机械施工项目所规定的台班产生量加机械幅度差进行计算。若按实际需要计算机械台班消耗量，不应再增加机械幅度差。

机械幅度差是指在劳动定额(机械台班量)中未曾包括的，而机械在合理的施工组织条件下所必需的停歇时间，在编制预算定额时，应予以考虑。其内容包括：

(1)施工机械转移工作面及配套机械互相影响损失的时间；

(2)在正常施工情况下，机械施工中不可避免的工序间歇；

(3)检查工程质量影响机械操作的时间；

(4)临时水、电线路在施工中移动位置所发生的机械停歇时间；

(5)工程结尾时，工作量不饱满所损失的时间。

机械幅度差系数一般根据测定和统计资料取定。大型机械幅度差系数为：土方机械 1.25，打桩机械 1.33，吊装机械 1.3，其他均按统一规定的系数计算。

由于垂直运输用的塔式起重机、卷扬机及砂浆、混凝土搅拌机按小组配合，应以小组产量计算机械台班产量，不另增加机械幅度差。

综上所述，预算定额的机械台班消耗量按下式计算：

预算定额机械台班消耗量 = 施工定额机械台班消耗量 ×(1 + 机械幅度差系数)

占比重不大的零星小型机械按劳动定额小组成员计算出机械台班使用量,以"机械费"或"其他机械费"表示,不再列台班数量。

七、园林工程预算定额的组成

园林工程预算虽然离不开对园林工程各项工程内容和施工工艺等方面的熟悉,但很大程度上取决于对定额的灵活掌握。若想很好地使用定额就必须对其有全面的了解和掌握,下面对园林绿化工程的相关定额进行介绍。

园林工程预算定额一般由总说明、册说明、建筑面积计算规范、分部工程定额项目表和有关附录组成。

(一)总说明

总说明是对定额的使用方法和定额中共同性的问题所作的综合说明统一规定。使用定额必须熟悉和掌握总说明内容,以便对整个定额有全面的了解。总说明主要阐述预算定额的用途,编制依据,适用范围,定额中已考虑的因素和未考虑的因素、使用中应注意的事项和有关问题的说明。

总说明要点如下:

(1)预算定额的性质、编制原则和作用;

(2)定额的适用范围、编制依据和指导思想;

(3)有关定额人工的说明和规定;

(4)有关建筑材料、成品及半成品的说明和规定;

(5)有关机械台班定额的说明和规定;

(6)其他有关使用方法的统一规定等。

(二)册说明

册说明主要阐述本分部工程所包括的主要项目,编制中有关问题的说明,定额应用时的具体规定和处理方法等。

(三)建筑面积计算规范

建筑面积是以平方米为计量单位,反映房屋建设规模的实物量指标。建筑面积计算规范由国家统一规定编制,是计算房屋建筑面积的依据。目前,房屋面积计算应以原建设部颁发的《建筑工程建筑面积计算规范》(GB/T 50353—2005)为依据。

(四)分部工程定额项目表(定额项目表)

分部工程定额项目表是预算定额手册的核心内容,在定额项目表中列出了每一单位分项工程中人工、材料、机械台班消耗量及相应的各项费用以便预算套用。定额项目表由分项工程内容,定额计量单位,定额编号,预算单价,人工、材料消耗量及相应的费用、机械费、附注等组成。

以《湖南省仿古建筑及园林景观工程消耗量标准》(2006 版)为例,适用于新建、扩建的仿古建筑和园林景观工程,不适用于修缮和临时性工程,分为上册、下册和交底资料共三册。

上册内容包括:

总说明;仿古建筑面积计算规则;第一章 土石方工程;第二章 砌筑工程;第三章 石作

工作;第四章 混凝土工程;第五章 木作工程;第六章 楼地面工程;第七章 抹灰工程;第八章 瓦屋面工程;第九章 油漆工程。

下册内容包括:

第十章 彩画工程;第十一章 钢筋工程;第十二章 措施项目;第十三章 绿化工程;第十四章 园林小品工程。

第一分部工程均列有分部说明、工程量计算规则和定额表。

分部说明:是对本部分的编制内容、编制依据、使用方法和共同性问题所作的说明和规定。

工程量计算规则:是对本分部分项工程量计算规则所作的统一规定。

定额表:是定额的基本表现形式。

定额项目是预算定额手册的核心内容,在定额项目表中列出了每一单位分项工程中人工、材料、机械台班消耗量及相应的各项费用以便预算套用。定额项目表由分项工程内容,定额计量单位,定额编号,定额基价,人工、材料消耗量、机械费等消耗定额,以及附注等组成。

(五)附录

附录是定额应用的重要补充资料,这些资料供定额换算之用。附录列在定额手册的最后,主要内容有建筑机械台班预算价格,材料名称规格表,砂浆、混凝土配合比表,门窗五金用量表及钢筋用量参考表等。

表 2-1 是某省现行园林工程定额(2006 版)园路面层定额表。

八、园林工程基价构成

园林工程预算定额的定额基价由人工费、材料费和机械费组成。定额基价的确定方法主要就是由定额所规定的人工、材料、机械台班消耗量(所谓的“三量”)乘以相应的地区日工资单价、材料价格和机械台班价格(即所谓的“三价”)所得到的定额分项工程的基价。

人工费 = $\sum$(某定额项目的工日数 × 地区相应的日工资单价)

材料费 = $\sum$(某定额项目材料消耗量 × 地区相应材料价格) + 其他材料费

机械台班使用费 = $\sum$(某定额项目机械台班消耗量 × 地区相应施工机械台班单价)

【例 2-12】 计算满铺卵石面拼花园路面层基价。

解 查表 2-1 定额编号 E14 − 55,计量单位:10 m^2

人工费 $= 16.8 \times 30 = 504$(元)

材料费 $= 38.8 \times 0.41 + 130 \times 0.13 + 207.92 \times 0.36 + 1.44 \times 0.5 + 1 \times 0.54$

$= 108.92$(元)

机械台班使用费 $= 0$

基价 = 人工费 + 材料费 + 机械台班使用费

$= 504 + 108.92 + 0$

$= 612.92$(元/10 m^2)

表 2-1　某省现行园林工程定额(2006 版)园路面层定额表

工作内容:放线,修整路槽,夯实,修平垫层,调浆,铺面层,嵌缝,清扫。计量单位:10 m^2

定额编号				E14 - 55	E14 - 56	E14 - 57	E14 - 58	E14 - 59
项目				满铺卵石面拼花	素色卵石面彩边	现浇纹形混凝土路面 厚 12 cm	现浇水刷纹形混凝土路面 厚 12 cm	现浇水刷纹形混凝土路面每增减 1 cm
基价(元)				612.92	395.07	305.97	412.33	21.69
其中	人工费(元)			504.00	288.00	79.80	166.80	4.20
其中	材料费(元)			108.92	107.07	226.17	245.53	17.49
其中	机械费(元)			—	—	—	—	—
	名称	单位	单价(元)	数量				
人工	人工	工日	30.00	16.800	9.600	2.660	5.560	0.140
材料	本色卵石	t	38.80	0.410	0.430	—	—	—
材料	彩色卵石	t	130.00	0.130	0.110	—	—	—
材料	水泥砂浆 1:2.5	m^3	207.92	0.360	0.360	—	—	—
材料	锯材	m^3	943.06	—	—	0.015	0.015	—
材料	现浇及现场混凝土 C15	m^3	171.01	—	—	1.224	1.066	0.101
材料	水泥瓜子砂浆 1:1.5	m^3	292.33	—	—	—	0.158	—
材料	水	m^3	1.44	0.500	0.500	1.400	1.400	0.120
材料	其他材料费	元	1.00	0.540	0.520	0.690	0.890	0.050

注:卵石粒径以 4 ~ 6 cm 计算,如规格和品种不同时,可进行换算,其他不变。

九、园林工程预算定额的应用

在进行编制园林工程施工图预算及确定工程造价等工作应用定额时,常会遇到定额的套用、换算和补充等情况。在具体操作过程中,视实际情况应灵活运用。

(一)定额编号

在编制施工图预算时,对工程项目均须填写定额编号,其目的是便于检查使用定额时,项目套用是否正确合理,以起到减少差错、提高管理水平的作用。

园林工程预算定额编号有两种表现形式,即"二代号"编号法和"三代号"编号法。

1."二代号"编号法

"二代号"编号法,是以园林预算定额中的分部工程序号——分项工程序号两个号

码,进行定额编号。其表达形式为:X－－－－－－－－－－－－－－－－－－－－－－－XX

分部工程序号　　　　　　　　　　分项工程序号

其中:分部工程序号,用阿拉伯数字1、2、3、4……

分项工程序号,用阿拉伯数字1、2、3、4……

目录中都注明各分项工程的所在页数。项目表中的项目号按分部工程各自独立顺序编排,用阿拉伯字码书写。在编制工程预算书套用定额时,应注明所属分部工程的编号和项目编号。

以"二代号"编号法进行项目定额编号较为常见。

2."三代号"编号法

"三代号"编号法,是以园林预算定额中的分部工程序号－－－分定额节序号(或工程项目所在定额页数)－－－－分项工程序号等三个号码,进行定额编号。其表达形式如下:

X－－－－－－－－－－－－－－－－－－－X－－－－－－－－－－－－－－－－－－－XX

分部工程序号　　　　　　分定额节序号　　　　　　分项工程序号

(或工程项目所在定额页数)

(二)预算定额套用的基本要求

园林工程预算定额是编制园林工程图预算、招标标底、考核工程成本、签订承包合同、工程结算、拨款的主要依据。所以正确使用预算定额,减少并杜绝技术性原因造成的错用,对提高工作质量和做好园林工程的经济管理工作,有着十分重要的现实意义。

掌握定额的查阅方法、正确套用定额项目和工程量计算、严格按照预算定额编制预算是使用预算定额的基本要求。正确套用定额项目和计算工程量的具体要求如下:

(1)认真学习预算定额的总说明、分册说明及分部工程说明和附录的规定,掌握定额的编制原则、适用范围、编制依据及分部工程的内容范围。

(2)深入学习定额项目表中的各栏目所包括的内容和计量单位,各定额项目表的某一结构或构造的具体做法及允许调整换算的范围与方法。

(3)正确理解和熟记各分项工程的计算规则。

另外,在园林工程预算中还要掌握园林植物材料的品种及栽植技术,园路、园桥、亭、假山等工程的施工技术和工艺等知识,才能计算工程量,正确套用定额。若工程项目的设计要求与定额项目的内容和条件不完全一致时,不能直接套用,应根据定额的规定进行换算。定额总说明和分项部分说明中规定的换算范围和方法是换算的依据,需要严格执行。

(三)定额套用的方法

预算定额套用时,通常会遇到直接套用、换算、补充这三种情况。

1.直接套用

在编制单位工程施工图预算的过程中,大多数项目可以直接套用预算定额。预算定额的直接套用的前提是设计要求与定额项目相一致,即可直接套用定额的预算基价及工料消耗量计算该分项工程的直接费及人工、材料需用量。之后就可以进行工料分析,以便控制工程成本。

【例 2-13】 某绿地栽植桂花(胸径 10 cm)、国槐(裸根、胸径 10 cm),套用预算定额(相关定额见表 2-2、表 2-3)。

表 2-2　某省苗木栽植定额表[栽植乔木(带土球)]

工作内容:挖坑,栽植(落坑,扶正,回土,捣实,筑水围),施基肥,浇水,覆土,保墒,整形,清理。

计量单位:10 株

定额编号				E13-62	E13-63	E13-64	E13-65	E13-66	E13-67	E13-68
项目				栽植乔木(带土球)土球直径(cm)						
				20	30	40	50	60	70	80
基价(元)				11.76	21.96	41.22	66.78	121.44	233.40	354.26
其中	人工费(元)			11.40	21.60	40.50	65.70	120.00	129.00	198.00
	材料费(元)			0.36	0.36	0.72	1.08	1.44	1.80	2.16
	机械费(元)			—	—	—	—	—	102.60	154.10
名称		单位	单价(元)	数量						
人工	人工	工日	30.00	0.380	0.72	1.35	2.19	4.00	4.30	6.60
材料	水	m^3	1.44	0.250	0.25	0.50	0.75	1.00	1.25	1.50
机械	汽车式起重机 5 t	台班	390.125	—	—	—	—	—	0.263	0.395

表 2-3　某省苗木栽植定额表[栽植乔木(裸根)]

工作内容:挖坑,栽植(落坑,扶正,回土,捣实,筑水围),施基肥,浇水,覆土,保墒,整形,清理。

计量单位:10 株

定额编号				E13-75	E13-76	E13-77	E13-78	E13-79	E13-80	E13-81
项目				栽植乔木　裸根(乔木胸径 cm 以内)						
				4	6	8	10	12	14	16
基价(元)				11.76	22.32	44.28	78.54	143.16	230.88	250.32
其中	人工费(元)			11.40	21.60	43.20	77.10	141.0	228.0	246.0
	材料费(元)			0.36	0.72	1.08	1.44	2.16	2.88	4.32
	机械费(元)			—	—	—	—	—	—	—
名称		单位	单价(元)	数量						
人工	人工	工日	30.00	0.380	0.720	1.44	2.57	4.70	7.60	8.20
材料	水	m^3	1.44	0.250	0.50	0.75	1.00	1.60	2.00	3.00

解 套用步骤如下：

(1)确定定额编号(见表2-4)。

绿化工程定额规定：起挖、栽植带土球的乔灌木，按土球直径的大小确定定额编号(土球直径一般取胸径的8~10倍)；起挖、栽植裸根乔木，按树木胸径大小确定定额编号；起挖、栽植裸根灌木，按灌丛高确定定额编号；栽植绿篱按篱高确定定额编号。

表2-4 定额编号确定示意

序号	项目名称	定额编号的确定原则	定额编号	备注
1	栽植桂花 胸径10 cm	定额规定：栽植带土球的树木时，定额编号根据土球的直径确定	E13-67	栽植桂花需带土球
2	栽植国槐 胸径10 cm	定额规定：栽植裸根乔木时定额编号根据胸径确定	E13-78	栽植国槐裸根

(2)查消耗量定额，得到人工、材料的数量，进行工料分析(见表2-5)。

表2-5 工程工料分析

定额号	项目名称	单位	人工	材料	机械
			工日	浇水	汽车起重机5 t
E13-67	栽植桂花 胸径10 cm	10株	4.30	1.25 m^3	0.263
E13-78	栽植国槐 胸径10 cm	10株	2.57	1.00 m^3	—

(3)查消耗量定额参考价目表得到基价、人工费单价、材料费单价、机械费单价，进行工程预算书的填写(见表2-6)。

表2-6 工程各价目

定额号	项目名称	单位	基价	人工费	材料费	机械费
E13-67	栽植桂花 胸径10 cm	10株	233.40	129.00	1.80	102.60
E13-78	栽植国槐 胸径10 cm	10株	78.54	77.10	1.44	—

2.预算定额的调整与换算

1)预算定额的换算

设计要求与定额项目的内容不完全相同时，必须进行系数换算。预算定额的系数换算是按定额说明中规定的系数乘以定额的基价后得到一个新单价。

定额换算的实质就是按定额规定的换算范围、内容和方法，对某些分项工程预算单位的换算。通常只有当设计选用的材料品种和规格同定额规定有出入，并规定允许换算时，才能换算。在换算过程中，定额单位产品材料消耗量一般不变，仅调整与定额规定的品种或规格不同材料的预算价格。经过换算的定额编号在下端应写个“换”字或“H”。

园林工程预算定额的换算类型常见的有以下六种。

(1)材料价格换算:设计材料价格与定额材料价格不同的换算;

(2)砂浆配合比换算:设计砂浆的配合比或种类与定额不同的换算;

(3)混凝土配合比换算:设计混凝土的配合或强度等级与定额不同的换算;

(4)系数增减换算:设计项目内容与定额部分不同,采用增减系数的换算;

(5)材料种类换算:设计材料种类与定额不同的换算;

(6)其他换算:除上述五种情况以外的换算。

2)预算定额换算方法实例

(1)材料价格换算法。当园林工程中设计采用的材料与相应定额采用的材料价格不同而引起定额基价变化时,必须进行换算。其换算公式如下:

换算后基价 = 原定额基价 + (设计材料价格 − 定额材料价格) × 定额材料消耗量

【例 2-14】 某公园假山采用 3.5 m 高的黄石假山,定额表见表 2-7,设计采用黄石,其市场价格 120 元/t,求该假山定额基价。

表 2-7 黄石假山堆砌定额

工作内容:放样,选石,运料。调制混凝土,砂浆,堆砌,搭、拆简单脚手架,塞垫嵌缝,清理,养护。

计量单位:t

定额编号				E14-5	E14-6	E14-7	E14-8
				黄石假山高度(m)			
				1 以内	2 以内	3 以内	4 以内
基价(元)				135.47	168.08	224.62	258.54
其中	人工费(元)			71.40	90.60	124.80	142.80
	材料费(元)			64.07	72.65	93.16	108.12
	机械费(元)			—	4.83	6.66	7.62
名称		单位	单价/元	数量			
人工	人工	工日	30.00	2.38	3.02	4.16	4.76
材料	黄石	t	45.00	1.00	1.00	1.00	1.00
	现浇混凝土 C15	m^3	171.008	0.06	0.08	0.08	0.10
	水泥砂浆 1:2.5	m^3	207.916	0.04	0.05	0.05	0.05
	水	m^3	1.44	0.17	0.17	0.17	0.25
	毛竹	根	8.00	—	0.13	0.18	0.26
	木脚手板	m^3	943.00	—	0.002	0.003	0.004
	铁件	kg	3.73	—	—	5.00	7.50
	木撑费	元	1.00	—	—	0.30	0.60
	其他材料	元	1.00	0.25	0.40	0.60	0.81
机械	其他机械费	元	1.00	—	4.83	6.66	7.62

解　从定额表 2-7 查阅得到：

该项目定额编号：E14－58　计量单位：t

定额基价：258.54 元/t　　定额黄石价格：45 元/t

$$E14-8_H=258.54+(120-45)\times 1=333.54(元/t)$$

(2)砂浆、混凝土配合比换算法。当园林工程设计采用的砂浆、混凝土配合比与定额规定不同而引起定额基价变化时，必须进行换算。其换算公式如下：

换算后基价＝换算前定额基价＋[设计砂浆(或混凝土)单价－定额砂浆(或混凝土)单价]×定额砂浆(或混凝土)用量

【例 2-15】　某游园园路采用纹形混凝土面，设计采用现浇混凝土 C15(16)，厚度为 150 mm，单价为 176.48 元/m^3。试求该园路面层基价。

解　从表 2-1 的定额表中查阅得到：

该项目定额编号：E14－57 ＋ E14－59 × 3　　计量单位：10 m^2

定额基价：$305.97+21.69\times 3=371.04$(元/10 m^2)

定额混凝土：C15(16)　　单价：171.008 元/m^3

定额混凝土用量：$1.224+0.101\times 3=1.527$($m^3$/10 m^2)

$$(E14-57+E14-59\times 3)_H=371.04+(176.48-171.008)\times 1.527$$
$$=379.40(元/10\ m^2)$$

(3)系数增减换算法。当园林工程图纸设计的工程项目内容与定额规定的相应内容不完全符合时，定额规定在允许范围内，定额的部分或全部采用增减系数调整。其换算公式如下：

换算后基价＝换算前定额基价±定额部分或全部×相应调整系数

【例 2-16】　某工程栽植乔木(带土球)，土球直径为 550 mm，三类土，定额表详见表 2-2。试求该项目定额基价。

解　从表 2-2 的定额表中查阅得到：

该项目定额编号：E13－66　　计量单位：10 株

定额基价：121.44 元　　其中人工费：120.00 元

按定额分部说明规定，起挖或栽植树木均以一、二类土为准，如为三类土，人工乘系数 1.15，四类土人工乘系数 1.34。本工程为三类土，应按定额规定用系数增减换算法换算定额基价。

$$(E13-67)_H=121.44+120\times(1.15-1)$$
$$=139.44(元/10株)$$

3. 预算定额的补充

当分项工程的设计要求与定额完全不相符或者由于设计采用新结构、新材料及新工艺施工方法，在预算定额中没有这类项目，属于额定缺项时，可编制补充预算定额。

编制补充预算定额的方法通常用两种。一种是有补充项目参考的人工、材料、机械台班消耗量，可先确定人工、材料、机械台班的单价，量乘以价组合成预算定额的基价。另一种方法是补充项目既测定人工、机械台班消耗量，又确定人工、材料、机械台班的单价，再组合成预算定额的基价。

第五节　园林工程概算定额与概算指标

一、概算定额

(一)概算定额的概念

确定完成合格的单位扩大分项工程或单位扩大结构构件所需消耗的人工、材料和机械台班的数量限额,叫概算定额。概算定额又称做“扩大结构定额”或“综合预算定额”。

概算定额是设计单位在初步设计阶段或扩大初步设计阶段确定工程造价,编制设计概算的依据。概算定额是预算定额的合并与扩大。它将预算定额中有联系的若干个分项工程项目综合为一个概算定额项目。

如砖基础概算定额项目,就是以砖基础为主,综合了平整场地、挖地槽(坑)、铺设垫层、砌砖基础、铺设防潮层、回填土及运土等预算定额中分项工程项目。

(二)概算定额的作用

概算定额对合理使用资金,确定工程造价,推行投资包干制和招标承包制等,都具有极其重要的意义。

概算定额与预算定额一样,随着科学技术的进步,人工、材料、机械台班价格的调整及其他因素的变化,需要加以修订。概算定额的主要作用表现在以下几个方面:

(1)概算定额是编制投资规划、可行性研究和编制设计概算的主要依据;

(2)概算定额是控制基本建设投资、对设计方案进行经济分析的依据;

(3)概算定额是编制概算指标和估算指标的依据;

(4)概算定额是编制建筑工程、安装工程主要材料和设备申请计划的依据;

(5)概算定额是建筑安装企业施工准备期间,在编制施工组织设计大纲或总设计中,拟定施工总进度和主要资源需要计划的依据;

(6)概算定额是确定基本建设项目贷款、拨款和施工图预算,进行竣工决算的依据。

(三)概算定额的编制原则

(1)概算定额的编制,应遵循扩大、综合、简化计算的原则。这主要是相对预算定额而言,概算定额在以主体结构部分为主,综合有关项目的同时,对综合的内容、工程量计算和不同项目换算等问题力求简化。

(2)概算定额的编制,应符合简明、适用、准确的原则。概算定额的项目划分、排列、定额内容、表现形式、编制深度,需要简明、适用和准确,力求计算简单,项目齐全,达到规定精度的控制幅度内,保证定额质量和概算质量,满足编制概算指标的要求,在确定定额编号时,要考虑运用统筹法和计算机编制概算定额的要求,以简化概算的编制工作,提高工作效率。

(3)概算定额的编制,应坚持不留或少留活口的原则。为了稳定统一概算的水平,考核和简化工程量计算,概算定额的编制,要尽量不留或少留活口。如对砂浆、混凝土标号,钢筋和铁件用量等,可根据工程结构不同部位,先经过测算、统计,然后综合确定较为合理的值。

(四)概算定额的编制依据

概算定额是国家主管机关或授权机关编制的,编制概算定额的主要依据如下:

(1)现行国家和地区标准图,定型图集及常用工程计算图纸;

(2)现行设计规范、施工技术验收规范,建筑安装工程操作规程和安全规程等;

(3)现行《全国统一预算定额》和地区《预算定额》;

(4)本地区《市政工程预算定额》和材料预算价格;

(5)有代表性的施工图预算和竣工决算资料;

(6)国家和地区的有关文件、文献和规定等。

(五)概算定额的编制步骤

概算定额的编制一般分三阶段进行,即准备阶段、编制初稿阶段和审查定稿阶段。

1. 准备阶段

该阶段主要是确定编制机构和人员组成,进行调查研究,了解现行概算定额执行情况和存在的问题,明确编制的目的,制定概算定额的编制方案和确定要编制概算定额的项目。

2. 编制初稿阶段

该阶段是根据已确定的编制方案和概算定额项目,收集和整理各种编制依据,对各种资料进行深入细致的测算和分析,确定人工、材料和机械台班的消耗量指标,最后编制出概算定额初稿。

3. 审查定稿阶段

该阶段的主要工作是测算概算定额水平,即测算新编概算定额与原概算定额及现行预算定额之间的水平。测算的方法既要分项进行测算,又要通过编制单位工程概算以单位工程为对象进行综合测算。概算定额水平与预算定额水平之间应有一定的幅度差,幅度差一般在5%以内。

概算定额经测算比较后,可报送国家授权机关审批。

(六)概算定额手册的内容

现行的概算定额手册包括文字说明和定额项目表两部分。

1. 文字说明

文字说明部分有总说明和分章说明。在总说明中,主要阐述概算定额的编制依据、原则、适用范围、目的、编算形式、应注意的事项等。分章说明主要阐述本章包括的综合工作内容及工程量计算规则等。

2. 定额项目表

一是定额项目的划分。概算定额项目一般按以下两种方法划分,其一是按工程结构划分:一般是按土石方、基础、墙、梁柱、门窗、楼地面、屋面、装饰、构筑物等工程结构划分。其二是按工程部位(分部)划分:一般是按基础、墙体、梁柱、楼地面、屋盖、其他工程部位等划分,如基础工程中包括了砖、石、混凝土基础等项目。

二是定额项目表。定额项目表是概算定额手册的主要内容,由若干分部定额组成。各节定额由工程内容、定额表及附注说明组成。定额表中列有定额编号、计量单位、概算价格、人工、材料、机械台班消耗量指标,综合了预算定额的若干项目与数量。

二、概算指标

(一)概算指标的概念

概算指标是比概算定额综合性更强的一种指标,是以每 100 m^2 建筑物面积或每 1 000 m^3建筑物体积(如是构筑物,则以座为单位)为计算单位,规定其所需消耗的活劳动与物化劳动的数量限额。

(二)概算指标的作用

概算指标主要在初步设计中使用,其作用如下:

(1)在建设项目规划阶段,概算指标是建设单位编制投资估算,计算投资量,申请投资额和主要材料需要量的依据。

(2)概算指标是编制设计概算,确定工程概算造价的依据。

(3)概算指标是设计单位对设计方案进行技术经济分析、衡量设计水平、考核基本建设投资效果的重要标准。

(三)概算指标的表现形式

概算指标的表现形式分为综合概算指标和单项概算指标两种。

(1)综合概算指标,是指按工业或民用建筑及其结构类型而制定的概算指标。综合概算指标的概括性较大,其准确性、针对性不如单项指标。

(2)单项概算指标,是指为某种建筑物或构筑物而编制的概算指标。单项概算指标的针对性较强,故指标中对工程结构形式要作介绍。只要工程项目的结构形式及工程内容与单项指标中的工程概况相吻合,编制出的设计概算就比较准确。

(四)概算指标的内容

概算指标的主要内容如下:

(1)总说明。说明指标的作用、编制依据、适用范围和使用方法。

(2)示意图。说明工程的结构形式等。

(3)结构特征。进一步说明结构形式,层高、层数和建筑面积等。

(4)经济指标。说明该工程每 100 m^2 造价及其中土建、水暖和电照材料等单位工程相应造价。

(5)内容及工程量指标。说明构造内容及 100 m^2 建筑面积的扩大分项工程指标及其人工和主要材料消耗指标。

(五)概算指标编制的原则和依据

(1)现行设计标准,各类型的典型工程设计和具有代表性的标准设计图纸。

(2)国家颁发的建筑标准、设计规范、施工验收规范和有关规定。

(3)现行预算定额和概算定额。

(4)地区工资标准、材料预算价格、机械台班预算价格及取费标准。

(5)典型工程结算资料和有代表性的概预算资料。

(6)现行的基本建设政策、法令和规章等。

第六节　园林工程量计算

在工程预算造价工作中,工程量计算是编制预算造价的原始数据,繁杂且量大。工程量计算的精度和快慢,直接影响着预算造价的编制质量与速度。

工程量计算依据是:设计说明及施工图,工程量计算规则和方法,现行的标准图集,施工组织设计及施工现场情况。

一、园林工程工程量计算的原则与方法

(一)园林工程工程量计算的原则

园林工程工程量的计算,一般要遵循以下原则。

(1)熟悉基础资料。

(2)列项要正确。计算工程量时,按施工图列出的分项工程必须与预算定额中相应分项工程一致。例如:水磨石地面分项工程,预算定额中含水泥白石子浆面层、素水泥浆及分带嵌条与不带嵌条,但不含水泥砂浆结合层,计算分项工程量时就应列面层及结合层两项。

因此,在计算工程量时,除了熟悉施工图纸及工程量计算规则,还应掌握预算定额中每个分项工程的工作内容和范围,避免重复列项及漏项。

(3)工程量计算规则要一致,避免错算。计算工程量采用的计算规则,必须与本地区现行预算定额计算规则相一致。例如:砌砖工程中,一砖半砖墙的厚度,无论施工图中标注的尺寸是“360”或“370”,都应以预算定额计算规则规定的“365”进行计算。

(4)计量单位要一致。计算工程量时,所列出的各分项工程的计量单位,必须与所使用的预算定额中相应项目的计量单位相一致。例如预算定额中,栽植绿篱分项工程的计量单位是10延长米,而不是株数,则工程量单位也是10延长米。

(5)按顺序进行计算。计算工程量时要按一定的顺序(自定)逐一进行计算,避免重算和漏算。

(6)工程量计算精度要统一。工程量的计算结果,除钢材、木材取三位小数外,其余一般取小数点后四位和三位,汇总时取小数点后三位和二位。

(二)园林工程工程量计算的方法

工程量的计算通常采用按施工先后顺序、按定额项目的顺序、按图纸和用统筹法进行。

(1)按施工顺序计算。按施工先后顺序依次计算工程量。计算时,先地下后地上,先底层后上层,先主要后次要。大型和复杂工程应先划分区域,编成区号,区分计算。

(2)按定额项目顺序计算。按当地定额中的分部分项编排顺序计算工程量,即从定额的第一分部第一项开始,对照施工图纸,凡遇定额所列项目在施工图中有的,就按该分部工程量计算规则算出工程量。凡遇定额所列项目在施工图中没有,就忽略,继续看下一个项目,若遇到有的项目,其计算数据与其他分部的项目数据有关,则先将项目列出,其工程量待有关项目工程量计算完成后,再进行计算。例如计算墙体砌筑,该项目在定额的第

三分部，而墙体砌筑工程量为：（墙身长度 × 高度 − 门窗洞口面积）× 墙厚 − 嵌入墙内混凝土及钢筋混凝土构件所占体积 + 垛、附墙烟道等体积。这时可先将墙体砌筑项目列出，工程量计算可暂放缓一步，待第四分部混凝土及钢筋混凝土工程及第六分部门窗工程等工程量计算完毕后，再利用该计算数据补算出墙体砌筑工程量。

（3）按图纸拟定一个有规律的顺序依次计算。

（4）统筹法计算工程量。其是分析工程量计算中各分项工程量计算之间的固有规律和相互之间的依赖关系，运用统筹法原理和统筹图图解来合理安排工程量的计算程序，以达到节约时间、简化计算、提高工效、为及时准确地编制工程预算提供科学数据的目的。根据统筹法原理，对工程量计算过程进行分析，可以看出各分项工程量之间，既有各自的特点，也存在着内在联系。例如在计算工程量时，挖地槽体积为墙长乘地槽横断面面积、基础垫层是按墙长乘垫层断面面积、基础砌筑是按墙长乘基础断面面积、墙基防潮层是用墙长乘基础宽度、混凝土地圈梁是墙长乘圈梁断面积。在这六个分项工程中，都要用到墙体长度。外墙计算外墙中心线，内墙计算净长线。运用统筹法的原理进行仔细分析，统筹安排计算程序和方法，省略重复计算过程，从而快速、准确地完成工程量计算工作。

下面结合某地方定额，来说明园林工程量计算的一般规则。

二、园林绿化工程工程量计算

（一）园林绿化工程量计算说明

（1）绿化栽植包括绿化种植前的准备、种植时用工用料和机械使用费，绿化地周围 2 m内的清理工作以及种植 10 天内的养护工作。种植 10 天后的保养费用另行计算。

（2）整理绿化地系指厚度平均 30 cm 以内的就地挖填找平；当厚度超过 30 cm 时，按微地形处理；厚度超过 1.4 m 的按填土子目计算；计算了整理绿化地，不再计算微地形处理项目。

（3）栽植指外购苗木现场种植，移栽指场内已有苗木的移位栽植。栽植和移栽均以一、二类土计算；如为三类土，人工乘以系数 1.15；四类土人工乘以系数 1.34；攀缘植物、草坪、花卉灌木模纹地被植物不分土壤类别。

（4）苗木、花卉的主材数量，应按设计或实际用量计算，其运输、栽植等操作损耗率如下：①带土球种植的乔木、竹类、灌木类 1.0%，不带土球种植的乔木、竹类、灌木类 1.5%；②攀缘植物、水生植物为 1.5%；③草根、草皮、草块为 8%；④反季节种植上述损耗率再增加 50%。

（5）反季节是指每年 6 月下旬至 8 月下旬反季节栽植，其施工用水量乘以系数 2.2。

（6）移栽乔木（裸根）是以截杆计算的。如需保留 1/2 树尾，人工乘以系数 1.2；全形态保留者，按实际发生计算。

（7）栽植珍贵树木和超过最大规格的特大树木，所需增加的措施费用另行计算。草皮播种不管是否采用机械喷播均不再另计取机械费用。苗木根部加生根粉剂的，根据不同苗木品种按实计算，其他不变。

（8）用水按自来水考虑，如为甲方供水，标准中的水量扣除。施工现场内无水源时，按栽植相应子目中的水量另加洒水车台班费。

(9)绿化工程均包括150 m场内材料搬运,超过运距时另行计算。

(10)苗木规格说明。

①苗木高度:苗木由地面至最高生长点的垂直距离。

②胸径:苗木分枝距地面高度≥1.3 m时,以苗木自地面1.3 m处树干的直径;分枝<1.3 m时,以苗木分枝点处的直径为准。

③土球直径:起挖苗木时根部所带的泥球的直径。

④苗木冠径:苗木平均冠径。

⑤地径:苗木地面处的直径。

⑥生长年限:是苗木从种植至起苗时的生长时间,无性繁殖的苗木以繁殖开始为时间起点,有性繁殖的苗木以播种种植开始为时间起点。

(11)苗木栽植定额不少子目是按土球直径、胸径、苗木高度、冠幅、根盘直径等来划分的。其中的土球直径大小不易界定,定额规定乔木土球直径按胸径的8倍或按地径的7倍计算;灌木或亚乔木的土球直径按其蓬径的1/3计算。

(12)乔木和珍贵树木栽植后必须用树棍、毛竹或其他材料作支撑;胸径在5 cm以上的乔木或珍贵树木栽植后,在主杆部分应用草绳等卷绕包扎,以保护主杆和抑制水分蒸发。

(二)工程量计算规则

(1)栽植和移植乔、灌木以"株"计算。灌木栽植,当株距大于40 cm时,按单株灌木子目以10株计算,当株距小于40 cm时,按花卉灌木模纹子目以10 m^2计算。

(2)散生竹按不同胸径规格以"10株"计算,丛生竹按盘径规格以"10丛"计算。

(3)种植花卉、挖铺草皮以"10 m^2"计算,绿篱不论单、双排均以"10延长米"计算。如设计无规定时,单排4.5株/m,双排9株/m。

(4)水生植物按不同品种以"10株"计算;攀缘植物行列栽植按年生期以"10株"计算,成片栽植以面积"10 m^2"计算。

(5)砍伐乔木以"10株"计算、灌木以"10丛"计算,清除草坪、整理绿化地以"10 m^2"计算。

(6)场内运输乔灌木按"10株",草皮按"10 m^2"计算。

(7)反季节施工中所植苗木,除计算栽植或移栽的子目外,应另以苗木高度和苗木冠径按"株"计取反季节施工技术措施费用。

三、园林小品工程工程量计算

(一)假山工程

1. 有关说明

(1)包括湖石假山、黄石假山、挡墙式假山、斧劈石假山、清片石假山、吸水石假山、塑料石假山等。除注明者外,假山和自然式驳岸均未包括基础,另行计算。

(2)塑砖骨架假石山,如设计要求做部分钢筋混凝土骨架时,应进行换算。

(3)堆砌假山,砌塑假山均包括脚手架不得另计。

(4)假山与基础的划分:地面以下按基础计算,地面以上按假山计算。

(5)平均厚度超过80 cm的室外附壁式假山按墙式假山计算。

(6)堆砌假山如需配置塔吊者,按施工组织设计另行计算。

2. 工程量计算规则

(1)堆砌假山工程量按实际堆砌的石料以吨计算。

堆砌假山工程量(t) = 进料验收数 - 进料剩余数,如无石料进场验收量时,可按叠成后的假山计算体积和比重换算,参考计算公式如下:

①假山计算体积($V_{计}$)的计算公式:

$$V_{计} = Kn \times A \times H \quad (m^3)$$

式中:Kn 的取值,H 在 1 m 内时为 0.77,H 在 1 ~ 2 m 时为 0.72,H 在 2 ~ 3 m 时为 0.653,H 在 3 ~ 4 m 时为 0.60;A 为假山不规则平面轮廓的水平投影面积的外切矩形面积,m^2;H 为假山石着地点至最高顶的垂直距离,m。

②计算体积换算重量的计算公式:

$$W_{重} = 2.6 \times V_{计}$$

式中:$W_{重}$ 为假山石重量,t; 2.6 为石料比重。

(2)各种单体孤峰及散景石,按其单体石料体积(取单体长、宽、高各自的平均值体积)乘以石料比重(2.6)计算。

(3)砌塑假山体积计算公式同堆砌假山,以"m^3"计算。

(4)塑砖骨架和钢筋架假山按其外围表面积以"m^2"计算。

(二)园路工程

1. 有关说明

(1)各种园路垫层按设计尺寸,两边各放宽 5 cm 乘厚度以"m^3"计算。

(2)园路面层按设计图示尺寸,按"m^2"计算。

(3)园桥毛石基础、桥台、桥墩、拱圈、护坡按设计图示尺寸以"m^3"计算,石桥面积按"m^2"计算。拱圈、支架按桥面宽度每侧加 1 m 的空间体积以"m^3"计算。

2. 工程量计算规则

(1)园路垫层缺项可按楼地面工程相应项目执行,人工乘系数 1.10。

(2)园桥基础、桥台、桥墩、护坡、石桥面等项目,如遇缺项可分别按其他章相应项目执行,人工乘系数 1.25,其他不变。

(三)小品工程

1. 有关说明

(1)园林小品是指园林建设中的工艺点缀品,艺术性较强。包括堆塑装饰、塑各种动物、雕塑和小型预制钢筋混凝土、金属构件等小型设施。雕塑指适用于民间传统工艺装饰的园林小品雕塑,不适用于城市雕塑。

(2)园林小摆设,系指各种仿匾额、花瓶、花盆、石鼓、坐凳及小型水盆、花坛池、花架预制件。

2. 工程量计算规则

(1)堆塑装饰分别按展开面积以 m^2 计算,塑松棍(柱)、竹分不同直径按延长米计算。

(2)小型设施:预制或现捣水磨石景窗、平凳、花檐、角花、博古架、飞来椅等的工程量,按图示尺寸以延长米计算,木纹板工程量以 m^2 计算。

(3)塑树蔸式桌椅以一桌四凳为一套,小套桌面 $\phi600$ mm,中套 $\phi800$ mm,大套 $\phi1\ 000$ mm。

(4)鱼长从鱼口沿始,经眼、腹至尾之全长,以条计算。

(5)仙鹤身高为头、颈、身、腿长之和;嘴和爪不计算长度。

(6)塑龙按龙身最粗处之周长以条计算。

(7)雕塑按图案的外切矩形面积以 m^2 计算,简单是指构图内容较单调、层叠不多的装饰物构成的画面,如几何图案构图、层次和束数不多的花草、山石,吉祥物飘带,笙笛、果子、书卷、蝙蝠等。复杂是指构图内容丰富,层次较多的装饰物构成的画面,如风景、山水树木、建筑物、龙凤呈祥、故事人物、戏幅等。其中:阴阳线雕——在一个平面上以凸、凹线型表现的图案,一般突出底板 1 ~4 cm;平浮雕——以厚度不同的平面图案构成,一般凸出底板 3 ~6 cm;浅浮雕——以不同高度的立体图案构成,被雕物有 1/2 以上凸出画面呈现立体感,一般凸出底板 5 ~10 cm;高浮雕——壁浅浮雕更具有立体感,主要雕塑对象有 3/4 以上突出画面,一般凸出底板 10 ~20 cm。

(8)塑散景石按不规则水平投影面积的外切矩形面积乘以平均高度的体积计算。

(9)琉璃花窗、瓦片漏窗按实际面积以 m^2 计算。窗框未包括在内,按相应项目另行计算。

(10)琉璃竹节按实际长度以 m 计算。

(11)石桌石椅、水磨石桌凳均以一桌四凳为一套。

(12)杉树皮屋面、杉树皮贴墙面均按饰面积计算,爪角和室顶以个计算。

四、土方工程工程量计算

(一)相关说明

1. 人工、机械土石方

(1)土壤岩石按普通土、坚土、松石、坚石分类,其具体分类见《土壤及岩石(普氏)分类表》。

(2)挖土方地槽(坑)以及运土方,不分干土、湿土。

(3)土石方体积均按天然密实体积计算。

(4)土石方工程中,施工期间工作面内发生的雨水积水排水费用,包括在冬雨季施工增加费中;其他排水费用,按实际计算。

2. 人工土石方

(1)在有挡土板支撑下挖土方时,按实挖体积,人工乘以系数 1.35,先挖后支不增加系数。

(2)挖桩间土方时,人工乘以系数 1.25。其中,人工挖孔桩间挖土,其人工乘以系数 1.10;桩径大于 600 mm 的桩体积应予扣除。

(3)场地竖向布置挖填土方时,不再计算平整场地工程量。

(4)石方爆破是按炮眼法松动爆破编制的,不分明炮、闷炮,但闷炮的覆盖材料应另行计算。

(5)石方爆破是按电雷管、导线导电起爆编制的,如采用火雷管爆破时,雷管应换算,数量不变。扣除标准中的塑胶质导线，换为导火索，导火索的长度按每个雷管2.12 m计算。

3. 机械土石方

(1)推土机推土、石渣，铲运机铲运土，上坡时，如果坡度大于5%时，其运距按坡度区段斜长乘表2-8系数计算。

表2-8　坡度区段斜长系数

坡度(%)	5~10	10~15	15~20	20~25
系数	1.75	2.00	2.25	2.50

(2)汽车、人力车，重车上坡降效因素，已综合在相应的运输标准项目中，不再另行计算。

(3)机械挖土方工程量按机械土方90%，人工挖土方10%计算，人工挖土方部分按相应标准项目人工乘以系数1.35。人工部分为石方时，工程量按实计算，套用相应石方开挖定额，不另乘系数。

(4)推土机推土或铲运机铲土，土层平均厚度小于300 mm时，推土机台班用量乘以系数1.20，铲运机台班用量乘以系数1.15。

(5)推土机(或铲运机)推(或铲)未经压实的堆积土时，按一、二类土相应项目乘以系数0.87。

(6)爆破材料是按炮孔中无地下水、积水编制的，炮孔中若出现地下渗水、积水时，处理渗水或积水发生的费用另行计算。另外，未计爆破时所需覆盖的安全网、草袋及架设安全屏障等设施，发生时另行计算。

(7)机械上下行驶坡道土石方，合并在土石方工程量内计算。

(8)汽车运土、石，运输道路是按一、二、三类道路综合确定的，已考虑了运输过程中道路清理的人工，如需要铺筑材料时，另行计算。

(9)建筑物地下室基础土石方，自然地面以下超过6.0 m深，采用机械挖土、装土、装渣、自卸汽车运输，按相应项目(仅指挖土且运距在1 km以内项目)乘以系数1.20。工程量按超深部分计算；计算运距时，以挖土区重心至卸土区重心的水平距离计算。

(10)桩基土石方外运，按相应项目计算，工程量按实际计算。

(二)工程量计算规则

1. 土方体积

土方体积均以挖掘前的天然密实体积计算(另有注明者除外)。如为松散土方者，按以下规定处理：一、二类土折松方乘以系数1.2；三类土折松方乘以系数1.25；四类土折松方乘以系数1.30。

土方回填，按回填后的竣工体积，以立方米计算。不同状态的土方体积，按表2-9换算。

2. 平整场地及辗压工程量

平整场地及辗压工程量，按下列规定计算：

(1)人工平整场地是指建筑场地挖、填土方厚度在±30 cm以内及找平。厚度超过±30 cm时,其全部土方工程量按挖土方相应定额计算。

表 2-9　土石方体积折算系数

天然密实度体积	虚方体积	夯实后体积	松填体积
1.30	1.30	0.87	1.08
0.77	1.00	0.67	0.83
1.15	1.49	1.00	1.24
0.93	1.20	0.81	1.00

(2)平整场地工程量按建筑物外墙外边线每边各加2 m,以平方米计算。

(3)建筑场地原土辗压以平方米计算,填土辗压按图示填土厚度以立方米计算。

3.挖掘沟槽、基坑土方工程量

挖掘沟槽、基坑土方工程量,按下列规定执行:

(1)沟槽、基坑划分。

凡图示沟槽底宽在3 m以内,且沟槽长大于槽宽3倍以上的为沟槽;沟槽长小于槽宽3倍,且图示基坑底面积在20 m^2 以内的为基坑。

凡图示沟槽底宽在3 m以外,坑底面积20 m^2 以外,均按挖土方计算。

平整场地,挖土方、沟槽、基坑的关系可以用表2-10表示。

表 2-10　平整场地、挖土方、挖槽(沟)、挖柱坑(基)的划分

项目	区别条件	
	坑底面积(m^2)	槽底宽度(m)
挖柱坑(基)	≤20	
挖槽(沟)		≤3
挖土方	>20	>3
平整场地	凡土层厚度在±0.3 m以上填、挖、找平	

(2)计算挖沟槽、基坑、土方工程量,需要放坡时,编制施工图预算,应按施工组织设计计算;施工组织设计无规定者,可参照表2-11规定计算。办理工程结算时,应按甲、乙双方签证的隐蔽工程记录计算。

表 2-11　放坡系数

土壤类别	放坡起点(m)	人工挖土	机械挖土	
			在坑内作业	在坑上作业
一、二类土	1.20	1:0.5	1:0.33	1:0.75
三类土	1.50	1:0.33	1:0.25	1:0.67
四类土	2.00	1:0.25	1:0.10	1:0.33

注:沟槽、基坑中土壤类别不同时,按不同类别土方厚度加权平均计算;计算放坡时,在交接处的重复工程量不予扣除,原槽坑做基础垫层时,放坡自垫层上表面开始计算。

(3)挖沟槽、基坑需支挡土板时，其宽度按图示沟槽、基坑底宽单面加 10 cm、双面加 20 cm 计算；挡土板面积按槽、坑垂直支撑面积计算。支挡土板后，不得再计算放坡。

(4)基础施工所需工作面，按表 2-12 规定计算。

表 2-12　基础施工所需工作面宽度计算

基础材料	每边各增加工作面宽度(mm)
砖基础	200
浆砌毛石条石基础	150
混凝土基础垫层支模板	300
混凝土基础支模板	300
基础垂直面做防水层	800(防水层面)

(5)挖沟槽长度，外墙按图示中心线长度计算，内墙按图示基础底面之间净长线长度计算，内外突出部分(垛、附墙烟囱等)体积并入沟槽土方工程量内计算。

(6)人工挖土方、槽坑凿石方深度超过消耗量标准子目规定深度的部分工程量，按每米折合水平运距 7 m 计算人工运输，按运距每增加 20 m 的项目增加人工。

(7)沟槽、基坑深度按图示槽、坑底面至外地坪深度计算；地沟按图示沟底至室外地坪深度计算。

4. 岩石开凿及爆破工程量

岩石开凿及爆破工程量，区别石质按下列规定计算：

(1)人工凿岩石，按图示尺寸以立方米计算。

(2)爆破岩石按图示尺寸以立方米计算，其沟槽、基坑宽允许超挖量(基底不计)：次坚石为 200 mm，普坚石、特坚石为 150 mm，超挖部分岩石并入岩石挖方量之内计算。

5. 回填土区工程量

回填土区分夯填、松填，按图示回填体积并依下列规定，以立方米计算：

(1)沟槽、基坑回填：沟槽、基坑回填体积以挖方体积减去设计室外地坪以下埋设构件(包括基础垫层、基础等)体积计算。

(2)房心回填土，按主墙之间的面积乘以回填土厚度计算。

(3)余土或取土工程量，可按下式计算：

余土外运体积 = 挖土总体积 − 回填土总体积

式中：计算结果为正值时为余土外运体积，负值时为需取土体积。

6. 土方运距

土方运距，按下列规定计算：

(1)推土机推土运距：按挖方区重心至回填区重心之间的最短距离计算。

(2)铲运机运土运距：按挖方区重心至卸土区重心加转向距离 45 m 计算。

(3)自卸汽车运土运距:按挖方区重心至填土区(或堆放地点)重心的最短距离计算。

【例2-17】　某园林建筑小品毛石基础如图2-2所示:$a=780$ mm,$c=150$ mm,$H=1.2$ m,$K=0.5$,人工挖土。试计算其土方工程量。

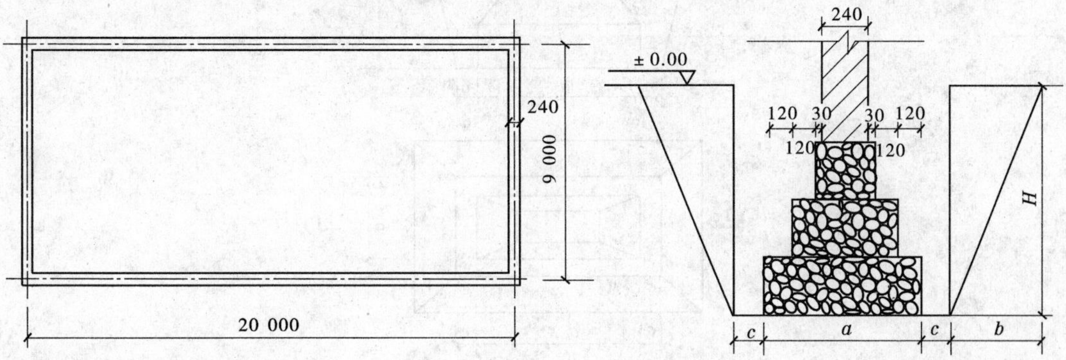

图2-2　毛石基础结构图

解　根据土方工程量计算规则及相关规定分析如下。

由表2-11可知,三类土放坡起点为1.5 m,基础深为1.2 m,故沟槽可不放坡。

一、二类土放坡起点为1.2 m,基础深为1.2 m,故沟槽需放坡。坡度系数为0.5。

由表2-12可知,毛石基础的工作面为15 cm。

外墙沟槽(地槽)长度按其中心线长度计算,可知沟槽长度为:

$$L=(20+9)\times 2-0.24\times 4=57.04(\text{m})$$

注:0.24×4为1/2砖墙四个墙角重叠尺寸。

土壤为三类土时不放坡,有工作面时挖沟槽的工作量为V_1。

$$V_1=(a+2c)\times H\times L$$

$$=(0.78+2\times 0.15)\times 1.2\times 57.04=73.92(\text{m}^3)$$

土壤为一、二类土时放坡,有工作面时挖沟槽的工作量为V_2。

$$V_2=(a+2c+KH)\times H\times L$$

$$=(0.78+2\times 0.15+0.5\times 1.2)\times 1.2\times 57.04=114.99(\text{m}^3)$$

【例2-18】　图2-3所示为某单柱花架混凝土基础矩形,已知:$a=1\ 000$ mm,$c=300$ mm,$H=2\ 000$ mm,$b=1\ 000$ mm,$K=0.5$,试计算其土方工程量。

解　(1)放坡的矩形基坑工程量计算

$$V=(a+2c+KH)\times(b+2c+KH)\times H+1/3K^2H^3$$

式中:$1/3K^2H^3$ 值为基坑四角的锥体体积,其透视图如图2-4所示。

四角的角锥体积可按预算手册中的角锥体积表计算。

$$V=(1.0+0.3\times 2+0.5\times 2.0)\times(1.0+3.0\times 2+0.5\times 2.0)\times 2.0+1/3\times 0.5^2\times 2^3=14.19(\text{m}^3)$$

(2)放坡的圆形基坑土方工程量如图2-5所示。

已知:$H=3\ 000$ mm,$R_1=1\ 500$ mm,$R_2=KH+R_1$

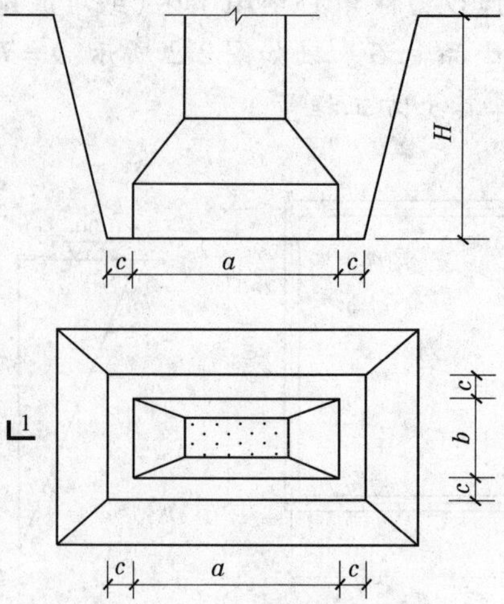

图 2-3　混凝土基础结构图

由图可知：$R_2 = KH + R_1$

$= 0.25 \times 3\,000 + 1\,500$

$= 2\,250$(mm)(四类土)

故可求得基坑的土方工程量：$V = 1/3 \times \pi \times H \times (R_1{}^2 + R_2{}^2 + R_1R_2)$

$= 1/3 \times 3.141\,6 \times 3.0 \times (1.5^2 + 2.25^2 + 1.5 \times 2.25)$

$= 33.58(\text{m}^3)$

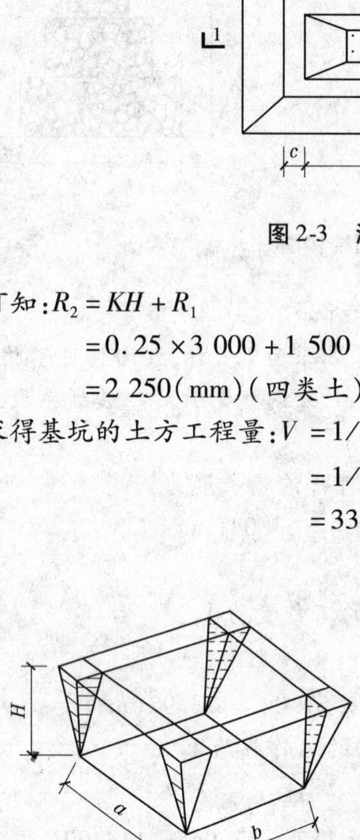

图 2-4　基坑四角的锥体

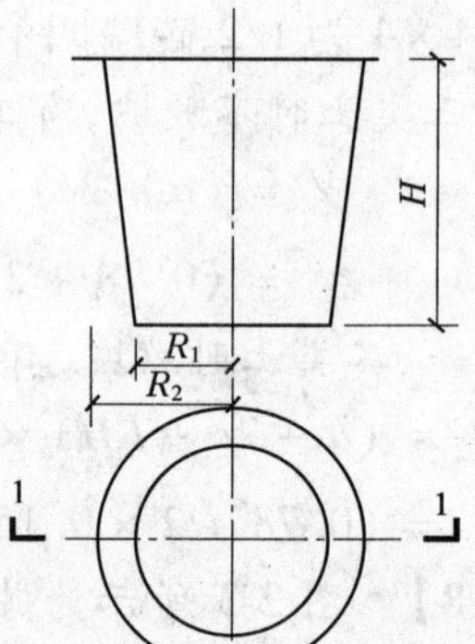

图 2-5　圆形基坑放坡

【例 2-19】　某公园场地土方平衡，设置 20 m×20 m 方格网，方格网及测量标高如图 2-6 所示(坐标数据中，上面的为设计标高，下面的为地面标高)，试计算挖、填土方工程量。

解　计算各角点施工高度，确定零点线位置，标注如图 2-7 所示。

然后计算土方量，如表 2-13 所示。

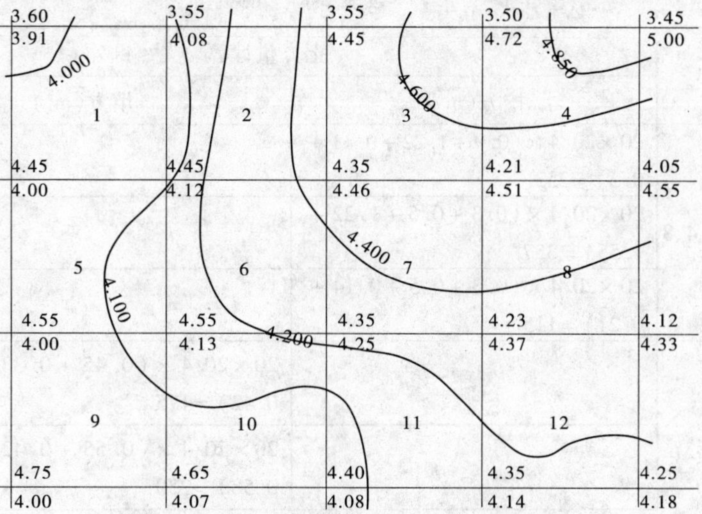

图 2-6 方格网角点标高及方格编号

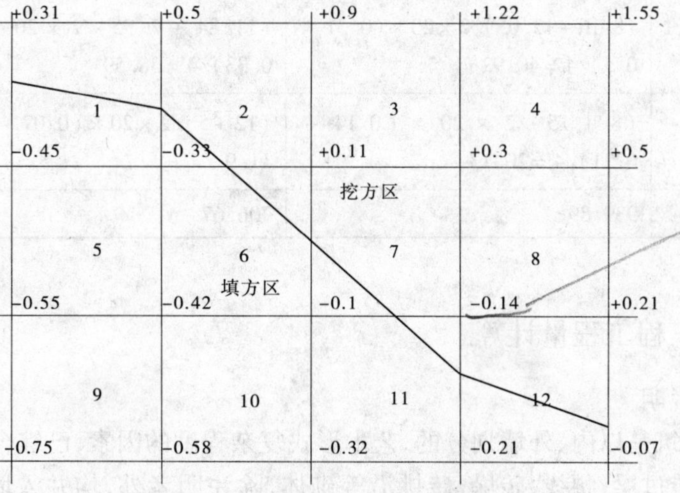

图 2-7 角点施工高度、零点线

表 2-13 土方计算(方格网计算法)

序号	图形编号	土方量计算		说明
		挖方(m^3)	填方(m^3)	
1	三角形 2、7	$(20\times20-7.95\times8.63/2)\times1.51/5=111.65$	$7.95\times8.65\times0.33/6=3.77$	2
		$(20\times20-10.86\times9.52/2)\times0.55/5=38.31$	$10.86\times9.53\times0.1/6=1.73$	7
2	三角形 6、11	$11.37\times10.47\times0.11/6=2.18$	$(20\times20-11.37\times10.47/2)\times0.85/5=57.88$	6
		$9.13\times8\times0.14/6=1.70$	$(20\times20-9.13\times8/2)\times0.63/5=45.8$	11

续表 2-13

<table>
<tr><th rowspan="2">序号</th><th rowspan="2">图形编号</th><th colspan="2">土方量计算</th><th rowspan="2">说明</th></tr>
<tr><th>挖方(m^3)</th><th>填方(m^3)</th></tr>
<tr><td rowspan="3">3</td><td rowspan="3">正方形3、4、8</td><td>20×20/4×(0.9+1.22+0.11+0.3)=253</td><td></td><td>3</td></tr>
<tr><td>20×20/4×(0.3+0.5+1.22+1.55)=357</td><td></td><td>4</td></tr>
<tr><td>20×20/4×(0.3+0.5+0.14+0.21)=115</td><td></td><td>8</td></tr>
<tr><td rowspan="3">4</td><td rowspan="3">正方形
5、9、10</td><td></td><td>20×20/4×(0.45+0.33+0.55+0.42)=175</td><td>5</td></tr>
<tr><td></td><td>20×20/4×(0.55+0.42+0.75+0.58)=230</td><td>9</td></tr>
<tr><td></td><td>20×20/4×(0.42+0.1+0.58+0.32)=142</td><td>10</td></tr>
<tr><td rowspan="2">5</td><td>梯形1</td><td>(8.16+12.05)/2×20×(0.31+0.5)/4=40.92</td><td>(11.84+7.95)/2×20×(0.45+0.33)/4=38.59</td><td>1</td></tr>
<tr><td>梯形12</td><td>(8+15)/2×20×(0.14+0.21)/4=20.13</td><td>(12+5)/2×20×(0.07+0.21)/4=11.9</td><td>12</td></tr>
<tr><td colspan="2">小计</td><td>939.89</td><td>706.67</td><td></td></tr>
</table>

五、砌筑工程工程量计算

(一)相关说明

(1)砖墙砌筑是以内、外墙划分的,艺术形式复杂程度的因素,已综合考虑在项目内。

(2)砖旋、砖过梁、腰线、砖垛、砖挑沿等砌体,除注明者外,均并入墙身内计算;砖圈梁使用砂浆标号不同时,另列项目计算。砖过梁、砖圈梁等砌体内的钢筋应根据设计图纸另行计算。

(3)砌体中砂浆标号,如与设计规定不同时,应根据设计规定的标号计算,但人工和砂浆数量不变。除砖圈梁外钢筋砖过梁及砖旋,比墙身提高砂浆标号因素,已综合考虑在内,不另增加。

(二)工程量计算规则

(1)基础垫层长度:外墙按外墙中心线长度计算,内墙按净长计算。

(2)砖结构以标准砖为准,计算砖墙体积时,其厚度规定见表2-14。

使用地方砖时,其人工、材料按实调整。一砖以内的砖墙厚度,按砖的尺寸计算,一砖以上的砖墙厚度,按砖的尺寸每个灰缝加1 cm计算。

(3)檐高按设计室外地坪至檐口滴水高度计算。

表 2-14　标准砖墙体厚度

砖规格	单位	1/4 砖	1/2 砖	3/4 砖	1 砖	1.25 砖	1.50 砖	2 砖	说明
240×115×53	mm×mm×mm	53	115	180	240	300	365	490	标准砖

(4)通过墙基、墙身的孔洞或其他空洞的面积,每个在 0.3 m^2 以内者不予扣除,如超过 0.3 m^2 者应予以扣除。

(5)基础与墙身的划分:有台明的以室内地坪为界;无台明的以室外地坪为界。以上者为墙身,以下者为墙基。台明墙按墙身计算。

(6)砖基础体积的计算规定如下:

①外墙墙基的长度按外墙中心线长度计算。

②内墙墙基的长度按内墙净长计算。

③地龙墙、地楞砖墩按墙基执行。

(7)砖墙身体积的计算规定如下。

①计算墙身体积时,应扣除门窗洞口(门、窗框外围面积,下同)、过人洞、空圈、嵌入墙身的钢筋混凝土梁、圈梁及板头等所占体积;但嵌入墙身的钢筋、铁件和钢筋混凝土梁头、梁垫、木屋架头、桁条垫木、木楞头、出沿椽、木砖、门窗走头、半砖墙的木筋及伸入墙内的暖气片、壁龛等体积均不扣除;突出墙身的门、窗套、窗台虎头砖、压顶线、山墙泛水槽和腰线(在三皮砖以下者)等体积也不增加。

②外墙墙身和女儿墙按外墙中心线长度计算,高度按图示尺寸计算。女儿墙工程量并入外墙计算。

③内墙墙身的长度按内墙净长计算,高度按图示尺寸计算。

④檐口外墙高度的计算规定:檐口外墙高度算至其中心线的屋面板或椽子顶面,但如内外有天棚(天花、轩)及檐口桁条起承重作用,檐墙高度算至天棚以上 20 cm。

⑤山墙部分的工程量,无台明的由设计室外地坪,有台明的由室内地坪起算至山尖二分之一的高度。

(8)空斗墙按外形体积以立方米计算。计算规则与实砌墙同。墙角、门、窗洞口立边,内外墙节点、钢筋砖过梁、砖旋、混凝土楼板下、楼地面踢脚线处、山尖和屋檐处的实砌砖,已包括在子目内,不另计算;但钢筋砖统圈梁及附墙垛(柱)实砌部分应按相应项目另行计算;围墙的砖垛、压顶(屋顶墙脊另算)和腰线应并入墙身内计算。

(9)砖柱基合并在柱身内计算。毛石柱基合并在墙基内计算。

(10)空花墙按面积计算,其透空部分面积包括在内。

(11)墙基防潮层按墙基顶面积以平方米计算。

六、石作工程量计算

(一)相关说明

(1)石料按花岗岩石料为准,如使用其他石料,人工可以调整,材料用量不变。

(2)石料表面加工等级类别划分。

(3)加工等级加工方法与要求如表2-15所示,石浮雕的加工类别及加工要求如表2-16所示。

表2-15 石料表面加工等级加工方法与要求

加工等级	加工方法与要求
打荒	即对石料进行"打剥"加工,也就是用铁锤及铁凿将石料表面凸起部分凿掉
錾凿	即用铁锤及铁凿对石料表面进行密布凿痕的加工,并令其表面凹凸逐渐变浅
一遍剁斧	即用铁锤、铁凿和铁斧使石料表面趋于平正,用铁斧剁打后,令其表面无凹凸,达到表面平正,斧口痕迹的间隙应小于3 mm
二遍剁斧	在一遍剁斧的基础上加工得更为精密一些,斧口痕迹的间隙应小于1 mm
三遍剁斧	在二遍剁斧的基础上要求平面具有更严格的平整度,斧口痕迹的间隙应小于0.5 mm
扁光	凡完成三遍剁斧的石料,用砂石加水磨去表面的剁纹,使其表面达到光滑与平正

表2-16 石浮雕的加工类别及加工要求

加工类别	加工要求
素平(又名阴线刻)	常见于人物像与山水风景,其雕成凹线的深度为0.2~0.3 cm。其表面要求达到"扁光"
减地平钑(又名平浮雕)	一般是被雕的物体凸出平面3 cm以内,而被雕物体表面成平面。其表平面要求达到"扁光"
压地隐起(又名浅浮雕)	凸出平面有深有浅,凸出平面3~10 cm以内,形成被雕物体表面有起伏。其表面要求达到"二遍剁斧"
剔地起突(又名高浮雕)	被雕物体不仅表面有起伏,而且明显隆起,凸出平面大于10 cm以上。其表面要求达到"一遍剁斧"

(4)石料加工人工均系累计数量,錾凿包括打荒,剁斧包括打荒錾凿。

(二)工程量计算规则

(1)踏步石、阶沿石、锁口石、垂带石均以顶面投影面积计算,以10 m^{2}为计量单位。

(2)侧塘石按正面的垂直投影面积,以10 m^{2}为计量单位。

(3)线脚加工不分阴线与阳线的区别。凡线脚深度小于5 mm乘系数0.5计算。

(4)斜坡加工按其坡势子目计算。当坡势高度小于6 cm而大于1.5 cm时,按坡势子目乘系数0.75计算。

(5)梁、柱、枋、石屋面、拱型屋面板等构件按其竣工石料体积计算,以立方米为计量单位。

(6)石浮雕按其雕刻种类的实际雕刻物的底板外框面积计算,以平方米为计量单位。

(7)碑上刻拼音字母和英文字母,2个字母算一个汉字。

七、混凝土工程工程量计算

(一)相关说明

(1)设计的混凝土与砂浆强度等级与实际不符时,可以换算。

(2)毛石混凝土中的毛石掺量,独立基础20%,条形基础15%,设计使用量不同时,其毛石和混凝土用量可按比例调整。

(3)混凝土构件未考虑早强剂的费用,如需提高早期强度,早强剂费用另行计算。

(4)构件汽车运输不分构件名称和类别。

(5)构件吊装包括场内运距150 m以内的运输费,如超过时,按1 km以内项目执行,同时扣去其中的场内运费。

(二)工程量计算规则

(1)混凝土构件(除注明按水平、垂直投影或延长米计算外)均按图示尺寸,按实体积以立方米计算,不扣除钢筋、铁件、螺栓所占体积。

(2)板类构件均不扣除面积在0.3 m^2以内孔洞的混凝土体积;面积超过0.3 m^2的孔洞其混凝土体积应予扣除,但留洞所需工料不另增加。

(3)基础。

①带形基础(或称条形基础),其外墙基的长度按外墙中心线计算,内墙基的长度按内墙基净长计算。

②柱基、柱墩的高度按设计规定计算,图纸无明确表示时,可以算至基础扩大顶面。

③整板基础:带梁(包括反梁)者,按有梁式计算,仅带有边肋者,按无梁式计算。

④杯形基础:按图示尺寸以实体积计算。

(4)柱:分矩形、圆形,使用时应分别按各种规格套用项目。

①柱高按柱基上表面至柱顶面的高度计算。

②有梁板的柱高应按柱基上表面至楼板下表面的高度计算。

③有楼隔层的柱高按柱基上表面或楼板表面至楼板上表面或上一层楼板上表面的高度计算。

④依附于柱上的云头、梁垫、蒲鞋头的体积另列项目计算。

⑤多边形柱按圆柱执行,其规格按断面对角线长套用。

(5)梁应分别按矩形、圆形的各种相应规格套用相应项目,矩形梁高为梁底算至梁顶面的高度,梁长的计算规定如下:

①梁与柱连接时,梁长应按柱与柱间的净距计算。

②次梁与柱或次梁与主梁交接时,次梁长度算至柱侧面或主梁侧面的净距。

③梁与墙交接时,伸入墙内的梁头,应包括在梁的长度内计算。

④圈梁与过梁连接时,分别套用圈梁、过梁,其过梁长度按图示尺寸,图纸无规定时,按门、窗口外围宽度两端共加50 cm计算。

⑤老嫩戗(戗梁)按设计图示尺寸,按实体积以立方米计算。

(6)板:

①有梁板系指梁(包括主、次梁)与板构成一体,其工程量应按梁、板体积总和计算。

②平板系指无柱、梁,直接由墙承重的板。

③有多种板连接时,以墙的中心线为界,伸入墙内的板头并入板内计算。

④戗翼板系指古典建筑中在翘角部位,并连有摔网椽的翼角板。其工程量计算(包括摔网椽和板体积之和),按图示尺寸以实体积立方米计算。

⑤椽望板系指古典建筑中在飞檐部位，并连有飞椽和出檐重叠之板。其工程量（包括飞椽、檐椽和板体积之和）按设计图示尺寸，以实体积立方米计算。

⑥亭屋面板（曲形）系指古典建筑中亭面板，为曲形状，其工程量按设计图示尺寸，以实体积按立方米计算。

（7）中式屋架系指古典建筑中立贴式屋架。其工程量（包括立柱、童柱、大梁、双步体积之和）按设计图示尺寸，以实体积按立方米计算。

（8）枋、桁：

①枋子（看枋）、桁条、梓桁、连机、梁垫、蒲鞋头、云头、斗拱、椽子等构件，均按设计图示尺寸，以实体积按立方米计算。

②枋与柱交接时，枋的长度应按柱与柱间的净距计算。

（9）其他：

①整体楼梯包括楼梯中间休息平台、平台梁、斜梁及楼梯与楼板相连接的梁（不包括与楼层过道连接的楼板），按水平投影面积计算，不扣除宽度小于20 cm的楼梯井，伸入墙内部分不另增加。

②伸出墙外的阳台按设计图尺寸以立方米计算，伸出墙外的牛腿、边梁已包括在内，但嵌入墙内的梁按圈梁执行，柱式雨篷按相应的板和柱计算。

③吴王靠、挂落、栏板、栏杆按延长米计算，楼梯的栏板、栏杆长度，如图纸无规定时，按水平投影长度乘系数1.15计算。

④小型构件系指单件体积小于0.1 m^3 以内未列入项目的构件。

⑤古式零件系指梁垫、蒲鞋头、云头、水浪机、插角、宝顶、莲花头子、花饰块等以及单体积小于0.05 m^3 未列的古式小构件。

（10）装配式构件制作：

①装配式构件一律按施工图示尺寸以实体积计算，空腹构件应扣除空腹体积。

②预制混凝土板间或补现浇板缝时，按平板执行。

③预制水磨石窗台板类及隔断已包括磨光打蜡，其安装铁件按图示计算。

④预留部位浇捣系指装配式柱、枋、云头交叉部位需电焊后浇制作混凝土的部分，其工程量按实体积以立方米计算。

⑤预制混凝土花漏窗按其外围面积以平方米计算，边框线抹灰按抹灰工程规定另行计算。

（11）预制混凝土构件运输和安装工程量的计算方法，与构件制作的工程量计算方法同。

【例2-20】 某小区一现浇混凝土亭子如图2-8所示，柱、梁、基础采用混凝土现浇，屋盖为钢结构。计算柱、梁、基础的混凝土浇捣和模板工程量。

解 （1）混凝土浇捣。

①柱：$V = 0.36 \times 0.36 \times 2.89 \times 4 = 1.5(m^3)$

②梁 WL：$V = 0.2 \times 0.84 \times [(4 + 0.18 \times 2 - 0.05 \times 2) \times 2 + (4 + 0.18 \times 2 - 0.05 \times 2 - 0.2 \times 2) \times 2] \times 2$

$= 0.2 \times 0.84 \times 16.24 = 2.73(m^3)$

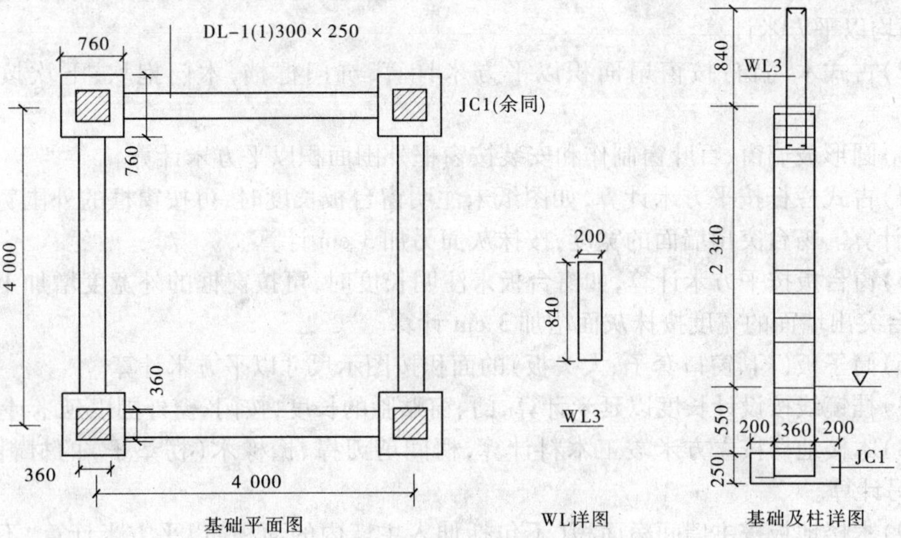

图 2-8　现浇混凝土亭子

③地梁 DL:$V=0.3\times0.25\times(4-0.38\times2)\times4=0.97(m^3)$

④独立基础 JC:$V=0.76\times0.76\times0.25\times4=0.58(m^3)$

(2)模板。

①柱:$S=0.36\times4\times2.89\times4=16.65(m^2)$

②梁 WL:$S=0.84\times2\times(16.24-0.2\times4)=25.94(m^2)$

③地梁 DL:$S=0.25\times2\times(4-0.38\times2)\times4=6.48(m^2)$

④独立基础 JC:$S=0.2\times0.76\times4\times4-0.3\times0.25\times2\times4=2.44(m^2)$

八、木结构工程工程量计算

(一)相关说明

(1)本章木作构件,除注明者外,均以刨光为准,刨光损耗已包括在内。木材数量均为毛料。

(2)古式门窗、栏杆、挂落、隔断、罩、天花等木构件装修木材,扁作梁、枋、椽制作木材,立贴式屋架、兜肚木门、圆角木窗、框扇制作均以一、二类木种为准。一、二类木种包括红松、白松、杨柳木、椴木、云杉、洋松、杉木。其他木种均为三、四类。以上木装修和木构件如使用三、四类木种的,其制作工乘系数 1.27,安装工乘系数 1.15。

(3)木材以自然干燥为准,如需烘干时,其费用另行计算。

(4)古式木门窗小五金费按附表的小五金用量计算,如设计用的小五金品种、数量不同时,品种数量均可调整,其他不变。

(5)玻璃厚度不同时,可按设计规定换算。

(6)古式木门窗五金数量见附表,五金附件未包括的部分应另行计算调整。

(二)工程量计算规则

(1)立贴式屋架、柱、梁、枋子(垫板)、斗盘枋、桁条、椽子、戗角等均按设计几何尺寸,以立方米竣工木料计算，斗拱以座计算，里口木、瓦口板等以米计算，填拱板（拱垫板）、山花板等均以平方米计算。

（2）古式木门窗：按窗扇面积以平方米计算，屏门框档，木门抱坎、下坎按延长米计算。

（3）圆形玻璃窗、百叶窗制作和安装按窗框外围面积以平方米计算。

（4）古式栏杆按平方米计算，如图纸未注明窗台板长度时，可按窗框的外围宽度增加10 cm计算。窗台突出墙面的宽度，按抹灰面另加3 cm计算。

（5）窗台板按平方米计算，如窗台板未注明长度时，可按窗框的外宽度增加10 cm计算，窗台突出墙面的宽度按抹灰面增加3 cm计算。

（6）筒子板（门、窗口套子、大头板）的面积按图示尺寸以平方米计算。

（7）挂镜线按设计长度以延米计算，门、窗贴脸的长度，按门、窗外围以延米计算。

（8）木楼地楞按立方米竣工木料计算，楞间剪刀撑、檐椽木（楞垫子）的材料用量已计，不另计算。

（9）木楼地板按主墙间净面积（不包括伸入主墙内的面积）以平方米计算，不扣除间壁墙，穿过楼地面层的柱、垛和附墙烟囱所占面积，但门和洞的开口部分亦不增加。

（10）木楼地板，木踢脚板含量不同时，不可以调整，如设计不用时，应扣除其数量，但人工不变。

（11）木楼梯（包括休息平台和靠墙踢脚板）按水平投影面积以平方米（不计伸入墙内部分的面积）计算。

（12）楼梯底钉天棚的工程量均以楼梯水平投影面积乘系数1.10，按天棚面层计算。

（13）木栏杆、木扶手均以延长米计算（不计算伸入墙内部分的长度），在楼梯踏步部分的木栏杆与木扶手，其工程量按水平投影长度乘系数1.15计算。

（14）天棚分“楞木”和“钉天棚面层”两部分，其工程量应相等，天棚楞木的垫木已包括在内，不另计算。

（15）天棚面积以主墙间实钉的面积计算，斜天棚以主墙间面积乘屋面的坡度系数计算，均不扣除间壁墙、检查洞、通风口、穿过天棚的柱、垛和附墙烟囱等所占的面积。

（16）檐口天棚按挑檐宽度乘檐口的长度计算，不扣除洞口及墙、垛所占的面积。

（17）间壁墙工程量计算时，应扣除门、窗洞口的面积，但不扣除面积在0.3 m^2 以内的开口部分，如通风洞和递物口等的面积。

（18）间壁墙长度按净长计算，高度按图示计算。

九、楼地面工程工程量计算

（一）相关说明

（1）本章防潮层所用的材料，以石油沥青、石油沥青玛琋脂为准，如设计规定使用煤沥青、煤沥青玛琋脂时，可以换算，其他不变。

（2）卷材防潮层，已包括刷冷底子油一遍和附加层工料在内。

（3）整体面层、块料面层的混凝土、砂浆标号和面层抹灰砂浆的配合比、厚度不同，可以换算。

(4)楼梯抹面包括踏步、踢脚线、平台、楼梯帮及底面的抹灰,但水泥砂浆楼梯面层未包括防滑条,如设计有防滑条,可按附注增加工料。

(5)散水坡、斜坡、台阶均已包括了土方、垫层、面层;如垫层、面层的材料品种、含量与设计不同,可以换算。

(二)工程量计算规则

(1)楼地面层:水泥砂浆面层按主墙间的净空面积计算,应扣除地沟盖板、花池、假山等所占的面积,不扣除柱梁、间壁墙以及 0.3 m^2 以内孔洞所占的面积。但门洞、空圈的开口部分也不增加。水磨石面层及块料面层按图示尺寸的净面积计算。

(2)垫层:与水泥砂浆面层计算方法相同,计量单位以立方米计算。

(3)防潮层:地面面积计算方法与水泥砂浆面层计算方法相同。地面与墙连接处高在 50 cm 以内按展开面积合并在平面内计算;超过 50 cm,按立面防潮层执行;立面防潮层外墙以外墙外围长度,内墙按净长度乘高计算(扣除 0.3 m^2 以上孔洞所占面积)。

(4)伸缩缝:以延长米计算。如内外双面填缝者,工程量按双面计算。伸缩缝项目适用于屋面、墙面及地面部分。

(5)踢脚线:以延长米计算。计算长度时,不扣除门洞及空圈处的长度,但洞口、空圈和垛的侧壁亦不增加。预制水磨石踢脚线按净长计算。

(6)楼梯抹面以水平投影面积计算。楼梯井宽在 20 cm 以内不扣除,超过 20 cm,应扣除其面积。楼梯防滑条以延长米计算。

(7)散水坡以平方米计算。台阶、斜坡按水平投影面积计算。台阶与平台的划分以最上层踏步的平台外口减一个踏步宽度为准。最上层踏步宽度以外部分,并入相应地面工程量内计算。散水应扣除踏步、斜坡、花台等的长度。

十、抹灰工程工程量计算

(一)相关说明

(1)本章抹灰不分等级,水平已根据园林建筑质量要求较高的情况综合考虑。

(2)本章规定的抹灰厚度及砂浆种类,一般不得换算。如设计图纸对厚度与配合比有明确要求时,可以换算。

(3)本章抹灰均按手工操作。

(4)室内净高(山墙部分地坪至山尖 1/2 高度)在 3.6 m 内的墙面及天棚抹灰脚手架费用,已包括在其他材料费内,超过 3.6 m 时,可另行计算抹灰脚手架。

(5)水泥白石子浆,如设计采用白水泥、色石子,可按配合比的数量换算,如用颜料时,颜料用量按石子浆水泥用量的 8% 计算。

(二)工程量计算规则

1. 天棚抹灰

(1)天棚抹灰面积,以主墙间的净空面积计算,不扣除间壁墙、垛、柱所占的面积。带有钢筋混凝土梁的天棚,其梁的两侧面积,并入天棚抹灰工程量内计算。

(2)密肋梁和井字梁天棚抹灰面积,以展开面积计算(井字梁天棚指井内面积在 5 m^2 以内者)。

(3)天棚抹灰包括小圆角工料在内。如带有装饰线脚者,分别按三道线以内或五道线以内,以延长米计算。线脚的道数以每一个突出棱角为一道线。

(4)檐口天棚的抹灰,并入相同的天棚抹灰工程量内计算。

2. 内墙面抹灰

(1)内墙面抹灰面积,应扣除门窗洞口(门窗框外围面积,下同)和空圈所占的面积,不扣除踢脚板、挂镜线、0.3 m^2 以内的孔洞和墙与构件交接处的面积,洞口侧壁和顶面亦不增加,但垛的侧面抹灰应与内墙面抹灰工程量合并计算。内墙面抹灰的长度,以主墙间的图示净尺寸计算,其高度确定如下:

①无墙裙的,其高度按室内地坪面或楼面至天棚底面。

②有墙裙时,其高度按墙裙顶点至天棚底面。

(2)内墙裙抹灰面积以长度乘高度计算,应扣除门窗洞口和空圈所占的面积,但门窗洞口和空圈的侧壁和顶面的面积、垛的侧壁面积,并入墙裙内计算。

(3)砖墙中的钢筋混凝土梁、柱等的抹灰按墙面抹灰子目计算。

(4)柱和单梁的抹灰按展开面积计算,柱与梁或梁接头的面积不予扣除。

(5)护角线已包括在内,不另计算。

3. 外墙面抹灰

(1)外墙抹灰面积,应扣除门窗洞口和空圈所占的面积,不扣除0.3 m^2 以内的孔洞面积。门窗洞口及空圈的侧壁、顶面和垛的侧面抹灰,并入相应的墙面抹灰中计算。

(2)独立柱和单梁的抹灰,应另列项目计算。

(3)外墙裙抹灰,按展开面积计算,门口和空圈所占面积应予扣除,侧壁并入相应项目内计算。

(4)阳台、雨篷抹灰,可按水平投影面积计算,子目中包括底面、上面、侧面及牛腿的全部抹灰面积。但阳台的栏杆、栏板抹灰应另列项目按相应项目计算。

(5)挑檐、天沟、腰线、栏杆、扶手、门窗套、窗台线、压顶等均以展开面积,以平方米计算,套用相应项目,窗台线与腰线连接时,并入腰线内计算。

(6)外窗台抹灰长度如设计无规定时,可按窗框外围宽度另加 20 cm 计算,一砖墙厚窗台展开宽度按 36 cm 计算,每增加半砖厚,其宽度增加 12 cm。

(7)栏板、遮阳板、抹灰,以展开面积计算。

(8)墙面勾缝按垂直投影面积计算,应扣除墙裙及局部较大的抹灰面积,不扣除窗洞口及腰线、窗套等的零星抹灰面积。但垛的侧面,门窗洞口侧壁和顶面的面积,亦不增加。

(9)各种块料面层,均按设计图纸以展开面积计算。

十一、瓦屋面工程工程量计算

(一)相关说明

(1)本章包括盖瓦、筑脊、围墙瓦顶、排山、勾头、花边、滴水、泛水、斜沟、屋脊头,均以平房檐高在3.6 m 以内为准;檐高超过时,其人工乘系数 1.05,二层楼房人工乘系数 1.09,三层楼房人工乘系数 1.13,四层楼房人工乘系数 1.16,五层以上楼房(含五层)人工乘系数 1.18;宝塔按五层楼房系数执行。

(2)各种屋脊如设计图纸规定需要钢筋加固者,按钢筋铁件增减调整表计算。如需要做各种泥塑花卉、人物等另行计算。

(3)屋面铺瓦用的软梯脚手架费用已包括在内,不得另计。屋脊高度在1 m以内的脚手架费用已包括在内,屋脊高度在1 m以上的砌筑脚手架套相应脚手架项目另行计算。戗(翼)安装,套用满堂脚手架。

(4)琉璃瓦件以铜官产的琉璃件规格尺寸取定,如实际使用的瓦件规格和实际不符时,按底瓦的宽度就近套用,瓦件数量可调整,其他不变。底瓦长度调整系数按瓦的长度比例计算;底瓦搭接调整系数为:搭五露五1.25,搭四露六1.00,搭三露七0.856。盖瓦按盖瓦长度比例调整。

(5)蝴蝶瓦以常用规格19×12(cm)计算,如实际使用规格不同时,瓦的数量可以调整,其他不变。

(6)筒瓦屋面按琉璃瓦屋面执行。

(二)工程量计算规则

(1)屋面按图示尺寸以平方米计算,重檐面积的工程量,应分别计算。正脊、垂脊、戗脊、围(博)脊、斜沟、勾头、滴水、屋脊头等所占的面积均不扣除。

(2)屋脊按图示尺寸扣除屋脊头水平长度,以延长米计算。云祥屋脊按弧形长度,以延长米计算。戗脊按屋面坡度,以延长米计算。

(3)戗脊长度按戗头至摔钢椽根部(上廊桁或步桁中心)弧形长度。戗脊根部以上工程量按垂脊执行。

(4)围墙瓦顶、檐口勾头,花边、滴水,按图示尺寸,以延长米计算。

(5)排山、泛水、斜沟按图示尺寸,以延长米计算。

(6)各种屋脊头、宝顶以只计算。

十二、措施项目工程量计算

(一)相关说明

1.脚手架工程

(1)脚手架分别按木制、竹制、钢制考虑列入子目,可按不同情况,分别采用。

(2)屋面软梯脚手架费用已综合考虑在铺屋面内,不另计算。

(3)屋脊高度在1 m以内,不计算筑脊脚手架,超过1 m,计算一次双排(高12 m以内)砌墙脚手架,另一面因抹灰已包括3.6 m内脚手架费用,故不得计算抹灰脚手架费用。

(4)外脚手架中已综合了斜道,上料平台。斜道子目,只适用单独搭设的斜道。

(5)脚手架高度编至20 m以内,如超过20 m,按相关规定计算。

2.模板工程

(1)本章模板分别按工具钢模板、定型钢模板、木模板,混凝土地(胎)模和砖地(胎)模,分别包括在相应子目内。

(2)本章现浇钢筋混凝土柱、梁、板、枋、桁、机的工具式钢模板,是按单层建筑檐高、多层建筑层高3.6 m内编制的。超过3.6 m,在8 m内时,每10 m^2 模板的钢支撑、零星卡具乘系数1.15,人工乘系数1.10;在12 m内钢支撑、零星卡具乘系数1.25,合计工乘系数1.12;在16 m内钢支撑、零星卡具乘系数1.50,人工乘系数1.15。

(二)工程量计算规则

1.脚手架工程

(1)外脚手架、里脚手架均按墙面垂直投影面积以平方米计算,门窗洞口及空洞面积均不扣除。凡砌筑高度,除注明者外,在1.5 m以上的各种砖石砌体均需计算脚手架。

(2)外墙脚手架的垂直投影面积以外墙的长度乘室外地面至墙中心线的顶面高度计算。内墙脚手架的垂直投影面积以内墙净长乘内墙净高计算,有山墙者以山尖1/2高度为准。

(3)建筑物外墙檐高、内墙净高和围墙高度在3.6 m以内的砖墙按里脚手架计算。建筑物外墙檐高、内墙净高和围墙高度在3.6 m以上的砌体,按外墙脚手架计算。山墙部分从室外地面(内墙以室内地面或楼层面层)至山尖的1/2处的高度超过3.6 m时,其整个山墙部分按外脚手架计算,云墙高度从地面至云墙突出部的1/2高度超过3.6 m者,整个云墙按外脚手架计算。

(4)独立砖石柱高度在3.6 m以内者,其脚手架以柱的外围长度乘实砌高度按里脚手架计算。高度在3.6 m以上者,其脚手架以柱的外围周长加3.6 m乘柱高,按单排外脚手架计算。

(5)现浇钢筋混凝土单梁,底层檐高、楼层层高超过3.6 m,按梁的净长乘地面或楼面至梁顶面的高度计算面积,套抹灰脚手架。现浇钢筋混凝土独立柱高度超过3.6 m,按柱的外围周长加3.6 m乘柱高按抹灰脚手架计算。

(6)内墙脚手架,室内高度在3.6 m以内者已包括在相应项目内,超过3.6 m时计算一次抹灰脚手架费用。钉天棚和天棚抹灰,室内净高在3.6 m以内脚手费已包括在其他材料费内,超过时按满堂脚手架计算,钉天棚和天棚抹灰,只能计算一次,计算了满堂脚手架后,不应再计算超过3.6 m的抹灰脚手架。

(7)满堂脚手架及悬空脚手架,其面积按需搭脚手架的水平投影面积计算,不扣除垛、柱等所占的面积,满堂脚手架的高度以室内地坪至天棚面或屋面的底面为准(斜天棚或坡屋面的底部按平均高度计算)。挑脚手架以延长米计算。

(8)天棚高度在5.2 m时,计算一个满堂脚手架的基本层;超过5.2 m时,应计算增加层;增加层的高度在0.6 m以内时,不计增加层;超过0.6 m时,按一个增加层计算。

(9)檐口高度超过3.6 m时,安装古建筑的立柱、架、梁、木基层、挑檐,按屋面投影面积计算满堂脚手架一次,檐高在3.6 m以内时不计脚手架。但檐高在3.6 m以内的戗(翼)角安装,按戗(翼)角部分可计算一次满堂脚手架。

2.模板工程

(1)模板工程量以模板与混凝土的接触面积以平方米计算,不扣除0.3 m^2内孔洞所占面积。

(2)古式栏板、古式栏杆、吴王靠、挂落按延长米计算。

(3)花窗按外围投影面积计算。

研讨与练习

1. 什么是定额？什么是园林工程定额？

2. 园林工程定额的特点主要表现在哪些方面？

3. 园林工程定额的作用有哪些？

4. 什么是人工消耗定额？它的基本表现形式有哪些？它们之间关系如何？

5. 工人工作时间如何分类？它们的大小各与哪些因素有关？

6. 试述园林工程人工消耗定额的编制方法。

7. 什么是材料消耗定额？它由哪几部分组成？其制定方法有哪些？

8. 什么是机械台班消耗定额？它有哪几种形式？试述机械台班消耗定额的编制方法。

9. 什么是人工单价？它由哪些内容组成？如何确定？

10. 影响人工单价的主要因素有哪些？

11. 什么是材料价格？它由哪些内容组成？如何确定？

12. 什么叫机械台班适用单价？它由哪些内容组成？如何确定？

13. 什么叫园林工程预算定额？其主要作用有哪些？它的编制原则有哪些？

14. 试述园林工程预算定额的编制方法。

15. 园林工程预算定额一般由哪些部分组成？根据本地区园林工程定额简述组成内容。

16. 怎样计算材料的加权平均原价和运杂费、采购保管费？

17. 已知砌砖基础基本工作时间为 390 min，准备与结束时间为 19.5 min，休息时间为 11.7 min，不可避免的中断时间为 7.8 min，损失时间为 78 min，共砌砖 1 000 块，并已知 520 块/m^3。试确定砌砖的劳动定额和产量定额。

18. 某地区园林企业的工人基本工资 28 元/工日，工资性补贴 10 元/工日，生产工人辅助工资 5 元/工日，生产工人劳动保护费 2 元/工日，职工福利按 2% 比例计提。求该地区人工日工资单价。

19. 定额中规定 25#砂浆，用量为 2.5 m^3，单价为 29 元/m^3，相应的定额预算单价为 450 元/10 m^3，根据图纸要求，换用 50#砂浆，单价为 33 元/m^3。则相应的预算单价应为多少？

20. 定额规定毛石灌浆基础垫层中的水泥砂浆为 M2.5，用量为 0.269 m^3，单价为 145.37 元/m^3，相应的定额基价为 179.44 元/m^3，根据图纸要求，换用 M10.0 水泥砂浆，单价为 158.33 元/m^3。试换算其基价。

21. 利用本地区园林工程预算定额查阅下列项目的定额编号、计量单位、基价。

定额编号	分项工程名称	单位	基价
	带土球苗木运输　土球直径 100 cm 内		
	栽植竹类(一、二类土)散生竹　胸径在 2 cm 内		
	栽植绿篱(一、二类土)(单排)　高在 60 cm 以内		
	草皮铺种　散铺		
	整理绿化地		
	草绳绕树干　胸径 25 cm 内		
	树木支撑　毛竹桩　四脚桩		
	湖石假山　高度 2 m 以内		
	仿黄石假山		
	园路基础垫层　碎石		
	乱铺冰片石面层		
	护坡　毛石		
	池底铺卵石　坐浆		
	自然式溪流驳岸　卵石		
	白色水磨石景窗框　断面面积 30 cm × 3 cm 现场抹灰		
	预制混凝土花色栏杆（制作、安装）高在 100 cm 以内		
	杉树皮屋面　二层杉树皮		
	白色水磨石飞来椅(制作、安装)		
	长条形石凳安装		

第三章　园林工程费用计算

建设项目投资含固定资产投资和流动资产投资两部分，建设项目总投资中的固定资产投资与建设项目的工程造价在量上相等。工程造价的构成按工程项目建设过程中各类费用支出或花费的性质、途径等来确定，是通过费用划分和汇集所形成的工程造价的费用分解结构。工程造价基本构成中，包括用于购买工程项目所含各种设备的费用，用于建筑施工和安装施工所需支出的费用，用于委托工程勘察设计应支付的费用，用于购置土地所需的费用，也包括用于建设单位自身进行项目筹建和项目管理所花费费用等。总之，工程造价是工程项目按照确定的建设内容、建设规模、建设标准、功能要求和使用要求等全部建成并验收合格交付使用所需的全部费用。我国现行建设工程造价的构成见表3-1。

表3-1　我国现行建设工程造价的构成

<table>
<tr><th colspan="4">费用项目名称</th><th>形成资产类别</th></tr>
<tr><td rowspan="21">建设项目总投资</td><td rowspan="20">建设投资（固定资产投资）</td><td rowspan="3">第一部分工程费用</td><td>建筑工程费</td><td rowspan="13">固定资产费用</td></tr>
<tr><td>设备购置费</td></tr>
<tr><td>安装工程费</td></tr>
<tr><td rowspan="13">第二部分工程建设其他费用</td><td>建设管理费</td></tr>
<tr><td>可行性研究费</td></tr>
<tr><td>勘察设计费</td></tr>
<tr><td>环境影响评价费</td></tr>
<tr><td>劳动安全卫生评价费</td></tr>
<tr><td>场地准备及临时设施费</td></tr>
<tr><td>工程保险费</td></tr>
<tr><td>联合试运转费</td></tr>
<tr><td>特殊设备安全监督检查费</td></tr>
<tr><td>市政公用设施建设及绿化补偿费</td></tr>
<tr><td>建设用地费</td><td rowspan="2">无形资产费用</td></tr>
<tr><td>专利及专有技术使用费</td></tr>
<tr><td>生产准备及开办费</td><td>其他资产费用（递延资产）</td></tr>
<tr><td rowspan="2">第三部分预备费</td><td>基本预备费</td><td rowspan="2">按第一、二部分费用比例或实际发生情况形成相应资产类别</td></tr>
<tr><td>涨价预备费</td></tr>
<tr><td colspan="2">建设期贷款利息</td><td></td></tr>
<tr><td colspan="2">固定资产投资方向调节税（暂停征收）</td><td>固定资产费用</td></tr>
<tr><td colspan="3">流动资产投资（铺底流动资金）</td><td></td></tr>
</table>

我国现行工程造价构成主要内容为建设项目总投资（包含固定资产投资和流动资产投资两部分），建设项目总投资中的固定资产投资与建设项目的工程造价在量上相等。

也就是说，工程造价由建筑安装工程费用，设备及工、器具购置费用，工程建设其他费用，预备费，建设期贷款利息，固定资产投资方向调节税等费用构成。

第一节　园林工程费用的组成

定额计价法与清单计价法在园林工程费用的组成上有很大不同。

一、定额计价模式下园林工程费用的组成

在定额计价模式下，组成分部分项项目的单价为工料单价，即为完成分部分项项目所需的人工费、材料费、机械台班使用费。

园林工程造价由直接费、间接费、利润和税金组成，如表3-2所示。

表3-2　园林工程造价构成

工程费	直接费	直接工程费	1. 人工费
			2. 材料费
			3. 施工机械使用费
		措施费	1. 环境保护
			2. 文明施工
			3. 安全施工
			4. 临时设施
			5. 夜间施工
			6. 二次搬运
			7. 大型机械设备进出场及安拆
			8. 混凝土、钢筋混凝土模板及支架
			9. 脚手架
			10. 已完工程及设备保护
			11. 施工排水降水
	间接费	规费	1. 工程排污费
			2. 工程定额测定费
			3. 社会保障费（养老保险费、失业保险费、医疗保险费）
			4. 住房公积金
			5. 危险作业意外伤害保险
		企业管理费	1. 管理人员工资
			2. 办公费
			3. 差旅交通费
			4. 固定资产使用费
			5. 工具用具使用费
			6. 劳动保险费
			7. 工会经费
			8. 职工教育经费
			9. 财产保险费
			10. 财务费
			11. 税金
			12. 其他
利润			
税金			

(一)直接费

直接费由直接工程费和措施费组成。

1.直接工程费

直接工程费是指施工过程中耗费的构成工程实体的各项费用,包括人工费、材料费、施工机械使用费。

1)人工费

人工费是指直接从事建设工程施工的生产工人开支的各项费用,内容包括:

(1)基本工资,是指发放给生产工人的基本工资。

(2)工资性补贴,是指按规定标准发放的工资有关补贴。

(3)生产工人辅助工资,是指生产工人年有效施工天数以外非作业天数的工资,包括职工学习、培训期间的工资,调动工作、探亲、休假期间的工资,因气候影响的停工工资,女工哺乳期间的工资,病假在六个月以内的工资及产、婚、丧假期的工资。

(4)职工福利费,只指按规定标准计提的职工福利费。

(5)生产工人劳动保护费,是指按规定标准发放的劳动保护用品的购置费及修理费,服装补贴,防暑降温费,在有碍身体健康环境中施工的保健费用等。

2)材料费

材料费是指施工过程中耗费的构成工程实体的原材料、辅助材料、构配件、零件、半成品的费用。内容包括:

(1)材料原价(或供应价格)。

(2)材料运杂费,是指材料自来源地运至工地仓库或指定堆放地点所发生的全部费用。

(3)运输耗损费,是指材料在运输装卸过程中不可避免的损耗。

(4)采购及保管费,是指为组织采购、供应和保管材料过程中所需要的各项费用。包括采购费、仓储费、工地保管费、仓储耗损。

(5)检验试验费,是指对建筑材料、构件和建筑安装物进行一般鉴定、检查所发生的费用,包括自设实验室进行试验所耗用的材料和化学药品等费用。不包括新结构、新材料的试验费和建设单位对具有出厂合格证明的材料进行检验,对构件做破坏性试验及其他特殊要求功能所需的费用。

3)施工机械使用费

施工机械使用费是指施工机械作业所发生的机械使用费以及机械安拆费和场外运费。施工机械台班单价应由下列7项费用组成,即折旧费、大修理费、经常修理费、安拆费及场外运费、人工费(指机上司机、司炉和其他操作人员的人工费)、燃料动力费、养路费及车船使用税。

2.措施费

措施费是指为完成工程项目施工,发生于该工程施工前和施工过程中非工程实体项目的费用。定额中所列项目是通用项目,专用项目应结合各专业工程和拟建工程的具体情况确定。

1)施工技术措施费

(1)大型机械进出场及安拆费:是指机械整体或分体自停放地点运至施工现场或由某一施工地点运至另一个施工地点,所发生的机械进出场运输转移费用及机械在施工现场进行安装、拆卸所需的人工费、材料费、机械费、试运转费和安装所需的辅助设施的费用。

(2)混凝土、钢筋混凝土模板及支架费:是指混凝土施工过程中需要的各种钢模板、木模板、支架等的支、拆、运输费用及模板、支架的摊销(或租赁)费用。

(3)脚手架费:是指施工需要的各种脚手架搭、拆、运输费用及脚手架的摊销(或租赁)费用。

(4)施工排水、降水费:是指为确保工程在正常条件下施工,采取各种排水、降水措施降低地下水位所发生的各种费用。

(5)其他施工技术措施工费:是指根据各专业、地区及工程特点补充的技术措施费用。

2)施工组织措施费

(1)环境保护费:是指施工现场为达到环保部门要求所需要的各项费用。

(2)文明施工费:是指施工现场文明施工所需要的各项费用。一般包括施工现场的标牌设置,施工现场地面硬化,现场周边设立围护设施,现场安全保卫及保持场貌、场容整洁等发生的费用。

(3)安全施工费:是指施工现场安全施工所需要的各项费用。一般包括安全防护用具和服装,施工现场的安全警示、消防设施、灭火器材、安全教育培训,安全检查和编制安全措施方案等发生的费用。

(4)临时设施费:是指施工企业为进行建筑工程施工所必须搭设的生活和生产用的临时建筑物、构筑物和其他临时设施费用等。

临时设施包括:临时宿舍、文化福利及公用事业房屋与构筑物,仓库、办公室、加工厂以及规定范围内道路、水、电、管线等临时设施和小型临时设施。临时设施费用包括临时设施的搭设、维修、拆除费或摊销费。

(5)夜间施工费(缩短工期措施费):是指因夜间施工所发生的夜班补助费、夜间施工降效、夜间施工照明设备摊销及照明用电等费用。

(6)二次搬运费:是指因施工场地狭小等特殊情况而发生的二次搬运费用。

(7)已完工程及设备保护费:是指竣工验收前,对已完工程及设备进行保护所需的费用。

(8)冬雨季施工增加费:是指在冬、雨季施工期间,为保证工程质量,采取保温、防护措施所增加的费用,防雨、防滑、排雨水等措施费,以及因工效和机械作业效果降低所增加的费用。

(9)缩短工期措施费:是指由于建设单位原因,要求施工工期少于合理工期、施工单位为满足工期的要求而采取相应措施发生的费用。

(10)其他施工组织措施费:是指根据各专业特点、地区和工程特点所需增加的施工组织措施费用。

(二)间接费

间接费由企业管理费、规费组成。

1. 企业管理费

企业管理费是指企业组织施工生产和经营管理所需的费用,主要包括:

(1)管理人员工资,是指管理人员的基本工资、工资性补贴、职工福利费、劳动保护费。

(2)办公费,是指企业管理办公用的文具、纸张、账表、印刷、邮电、书报、会议、水电和集体取暖(包括现场临时宿舍取暖)用煤等费用。

(3)差旅交通费,是指职工因公出差、调动工作的差旅费、住勤补助费,市内交通费和误餐补助费,职工探亲路费,劳动力招募费,职工离退休、退职一次性路费,工伤人员就医路费,工地转移费以及管理部门使用的交通工具的油料、燃料、养路费等。

(4)固定资产使用费,是指管理和实验部门及附属生产单位使用的属于固定资产的房屋、设备仪器等的折旧、大修、维修或租赁费。

(5)工具用具使用费,是指管理使用的不属于固定资产的生产工具、器具、家具、交通工具和检验、实验、测绘、消防用具等的购置、维修和摊销费。

(6)劳动保险费,是指由企业支付离退休职工的异地安家补助费、职工退职金、六个月以上的病假人员工资、职工死亡丧葬补助费、抚恤金、按规定支付给离休干部的各项经费。

(7)工会经费,是指企业按职工工资总额计提的工会经费。

(8)职工教育经费,是指企业为职工学习先进技术和提高文化水平,按职工工资总额计提的费用。

(9)财产保险费,是指施工管理用财产、车辆保险。

(10)财务费,是指企业为筹集资金而发生的各种费用。

(11)税金,是指企业按规定缴纳的房产税、车船使用税、土地使用税、印花税等。

(12)其他,包括技术转让费、技术开发费、业务招待费、绿化费、广告费、公证费、法律顾问费、审计费、咨询费等。

2. 规费

规费是指省级以上政府和有关权力部门批准必须缴纳的费用(简称规费)。规费具有强制性,属不可竞争性费用,在执行中不得随意调整。包括:

(1)工程排污费,是指施工现场按规定缴纳的工程排污费。

(2)工程定额测定费,是指按规定支付工程造价(定额)管理部门的定额测定费。

(3)社会保障费。①养老保险费,是指企业按规定标准为职工缴纳的养老保险费;②失业保险费,是指企业按照国家规定标准为职工缴纳的失业保险费;③医疗保险费,是指企业按照国家规定标准为职工缴纳的基本医疗保险费。

(4)住房公积金,是指企业按照国家规定标准为职工缴纳的住房公积金。

(5)危险作业意外伤害保险,是指按照建筑法规定,企业为从事危险作业的建筑安装施工人员支付的意外伤害保险费。

(三)利润

利润是指施工企业完成所承包工程获得的盈利。

随着市场经济的进一步发展,企业决定利润率水平的自主权将会更大。在投标报价时企业可以根据工程的难易程度、市场竞争情况和自身的经营管理水平自行确定合理的利润率。

(四)税金

税金是指国家税法规定的应计入建设工程造价内的营业税、城市维护建设税、教育费附加等。

凡是报价范围内的各项目的报价都应包括组成上述工程费的各个项目,不可重复或遗漏。

二、清单计价模式下园林工程费用的组成

根据国家标准《建设工程工程量清单计价规范》(GB 50500—2008)规定,在清单计价模式下,工程费用由分部分项工程费、措施项目费、其他项目清单计价合计费用、规费和税金构成。其中,组成分部分项项目单价为综合单价,即为完成分部分项项目所需的人工费、材料费、机械台班使用费、利润、企业管理费及一定范围内的风险费用。费用组成如表3-3所示。

表3-3　清单计价的园林工程费用组成

工程费	分部分项工程费	人工费
		材料费
		机械使用费
		企业管理费
		利润
		风险费
	措施项目费	施工排水、降水费
		混凝土、钢筋混凝土模板及支架费
		脚手架费用
		大型机械设备进出场及安拆费
		安全文明施工费
		夜间施工费
		二次搬运费
		已完工程及设备
	其他项目费	暂列金额
		暂估价计日工
		总承包服务费
	规费	工程排污费
		社会保障费
		住房公积金
		危险作业意外伤害保险
	税金	营业税
		城市维护建设税
		教育费附加

(一)分部分项工程费

分部分项工程费是完成分部分项工程量清单项目所需人工费、材料费、机械使用费、企业管理费、利润,并包括完成相应项目所需的风险费用。

分部分项工程费应根据招标文件中分部分项工程量清单的项目特征描述、施工图纸、招标文件等要求以综合单价的形式计算。

综合单价是指完成一个规定计量单位的分部分项工程量清单项目或措施清单项目所需的人工费、材料费、施工机械使用费和企业管理费、利润,以及一定范围内的风险费用。

其中人工费、材料费、施工机械使用费,为完成规定计量单位清单项目直接消耗的生产工人开支的费用、直接耗用构成分部分项工程实体的各项材料的费用、直接使用机械作业发生的各项费用;企业管理费和利润为完成规定计量单位工程量清单项目,由投标人根据工程特点和市场实际情况确定应计取的管理费与利润。

风险费用为投标人根据招标文件约定的风险分担要求,结合自身情况和可能出现的不可预计因素,综合计算出由此产生的防范、化解和解决问题所需的费用。

(二)措施项目费

措施项目费是指为完成工程项目施工,发生于该工程施工准备和施工过程中的技术、生活、安全、环境保护等方面的非工程实体项目所需费用。

措施项目费由投标人根据招标文件中施工项目清单和投标人为投标工程拟定的施工组织设计来自主确定。对于根据投标文件可以计算所需工程量的措施项目,应按分部分项工程量清单的方式采用综合单价报价,其余措施项目可以以“项”为单位的方式计价,应包括除规费、税金外的全部费用。其中的安全文明施工费应按照国家或省级、行业建设主管部门的规定计价,不得作为竞争性费用。

(三)其他项目费

其他项目费应由投标人根据投标工程具体情况,按照招标人列出的暂列金额、暂估价、计日工和总承包服务费列项报价。

暂列金额是招标人在工程量清单中暂定并包括在合同价款中的一笔款项。用于施工合同签订时尚未确定或者不可预见的所需材料、设备、服务的采购,施工中可能发生的工程变更、合同约定调整因素出现时的工程价款调整以及发生的索赔、现场签证确认等的费用。

暂估价包括材料暂估价、专业工程暂估价,为招标人在招标时暂时不能确定价格的材料的单价和专业工程金额。对于招标人在其他项目清单中列有暂估材料单价的,投标人应按暂估价计入综合单价。其他项目清单列有专业工程暂估价的,报价时应按所列金额填写。

计日工,是指在施工过程中,完成发包人提出的施工图纸以外的零星项目或工作,按合同中约定的综合单价计价。计日工的单价或合同总额价一般作为工程量清单的附件包括在合同内,是由承包人在投标时根据计日工明细表所列的细目填报的。

总承包服务费是项目总承包人为配合协调发包人进行的工程分包自行采购的设备、材料等进行管理、服务以及施工现场管理、竣工资料汇总整理等服务所需的费用。总承包服务费应根据招标文件提出的要求和内容自主确定。

(四)规费、税金

规费是根据省级政府或省级有关权力部门规定必须缴纳的,应计入建筑安装工程造价的费用。如工程排污费、社会保障费(包括养老保险费、失业保险费、医疗保险费)、住房公积金、危险作业意外伤害保险等。

税金是指国家税法规定的应计入建筑安装工程造价内的营业税、城市维护建设税以及教育费附加等。

第二节　园林工程预算费用的计算

一、定额计价模式下,园林工程费用计算的一般步骤

(一)准备工作

准备工作主要是熟悉图纸、招标文件、工程概况和现场相关情况。

在这个过程中,主要是熟悉施工图纸。只有对设计图纸较全面详细地了解之后,才能结合预算定额项目划分,正确而全面地分析该工程中各分部分项的工程项目,才可能有步骤地按照既定的工程项目计算其工程量并正确地计算出工程造价。包括了解主要的设计意图,特别是园林设计的主题。熟悉图纸是对整套图纸的通读,也要对平面、节点(细部)的精读,要求预算人员充分掌握整套图纸内容,熟悉并检查图纸是否齐全、相关尺寸是否清楚和一致,相应的做法要求是否明确,苗木种类、规格说明是否清楚等,为下一步的工程量计算做好技术准备。

对招标文件的熟悉包括了解招标范围、计价依据、报价内容、格式要求等。

(二)计算工程量

根据定额的项目划分,列出所需计算的分部分项工程项目名称。分部分项工程项目名称的确定方法有两种:①定额法,即自定额的第一个子目开始逐项核对施工图纸中是否发生,直至定额的全部内容核对完毕;②施工图法,即按照施工过程的顺序自准备施工开始逐项在定额中查找应该套用的定额子目,直至工程完工。虽然施工图法比定额法的工作量小,但是要求施工图预算编制人员对定额的内容应该比较熟悉。建议初学者先从定额法开始并逐步加深对定额的了解。

工程量计算要求"不重不漏",即不重项不漏项、不重算不漏算。计算工程量要严格按照工程量计算规则的规定进行计算,特别注意应该扣除和不应该扣除、应该增加和不应该增加的相关规定。同时还要按照一定的计算顺序进行,"同一项目内容自下而上顺序计算,同一张图纸先上后下、先左后右顺序计算,需要重复利用的数据先行计算,先整体、后扣除、再增加"等,从而避免和防止"重"、"漏"现象的产生,同时也便于校对和审核。

(三)汇总工程量,编制预算书

工程量计算完成并复核无误后,按照预算定额的章节顺序汇总。

汇总后套用预算定额相应子目计算出直接工程费和施工技术措施费。定额的人、材、机价格应按当地当时的市场价(或当地造价部门发布的信息价),也可以是在价外补差(具体根据当地造价部门规定)。

（四）计取各项费用

在计算好直接工程费和施工技术措施费后，根据当地造价部门规定的费用计算程序以人工费加机械费（或人工费）为基础计算组织措施费、管理费、利润，并在按规定计取规费、税金后汇总出工程造价。

（五）编制说明

在完成预算书编制后，就编制依据、列项情况等写编制说明。

如某省费用定额规定的定额计价下工程造价的计算程序，如表3-4所示。

表3-4　以人工费和机械费为计算基础的计价程序

序号	费用项目		计算方法	说明
一	直接工程费		∑分部分项工程量×工料单价	
	其中	1. 人工费		
		2. 机械费		
二	施工技术措施费		∑措施项目工程量×工料单价	
	3. 人工费			
	4. 机械费			
三	施工组织措施费		∑[(1+2+3+4)×费率]	
四	综合费用		(1+2+3+4)×费率	
五	规费		(一+二+三+四)×相应费率	
六	总承包服务费		分包项目工程造价×相应费率	
七	税金		(一+二+三+四+五+六)×相应费率	
八	工程造价		一+二+三+四+五+六+七	

二、清单计价模式下，园林工程费用计算的一般步骤

（一）分部分项工程量清单综合单价的确定

投标人根据招标人提供的工程量清单按照企业定额或建设行政主管部门发布的消耗量定额确定合理的综合单价，具体可以按照以下步骤进行：

（1）按照企业定额或建设行政主管部门发布的消耗量定额对需报价的工作量清单子目分析其项目特征和工程内容，结合工程具体的施工方案确定该清单子目可组合内容和相对应定额子目。

（2）确定可组合定额项目的工程量。

（3）采集、分析市场材料价格，根据企业情况确定合理的人工、材料、机械台班价格。

（4）根据企业自身情况、工程特点、投标竞争等情况，确定该清单子目合理的管理费和利润报价策略，按照本子目施工、材料、人工等因素考虑风险费用。

（二）计算汇总分部分项工程费

其计算公式为：

措施费＝分部分项工程费＝分部分项工程量清单数量×综合单价

（三）计算措施项目费

措施项目费应按照措施项目清单所列措施项目的项目名称和序号列项计算，计价时

对于投标人认为不发生的措施项目,金额以“0”表示,而不应删除该项目。

(1)可计算工程量的措施费。包括施工降水排水费、混凝土与钢筋混凝土模板及支架费、脚手架费、大型机械场外运输及安拆费等。

具体应先根据具体工程、施工方案和所用的计价定额计算计价工程量,然后按计价定额计算其综合单价。计算公式为:

措施费=相应措施项目的计价工程量×综合单价

(2)无计价工程量的措施费。包括安全文明施工费、夜间施工费、二次搬运费、已完工程及设备保护费等。

该部分措施项目费的计取由投标人根据工程所在地建设行政主管部门的相关要求和相关计价费用定额的规定计算。一般按照分部分项工程量清单费和可计工程量措施费中的人工费、机械费之和(或仅人工费)为基数计算。

计算公式为:

措施费=(人工费+机械费)×相应组织措施费率

或　措施费=人工费×相应组织措施费率

(四)计算其他项目费

有暂列金额、暂估价、计日工和总承包服务费等项目,具体要以招标文件规定执行。

(五)规费

规费为施工单位按政府有关部门规定必须缴纳的费用,其计取按各地相应费用定额规定执行。

(六)税金

按费用定额规定的税费计取营业税、城市维护建设税和教育费附加等。

如某省费用定额规定的清单计价下工程造价的计算程序,如表3-5所示。

表3-5　以人工费和机械费为计算基础的计价程序

序号	费用项目		计算方法
一	分部分项工程量清单项目费		Σ(分部分项工程量清单×综合单价)
	其中	1.人工费	
		2.机械费	
二	措施项目清单费		(一)+(二)
	(一)施工技术措施项目清单费		Σ(技术措施项目清单×综合单价)
	其中	3.人工费	
		4.机械费	
	(二)施工组织措施项目清单费		Σ[(1+2+3+4)×费率]
三	其他项目清单费		按清单计价要求计算
四	规费		(一+二)×相应费率
五	税金		(一+二+三+四)×相应费率
六	工程造价		一+二+三+四+五

三、取费计算案例

【例3-1】　某园林工程,其直接工程费为528.356 2万元,其中人工费118.163 5万元,机械费29.149 3万元。试根据施工取费定额相关费率计算工程造价。

解　根据费用计算程序,以及企业情况,计算工程造价如表3-6所示。

表3-6　工程造价

序号	费用名称	费用计算表达式	金额(元)
一	直接工程费		5 283 562
	1. 其中人工费		1 181 635
	2. 其中机械费		291 493
二	施工组织措施费	(①+②+③+…+⑧)	98 698
	①环境保护费	(1+2)×0.2%	2 946
	②文明施工费	(1+2)×1.55%	22 833
	③安全施工费	(1+2)×0.65%	9 575
	④临时设施费	(1+2)×4.2%	61 871
	⑤夜间施工增加费	(1+2)×0%	0
	⑥缩短工期增加费	(1+2)×0%	0
	⑦材料二次搬运费	(1+2)×0%	0
	⑧已完工程及设备保护费	(1+2)×0.1%	1 473
三	综合费用		468 455
	①企业管理费	(1+2)×19.3%	284 314
	②利润	(1+2)×12.5%	184 141
四	其他项目费	0	0
五	规费	(一+二+三)×5.85%	342 267
六	税金	(一+二+三+四+五)×3.448%	213 534
七	建设工程造价	一+二+三+四+五+六	6 406 516

研讨与练习

1. 试述定额计价模式下的造价组成。
2. 试述工程量清单计价模式下工程造价的费用组成。
3. 试述人工费组成内容,试述材料费组成内容。
4. 工程造价中的规费与税金分别包括哪些内容?
5. 试述工程量清单计价模式下造价的计算方法。

第四章　工程量清单计价及报价编制

第一节　工程量清单计价基础知识

工程量清单招标是建设工程招标投标活动中按照国家有关部门统一的工程量清单计价规定，由招标人提供工程量清单，投标人根据市场行情和本企业实际情况自主报价，经评审低价中标的工程造价计价模式。其特点是“量变价不变”。随着中国建设市场的快速发展，招标投标制度的逐步完善，实行工程量清单计价法是建立公开、公正、公平的工程造价计价和竞争定价的市场环境，逐步解决定额计价中与工程建设市场不相适应的因素，彻底铲除现行招标投标工作中弊端的根本途径之一，也是市场经济体制对建设市场发展的必然要求。

一、工程量清单计价概述

（一）工程量清单的概念

工程量清单是建设工程的分部分项工程项目、措施项目、其他项目、规费项目和税金项目的名称和相应数量等的明细清单。

工程量清单计价是指投标人完成由招标人提供的工程量清单所需的全部费用，包括分部分项工程费、措施项目费、其他项目费和规费、税金。

工程量清单计价采用综合单价计价。综合单价是指完成规定计量单位项目所需的人工费、材料费、机械使用费、管理费、利润，并考虑风险因素。

工程量清单计价方法，是在建设工程招投标中，招标人或委托具有资质的中介机构编制反映工程实体消耗和措施性消耗的工程量清单，并作为招标文件的一部分提供给投标人，由投标人依据工程量清单自主报价的计价方式。在工程招投标中采用工程量清单计价是国际上较为通行的做法。

工程量清单计价办法的主旨就是在全国范围内，统一项目编码、统一项目名称、统一计量单位、统一工程量计算规则。在此前提下，由国家主管职能部门统一编制《建设工程工程量清单计价规范》，作为强制性标准，在全国统一实施。

（二）工程量清单计价的基本原理

工程量清单计价的基本过程可以描述为：在统一的工程量计算规则的基础上，制定工程量清单项目设置规则，根据具体工程的施工图纸计算出各个清单项目的工程量，再根据各种渠道所获得的工程造价信息和经验数据计算得到工程造价。

工程计价的顺序是：分部分项工程单价—单位工程造价—单项工程造价—建设项目总造价。

影响工程造价的主要因素有两个，即基本构造要素的单位价格和基本构造要素的实物工程数量。

其编制过程可以分为两个阶段,即工程量清单格式的编制和利用工程量清单来编制投标报价。投标报价是在业主提供的工程量计算结果的基础上,根据企业自身所掌握的各种信息、资料,结合企业定额编制得出的。如图4-1、图4-2所示。

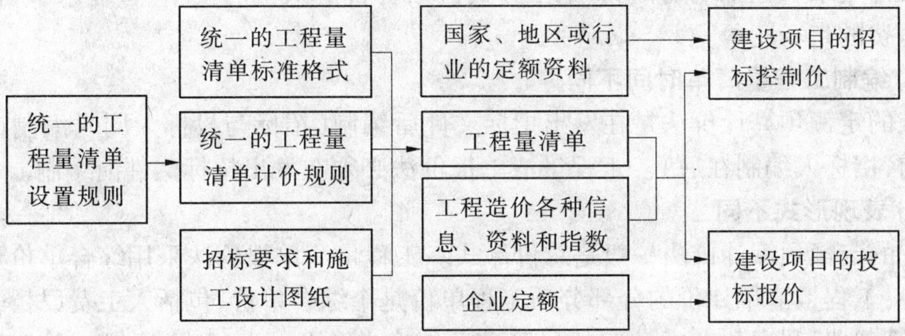

图4-1　工程造价工程量清单计价过程示意图

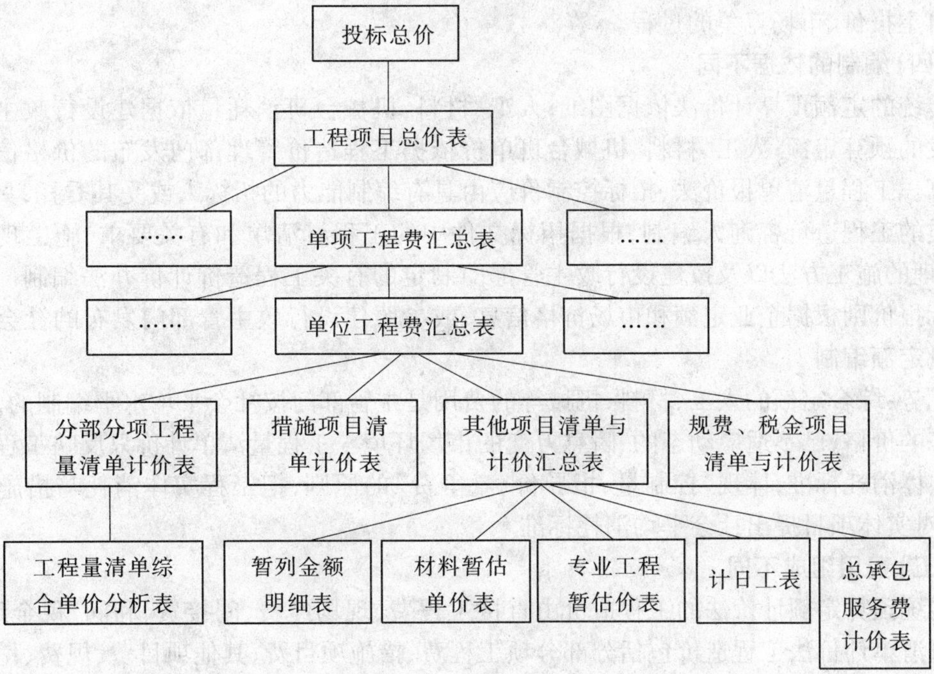

图4-2　工程量清单计价方式下价格的形成过程

二、工程量清单计价与定额计价的差别

(一)编制工程量的单位不同

传统定额预算计价办法是:建设工程的工程量由招标单位和投标单位分别按图计算。工程量清单计价是:工程由招标单位统一计算或委托有工程造价咨询资质单位统一计算,“工程量清单”是招标文件的重要组成部分,各投标单位根据招标人提供的“工程量清单”,根据自身的技术装备、施工经验、企业成本、企业定额、管理水平自主填报单价。

优势:工程量清单计价的造价组成是由分部分项工程量清单费用、措施项目清单费用、其他项目费用、规费、税金五部分构成的,这种划分将工程实体性消耗和施工措施性消耗分离开。对于工程实体性消耗费用,投标人根据招标文件中的工程量清单数量报出每个清单项目的综合单价;对于措施性项目消耗费用招标人只给出工程项目名称,投标人根据招标文件要求和施工现场情况、施工方案再结合自身队伍的技术、管理水平自行确定,体现竞争费的市场竞争。

(二)编制工程量清单时间不同

传统的定额预算计价法是在发出招标文件后编制(招标与投标人同时编制或投标人编制在前,招标人编制在后)。工程量清单报价法必须在发出招标文件前编制。

(三)表现形式不同

传统的定额预算计价法一般是总价形式。工程量清单报价法采用综合单价形式。

优势:工程量清单计价的分部分项工程单价是个综合单价,包括人工费、材料费、机械使用费、管理费、利润和考虑一定的风险费。综合单价是投标人根据自己企业的技术专长、材料采购渠道、机械装备水平、管理能力、投标策略等确定的价格,综合单价的报出是一个自主报价、市场竞争的过程。

(四)编制的依据不同

传统的定额预算计价法依据图纸;人工、材料、机械台班消耗量依据建设行政主管部门颁发的预算定额;人工、材料、机械台班单价依据工程造价管理部门发布的价格信息进行计算。工程量清单报价法,招标控制价应由具有编制能力的招标人或受其委托,具有相应资质的工程造价咨询人编制,根据招标文件中的工程量清单和有关要求、施工现场情况、合理的施工方法以及按建设行政主管部门制定的有关工程造价计价办法编制。企业的投标报价则根据企业定额和市场价格信息,或参照建设行政主管部门发布的社会平均消耗量定额编制。

优势:综合定额的人工、材料、机械等的费用是主管部门按社会平均水平编制的,是静止形态的价格,已不适应动态的、瞬息万变的市场环境。工程量清单计价只反映工程分部分项实体消耗标准,体现"控制量、指导价、竞争费"的原则,把工程实体消耗与措施项目分开,对实体项目提出社会平均消耗标准。

(五)费用组成不同

传统预算定额计价法的工程造价由直接工程费、现场经费、间接费、利润、税金组成。工程量清单计价法工程造价包括分部分项工程费、措施项目费、其他项目费、规费、税金组成。包括完成每项工程包含的全部工程内容的费用;包括完成每项工程内容所需的费用(规费、税金除外);包括工程量清单中没有体现的,施工中又必须发生的工程内容所需费用,包括风险因素而增加的费用。

(六)评标采用的办法不同

传统预算定额计价投标一般采用百分制评分法。采用工程量清单计价法投标,一般采用合理低报价中标法,既要对总价进行评分,还要对综合单价进行分析评分。

(七)项目编码不同

定额计价采用各省市各自的项目编号,清单计价采用国家统一标准。

(八)合同价调整方式不同

传统的定额预算计价合同价调整方式有变更签证、定额解释、政策调整。

工程量清单计价法合同价调整方式主要是索赔。工程量清单的综合单价一般通过招标中报价的形式体现,一旦中标,报价作为签订施工合同的依据相对固定下来,工程结算按承包商实际完成工程量乘以清单中相应的单价计算。采用传统的预算定额经常有这个定额解释那个定额规定,结算中又有政策文件调整;工程量清单计价单价不能随意调整。

(九)索赔事件增加

因承包商对工程量清单单价包含的工作内容一目了然,故凡建设方不按清单内容施工的,任意要求修改清单的,都会增加施工索赔的因素。

第二节　工程量清单计价规范

2008年7月9日住房和城乡建设部发布了《建设工程工程量清单计价规范》(GB 50500—2008),并自2008年12月1日起实施。按照规范,全部使用国有资金投资或国有资金投资为主的工程建设项目,必须采用工程量清单计价,非国有资金投资的工程建设项目,可采用工程量清单计价。建设工程工程量清单计价活动应遵循客观、公正、公平的原则。形成了由政府制定规则、业主提供清单、企业自主报价、市场形成价格的计价形式。

一、《建设工程工程量清单计价规范》编制指导思想与原则

(一)编制指导思想

《建设工程工程量清单计价规范》(简称《计价规范》)编制的指导思想是:按照政府宏观调控、企业自主报价、市场竞争形成价格的要求,创造公平、公正、公开竞争的市场环境,以建立全国统一、开放、健康、有序的建设市场,既要与国际惯例接轨,又考虑我国的实际。主要体现在以下两个方面。

1. 政府宏观调控

一是规定了全部使用国有资金或国有资金投资为主的大中型建设工程要严格执行《计价规范》的有关规定,与《招标投标法》规定的政府投资要进行公开招标是相适应的;二是《计价规范》统一了分部分项工程项目名称、统一了项目编码、统一了计量单位、统一了项目特征、统一了工程量计算规则,为建立全国统一建设市场和规范计价行为提供了依据;三是《计价规范》没有人工、材料、机械消耗量,必须促使企业提高管理水平,引导企业学会编制自己的消耗量定额,适应市场需要。

2. 市场竞争形成价格

由于《计价规范》不规定人工、材料、机械消耗量,为企业报价提供了自主空间,投标企业可以结合自身的生产效率、消耗水平和管理能力与已储备的本企业报价资料,按照《计价规范》规定的原则和方法,投标报价。工程造价的最终确定,由承发包双方在市场竞争中按价值规律通过合同确定。

(二)编制原则

编制工作主要坚持以下原则。

1. 政府宏观调控、企业自主报价、市场竞争形成价格的原则

为规范发包与承包方计价行为，确定了工程量清单计价的原则、方法和必须要遵守的规则，包括统一项目编码、项目名称、计量单位、工程量计算规则等，留给企业自主报价，参与市场竞争的空间，将属于企业性质的施工方法、施工措施和人工、材料、机械的消耗量水平、取费等由企业来确定，给予企业充分选择的权利，以促进生产力的发展。

2. 与现行预算定额既有机结合又有所区别的原则

《计价规范》在编制过程中，以现行的全国统一工程预算定额为基础，特别是项目划分、计量单位、工程量计算规则等方面，尽可能多地与定额衔接。原因主要是预算定额是我国经过几十年实践的总结，这些内容具有一定的科学性和实用性。与工程预算定额有所区别的主要原因是预算定额是按照计划经济的要求制定发布贯彻执行的，其中有许多不适应《计价规范》编制指导思想的，主要表现在：①定额项目是国家规定以工序为划分项目的原则；②施工工艺、施工方法是根据大多数企业的施工方法综合取定的；③人工、材料、机械消耗量是根据“社会平均水平”综合测定的；④取费标准是根据不同地区平均测算的。因此，企业报价时就会表现为平均主义，企业不能结合项目具体情况、自身技术管理水平自主报价，不能充分调动企业加强管理的积极性。

3. 既考虑我国工程造价管理的现状，又尽可能与国际惯例接轨的原则

《计价规范》要根据我国当前工程建设市场发展的形势，逐步解决定额计价中与当前工程建设市场不相适应的因素，适应我国社会主义市场经济发展的需要，适应与国际接轨的需要，积极稳妥地推行工程量清单计价。因此，在编制中，既借鉴了世界银行、菲迪克（FIDIC）、英联邦国家等的一些做法和思路，同时也结合了我国现阶段的具体情况。如：实体项目的设置方面，就结合了当前按专业设置的一些情况；有关名词尽量沿用国内习惯。如措施项目就是国内的习惯叫法，国外叫开办项目。措施项目的内容就借鉴了部分国外的做法。

二、《建设工程工程量清单计价规范》的主要内容

《计价规范》包括正文和附录两大部分，二者具有同等效力。正文共五章，包括总则、术语、工程量清单编制、工程量清单计价、工程量清单及其计价表格等内容。分别就《计价规范》的适用范围、遵循的原则、编制工程量清单应遵循的规则、工程量清单计价活动的规则、工程量清单及其计价格式作了明确规定。

附录包括：

附录 A：建筑工程工程量清单项目及计算规则，适用于工业与民用建筑物和构筑物工程。

附录 B：装饰装修工程工程量清单项目及计算规则，适用于工业与民用建筑物和构筑物的装饰装修工程。

附录 C：安装工程工程量清单项目及计算规则，适用于工业与民用建筑物安装工程。

附录 D：市政工程工程量清单项目及计算规则，适用于城市市政建设工程。

附录 E：园林绿化工程工程量清单项目及计算规则，适用于园林绿化工程。

附录 F：矿山工程工程量清单项目及计算规则，适用于矿山工程。

附录中包括项目编码、项目名称、项目特征、计量单位、工程量计算规则和工程内容，其中项目编码、项目名称、计量单位、工程量计算规则作为四统一的内容，要求招标人在编制工程量清单时必须执行。

附录E只列出了园林绿化工程中的专业项目，其他工程项目可按建筑、装饰、安装及市政等附录相应项目及规定列项、计价，园林绿化工程量清单与其他附录的关系见图4-3。

- 清单计价规范
  - 正文
    - 总则
    - 术语
    - 工程量清单编制
    - 工程量清单计价
    - 工程量清单计价表格
  - 附录
    - 附录A 建筑工程工程量清单项目及计算规则
    - 附录B 装饰装修工程工程量清单项目及计算规则
    - 附录C 安装工程工程量清单项目及计算规则
    - 附录D 市政工程工程量清单项目及计算规则
    - 附录E 园林绿化工程工程量清单项目及计算规则
    - 附录F 矿山工程工程量清单项目及计算规则

图4-3　园林绿化工程量清单与其他附录的关系

附录E的清单项目中未列项的清单项目，如：亭、台、楼、阁，长廊的柱、梁、墙，喷泉的水池等可按附录A相关项目编码列项，混凝土花架、桌凳等的饰面可按附录B相关项目编码列项。附录E清单项目所需模板费用和搭设脚手架费用，应列在工程量清单措施项目费内）。附录E中未列钢筋制作、安装清单项目，发生时按附录A相关项目编码列项。附录E未单独列项的平整场地、挖土、凿石和基础等清单项目，发生时按附录A相关项目编码列项，清单项目中已包括挖土、凿石和基础的，不再单独列项。

清单规范附录A、附录B的清单项目也适用于附录E中未列项的清单项目。

三、《建设工程工程量清单计价规范》的特点

（一）强制性

主要表现在：一是由建设主管部门按照强制性国家标准的要求批准颁布，规定全部使用国有资金或国有资金投资为主的大中型建设工程应按《计价规范》规定执行。二是明确工程量清单是招标文件的组成部分，并规定了招标人在编制工程量清单时必须遵守的规则，做到四统一，即统一项目编码、统一项目名称、统一计量单位、统一工程量计算规则。

（二）实用性

《计价规范》将附录A、B、C、D、E、F的项目定义为实体项目，其涵盖了建设工程中通用的常见的所有工程项目，子目划分清楚，内容明确，与实际工程内容相符，同时与项目对应的工程量计算规则说明通俗易懂，简明扼要，符合实际工程的需要，易于工程量清单的编制，易于实际工程的经济运作。

（三）竞争性

一是《计价规范》中的措施项目，在工程量清单中只列"措施项目"一栏，具体采用什么措施，如模板、脚手架、临时设施、施工排水等详细内容由投标人根据企业的施工组织设

计，视具体情况报价，因为这些项目在各个企业间各有不同，是企业竞争项目，是留给企业竞争的空间。二是《计价规范》中人工、材料和施工机械没有具体的消耗量，投标企业可以依据企业的定额和市场价格信息，也可以参照建设行政主管部门发布的社会平均消耗量定额进行报价，《计价规范》将报价权交给了企业。

（四）通用性

采用工程量清单计价将与国际惯例接轨，符合工程量计算方法标准化、工程量计算规则统一化、工程造价确定市场化的要求。

第三节　工程量清单的编制

工程量清单是招标文件的组成部分，应由具有编制能力的招标人或受其委托，具有相应资质的工程造价咨询人编制。

工程量清单应由分部分项工程量清单、措施项目清单、其他项目清单、规范项目清单、税金项目清单组成。编制程序如图 4-4 所示。

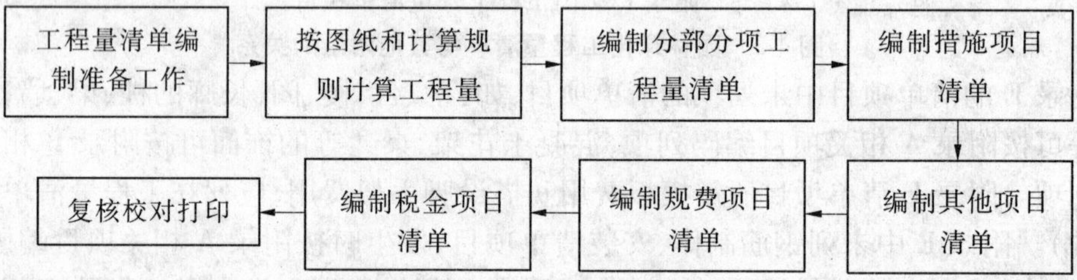

图 4-4　工程量清单编制程序

编制工程量清单的依据是：

（1）《建设工程工程量清单计价规范》（GB 50500—2008）；

（2）国家或省级、行业建设主管部门颁发的计价依据和办法；

（3）建设工程设计文件；

（4）与建设工程项目有关的标准、规范、技术资料；

（5）招标文件及其补充通知、答疑纪要；

（6）施工现场情况、工程特点及常规施工方案；

（7）其他相关资料。

一、分部分项工程量清单的编制

（一）工程量清单的项目设置

工程量清单的项目设置规则是为了统一工程量清单项目名称、项目编码、计量单位、项目特征和工程量计算而制定的，是编制工程量清单的依据。

1. 项目编码

项目编码是分部分项工程量清单项目名称的数字标识。分部分项工程量清单的项目编码，应采用十二位阿拉伯数字表示。一至九位应按附录的规定设置，十至十二位应根据拟建工程的工程量清单项目名称设置,同一招标工程的项目编码不得有重码。

各级编码代表的含义如下:

(1)第一级表示分类码(第一、二位),即附录顺序码。

01……附录 A　建筑工程编码

02……附录 B　装饰装修工程编码

03……附录 C　安装工程编码

04……附录 D　市政工程编码

05……附录 E　园林绿化工程编码

06……附录 F　矿山工程编码

(2)第二级表示章(专业工程)顺序码(分两位)。如 0103 为附录 A 的第三章"砌筑工程";0302 为附录 C 的第二章"电气设备安装工程";园林工程共分为三项专业工程,相当于三章。

E.1　绿化工程……………………………编码 0501

E.2　园路、园桥、假山工程………………编码 0502

E.3　园林景观工程…………………………编码 0503

(3)第三级表示节(分部工程)顺序码(分两位)。如 010302 为砌筑工程的第二节"砖砌体"。

①绿化工程共分为三个分部。

E.1.1　绿地整理…………………………编码 050101

E.1.2　栽植花木…………………………编码 050102

E.1.3　绿地喷灌…………………………编码 050103

②园路、园桥、假山工程,其分为三个分部。

E.2.1　园路桥工程………………………编码 050201

E.2.2　堆塑假山…………………………编码 050202

E.2.3　驳岸………………………………编码 050203

③园林景观工程,共分为六个分部。

E.3.1　原木、竹物件 ……………………编码 050301

E.3.2　亭廊屋面…………………………编码 050302

E.3.3　花架………………………………编码 050303

E.3.4　园林桌椅…………………………编码 050304

E.3.5　喷泉安装…………………………编码 050305

E.3.6　杂项………………………………编码 050306

(4)第四级表示清单项目(分项工程)名称码(分三位)。如 010302001 为砖砌体中的"实心砖墙"。

以 E.1 绿化工程分部为例:

伐树、挖树根 ……………………………　编码 050101001

砍挖灌木丛………………………………　编码 050101002

挖竹根……………………………………　编码 050101003

挖芦苇根………………………………… 编码 050101004
清除草皮………………………………… 编码 050101005
整理绿化用地…………………………… 编码 050101006
屋顶花园基底处理……………………… 编码 050101007

(5)第五级表示拟建工程量清单项目顺序码(第十、十一、十二位)。由编制人依据项目特征的区别,从 001 开始,一共 999 个码可供使用。

例如,一个标段的工程量清单含有三个单位工程,每一个单位工程中都有项目特征相同的实心砖墙砌体,此时第一个单位工程的实心砖墙项目编码应为 010302001001,第二个应为 010302001002,第三个应为 010302001003,并分别列出各单位工程实心砖墙的工程量。

例如,栽植木本花全国统一编码为 050102008 九位,按冠幅大小分 15 cm 以内、25 cm 以内、35 cm 以内、35 cm 以上,可从十、十一、十二位分别编码,15 cm 以内可由编制人设 001,25 cm 以内可设 002,依此类推。

注意:当同一标段(或合同段)一份工程量清单中含有多个单项或单位工程且工程量清单是以单位工程为编制对象时,在编制工程量清单时应特别注意对项目编码十到十二位的设置不得有重码的规定。例如,一个标段的工程量清单中含有两个单位工程,每一个单位工程都有特征相同的方整石板路面,垫层为 150 厚的 C10 混凝土工程量时,此时应以单位工程为编制对象,则第一个单位工程的方整石板路面的项目编码应为 050201001001,则第二个单位工程同样的项目编码不能相同,可编为 050201001002。有些计价软件可自动实现项目编码的顺序编排。

2. 项目名称

分部分项工程量清单的项目名称应按清单计价规范附录的项目名称结合拟建工程的实际确定。其设置应考虑三个因素:一是附录中的项目名称;二是附录中的项目特征;三是拟建工程的实际情况。

具体清单项目名称均以工程实体命名,项目必须包括完成或形成实体部分的全部内容。工程量清单编制时,以附录中的项目名称为主体,考虑该项目的规格、型号、材质等特征要求,结合拟建工程的实际情况,使其工程量清单项目名称具体化、细化,能够反映影响工程造价的主要因素。

项目名称如有缺项,招标人可按相应的原则,在工程量清单编制时进行补充。补充项目应填写在工程量清单相应分部项目之后,并在“项目编码”栏中以“补”字示之。

3. 计量单位

分部分项工程量清单的计量单位应按清单计价规范附录中规定的计量单位确定。附录中有两个或两个以上计量单位的,应结合拟建项目的实际选择其中一个最适宜、最方便的确定。

计量单位应采用基本单位,除各专业另有特殊规定之外,均按以下单位计量:

(1)以质量计算的项目——吨或千克;

(2)以体积计算的项目——立方米;

(3)以面积计算的项目——平方米;

(4)以长度计算的项目——米;

(5)以自然计量单位计算的项目——个、套、株、丛、组、台、支、座……

(6)没有具体数量的项目——系统、项……

4. 项目特征

项目特征是构成分部分项工程量清单项目、措施项目自身价值的本质特征。分部分项工程量清单项目特征应按清单计价规范附录中规定的项目特征,结合拟建工程项目的实际予以描述。

1)项目特征的描述具有重要的意义

项目特征是区分清单项目的依据,没有项目特征的准确描述,对于相同或相似的清单项目名称,就无从区分;项目特征是确定综合单价的前提,由于工程量清单项目的特征决定了工程实体的实质内容,清单项目特征描述得准确与否,必然关系到综合单价的准确确定;项目特征是履行合同义务的基础,如果项目特征描述不清甚至漏项、错误,从而引起在施工过程中的更改,都会引起分歧,导致纠纷、索赔。

提示:项目特征必须描述,因为其讲的是工程项目的实质,直接决定工程的价值;工程内容无需描述,因为其主要讲的是操作程序。

例如,绿化工程中栽植乔木,按照计价规范"项目特征"栏的规定,就必须描述,①乔木种类:是带土球或是裸根乔木;②乔木胸径,可根据实际图纸要求结合计价规范来描述;③养护期。由此可见,这些描述均不可少,因为其中任何一项都会影响栽植乔木项目的综合单价的确定。

2)项目特征描述的要求

项目特征描述的内容按清单计价规范附录规定的内容,项目特征的表述按拟建工程的实际要求,以能满足确定综合单价的需要为前提。对采用标准图集或施工图纸能够全部或部分满足项目特征描述要求的,项目特征描述可直接采用详见× ×图集或× ×图号的方式,但对不能满足项目特征描述要求的部分,仍应用文字描述进行补充。

项目特征举例见表4-1。

表4-1　项目特征举例

项目编码	项目名称	项目特征	计量单位	工程量计算规则	工程内容
010302001×× ×	实心砖墙	1. 砖品种、规格、强度等级 2. 墙体类型 3. 墙体厚度 4. 墙体高度 5. 勾缝要求 6. 砂浆强度等级、配合比	m^3	(略)	1. 砂浆制作、运输 2. 砌砖 3. 勾缝 4. 砖压顶砌筑 5. 材料运输

此例中:①砖品种、规格、强度等级:须描述是页岩砖,还是煤灰砖等;是标砖还是非标砖,是非标砖应注明规格尺寸;是 MU10、MU15 还是 MU20 等内容;因为砖品种、规格、强度等级直接关系到砖的价格。②墙体类型:是混水墙还是清水墙,清水是双面还是单面,

或是一斗一卧、围墙等。③墙体厚度:是1砖还是1砖半等,因为墙体厚度、类型直接影响砌砖的工效以及砖、砂浆的消耗量。④墙体高度。⑤勾缝要求:是否勾缝;是原浆还是加浆勾缝;如果是加浆勾缝,还必须注明砂浆配合比。⑥砂浆强度等级、配合比:必须描述砂浆的种类,是混合砂浆,还是水泥砂浆;强度等级是M5、M7.5还是M10等。

"项目特征"与"工程内容"的区别如下。

上例中:"实心砖墙"的项目特征与"工程内容"栏中均包含"勾缝",但两者的性质,包含的内容完全不同。"项目特征"栏的勾缝体现的是实心砖墙的实体特征,是个名词,体现的用什么规格的材料勾缝。"工程内容"栏内的勾缝表述的是操作工序或操作行为,是动词,体现的是怎么做,怎么勾缝。因此,如果需要勾缝,就必须在项目特征中描述,而不能以工程内容中有而不描述,否则视为清单项目漏项,而可能在施工中引起索赔。

3)项目特征描述的内容

必须描述的内容如下。

(1)涉及正确计量的内容必须描述。例如,门窗洞口尺寸或框外围尺寸,由于GB 50500—2003将门窗以"樘"计量,1樘门或窗有多大,直接关系到门窗的价格,GB 50500—2008虽增加了按"m^2"计量,如采用"樘"计量,上述表述仍是必需的。

(2)涉及结构要求的内容必须描述。例如,混凝土构件的混凝土的强度等级,是使用C20还是C30或C40等,因混凝土强度等级不同,其价格也不同,必须描述。

(3)涉及材质要求的内容必须描述。例如,油漆的品种:是调和漆还是硝基清漆等;管材的材质:是碳钢管还是塑料管、不锈钢管等;还需要对管材的规格、型号进行描述。

(4)涉及安装方式的内容必须描述。例如,管道工程中的钢管的连接方式是螺纹连接还是焊接;塑料管是粘接连接还是热熔连接等就必须描述。

可不描述的内容如下。

(1)对计量计价没有实质影响的内容可不描述。例如,对现浇混凝土柱的高度、断面大小等的特征规定可以不描述,因为混凝土构件是按"m^3"计量,对此的描述实质意义不大。

(2)应由投标人根据施工方案确定的可以不描述。例如,对石方的预裂爆破的单孔深度及装药量的特征规定,如由清单编制人来描述是困难的,而应由投标人根据施工要求,在施工方案中确定,自主报价。

(3)应由投标人根据当地材料和施工要求确定的可以不描述。例如,对混凝土构件中的混凝土拌和料使用的石子种类及粒径、砂的种类的特征规定可以不描述。因为混凝土拌和料使用砾石还是碎石,使用粗砂还是中砂、细砂或特细砂,主要取决于工程所在地砂、石子材料的供应情况,石子粒径大小主要取决于钢筋配筋的密度。

(4)应由施工措施解决的可以不描述。例如,对现浇混凝土板、梁的标高的特征规定可以不描述。因为同样的板或梁都可以将其归并在同一个清单项目,不同标高的差异可以由投标人在报价中考虑或在施工措施中解决。

可不详细描述的内容如下。

(1)无法准确描述的可不详细描述。例如,土壤类别,其表层土与表层土以下的土壤,其类别可能不同,可考虑将土壤类别描述为综合,注明由投标人根据地勘资料自行确定土壤类别，决定报价。

(2)施工图纸、标准图集标注明确的，可不再详细描述。对这些项目可描述为见××图集××页号及节点大样等。

(3)其他可不详细描述的，应注明由投标人自定。例如，土方工程中的“取土运距”、“弃土运距”等，因为由清单编制人决定在多远取土或取、弃土运往多远是困难的；其次，由投标人根据在建工程施工情况自主决定取、弃土方的运距可以充分体现竞争的要求。

(二)工程数量的计算

分部分项工程量清单中所列工程量应按计价清单规范附录中规定的工程量计算规则计算。除另有说明外，所有清单项目的工程量应以实体工程量为准，并以图示的净值计算；投标人投标报价时，需要在单价中考虑施工中的各种损耗和需要增加的工程量。

工程数量的有效位数，一般要符合以下规定：以“t”为单位，留三位小数，第四位四舍五入；以“m^2”、“m^3”、“m”、“kg”为单位，保留小数点后两位数字，第三位四舍五入；以“个”、“项”等自然单位为单位，取整数。

(三)分部分项工程量清单的编制程序

其编制程序见图4-5。

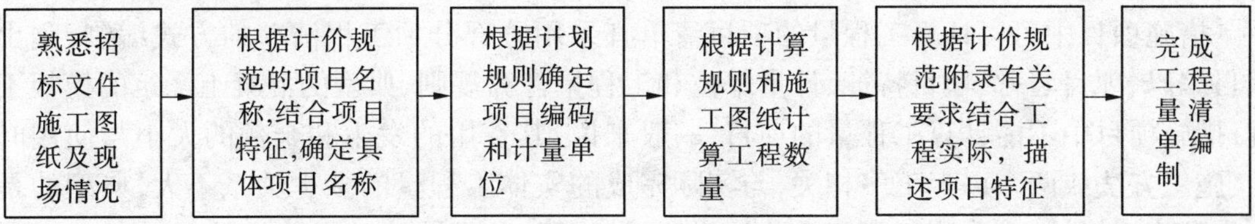

图4-5　分部分项工程量清单编制程序

(四)分部分项工程量清单描述的内容及顺序

(1)分部分项工程量清单应表明拟建工程的全部实体工程和相应数量，编制时应避免错项、漏项。按照清单计价规范的规定，工程量清单分部分项工程项目的分项必须描述：项目编码、项目名称、项目特征、计价单位和工程量。

(2)分部分项工程量清单应根据附录规定的项目编码、项目名称、项目特征、计量单位和工程量计算规则进行编制。

(3)编制工程量清单出现附录中未包括的项目，编制人应作补充，并报省级或行业工程造价管理机构备案，省级或行业工程造价管理机构应汇总报往住房和城乡建设部标准定额研究所。补充项目的编码由附录的顺序码与B和三位阿拉伯数字组成，并应从×B001起顺序编制，同一招标工程的项目不得重码。工程量清单中需附有补充项目的名称、项目特征、计量单位、工程量计算规则、工程内容。

(4)编制园林绿化工程工程量清单，具体分项一般按清单计价规范中所列的基本项分列。对于清单项目所含内容太多的，也可以拆开列项，但一定是在附录中(不局限于附录E，而是清单计价规范的所有附录)能够找出拆开后的相应项目。例如，园林绿化工程中“喷灌设施”050103001项目，可将其拆开：土方按附录A“管沟土方”项目010101006编码列项，阀门井可按附录A“砖窨井、检查井”项目010303003编码列项，管道可按附录C给排水、采暖、燃气工程相关项目编码列项等。

(5)分部分项工程分解要遵循一定的顺序。项目分解顺序有：按施工图前后顺序进行分解、按计价规范(或地方基价)前后顺序进行分解、按施工先后顺序进行分解。一般而言，对于实践经验较少的人员，选择按计价规范(或地方基价)前后顺序进行分解比较保险，不容易出现漏项、重项。

二、措施项目清单的编制

措施项目清单是指为完成工程项目施工，发生于该工程施工准备和施工过程中的技术、生活、安全等方面的非工程实体项目。

(一)措施项目清单的列项

措施项目清单应根据拟建工程的实际情况列项，编制时要力求全面，参照清单计价规范列出，若出现本规范未列的项目，可根据工程实际情况补充。措施项目清单的编制，应考虑多种因素，除工程本身的因素外，还涉及水文、气象、环境、安全等和施工企业的实际情况。为此清单计价规范正文提供的通用措施项目可作为列项的参考，专业工程的措施项目可按附录中规定的项目选择列项。

措施项目中可以计算工程量的项目清单宜采用分部分项工程清单的方式编制，列出项目编码、项目名称、项目特征、计量单位和工程量计算规则，典型的混凝土浇筑的模板工程；措施项目中不能计算工程量的项目，一般来说，其费用的发生和金额的大小与使用时间、施工方法或两个以上工序相关，与实际完成的实体工程量的多少关系不大，典型的是大中型施工机械、文明施工和安全防护、临时设施等，以“项”为计量单位。

园林绿化工程措施项目在清单计价规范中没有单独列出，故可使用措施项目一览表中通用项目，项目名称和列项条件见表4-2。

(二)措施项目清单的编制依据

(1)拟建工程的施工组织设计。

(2)拟建工程的施工技术方案。

(3)与拟建工程相关的工程施工规范与工程验收规范。

(4)招标文件。

(5)设计文件。

(三)措施项目清单设置时应注意的问题

(1)参考拟建工程的施工组织设计，以确定安全文明施工、材料的二次搬运等项目。

(2)参阅施工技术方案，以确定夜间施工、大型机具进出场地及安拆、混凝土模板与支架、脚手架、施工排水降水等项目。

(3)参阅相关的施工规范与工程施工验收规范，以确定施工技术方案没有表述的，但是为了实现施工规范与工程验收规范要求而必须发生的技术措施。

(4)确定招标文件中提出的某些必须通过一定的技术措施才能实现的要求。

表 4-2　通用措施项目及列项条件

序号	项目名称	列项条件
1	安全文明施工（含环境保护、文明施工、安全施工、临时设施）	正常情况下都要发生
2	夜间施工	拟建工程有必须连续施工的要求，或工期紧张有夜间施工的必要
3	二次搬运	存在施工场地狭小等特殊情况
4	冬雨季施工	正常情况下都要发生
5	大型机械设备进出场及安拆	施工方案中有大型机具的使用方案，拟建工程必须使用大型机械
6	施工排水	依据水文地质资料，拟建工程的地下施工深度低于地下水位
7	施工降水	
8	地上、地下设施，建筑物的临时保护设施	项目周围及地下对施工有影响的建筑、设施
9	已完工程及设备保护	正常情况下都要发生

(5)确定设计文件中一些不足以写进技术方案的，但是要通过一定的技术措施才能实现的内容。

三、其他项目清单的编制

其他项目清单包括的项目主要有：暂列金额、暂估价（包括材料暂估价、专业工程暂估价）、计日工、总承包服务费等。出现本规范未列的项目，编制人可根据工程实际情况补充。

（一）招标人部分

其他项目清单属于招标人的部分包括暂列金额、暂估价等。

暂列金额是招标人在工程量清单中暂定并包括在合同价款中的一笔款项。用于施工合同签订时尚未确定或者不可预见的所需材料、设备、服务的采购，施工中可能发生的工程变更、合同约定调整因素出现时的工程价款调整以及发生的索赔、现场签证确认等的费用。暂列金额因不可避免的价格调整而设立，但并不是列入合同价格的暂列金额都属于中标人所有。只有按合同约定程序实际发生后，才能成为中标人的应得金额，纳入合同结算价款，剩余余额仍属于招标人所有。

暂估价是招标人在工程量清单中提供的用于支付必然发生但暂时不能确定价格的材料的单价以及专业工程的金额。暂估价是在招标阶段预见肯定要发生，只是因为标准不明确或者需要由专业承包人完成，暂时无法确定其价格或金额。材料暂估价纳入分部分项工程量清单项目综合单价中，专业工程暂估价以“项”为计量单位，一般为综合暂估价，包括除规费、税金以外的管理费、利润等。

（二）投标人部分

其他项目清单中属于投标人的部分包括计日工、总承包服务费等。

计日工是在施工过程中,完成发包人提出的施工图纸以外的零星项目或工作,按合同中约定的综合单价计价的一种计价方式。计日工以完成零星工作所消耗的人工工时、材料数量、机械台班进行计量,并按照计日工表中填报的适用项目的单价进行计价支付。计日工适用的所谓零星工作一般是指合同约定之外的或因变更而产生的、工程量清单中没有相应项目的额外工作。计日工表中一定要给出暂定数量,并且需要根据经验,尽可能估算一个比较贴近实际的数量。

总承包服务费是总承包人为配合协调发包人进行的工程分包自行采购的设备、材料等进行管理、服务以及施工现场管理、竣工资料汇总整理等服务所需的费用。

四、规费、税金项目清单的编制

规费项目清单应按照下列内容列项:工程排污费、工程定额测定费、社会保障费(包括养老保险费、失业保险费、医疗保险费)、住房公积金、危险作业意外伤害保险。出现清单计价规范中未列的项目,应根据省级政府或省级有关权力部门的规定列项。

税金项目清单应包括下列内容:营业税、城市维护建设税、教育费附加。出现清单计价规范未列的项目,应根据税务部门的规定列项。

五、工程量清单的标准表格

按照清单计价规范的要求,工程量清单与计价宜采用统一格式。各省、自治区、直辖市建设行政主管部门和行业建设主管部门可根据本地区、本行业的实际情况,在规范计价表格的基础上补充完善。除封面等格式外,清单计价规范把工程量清单和工程量清单计价用表合二为一。工程量清单用表一般由下列内容组成。

(一)封面

封面(见图4-6)应按规定的内容填写、签字、盖章,造价员编制的工程量清单应由负责审核的造价工程师签字、盖章。

______工程

工 程 量 清 单

招　标　人:______	工程造价咨询人:______
(单位盖章)	(单位资质专用章)
法定代表人 或其授权人:______	法定代表人 或其授权人:______
(签字或盖章)	(签字或盖章)
编　制　人:______	复　核　人:______
(造价人员签字盖专用章)	(造价工程师签字盖专用章)
编制时间:　年　月　日	复核时间:　年　月　日

注:此为招标人自行编制工程量清单的封面。

图4-6　封面样式

(二)总说明

总说明(见图4-7)应按下列内容填写。

> 总 说 明
>
> 工程名称: 第 页 共 页

图4-7 总说明样式

(1)工程概况:建设规模、工程特性、计划工期、施工现场实际情况、自然地理条件、环境保护要求等。

(2)工程招标和分包范围。

(3)工程量清单编制依据。

(4)工程质量、材料、施工等特殊要求。

(5)其他需要说明的问题。

(三)分部分项工程量清单与计价表

分部分项工程量清单与计价表格式见表4-3。为计取规费等的使用,可在表中增设“其中:直接费”、“其中:人工费”或“其中:人工费+机械费”。

表4-3 分部分项工程量清单与计价表

工程名称: 标段: 第 页 共 页

序号	项目编码	项目名称	项目特征描述	计量单位	工程量	金额(元)		
						综合单价	合价	其中:暂估价
		A.1 土(石)方工程						
		(其他略)						
		分部小计						
		A.2 桩与地基基础工程						
		(其他略)						
		分部小计						
本页小计								
合计								

(四)措施项目清单与计价表

用于以"项"计价的措施项目清单与计价表见表4-4。"计算基础"可为"直接费"、"人工费"或"人工费+机械费"。

表4-4　措施项目清单与计价表(一)

工程名称：　　标段：　　第　页　共　页

序号	项 目 名 称	计算基础	费率(%)	金额(元)
1	安全文明施工费			
2	夜间施工费			
3	二次搬运费			
4	冬雨季施工			
5	大型机械设备进出场及安拆费			
6	施工排水			
7	施工降水			
8	地上、地下设施,建筑物的临时保护设施			
9	已完工程及设备保护			
10	各专业工程的措施项目			
11				
12				
合计				

用于以综合单价形式计价的措施项目清单与计价表见表4-5。

表4-5　措施项目清单与计价表(二)

工程名称：　　标段：　　第　页　共　页

序号	项目编码	项目名称	项目特征描述	计量单位	工程量	金额(元)	
						综合单价	合价
本页小计							
合计							

(五)其他项目清单

其他项目清单与计价汇总表见表4-6。

暂列金额明细表见表4-7。此表由招标人填写,如不能详列,也可只列暂定金额总额,投标人应将上述暂列金额计入投标总价中。

材料暂估单价表见表4-8。此表由招标人填写,并在备注栏说明暂估价的材料拟用在哪些清单项目上,投标人应将上述材料暂估单价计入工程量清单综合单价报价中。材料包括原材料、燃料、构配件以及按规定应计入建筑安装工程造价的设备。

表 4-6　其他项目清单与计价汇总表

工程名称:　　　　标段:　　　　第　页　共　页

序号	项目名称	计量单位	金额(元)	备注
1	暂列金额			明细详见暂列金额明细表
2	暂估价			材料暂估单价进入清单项目综合单价,此处不汇总
2.1	材料暂估价			明细详见材料暂估价表
2.2	专业工程暂估价			明细详见专业工程暂估价表
3	计日工			明细详见计日工表
4	总承包服务费			明细详见总承包服务费计价表
5				
	合计			

表 4-7　暂列金额明细表

工程名称:　　　　标段:　　　　第　页　共　页

序号	项 目 名 称	计量单位	暂定金额(元)	备注
1	工程量清单中工程量偏差和设计变更	项		
2	政策性调整和材料价格风险	项		
⋮				
	合　计			—

表 4-8　材料暂估单价表

工程名称:　　　　标段:　　　　第　页　共　页

序号	材料名称、规格、型号	计量单位	单价(元)	备注

专业工程暂估价表见表 4-9。此表由招标人填写,投标人应将上述专业工程暂估价计入投标总价中。

表 4-9　专业工程暂估价表

工程名称：　　　　　　　　　　　　　标段：　　　　　　　　　　第　页　共　页

序号	工程名称	工程内容	金额(元)	备注
合计				

计日工表见表 4-10。此表项目名称、数量由招标人填写，编制招标控制价时，单价由招标人按有关计价规定确定；投标时，单价由投标人自主报价，计入投标总价中。

表 4-10　计日工表

工程名称：　　　　　　　　　　　　　标段：　　　　　　　　　　第　页　共　页

编号	项目名称	单位	暂定数量	综合单价	合价
一	人工				
1					
⋮					
人工小计					
二	材料				
1					
⋮					
材料小计					
三	施工机械				
1					
⋮					
施工机械小计					
总计					

总承包服务费计价表见表 4-11。

表 4-11　承包服务费计价表

工程名称：　　　　　　　　　　　　　标段：　　　　　　　　　　第　页　共　页

序号	项目名称	项目价值(元)	服务内容	费率(%)	金额(元)
1	发包人发包专业工程				
2	发包人供应材料				
合计					

(六)规费、税金项目清单与计价表

规费、税金项目清单与计价表见表4-12。“计算基础”可为“直接费”、“人工费”或“人工费+机械费”。

表4-12　规费、税金项目清单与计价表

工程名称：　　　　　　　　　　　　　　　标段：　　　　　　　　　　　　第　页　共　页

序号	项目名称	计算基础	费率(%)	金 额(元)
1	规费			
1.1	工程排污费	按工程所在地环保部门规定按实计算		
1.2	社会保障费	(1)+(2)+(3)		
(1)	养老保险费	定额人工费		
(2)	失业保险费	定额人工费		
(3)	医疗保险费	定额人工费		
1.3	住房公积金	定额人工费		
1.4	危险作业意外伤害保险	定额人工费		
1.5	工程定额测定费	税前工程造价		
2	税金	分部分项工程费+措施项目费+其他项目费+规费		
合 计				

第四节　工程量清单报价

一、工程量清单报价的概念

工程量清单报价是在建设工程招投标工作中，以招标人提供的工程量清单为平台，投标人根据自身的技术、财务、营业能力进行投标报价，招标人根据具体的评标细则进行优选的工程造价计价模式。

二、工程量清单计价的格式

(一)工程量清单计价表格的使用要求

招标控制价、投标报价和竣工结算分别使用不同的表格。

投标报价工程量清单计价表格随招标文件发至投标人，由投标人填写。投标人应按招标人提供的工程量清单填报价格。填写的项目编码、项目名称、项目特征、计量单位、工程量必须与招标人提供的一致。

投标人应按招标文件的要求，附工程量清单综合单价分析表。

工程量清单与计价表中列明的所有需要填写的单价和合价，投标人均应填写，未填写的单价和合价，视为此项费用已包含在工程量清单的其他单价和合价中。

封面应按规定的内容填写、签字、盖章，除承包人自行编制的投标报价和竣工结算外，受委托编制的招标控制价、投标报价、竣工结算若为造价员编制的，应附有负责审核的造价工程师签字、盖章以及工程造价咨询人盖章。

（二）投标报价使用的表格

编制投标报价使用的表格包括：封面（见图4-8），总说明（见图4-7），工程项目招标控制价/投标报价汇总表（见表4-13），单项工程招标控制价/投标报价汇总表（见表4-14），单位工程招标控制价/投标报价汇总表（见表4-15），分部分项工程量清单与计价表（见表4-3），工程量清单综合单价分析表（见表4-16），措施项目清单与计价表（见表4-4、表4-5），其他项目清单与计价用表（见表4-6～表4-11），规费、税金项目清单与计价表（见表4-12）。

投标总价

招　　标　　人：________________

工　程　名　称：________________

投标总价（小写）：________________

　　　　（大写）：________________

投　　标　　人：________________

（单位盖章）

法 定 代 表 人

或 其 授 权 人：________________

（签字或盖章）

编　　制　　人：________________

（造价人员签字盖专用章）

编　制　时　间：　　　　年　月　日

图4-8　编制投标报价封面

表4-13　工程项目招标控制价/投标报价汇总表

工程名称：　　　　　　　　　　　　　　　　　第　页　共　页

序号	单项工程名称	金额（元）	其中		
			暂估价（元）	安全文明施工费（元）	规费（元）
	合计				

表 4-14　单项工程招标控制价/投标报价汇总表

工程名称：　　第　页　共　页

序号	单项工程名称	金额(元)	其中		
			暂估价(元)	安全文明施工费(元)	规费(元)
合计					

表 4-15　单位工程招标控制价/投标报价汇总表

工程名称：　　第　页　共　页

序号	汇总内容	金额(元)	其中:暂估价(元)
1	分部分项工程		
1.1			
1.2			
⋮			
2	措施项目		
2.1	安全文明施工费		
3	其他项目		
3.1	暂列金额		
3.2	专业工程暂估价		
3.3	计日工		
3.4	总承包服务费		
4	规费		
5	税金		
招标控制价合计 =1 +2 +3 +4 +5			

表 4-16　工程量清单综合单价分析表

工程名称：　　　　　　　　　　　　标段：　　　　　　　　　　第　页　共　页

<table>
<tr><td colspan="2">项目编码</td><td colspan="2"></td><td colspan="2">项目名称</td><td colspan="2"></td><td colspan="2">计量单位</td><td colspan="2"></td></tr>
<tr><td colspan="12">清单综合单价组成明细</td></tr>
<tr><td rowspan="2">定额编号</td><td rowspan="2">定额名称</td><td rowspan="2">定额单位</td><td rowspan="2">数量</td><td colspan="4">单价</td><td colspan="4">合价</td></tr>
<tr><td>人工费</td><td>材料费</td><td>机械费</td><td>管理费和利润</td><td>人工费</td><td>材料费</td><td>机械费</td><td>管理费和利润</td></tr>
<tr><td></td><td></td><td></td><td></td><td></td><td></td><td></td><td></td><td></td><td></td><td></td><td></td></tr>
<tr><td></td><td></td><td></td><td></td><td></td><td></td><td></td><td></td><td></td><td></td><td></td><td></td></tr>
<tr><td></td><td></td><td></td><td></td><td></td><td></td><td></td><td></td><td></td><td></td><td></td><td></td></tr>
<tr><td colspan="8">人工单价小计（元/工日）</td><td colspan="4"></td></tr>
<tr><td colspan="8">未计价材料费</td><td colspan="4"></td></tr>
<tr><td colspan="8">清单项目综合单价</td><td colspan="4"></td></tr>
<tr><td rowspan="7">材料费明细</td><td colspan="5">主要材料名称、规格、型号</td><td>单位</td><td>数量</td><td>单价（元）</td><td>合价（元）</td><td>暂估单价（元）</td><td>暂估合价（元）</td></tr>
<tr><td></td><td></td><td></td><td></td><td></td><td></td><td></td><td></td><td></td><td></td><td></td></tr>
<tr><td></td><td></td><td></td><td></td><td></td><td></td><td></td><td></td><td></td><td></td><td></td></tr>
<tr><td></td><td></td><td></td><td></td><td></td><td></td><td></td><td></td><td></td><td></td><td></td></tr>
<tr><td></td><td></td><td></td><td></td><td></td><td></td><td></td><td></td><td></td><td></td><td></td></tr>
<tr><td colspan="8">其他材料费</td><td></td><td></td><td></td></tr>
<tr><td colspan="8">材料费小计</td><td></td><td></td><td></td></tr>
</table>

(三)招标控制价使用表格

编制招标控制价使用表格包括：封面（见图 4-9），总说明（见图 4-7），工程项目招标控制价/投标报价汇总表（见表 4-13），单项工程招标控制价/投标报价汇总表（见表 4-14），单位工程招标控制价/投标报价汇总表（见表 4-15），分部分项工程量清单与计价表（见表 4-3），工程量清单综合单价分析表（见表 4-16），措施项目清单与计价表（见表 4-4、表 4-5），其他项目清单与计价用表（见表 4-6 ~ 表 4-11），规费、税金项目清单与计表（见表 4-12）。

________________工程

招标控制价

招标控制价(小写)：________________

(大写)：________________

招　标　人：________________工程造价咨询人：________________

(单位盖章)　　　　　　　　　　(单位资质专用章)

法定代表人　　　　　　　　　　法定代表人

或其授权人：________________　或其授权人：________________

(签字或盖章)　　　　　　　　　(签字或盖章)

编　制　人：________________　复　核　人：________________

(造价人员签字盖专用章)　　　　(造价工程师签字盖专用章)

编 制 时 间：　年　月　日　　　复 核 时 间：　年　月　日

图 4-9　编制招标控制价封面

(四)索赔与签证、工程款支付申请表等有关表格

索赔与现场签证计价汇总表(见表 4-17)，费用索赔申请(核准)表(见表 4-18)，现场签证表(见表 4-19)，工程款支付申请(核准)表(见表 4-20)。

表 4-17　索赔与现场签证计价汇总表

工程名称：　　　　　　　　标段：　　　　　　　　第　页　共　页

序号	签证及索赔项目名称	计量单位	数量	单价(元)	合价(元)	索赔及签证依据
本页小计						—
合计						—

注：签证及索赔依据是指经双方认可的签证单和索赔依据的编号。

表 4-18　费用索赔申请(核准)表

工程名称：　　　　　　　　标段：　　　　　　　　编号：

<table>
<tr><td colspan="2">致：________________（发包人全称）

根据施工合同条款第______条的约定，由于__________原因，我方要求索赔金额（大写）__________，（小写）________元，请予核准。
附：1. 费用索赔的详细理由和依据：
2. 索赔金额的计算：
3. 证明材料：

承包人（章）
承包人代表________
日　　期________</td></tr>
<tr><td>复核意见：
根据施工合同条款第______条的约定，你方提出的费用索赔申请经复核：
□不同意此项索赔，具体意见见附件。
□同意此项索赔，索赔金额的计算，由造价工程师复核。

监理工程师________
日　　期________</td><td>复核意见：
根据施工合同条款第______条的约定，你方提出的费用索赔申请经复核，索赔金额为（大写）______元，（小写）______元。

造价工程师________
日　　期________</td></tr>
<tr><td colspan="2">审核意见：
□不同意此项索赔。
□同意此项索赔，与本期进度款同期支付。

发包人（章）
发包人代表________
日　　期________</td></tr>
</table>

注：1. 在选择栏中的"□"内作标识"√"。2. 本表一式四份，由承包人填报，发包人、监理人、造价咨询人、承包人各存一份。

表 4-19　现场签证表

工程名称：　　　　　　　　　　　　标段：　　　　　　　　　　　　编号：

<table>
<tr><td>施工单位</td><td></td><td>日期</td><td></td></tr>
<tr><td colspan="4">致：________（发包人全称）
根据____（指令人姓名）____　年　月　日的口头指令或你方____（或监理人）____　年　月　日的书面通知，我方要求完成此项工作应支付价款金额为（大写）________元，（小写）________元，请予核准。
附：1. 签证事由及原因：
2. 附图及计算式：
承包人（章）
承包人代表________
日　　期________</td></tr>
<tr><td colspan="2">复核意见：
你方提出的此项签证：
□不同意此项签证，具体意见见附件。
□同意此项签证，签证金额的计算，由造价工程师复核。
监理工程师________
日　　期________</td><td colspan="2">复核意见：
□此项签证按承包人中标的计日工单价计算，金额为（大写）________元，（小写）________元。
□此项签证因无计日工单价，金额为（大写）________元，（小写）________元。
造价工程师________
日　　期________</td></tr>
<tr><td colspan="4">审核意见：
□不同意此项签证。
□同意此项签证，价款与本期进度款同期支付。
发包人（章）
发包人代表________
日　　期________</td></tr>
</table>

注：1. 在选择栏中的"□"内作标识"√"。2. 本表一式四份，由承包人在收到发包人（监理人）的口头或书面通知后填写，发包人、监理人、造价咨询人、承包人各存一份。

表 4-20 工程款支付申请(核准)表

工程名称： 标段： 第 页 共 页

致________________________(发包人全称)

我方于________至________期间已完成了__________工作,根据施工合同的约定,现申请支付本期的工程价款为(大写)________元,(小写)________元,请予核准。

序号	名 称	金额(元)	备注
1	累计已完成的工程价款		
2	累计已实际支付的工程价款		
3	本周期已完成的工程价款		
4	本周期完成的计日工金额		
5	本周期应增加和扣减的变更金额		
6	本周期应增加和扣减的索赔金额		
7	本周期应抵扣的预付款		
8	本周期应扣减的质保金		
9	本周期应增加或扣减的其他金额		
10	本周期实际应支付的工程价款		

承包人(章)

承包人代表________

日 期________

复核意见：

□与实际施工情况不相符,修改意见见附件。

□与实际施工情况相符,具体金额由造价工程师复核。

监理工程师________

日 期________

复核意见：

你方提出的支付申请经复核,本周期已完成工程价款为(大写)________元,(小写)________元,本期间应支付金额为(大写)________元,(小写)________元。

造价工程师________

日 期________

审核意见：

□不同意。

□同意,支付时间为本表签发后的15天内。

发包人(章)

发包人代表________

日 期________

注:1.在选择栏中的"□"内作标识"√"。2.本表一式四份,由承包人填报,发包人、监理人、造价咨询人、承包人各存一份。

三、工程量清单报价编制

工程量清单计价的工程造价由分部分项工程费、措施项目费、其他项目费、规费和税金组成。即：

工程造价 = 分部分项工程量清单计价表合计 + 措施项目清单计价表合计 + 其他项目清单计价表合计 + 规费 + 税金

(一)分部分项工程费

分部分项工程费是指完成分部分项工程量清单所需的费用。分部分项工程量清单计价采用综合单价计价。

所谓综合单价是指完成一个规定计量单位的分部分项工程量清单项目或措施项目所需的人工费、材料费、施工机械使用费和企业管理费与利润，以及一定范围内的风险费用。国际上工程量清单计价采用的综合单价包括完成规定计量单位、合格产品所需的全部费用。考虑我国的现实情况，我国清单计价规范规定的综合单价包括除规费、税金以外的全部费用。综合单价不但适用于分部分项工程量清单，也适用于措施项目清单、其他项目清单。

综合单价 = 规定计量单位项目人工费 + 规定计量单位项目材料费 + 规定计量单位项目机械使用费 + 取费基数 +（企业管理费率 + 利润率）+ 风险费用

规定计量单位项目人工费 = $\sum$（人工消耗量 × 价格）

规定计量单位项目材料费 = $\sum$（材料消耗量 × 价格）

规定计量单位项目机械使用费 = $\sum$（施工机械台班消耗量 × 价格）

取费基数为规定计量单位项目人工费和机械费使用之和或为人工费。

分部分项工程量清单项目的综合单价，应根据清单计价规范规定的综合单价组成、分部分项工程量清单项目的特征描述及有关要求，按设计文件并参照清单计价规范附录中的“工程内容”确定。招标文件提供了暂估价的材料，按暂估的单价计入综合单价。

分部分项工程量清单的计价一般采用定额组价法。定额组价法可表述为：依据招标文件、工程量清单及其他计量与计价依据，确定施工方案，计算每个分部分项工程工程量清单所对应计价项（组价项）的施工方案工程量（预算工程量），按照定额估价法原理计算每一个计价项的价格，求和，然后得到各个清单项的价格。用公式可表示为：

分部分项工程费 = $\sum$ 每个清单分部分项工程费

每个清单分部分项工程费 = $\sum$（对应施工项的计价工程量 × 综合单价）

由于国内目前还没有与工程量清单计算规则相一致的配套消耗量定额（基价），因此工程量清单计价一般情况下仍要利用预算定额才能实现。同时，清单工程量与预算工程量在计算规则和项目设置上有一定的差异，利用预算定额完成工程量清单计价，其综合单价的组价有如下几种情况。

1. 分项一样规则一致

即当清单项目的工程内容、计量单位及工程量计算规则与定额项目一致，只与一个定额项目对应时，组价项的量与清单一样，直接引入定额项即可，如现浇混凝土亭柱。其计算公式为：

清单项目综合单价 = 定额项目综合单价

2. 规则一样内容不一样

即当清单项目的计量单位及工程量计算规则与定额项目一致，工程内容不一致，需几个定额项目组成时，参与组价的各定额项目工程量需要按预算规则重新计算，各对应定额项分别列于对应清单项后，如天棚抹混合砂浆（项目特征描述：板底刷107胶水泥浆，面抹混合砂浆（细砂），刮滑石粉混和胶水腻子两遍），而定额对应项为混合砂浆天棚面和满刮腻子两遍两项（混合砂浆天棚面定额的工作内容不包括满刮腻子）。其计算公式为：

清单项目综合单价 = $\sum$（定额项目综合单价）

3. 内容规则均不一致

即当清单项目的工程内容、计量单位及工程量计算规则与定额项目不一致时，参与组价的各定额项目工程量需要按预算规则重新计算，各对应定额项分别列于对应清单项后。如现浇混凝土花架柱，其工程内容包括：土（石）方挖运与混凝土两项。其计算公式为：

清单项目综合单价 =（$\sum$该清单项目所包含的各定额项目工程量 × 定额综合单价）÷ 该清单项目工程量

清单子目是综合子目，一个清单，相当于目前的全国统一基础定额（预算定额、政府消耗量定额）一个或多个定额子目，另外清单工程量计算规则也不完全相同于基础定额，一部分完全相同，一部分有较细微的差异，还有一部分有较大的差异。这就要求综合单价确定要组量组价综合确定。

【例4-1】 某单位楼前绿化工程中，经对项目的分析，该清单子项综合了"人工整理绿化地"和"回填土松填"等项消耗量定额内容（注：不同项目同一清单名所包含的工作内容有可能不一样）。确定其综合单价。

解 当人、材、机单价与定额基价中的人、材、机单价无太大差异的情况下，可以直接引用被综合定额的人工费基价、材料费基价、机械费基价来计算清单项所需的人工费、材料费、机械费，根据企业自定的管理费、利润率计取管理费和利润，求得该清单项所需的五项合计，再去除以清单工程量，得该清单的综合单价。计算如下：

（1）E13－1 人工整理绿化地

人工费 = 15 × 168.26 = 2 523.9（元）

材料费 = 0，机械费 = 0

管理费 = 2 523.9 × 19.3%（管理费率）= 487.11（元）

利润 = 2 523.9 × 8%（利润率）= 201.91（元）

以上合计：3 212.92（元）

（2）A1－28 回填土

人工费 = 5.048 × 206.10 = 1 040.39（元）

材料费 = 0，机械费 = 0

管理费 = 1 040.39 × 19.3% = 200.80（元）

利润 = 1 040.39 × 8% = 83.23（元）

以上合计：1 324.42（元）

（3）补充（购买种植土）

人工费 =0(元)

材料费 =504.78 ×25 =12 619.5,机械费 = 0

管理费 =0,利润 =0

以上合计:12 619.5(元)

(4)综合单价

综合单价 =(3 212.92 +1 324.42 +12 619.5)/1 682.6 = 10.20(元/m^2)

综合单价计算表如表2-21 所示。

表4-21　分部分项工程量综合单价计算表

工程名称:某单位楼前绿化工程——绿化部分　　计量单位:m^2

项目编号:050101006001　　工程数量:1 682.6 m^2

项目名称:整理绿化地　　综合单价:10.20 元

序号	定额编码	工程内容	单位	数量	人工费(元)		材料费(元)		机械费(元)		其他费(元)		合计(元)
					单价	合价	单价	合价	单价	合价	管理费	利润	
1	E13 -1	人工整理绿化地	10 m^2	168.26	15	2 523.9					487.11	201.91	3 212.92
2	A1 -28	回填土松填	100 m^3	5.048	206.10	1 040.39					200.80	83.23	1 324.42
3	补充	购买种植土:单价25.00 元/m^3	m^3	504.78			25	12 619.5					12 619.50
		合计				3 564.29		12 619.5			687.91	285.14	17 156.84

注:(1)《计价规范》附录 E、附录 B 的管理费、利润以人工费为基数。管理费 = 人工费 × 费率,利润 = 人工费 × 费率。

(2)《计价规范》附录 A 的管理费、利润以人工费、材料费之和为基数。

(3)部分省规定:管理费 =(人工费 + 机械费)× 费率,预算时应参照各省工程所在地的取费标准。

(4)管理费和利润的费率,由省级工程建设标准定额站发布的"费率标准"中的费率。"费率标准"中的费率可在一定范围浮动,也即可以降低,不可高于建设主管部门批准的费率。

(5)不同省份采用的"计价定额"有所不同。

我们也可以应用软件功能,将企业的人、材、机价格信息动态地进入到计价软件中,生成新单价(基价),再用上述方法套用、组价求取综合单价。

也可以套用定额确定一个计算单位的清单项所需的人、材、机需用量,然后与企业的人工工资单价、材料预算价格、机械台班使用费组合,得到人工费单价、材料费单价、机械费单价,再计算管理费、利润,最后合计得该清单项目的综合单价。

(二)措施项目清单计价

措施项目清单计价应根据招标文件中的措施项目清单及拟定的施工组织设计或施工方案,可以计算工程量的措施项目,应按分部分项工程量清单的方式采用综合单价计价;

其余的措施项目可以“项”为单位的方式计价，应包括除规费、税金外的全部费用。

措施项目清单中所列的措施项目以“一项”提出的，计价时，首先应详细分析其所含工程内容，然后确定其综合单价。

招标人提出的措施项目清单是根据一般情况确定的，没有考虑不同投标人的“人性”，因此投标人在报价时，可以根据本企业的实际情况，增加措施项目内容并报价。

措施项目清单中的安全文明施工费应按照国家或省级、行业建设主管部门的规定计价，不得作为竞争性费用。

措施项目费的计价方法有按定额计价、按费率系数计价、按实物量法计价和分包法计价多种。有的措施费按定额计算，如各类技术组织措施费等；有的措施费按费率计算，如临时设施费夜间施工、二次搬运费等；有的措施费也可按施工经验法估价，如脚手架费和模板费等；有的措施费则按分包费用计价，如大型机械设备进出场及安拆、室内空气污染测试等。

1. 按定额计价

在措施项目中，像模板、脚手架、垂直运输等项目，可以计算工程量，在原有基础定额中有它们的消耗量定额；按定额计算是指按照所使用的当地的消耗量定额与单位估价表，先计算出各种工料消耗，再根据相应的工料单价计算出人工费、材料费、机械费，再在此基础上计算管理费和利润；或者直接根据当地的单位估价表中的基价，按一定的费率计算管理费与利润，求取综合单价，再乘以工程量得到该措施项目金额。

我们将这类可以用定额确定的措施费叫做技术性措施费，把不能用定额计算的措施费叫做组织性措施费。在通用的措施费项目中大型机械及进出场安拆、混凝土模板、脚手架、施工排水降水均为技术性措施费。

【例 4-2】 某园林建筑工程，建筑面积为 200 m^2，试计算措施项目中的脚手架(高 12 m 内外脚手架 单排脚手架 竹制)费用。

解 根据某地区定额，费用如下。

根据定额规定，建筑工程的脚手架费为按建筑面积综合计算。本工程的建筑面积是 200 m^2，套用该地区消耗量定额及单位估价表“脚手架搭拆费”定额子目 E12 - 1 得知：

每 10 m^2 建筑面积脚手架费用如下：

定额基价 42.2 元

其中：人工费 13.5 元

材料费 28.7 元

机械费 0 元

运用定额脚手架措施费计算如下(管理费按人工费加机械费之和的 19.3% 计取，利润按 8% 计取)：

直接费：$42.2 \times 20 = 844.00$(元)

管理费：$13.5 \times 20 \times 19.3\% = 52.11$(元)

利润：$13.5 \times 20 \times 8\% = 21.60$(元)

合计：$844.00 + 52.11 + 21.60 = 917.71$(元)

计算表如表 4-22 所示。

表 4-22　工程措施项目费计算表

序号	编号	工程内容	单位	数量	人工费（元）	材料费（元）	机械费（元）	其他费(元)		合计（元）
								管理费	利润	
1	E0201001	脚手架搭拆费	项	1	270	574	0	52.11	21.6	917.71
	E12－1	高 12 m 内外脚手架 单排脚手架竹制	10 m^2	20	13.5	28.7	0	2.61	1.08	917.71
		合计								917.71

2. 按费率系数计价

一些措施项目在定额计价中,出现在其他直接费和特殊直接费中,以直接工程费为基数或以人工费为基数计算出来。也可以说,这些费用有成熟的认可区间,我们可以据此找到措施费与分部分项工程费之间的关系。

在定额计价中,其他直接费 = 直接工程费 × 定额费率。

清单计价中,其他直接费措施项目比原有的其他直接费多了管理费和利润,而分部分项工程费比原有的直接工程费也多了管理费和利润,但分部分项工程费中的直接工程费却少了非实体子目,即技术性措施项目中的直接工程费部分。如果我们借鉴定额计价中的相关费率,那么我们可以得到下面的计算公式:

组织性措施项目费 =(分部分项工程费 + 技术性措施费)× 相应措施费费率

或　组织性措施项目费 =(分部分项工程人工费 + 技术性措施费中人工费)×

相应措施费费率 ×(1 + 管理费率)×(1 + 利润率)

最终我们得到直接用于清单计价的措施费费率,直接计算措施项目费,那么这个措施费费率需要测算和归纳总结。

措施项目费按照定额计价的规律,费率系数计价可有如下几种情形:

(1)某园林工程措施费 = 分部分项工程费 × 措施费费率。

(2)某园林工程措施费 = 分部分项工程人工费 × 相应措施费费率。

这里的措施费费率与定额计价的相应费率不一致,因为基数的内容不一致。

需要强调的是,2008 版《计价规范》以强制性条文规定了安全文明施工费(含环境保护、文明施工、安全施工、临时设施)应按照国家或省级、行业建设主管部门的规定计价,不得作为竞争性费用。

例如某地区规定的安全文明施工费取费标准按表 4-23。

3. 按施工经验计价

施工经验法是施工企业在多项目施工中总结出某措施项目费与建筑面积或绿化面积之间的规律,得出平方米费用,并考虑一定的涨幅因素及其他社会环境影响因素,然后根据企业的施工经验推算项目措施费。

例如,混凝土及钢筋混凝土模板费,有的企业根据建筑面积分不同的结构类型推算。

如全框架结构按每平方米建筑面积35~40元计算,砖混结构按每平方米建筑面积12~15元计算。

表4-23 安全文明施工费

项目名称		计费基础	费率(%)
建筑工程		人工费+机械费	20.07
装饰装修工程		人工费	22.06
安装工程		人工费	21.26
园林(景观)绿化工程		人工费	14.95
仿古建筑		人工费	19.57
市政工程	给水、排水、燃气	人工费	14.95
	道路、桥涵、隧道	人工费+机械费	15.19
机械土石方		人工费+机械费	5.46
打桩工程		人工费+机械费	6.54

注:安全文明施工费包括文明措施、安全措施、临时设施费和环境保护费。单位工程建筑面积在以下范围内的建筑工程、装饰装修工程、安装工程安全文明施工费分别乘以下规定的系数:5 000 m^2 以下乘1.2;5 000~10 000 m^2 乘1.1;>20 000 m^2 且≤30 000 m^2 乘0.9;>30 000 m^2 乘0.8。其他专业工程执行同一标准。

某项措施费具体怎么计算,应在实际工作中不断积累经验,形成自己的经验数据,在工程招投标中报出正确的措施项目费。

4. 按分包法计价

分包法计价是在分包价格的基础上加上投标人的管理费及风险进行计价的方法,这种方法适合可以分包的独立措施项目费,如大型机械设备进出场及安拆费等。

在用上述办法组价时要注意以下几点:

(1)工程量清单计价规范规定,在确定措施项目综合单价时,规范规定的综合单价组成仅供参考,也就是措施项目内的人工费、材料费、机械费、管理费、利润等不一定全部发生,不要求每个措施项目内人工费、材料费、机械费、管理费、利润都必须有。

(2)在报价时,有时措施项目招标人要求分析明细,这时用公式参数法组价、分包法组价都是先知道总数,这就要人为用系数或比例的办法分摊人工费、材料费、机械费,管理费及利润。

(3)招标人提出的措施项目清单是根据一般情况确定的,没有考虑不同投标人的"个性",因此投标人在报价时可以根据本企业的实际情况增加措施项目内容报价。

(三)其他项目清单计价

其他项目费由招标人部分与投标人部分两大项组成。其他项目清单的金额应按下列规定确定。

1. 招标人部分的内容包括暂列金额和暂估价

招标控制价(标底)中的暂列金额应根据工程特点,按有关计价规定,一般可以分部分项工程量清单费的10%～15%估算；暂估价中的材料单价应根据工程造价信息或参照市场价格估算；暂估价中的专业工程金额应分不同专业，按有关计价规定估算。投标价中暂列金额应按投标人在其他项目清单列出的金额填定；材料暂估价应按招标人在其他项目清单中列出的单价计入综合单价；专业工程暂估价应按招标人在其他项目清单中列出的金额填定。投标人不得修改。

2. 投标人部分的内容包括计日工和总承包服务费

计日工应按照其他项目清单中列出的项目和数量，根据工程特点和有关计价依据计算；总承包服务费应根据招标文件列出的内容和要求估算。招标人可参照下列标准计算总承包服务费：招标人仅要求对分包的专业工程进行总承包管理和协调时，按分包工程的专业工程估算造价的1.5%计算；招标人要求对分包的专业工程进行总承包管理和协调，并同时要求提供配合服务时，根据招标文件中列出的配合服务内容和提出的要求，按分包工程的专业工程估算造价的3%～5%计算；招标人自行供应材料的，按招标人供应材料价值的1%计算。

其他项目清单中的暂列金额、暂估价和计日工，均为估算、预测数量，虽在投标时计入投标人的报价中，不应视为投标人所有。竣工结算时，应按承包人实际完成的工作内容结算，剩余部分仍归招标人所有。

(四)规费与税金的确定

1. 规费的计算

投标人在投标报价时，规费的计算一般按国家或省级、行业建设主管部门的规定计算。例如某地区规定的规费取费标准按表4-24。

表4-24　工程量清单计价模式下规费取费系数

序号	项目名称	计费基础	费率(%)
1	工程排污费	分部分项工程费 + 措施项目费 + 其他项目费	0.4
2	职工教育经费	分部分项工程费 + 措施项目费 + 计日工中的人工费总额	1.5
3	养老保险费	分部分项工程费 + 措施项目费 + 其他项目费	3.5
4	其他规费	分部分项工程费 + 措施项目费 + 计日工中的人工费总额	18.9

注：其他规费栏包括失业保险费、医疗保险费、工伤保险费、危险作业意外伤害保险费、住房公积金、工会经费等六项。

2. 税金的计算

通常将国家税法中规定的营业税费率、城乡维护建设税率及教育附加费率转换为以税前造价为基数的综合税率，此时税金计算按下列公式执行，即

税金 =（分部分项工程费 + 措施项目费 + 其他项目费 + 规费）× 综合税率(%)

无论清单计价还是定额计价计税性质都是一样的，所以两种计价的综合税率也完全相同，某地区税金计算见表4-25。

表 4-25　税金计算

项目名称	计费基础	费率(%)
纳税地点在市区的企业	分部分项工程费 + 措施项目费 + 其他项目费 + 规费	3.461
纳税地点在县城镇的企业		3.397
纳税地点不在市区、县城镇的企业		3.268

研讨与练习

1. 工程量清单的定义是什么？什么叫工程量清单计价？
2. 工程量清单计价与定额计价相比，其特点和优势主要体现在哪些方面？
3. 试述工程量清单计价与定额计价的区别和联系？
4. 工程量清单由哪些部分组成？其编制程序如何？
5. 分部分项工程量清单规定由哪五个要件组成？
6. 分部分项工程量清单中的项目设置应考虑哪些因素？
7. 分部分项工程量清单计量单位如何取定？
8. 什么叫项目特征？工程量清单项目特征的准确描述有哪些重要意义？
9. 什么叫措施项目清单？措施项目清单在编制时一般分几类？它是如何进行编制的？
10. 规费项目清单应按照哪些内容列项目？
11. 工程量清单计价的工程造价由哪些部分组成？简述各组成部分的计价方法。
12. 发包人提供的工程量清单项目漏项，或设计变更引起新的工程量清单项目，其相应综合单价怎样确定？

第五章　园林工程计量与计价

第一节　建筑面积的计算

一、建筑面积计算规范

(一)概述

建筑面积是建筑物外墙勒脚以上各层水平面积相加后的面积之和。结构外围是指不包括外墙装饰抹灰层的厚度,勒脚是墙根部很矮的一部分墙体加厚,不能代表整个外墙结构,因此要扣除勒脚墙体加厚的部分。建筑面积应按施工图纸尺寸计算,而不能在现场量取。

它包括下列三个方面。

(1)使用面积:建筑物各层平面布置中可直接为生产或社会使用的净面积的总和。如居住生活间、工作间和生产间等的净面积。

(2)辅助面积:建筑物各层平面布置中为辅助生产或生活所占的净面积的总和。如楼梯间、走道间、电梯井等所占面积。

(3)结构面积:建筑物各层平面布置中的墙柱体、垃圾道、通风道、室外楼梯等结构所占面积的总和。

建筑面积是以平方米为计量单位反映房屋建筑规模的实物量指标。建筑面积的计算在工程造价管理方面起着非常重要的作用,它以平方米反映工程技术经济指标,如平方米造价指标、平方米工料耗用指标等,是分析评价工程经济效果的重要依据,建筑面积也用做定额计价计算工程量的基数。自2005年7月1日起,应以国家标准《建筑工程建筑面积计算规范》(GB/T 50353—2005)为准,来计算建筑面积。

(二)建筑面积全国统一计算规定

1.计算建筑面积的范围

(1)单层建筑物的建筑面积,应按其外墙勒脚以上结构外围水平面积计算,并应符合下列规定。

①单层建筑物高度在2.20 m及以上者应计算全面积;高度不足2.20 m者应计算1/2面积。

②利用坡屋顶内空间时净高超过2.10 m的部位应计算全面积;净高在1.20 m至2.10 m的部位应计算1/2面积;净高不足1.20 m的部位不应计算面积。

(2)单层建筑物内设有局部楼层者,局部楼层的二层及以上楼层,有围护结构的应按其围护结构外围水平面积计算,无围护结构的应按其结构底板水平面积计算。层高在2.20 m及以上者应计算全面积;层高不足2.20 m者应计算1/2面积。

(3)多层建筑物首层应按其外墙勒脚以上结构外围水平面积计算;二层及以上楼层应按其外墙结构外围水平面积计算。层高在2.20 m及以上者应计算全面积;层高不足2.20 m者应计算1/2面积。

(4)多层建筑坡屋顶内和场馆看台下,当设计加以利用时净高超过2.10 m的部位应计算全面积;净高在1.20 m至2.10 m的部位应计算1/2面积;当设计不利用或室内净高不足1.20 m时不应计算面积。

(5)地下室、半地下室(车间、商店、车站、车库、仓库等),包括相应的有永久性顶盖的出入口,应按其外墙上口(不包括采光井、外墙防潮层及其保护墙)外边线所围水平面积计算。层高在2.20 m及以上者应计算全面积;层高不足2.20 m者应计算1/2面积。

(6)坡地的建筑物吊脚架空层、深基础架空层,设计加以利用并有围护结构的,层高在2.20 m及以上的部位应计算全面积;层高不足2.20 m的部位应计算1/2面积。设计加以利用、无围护结构的建筑吊脚架空层,应按其利用部位水平面积的1/2计算;设计不利用的深基础架空层、坡地吊脚架空层、多层建筑坡屋顶内、场馆看台下的空间不应计算面积。

(7)建筑物的门厅、大厅按一层计算建筑面积。门厅、大厅内设有回廊时,应按其结构底板水平面积计算。层高在2.20 m及以上者应计算全面积;层高不足2.20 m者应计算1/2面积。

(8)建筑物间有围护结构的架空走廊,应按其围护结构外围水平面积计算。层高在2.20 m及以上者应计算全面积;层高不足2.20 m者应计算1/2面积。有永久性顶盖无围护结构的应按其结构底板水平面积的1/2计算。

(9)立体书库、立体仓库、立体车库,无结构层的应按一层计算,有结构层的应按其结构层面积分别计算。层高在2.20 m及以上者应计算全面积;层高不足2.20 m者应计算1/2面积。

(10)有围护结构的舞台灯光控制室,应按其围护结构外围水平面积计算。层高在2.20 m及以上者应计算全面积;层高不足2.20 m者应计算1/2面积。

(11)建筑物外有围护结构的落地橱窗、门斗、挑廊、走廊、檐廊,应按其围护结构外围水平面积计算。层高在2.20 m及以上者应计算全面积;层高不足2.20 m者应计算1/2面积。有永久性顶盖无围护结构的应按其结构底板水平面积的1/2计算。

(12)有永久性顶盖无围护结构的场馆看台应按其顶盖水平投影面积的1/2计算。

(13)建筑物顶部有围护结构的楼梯间、水箱间、电梯机房等,层高在2.20 m及以上者应计算全面积;层高不足2.20 m者应计算1/2面积。

(14)设有围护结构不垂直于水平面而超出底板外沿的建筑物,应按其底板面的外围水平面积计算。层高在2.20 m及以上者应计算全面积;层高不足2.20 m者应计算1/2面积。

(15)建筑物内的室内楼梯间、电梯井、观光电梯井、提物井、管道井、通风排气竖井、垃圾道、附墙烟囱应按建筑物的自然层计算。

(16)雨篷结构的外边线至外墙结构外边线的宽度超过2.10 m者,应按雨篷结构板的水平投影面积的1/2计算。

(17)有永久性顶盖的室外楼梯,应按建筑物自然层的水平投影面积的1/2计算。

(18)建筑物的阳台均应按其水平投影面积的1/2计算。

(19)有永久性顶盖无围护结构的车棚、货棚、站台、加油站、收费站等,应按其顶盖水平投影面积的1/2计算。

(20)高低联跨的建筑物,应以高跨结构外边线为界分别计算建筑面积;其高低跨内部连通时,其变形缝应计算在低跨面积内。

(21)以幕墙作为围护结构的建筑物,应按幕墙外边线计算建筑面积。

(22)建筑物外墙外侧有保温隔热层的,应按保温隔热层外边线计算建筑面积。

(23)建筑物内的变形缝,应按其自然层合并在建筑物面积内计算。

2. 不应计算面积的项目

(1)建筑物通道(骑楼、过街楼的底层)。

(2)建筑物内的设备管道夹层。

(3)建筑物内分隔的单层房间,舞台及后台悬挂幕布、布景的天桥、挑台等。

(4)屋顶水箱、花架、凉棚、露台、露天游泳池。

(5)建筑物内的操作平台、上料平台、安装箱和罐体的平台。

(6)勒脚、附墙柱、垛、台阶、墙面抹灰、装饰面、镶贴块料面层、装饰性幕墙、空调室外机搁板(箱)、飘窗、构件、配件、宽度在2.10 m及以内的雨篷以及与建筑物内不相连通的装饰性阳台、挑廊。

(7)无永久性顶盖的架空走廊、室外楼梯和用于检修、消防等的室外钢楼梯、爬梯。

(8)自动扶梯、自动人行道。

(9)独立烟囱、烟道、地沟、油(水)罐、气柜、水塔、贮油(水)池、贮仓、栈桥、地下人防通道、地铁通道。

(三)仿古建筑面积计算规定

1. 计算建筑面积的范围

(1)单层建筑不论其出檐层数及高度如何,均按一层计算建筑面积。具体计算又根据是否有台明而不同,台明是中国古建筑中显露的台基,即用砖或石砌成的平台。

①有台明者按台明外围水平面积计算建筑面积。

②无台明时:a. 有围护结构的以围护结构水平面积计算建筑面积;围护结构外有檐廊柱的,按檐廊柱外边线水平面积计算建筑面积:围护结构外边线未及构架柱外边线的,按构架柱外边线计算建筑面积。b. 无围护结构的按构架柱外边线计算建筑面积。

(2)有楼层分界的两层或多层建筑,不论其出檐层如何,按自然结构层的分层水平面积总和计算建筑面积。

①首层的建筑面积计算方法分有、无台明两种,按上述单层建筑物的建筑面积计算方法计算。

②二层及二层以上各层建筑面积计算方法,按上述单层无台明建筑的建筑面积计算方法执行。

(3)单层建筑中或多层建筑的两自然结构楼层间局部有楼层者,按其水平投影面积计算建筑面积。

(4)碉楼式建筑物。

①碉台内无楼层分界的按一层计算建筑面积,碉台内有楼层分界的分层累计计算建筑面积。

②单层碉台及多层碉台的首层,有台明的按台明外围水平面积计算建筑面积,无台明的按围护结构底面外围水平面积计算建筑面积。

③多层碉台的二层及二层以上均按各层围护结构底面外围水平面积计算建筑面积。

(5)两层或多层建筑构架柱外有围护装修或围栏的挑台部分,按构架柱外边线至挑台外围线间的水平投影面积的1/2计算建筑面积。

(6)坡地建筑、临水建筑或跨越水面建筑的首层构架柱外有围栏的挑台部分,按构架柱外边线至挑台外围线间的水平投影面积的1/2计算建筑面积。

2. 不计算建筑面积的范围

(1)有台明的单层或多层建筑中的无柱门罩、窗罩、雨篷、挑檐、无围护的挑台、台阶等。

(2)无台明建筑或多层建筑的二层或二层以上突出墙面或构架柱外边线以外的部分,如榫头垛、窗罩等。

(3)牌楼、实心或半实心的砖、石塔。

(4)构筑物:如月台、环丘台、城台、院墙及随门、花架等。

(5)碉台的平台。

二、建筑面积计算实例

【例5-1】 某四层综合楼如图5-1、图5-2、图5-3所示,请按照建筑面积国家标准规范计算建筑面积。

解 底层建筑面积 $=(6.90+0.24)\times(4.50+4.50)+(11.50+0.24)\times(6.6+0.24)-1.5\times(2.4+2.1)$

$=64.26+80.30-6.75=137.81(\mathrm{m}^2)$

二层建筑面积 $=(6.90+0.24)\times(4.50+4.50)+(11.50+0.24)\times(6.6+0.24)$

$=64.26+80.30=144.56(\mathrm{m}^2)$

三层建筑面积 $=144.56\ \mathrm{m}^2$

四层建筑面积 $=(6.90+0.24)\times4.50+(6.60+0.24)\times(8.00+0.24)$

$=32.13+56.36=88.49(\mathrm{m}^2)$

总面积 $S=137.81+144.56\times2+88.49=515.42$

$\approx515(\mathrm{m}^2)$

【例5-2】 某矩形仿古建筑边柱至边柱的轴中心线间距为:纵向长度为3.60 m,横向长度为2.40 m,柱直径为0.20 m,柱中心线至台明外边线为0.50 m。求该矩形亭的建筑面积。

解 单层建筑不论其出檐层数及高度如何,均按一层计算建筑面积。有台明者按台明外围水平面积计算建筑面积。则:

建筑面积 $=(3.6+0.5\times2)\times(2.4+0.5\times2)$

$=15.64(\mathrm{m}^2)$

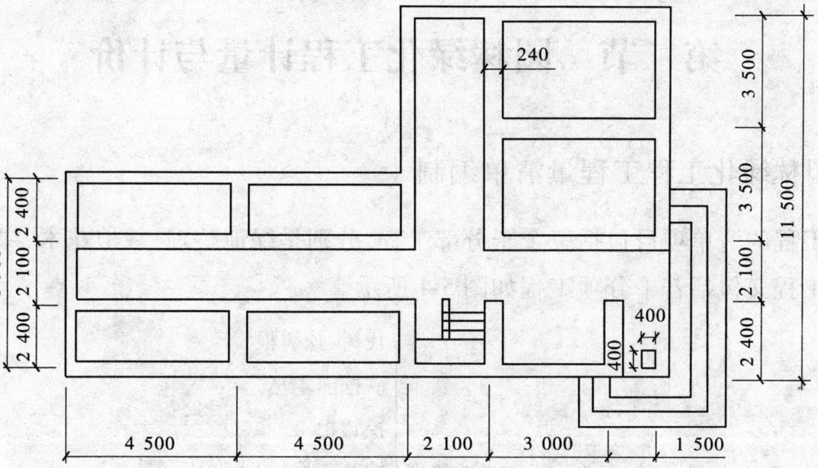

图 5-1　底层平面示意图

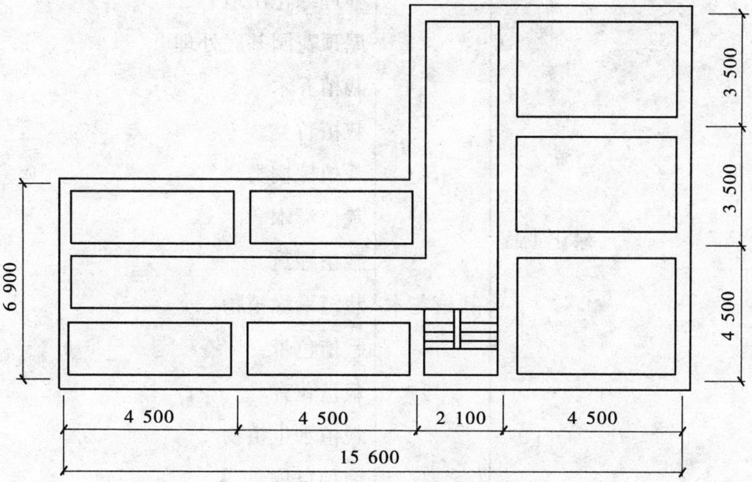

图 5-2　二、三层平面示意图

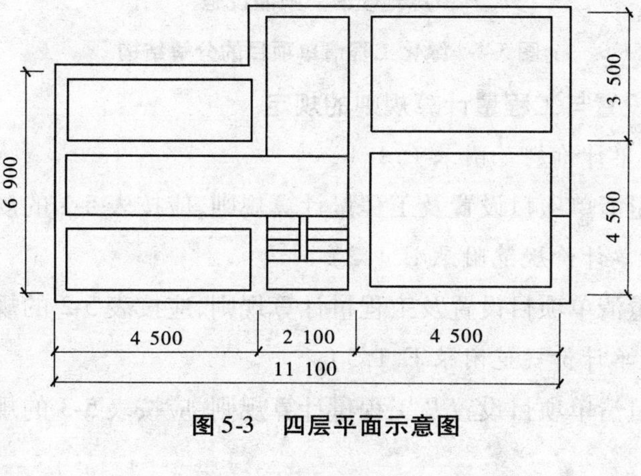

图 5-3　四层平面示意图

第二节　园林绿化工程计量与计价

一、园林绿化工程工程量清单编制

绿化工程的清单项目包括三个子分部工程，分别是绿地整理、栽植花木、绿地喷灌，每个子分部工程又包括若干分项工程如图 5-4 所示。

- 绿化工程
  - 绿地整理
    - 伐树、挖树根
    - 砍挖灌木丛
    - 挖竹根
    - 挖芦苇根
    - 清除草皮
    - 整理绿化用地
    - 屋顶花园基底处理
  - 栽植花木
    - 栽植乔木
    - 栽植竹类
    - 栽植棕榈类
    - 栽植灌木
    - 栽植绿篱
    - 栽植攀缘植物
    - 栽植色带
    - 栽植花卉
    - 栽植水生植物
    - 铺种草皮
    - 喷播植草
  - 绿地喷灌
    - 喷灌设施

图 5-4　绿化工程清单项目的分解结构

（一）清单项目设置与工程量计算规则的规定

1. 绿地整理（清单计价规范附录 E.1.1）

绿地整理工程量清单项目设置及工程量计算规则，应按表 5-1 的规定执行。

2. 栽植花木（清单计价规范附录 E.1.2）

栽植花木工程量清单项目设置及工程量计算规则，应按表 5-2 的规定执行。

3. 绿地喷灌（清单计价规范附录 E.1.3）

绿地喷灌工程量清单项目设置及工程量计算规则，应按表 5-3 的规定执行。

表 5-1　绿地整理(编码:050101)

项目编码	项目名称	项目特征	计量单位	工程量计算规则	工程内容
050101001	伐树、挖树根	树干胸径	株	按数量计算	1. 伐树、挖树根 2. 废弃物运输 3. 场地清理
050101002	砍挖灌木丛	丛高	株/株丛		1. 灌木砍挖 2. 废弃物运输 3. 清理场地
050101003	挖竹根	根盘直径			1. 砍挖竹根 2. 废弃物运输 3. 场地清理
050101004	挖芦苇根	丛高	m^2	按面积计算	1. 苇根砍挖 2. 废弃物运输 3. 场地清理
050101005	清除草皮				1. 除草 2. 废弃物运输 3. 场地清理
050101006	整理绿化用地	1. 土壤类别 2. 土质要求 3. 取土运距 4. 回填厚度 5. 弃渣运距		按设计图示尺寸以面积计算	1. 排地表水 2. 土方挖、运 3. 耙细、过筛 4. 回填 5. 找平、找坡 6. 拍实
050101007	屋顶花园基底处理	1. 找平层厚度、砂浆种类、强度等级 2. 防水层种类、做法 3. 排水层厚度、材质 4. 过滤层厚度、材质 5. 回填轻质土厚度、种类 6. 屋顶高度 7. 垂直运输方式			1. 抹找平层 2. 防水层铺设 3. 排水层铺设 4. 过滤层铺设 5. 填轻质土壤 6. 运输

表 5-2　栽植花木(编码:050102)

<table>
<tr><th>项目编码</th><th>项目名称</th><th>项目特征</th><th>计量单位</th><th>工程量计算规则</th><th>工程内容</th></tr>
<tr><td>050102001</td><td>栽植乔木</td><td>1. 乔木种类
2. 乔木胸径
3. 养护期</td><td rowspan="2">株/株丛</td><td rowspan="4">按设计图示数量计算</td><td rowspan="10">1. 起挖
2. 运输
3. 栽植
4. 养护</td></tr>
<tr><td>050102002</td><td>栽植竹类</td><td>1. 竹种类
2. 竹胸径
3. 养护期</td></tr>
<tr><td>050102003</td><td>栽植棕榈类</td><td>1. 棕榈种类
2. 株高
3. 养护期</td><td rowspan="2">株</td></tr>
<tr><td>050102004</td><td>栽植灌木</td><td>1. 灌木种类
2. 冠丛高
3. 养护期</td></tr>
<tr><td>050102005</td><td>栽植绿篱</td><td>1. 绿篱种类
2. 篱高
3. 行数
4. 养护期</td><td>m</td><td>按设计图示以长度计算</td></tr>
<tr><td>050102006</td><td>栽植攀缘植物</td><td>1. 植物种类
2. 养护期</td><td>株</td><td>按设计图示数量计算</td></tr>
<tr><td>050102007</td><td>栽植色带</td><td>1. 苗木种类
2. 苗木株高
3. 养护期</td><td>m^2</td><td>按设计图示尺寸以面积计算</td></tr>
<tr><td>050102008</td><td>栽植花卉</td><td>1. 花卉种类
2. 养护期</td><td>株</td><td>按设计图示数量计算</td></tr>
<tr><td>050102009</td><td>栽植水生植物</td><td>1. 植物种类
2. 养护期</td><td>丛</td><td>按设计图示数量计算</td></tr>
<tr><td>050102010</td><td>铺种草皮</td><td>1. 草皮种类
2. 铺种方式
3. 养护期</td><td rowspan="2">m^2</td><td rowspan="2">按设计图示尺寸以面积计算</td></tr>
<tr><td>050102011</td><td>喷播植草</td><td>1. 草籽种类
2. 养护期</td><td>1. 坡地细整
2. 阴坡
3. 草籽喷播
4. 覆盖
5. 养护</td></tr>
</table>

表 5-3　绿地喷灌(编码:050103)

项目编码	项目名称	项目特征	计量单位	工程量计算规则	工程内容
050103001	喷灌设施	1. 土石类别 2. 阀门井材料种类、规格 3. 管道品种、规格 4. 管件、阀门、喷头品种、规格 5. 感应电控装置品种、规格、品牌 6. 管道固定方式 7. 防护材料种类 8. 油漆品种、刷漆遍数	m	按设计图示以长度计算	1. 挖土石方 2. 阀门井砌筑 3. 管道 4. 管道固筑 5. 感应电控设施安装 6. 水压试验 7. 刷防护材料、油漆 8. 回填

4. 其他相关问题

其他相关问题,应接下列规定处理(清单计价规范附录 E. 1. 4)。

(1)挖土外运、借土回填、挖(凿)土(石)方应包括在相关项目内。

(2)苗木计算应符合下列规定:

①胸径(或干径)应为地表面向上 1.2 m 高处树干直径。

②株高应为地表面至树顶端的高度。

③冠丛高应为地表面至乔(灌)木顶端的高度。

④篱高应为地表面至绿篱顶端的高度。

⑤生长期应为苗木种植至起苗的时间。

⑥养护期应为招标文件中要求苗木栽植后承包人负责养护的时间。

(二)清单项目设置及工程量计算规则的原则与说明

1. 有关项目的说明

(1)"整理绿化用地"是指土石方的挖方、凿石、回填、运输、找平、找坡、耙细。

(2)"伐树、挖树根","砍挖灌木林","挖竹根","挖芦苇根","除草"项目包括:砍、锯、挖、剔枝、截断,废弃物装、运、卸、集中堆放,清理现场等全部工序。

(3)"屋顶花园基底处理"项目包括:铺设找平层、粘贴防水层、闭水试验、透水管、排水口埋设、填排水材料、过滤材料剪切、粘接,填轻质土,材料水平、垂直运输等全部工序。

(4)"喷播植草"项目包括:人工细整坡地、阴坡、草籽配制、洒黏结剂(丙烯酰胺、丙烯酸钾交链共聚物等)、保水剂(无毒高分子聚合物)、喷播草籽、铺覆盖物、钉固定钉、施肥浇水、养护及材料运输等全部工序。

(5)"喷灌设施安装"项目包括:阀门井砌筑或浇筑、井盖安装、管道检查、清扫、切割、焊接(粘接)、套丝、调直和阀门、管件、喷头安装,感应电控装置安装,管道固筑,管道水压实验调试、管沟回填等全部工序。

2. 有关项目特征的说明

(1)屋顶高度指室外地面至屋顶顶面的高度。

(2)“屋顶花园基底处理”的垂直运输方式,包括人工、电梯或采用井字架等垂直运输。

(3)苗木种类应根据设计具体描述苗木的名称。

(4)“喷灌设施”项目防护材料种类,包括阀门井需要的防护材料(如防潮、防水材料),管道、管材、阀门的防护材料。

3. 有关工程量计算规则的说明

(1)“伐树、挖树根”项目应根据树干的胸径或区分不同胸径范围(如胸径150~250 mm等),以实际树木的株数计算。

(2)“砍挖灌木丛”项目应根据灌木丛高或区分不同丛高范围(如丛高800~1 200 mm等),以实际灌木丛数计算。

(3)栽植乔木等项目应根据胸径、株高、丛高或区分不同胸径、株高、丛高范围,以设计数量计算。

(4)喷灌设施项目工程量应分不同管径从供水主管接口处算至喷头各支管(不扣除阀门所占长度,喷头长度不算)的总长度计算。

4. 有关工程内容的说明

(1)屋顶花园基底处理项目的材料运输,包括水平运输和垂直运输。

(2)苗木栽植项目,如苗木由市场购入,投标人则不计起挖苗木、临时假植、苗木包装、装卸押运、回土填塘等的价值,以苗木购入价及相关费用进行报价。

(三)绿化工程工程量清单编制实例

【例5-3】 某住宅楼前一区块如图5-5所示,绿地面积为75 m²,土质为二类土,苗木养护期为一年,苗木统计表如表5-4所示,编制该项目绿化工程分部分项工程量清单。

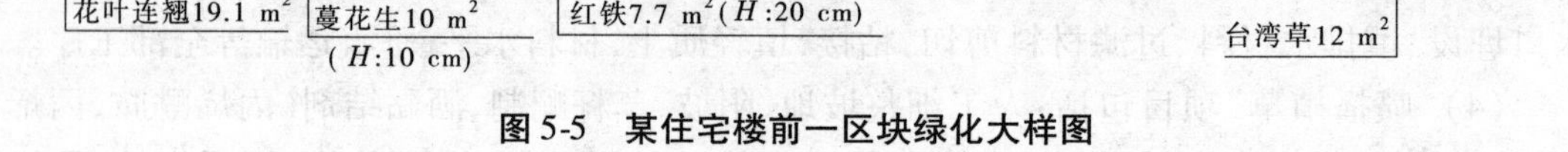

图5-5 某住宅楼前一区块绿化大样图

表5-4 植物名称及数量统计

序号	植物名称	规格(cm)			单位	数量	备注
		胸径	冠幅	高度			
1	南洋杉	5		300	株	2	
2	尖叶杜英	6		450	株	3	

续表 5-4

序号	植物名称	规格(cm)			单位	数量	备注
		胸径	冠幅	高度			
3	桂花		170	200	株	2	
4	黄金叶球		60		株	4	
5	七彩大红花		60		株	5	
6	花叶连翘			30	m^2	19.1	20 株/m^2
7	红铁			20	m^2	7.7	15 株/ m^2
8	银边草			15	m^2	7.8	60 株/m^2
9	蔓花生			10	m^2	10.0	50 株/m^2
10	台湾草				m^2	12.0	满铺

解　1.确定绿化植物的清单项目

(1)以工程图纸为依据确定项目内容。

根据植物平面图及植物数量统计表,可以确定绿化植物的项目有:整理绿化用地、栽植乔木、栽植灌木、栽植色带、栽植花卉、铺设草皮等。

这里需要提出的是,树木的起挖不需设计项目内容,绿化种植工程中,如工程苗木均为工地外采购苗木,其苗木挖掘费用已包括在苗木价格内,不另行计算其起挖费用。

(2)根据《计价规范》附录确定项目编码和项目名称。

根据《计价规范》附录 E.1,依上述项目,选列为:

项目编码:050101006。项目名称:整理绿化用地。

项目编码:050102001。项目名称:栽植乔木。项目特征:南洋杉、尖叶杜英、桂花。

项目编码:050102004。项目名称:栽植灌木。项目特征:黄金叶球、七彩大红花、花叶连翘、红铁。

项目编码:050102008。项目名称:栽植花卉。项目特征:银边草、蔓花生。

项目编码:050102010。项目名称:铺种草皮。项目特征:台湾草。

2.绿化植物项目的工程量计算

(1)树木的工程量计算。

在园林绿化工程中,一般设计图纸列有绿化植物种类统计表,其工程量可以按表进行统计。如果没有统计表,应直接在设计平面图上,进行逐类统计。

(2)草皮的工程量计算。

草皮按铺种面积以平方米计算,如没有列出,应根据图示比例尺进行计算。

3.填写绿化工程"分部分项工程量清单"表

根据上述选定的项目编码、项目名称及《计价规范》规定的"分部分项工程量清单"的格式进行填定，具体如表5-5所示。

表5-5 分部分项工程量清单

工程名称：园林（景观）绿化工程1　　标段：　　第1页　共1页

序号	项目编码	项目名称及特征描述	计量单位	工程量
1	050101006001	整理绿化用地　土壤类别：二类土壤	m^2	75.0
2	050102001001	栽植乔木 1. 乔木种类：南洋杉；2. 乔木胸径：5～6 cm	株	2
3	050102001002	栽植乔木 1. 乔木种类：尖叶杜英；2. 乔木胸径：6～7 cm	株	3
4	050102001003	栽植乔木 1. 乔木种类：桂花；2. 养护期：1年	株	2
5	050102004001	栽植灌木 1. 灌木种类：黄金叶球；2. 冠丛高：1.2～1.5 m	株	4
6	050102004002	栽植灌木 1. 灌木种类：七彩大红花；2. 冠丛高：60 cm	株	5
7	050102004003	栽植灌木 1. 灌木种类：花叶连翘；2. 冠丛高：30 cm	株	5
8	050102004004	栽植灌木 1. 灌木种类：红铁；2. 冠丛高：20 cm	株	116
9	050102008001	栽植花卉 1. 花卉种类：银边草	株	468
10	050102008002	栽植花卉 1. 花卉种类：蔓花生	株	500
11	050102010001	铺种草皮 1. 草皮种类：台湾草；2. 铺种方式：满铺	m^2	12.0

二、园林绿化工程工程量清单计价

（一）与计价相关说明

（1）注意区分整理绿化用地与平整场地。整理绿化用地指绿化种植工程中绿地整理，而平整场地指园林建筑工程施工场地的平整，二者不得重复计取。

（2）整理绿化用地不包括建筑垃圾及其他障碍物清除，发生应另行计算。

（3）栽植乔木是指挖掘植树土塘、扶正回土、浇水保墒、整形清理等工作内容，根据土球的大小（带土球乔木）或胸径的大小（裸根乔木）选用相应定额子目。土球超过160 cm或胸径超过26 cm的应另行按实计算。

（4）栽植灌木、藤本类，根据土球的大小（带土球）或冠丛高度（裸根）选用相应定额子目。土球超过180 cm或高度超过250 cm的应另行按实计算。

（5）起挖或栽植树木均以一、二类土为计算标准，如为三类土，人工乘以系数1.34，四类土人工乘以1.76，冻土人工乘以系数2.20。

（6）关于苗木非适宜季节种植，其费用的增加按实结算，也可按绿化种植工程定额费用或按苗木材料为基础，增加一定量的百分比方法计取。

(二)绿化工程量清单计价编制实例

【例5-4】　根据【例5-3】某住宅楼前一区块的分部分项工程量清单,编制各苗木综合单价分析表及分部分项工程量清单计价表。(植物的价格如表5-6所示,乔木支撑均按毛竹三脚桩,企业管理费率28.6%,利润率19%,以人工费为计费基数,风险费不考虑,其余单价均按定额价取定)

表5-6　植物价格表

序号	植物名称	规格(cm)			单位	价格(元)
		胸径	冠幅	高度		
1	南洋杉	5		300	株	320
2	尖叶杜英	6		450	株	480
3	桂花		170	200	株	450
4	黄金叶球		60		株	260
5	七彩大红花		60		株	230
6	花叶连翘			30	株	4
7	红铁			20	株	5
8	银边草			15	株	1.8
9	蔓花生			10	株	1.5
10	台湾草				m^2	10

解　1.编制绿化工程"综合单价分析表"

根据表5-5绿化清单总共列有11个项目,现举例分述如下。

(1)"整理绿化用地"的综合单价分析。

整理绿化用地,直接套用定额E13－1"整理绿化地",则

人工费＝15元/10 m^2

材料费＝0,机械费＝0

企业管理费＝15×28.6%＝4.29(元/10 m^2)

利润＝15×19%＝2.85(元/10 m^2)

综合单价＝15＋4.29＋2.85＝22.14(元/10 m^2)＝2.21元/m^2

(2)栽植南洋杉的综合单价分析。

栽植南洋杉包括:栽植、支撑、草绳绕树干、养护等工作内容(苗木价指的是到工地价,所以不考虑起挖和运输)。

①栽植:

计算土球直径：南洋杉胸径为 5 cm，土球为胸径的 6～8 倍，即土球为 40 cm。

套定额 E13－64（见第二章表 2-2），但在该定额内未包括树木本身的价格，应在材料费中加入树木单价，根据植物价格表，南洋杉 320 元/株，则

人工费＝40.50 元/10 株

材料费＝0.72＋3 200＝3 200.72（元/10 株）

机械费＝0

企业管理费＝40.5×28.6%＝11.58（元/10 株）

利润＝40.5×19%＝7.70（元/10 株）

合价＝40.5＋3 200.72＋0＋11.58＋7.7＝3 260.5（元/10 株）

②支撑：

毛竹桩三脚桩，直接套定额 E13－270，则

人工费＝18 元/10 株

材料费＝65.3 元/10 株

机械费＝0

企业管理费＝18×28.6%＝5.15（元/10 株）

利润＝18×19%＝3.42（元/10 株）

合价＝18＋65.3＋0＋5.15＋3.42＝91.87（元/10 株）

③草绳绕树干：

草绳长度按实际以"m"计，根据南洋杉高度暂估 2 m/株，直接套定额 E13－244，则

人工费＝1.2 元/m

材料费＝1.6 元/m

机械费＝0

企业管理费＝1.2×28.6%＝0.34（元/m）

利润＝1.2×19%＝0.23（元/m）

合价＝（1.2＋1.6＋0＋0.34＋0.23）元/m×2 m/株＝67.4 元/10 株

综上，南洋杉综合单价＝3 260.5＋91.87＋67.4＝3 419.77（元/10 株）

＝341.98 元/株

根据以上内容，填定工程量清单综合单价分析表（注：不同省份对工程量清单综合分析表格式要求可能不一致），如表 5-7 所示。

用同样的方法求得栽植其他苗木的综合单价（见表 5-8 至表 5-10，部分苗木的综合单价表格略）。

2. 编制绿化工程"分部分项工程量清单与计价表"

将以上分析表所得数据，填写到"分部分项工程量清单与计价表"内，结果如表 5-11 所示。

表 5-7　分部分项工程量清单综合单价分析表(一)

工程名称:某住宅楼前绿化工程　　　标段:　　　　　　　　　　　第×页　共×页

清单编码	050102001001	名称	栽植乔木　南洋杉					计量单位	株	数量	2.00	综合单价(元)	341.98
消耗量标准编号	项目名称	单位	数量	取费基价(元)		动态基价(元)				企业管理费 28.60%	商品(沥青)混凝土企管费 5%(2.5%)	利润 19.000%	合价(元)
				人工费	机械费	小计	人工费	材料费	机械费				
E13-64	栽植乔木(一 二类土)(带土球)　土球直径 40 cm 以内	10 株	0.20	40.50		3 241.20	40.50	3 200.70		2.32		1.54	652.10
E13-270	树木支撑　毛竹桩　三脚桩	10 株	0.20	18.00		83.30	18.00	65.30		1.03		0.68	18.37
E13-244	草绳绕树干　胸径 10 cm 内	m	4.00	1.20		2.80	1.20	1.60		1.36		0.92	13.48
人工单价:				累计(元)		—	—	—	—	4.71		3.14	683.95
材料费或机械费明细	主要材料机械名称、规格、型号					单位	数量	材料单价	材料合价	材料暂估单价	材料暂估合价	机械单价	机械合价
	乔木					株	1.00	320.00	320.00				
	其他材料费、其他机械费					元	—		9.80				
	材料费、机械费小计					元	—		329.80				

表 5-8　分部分项工程量清单综合单价分析表(二)

工程名称:某住宅楼前绿化工程　　标段:　　第×页　共×页

清单编码	050102004001	名称	栽植灌木　黄金叶球					计量单位	株	数量	4.00	综合单价(元)	263.58
消耗量标准编号	项目名称	单位	数量	取费基价(元)		动态基价(元)				企业管理费 28.60%	商品(沥青)混凝土企管费 5%(2.5%)	利润 19.000%	合价(元)
				人工费	机械费	小计	人工费	材料费	机械费				
E13－87	栽植灌木(一 二类土)(带土球)　土球直径 30 cm 以内	10 株	0.40	24.00		2 624.35	24.00	2 600.35		2.74		1.82	1 054.31
人工单价:				累计(元)		—	—	—	—	2.74		1.82	1 054.31
材料费或机械费明细	主要材料机械名称、规格、型号					单位	数量	材料单价	材料合价	材料暂估单价	材料暂估合价	机械单价	机械合价
	灌木					株	1.00	260.00	260.00				
	其他材料费、其他机械费					元	—		0.04				
	材料费、机械费小计					元	—		260.04				

表 5-9　分部分项工程量清单综合单价分析表(三)

工程名称:某住宅楼前绿化工程　　　标段:　　　　第×页　共×页

清单编码	050102004003	名称	栽植灌木　花叶连翘					计量单位	株	数量	256.00	综合单价(元)	4.00
消耗量标准编号	项目名称	单位	数量	取费基价(元)		动态基价(元)				企业管理费 28.60%	商品(沥青)混凝土企管费 5% (2.5%)	利润 19.000%	合价(元)
				人工费	机械费	小计	人工费	材料费	机械费				
E13－85	栽植灌木(一 二类土)(带土球)　土球直径 10 cm 以内	10 株	25.60	6.30		46.59	6.30	40.29		46.08		30.72	1 269.50
	人工单价:			累计(元)		—	—	—	—	46.08		30.72	1 269.50
材料费或机械费明细	主要材料机械名称、规格、型号					单位	数量	材料单价	材料合价	材料暂估单价	材料暂估合价	机械单价	机械合价
	灌木					株	1.00	4.00	4.00				
	其他材料费、其他机械费					元	—		0.03				
	材料费、机械费小计					元	—		4.03				

表 5-10　分部分项工程量清单综合单价分析表(四)

工程名称:某住宅楼前绿化工程　　　标段:　　　　　　　　　　　　　第×页　共×页

清单编码	050102008001	名称	栽植花卉　银边草					计量单位	株	数量	468.00	综合单价(元)	2.08
消耗量标准编号	项目名称	单位	数量	取费基价(元)		动态基价(元)				企业管理费 28.60%	商品(沥青)混凝土企管费 5%(2.5%)	利润 19.000%	合价(元)
				人工费	机械费	小计	人工费	材料费	机械费				
E13－138	草本类花卉灌木成片栽植每平方米 60 株以内	10 m^2	0.78	112.20		1 192.93	112.21	1 080.72		25.03		16.63	972.14
人工单价:				累计(元)		—	—	—	—	25.03		16.63	972.14
材料费或机械费明细	主要材料机械名称、规格、型号					单位	数量	材料单价	材料合价	材料暂估单价	材料暂估合价	机械单价	机械合价
	花卉灌木					株	1.00	1.80	1.80				
	其他材料费、其他机械费					元	—		0.00				
	材料费、机械费小计					元	—		1.80				

表 5-11　分部分项工程量清单与计价表

工程名称:某住宅楼前绿化工程　　标段:　　第 1 页　共 1 页

序号	项目编码	项目名称及特征描述	计量单位	工程量	金额(元)		
					综合单价	合价	其中:暂估价
1	050101006001	整理绿化用地 土壤类别:二类土壤	m^2	75.0	2.21	165.75	
2	050102001001	栽植乔木　南洋杉 1. 乔木种类:南洋杉; 2. 乔木胸径:5 ~6 cm	株	2.0	341.98	683.96	
3	050102001002	栽植乔木　尖叶杜英 1. 乔木种类:尖叶杜英; 2. 乔木胸径:6 ~7 cm	株	3.0	505.73	1 517.19	
4	050102001003	栽植乔木　桂花 乔木种类:桂花	株	2.0	483.78	967.56	
5	050102004001	栽植灌木　黄金叶球 1. 灌木种类:黄金叶球; 2. 冠丛高:1.2 ~1.5 m	株	4.0	263.58	1 054.32	
6	050102004002	栽植灌木　七彩大红花 1. 灌木种类:七彩大红花; 2. 冠丛高:60 cm	株	5.0	233.58	1 167.90	
7	050102004003	栽植灌木　花叶连翘 1. 灌木种类:花叶连翘; 2. 冠丛高:30 cm	株	382.0	4.96	1 894.72	
8	050102004004	栽植灌木　红铁 1. 灌木种类:红铁; 2. 冠丛高:20 cm	株	116.0	5.96	691.36	
9	050102008001	栽植花卉　银边草	株	468.0	2.08	973.44	
10	050102008002	栽植花卉　蔓花生	株	500.0	1.80	900.00	
11	050102010001	铺种草皮　台湾草 1. 草皮种类:台湾草; 2. 铺种方式:满铺	m^2	12.0	15.09	181.08	
合计						10 197.28	

第三节　园路、园桥、假山工程计量与计价

园路、园桥、假山工程的清单项目包括三个子分部工程，分别是园路园桥工程、堆塑假山、驳岸，每个子分部工程又包括若干分项工程，如图 5-6 所示。

- 园路、园桥、假山工程
  - 园路园桥工程
    - 园路
    - 路牙铺设
    - 树池围牙、盖板
    - 嵌草砖铺装
    - 石桥基础
    - 石桥墩、石桥台
    - 拱旋石制作、安装
    - 石旋脸制作、安装
    - 金刚墙砌筑
    - 石桥面铺筑
    - 石桥面檐板
    - 仰天石、地伏石
    - 石望柱
    - 栏杆、扶手
    - 栏板、撑鼓
    - 木制步桥
  - 堆塑假山
    - 堆筑土山丘
    - 堆砌石假山
    - 塑假山
    - 石笋
    - 点风景石
    - 池石、盆景山
    - 山石护角
    - 山坡石台阶
  - 驳岸
    - 石砌驳岸
    - 原木桩驳岸
    - 散铺砂卵石护岸（自然护岸）

图 5-6　园路、园桥、假山工程清单项目的分解结构

一、园路、园桥、假山工程工程量清单编制

(一)园路

1. 有关清单项目名称释义

(1)路牙:指用凿打成长条形的石材、混凝土预制的长条形砌块或砖,铺装在道路边缘,起保护路面的作用。机制标准砖铺装路牙,有立栽和侧栽两种形式。

(2)树池:当在有铺装的地面上栽种树木时,应在树木的周围保留一块没有铺装的土地,通常把它叫树池或树穴。

(3)树池围牙:将预制的混凝土块埋置于树池的边缘,对树池起围护作用,防止人、畜和其他可能的外界因素对花草树木造成伤害的保护性设施。

(4)树池盖板:也称树池透气护栅,指在树池之上装设的防护性覆盖物,其作用是覆盖在树池之上,以保护池内的土壤不被践踏,而保持树穴通气、地面水可以通过其上的贯通的气孔或缝隙流入树池。常用的有铸铁篦子、钢筋混凝土带气孔盖板或木条木板盖板。

(5)嵌草砖:嵌草路面属于透水透气性铺地之一种。有两种类型,一种为在块料路面铺装时,在块料与块料之间,留有空隙,在其间种草,如冰裂纹嵌草路、空心砖纹嵌草路、人字纹嵌草路等;另一种是制作成可以种草的各种纹样的混凝土路面砖。

2. 与园路相关项目工程量计算规则

(1)整理路床:按设计图示尺寸,两边各放宽 5 cm,以“m^2”计算。

(2)基础垫层:按设计图示尺寸,两边各放宽 5 cm,以“m^2”计算。

(3)园路面层:按设计图示尺寸,以“m^2”计算,不包括路牙。

(4)路牙:按设计图示尺寸,以“m”计算。

(5)园路如有坡度时,工程量以斜面计算。

(6)路牙铺设如有坡度时,工程量按斜长计算。

(7)嵌草砖铺设工程量不扣除漏空部分的面积,如在斜坡上铺设时,按斜面积计算。

3. 有关项目特征的说明

(1)“园路”项目路面材料种类有:混凝土路面、沥青路面、石材路面、砖砌路面、卵石路面、片石路面、碎石路面、瓷片路面等;石材应分块石、石板,砖砌应分平砌、侧砌,卵石应分选石、选色、拼花、不拼花,瓷片应分拼花、不拼花等,这些分类应在工程量清单中进行描述。

(2)树池围牙铺设方式指围牙的平铺、侧铺。

4. 其他相关问题

其他相关问题,应按下列规定处理(《计价规范》附录 E.2.4)

(1)园路、园桥、假山(堆筑土山丘除外)、驳岸工程等的挖土方、开凿石方、回填等应按《计价规范》A.1 相关项目编码列项。

(2)如遇某些构配件使用钢筋混凝土或金属构件时,应按附录 A 或附录 D 相关项目编码列项。

5. 园路工程量清单项目设置(《计价规范》附录 E.2.1)

应按表 5-12 的规定执行。

表 5-12　园路工程清单项目及相关内容(编码:050201)

项目编码	项目名称	项目特征	计量单位	工程量计算规则	工程内容
050201001	园路	1. 垫层厚度、宽度、材料种类 2. 路面厚度、宽度、材料种类 3. 混凝土强度等级 4. 砂浆强度等级	m^2	按设计图示尺寸以面积计算,不包括路牙	1. 园路路基、路床整理 2. 垫层铺筑 3. 路面铺筑 4. 路面养护
050201002	路牙铺设	1. 垫层厚度、宽度、材料种类 2. 路牙材料种类、规格 3. 混凝土强度等级 4. 砂浆强度等级	m	按设计图示尺寸以长度计算	1. 基层清理 2. 垫层铺设 3. 路牙铺设
050201003	树池围牙、盖板	1. 围牙材料种类、规格 2. 铺设方式 3. 盖板材料种类、规格	m	按设计图示尺寸以长度计算	1. 清理基层 2. 围牙、盖板运输 3. 围牙、盖板铺设
050201004	嵌草砖铺装	1. 垫层厚度 2. 铺设方式 3. 嵌草砖品种、规格、颜色 4. 漏空部分填土要求	m^2	按设计图示尺寸以面积计算	1. 原土夯实 2. 垫层铺设 3. 铺砖 4. 填土

6. 园路工程量清单编制实例

【例 5-5】　某休息平台,长 6 000 mm,宽 3 600 mm,具体做法如图 5-7 所示,依《计价规范》附录 E.2(本题可参考表 5-12 园路工程清单项目及相关内容)计算其项目工程量清单。

解　(1)计算平台工程量如下:

铺装面积 $S=长\times宽=6\times3.6=21.6(m^2)$

(2)依《计价规范》附录 E.2,项目编码为 050201001,列表 5-13。

表 5-13　分部分项工程量清单

工程名称:某休息平台

序号	项目编码	项目名称	项目特征描述	计量单位	工程量
1	050201001001	平台铺装	200×100×60 厚暗红色舒布洛克砖、100×200×60 厚水泥砖镶边面层;30 厚 1:2 水泥砂浆结合层;100 厚 C15 素混凝土垫层;150 厚碎石垫层;素土夯实	m^2	21.6

【例 5-6】　某 2 m 宽的园路,总长为 60 m,具体做法如图 5-8 所示,计算各分项工程量并依《计价规范》编制其项目清单。

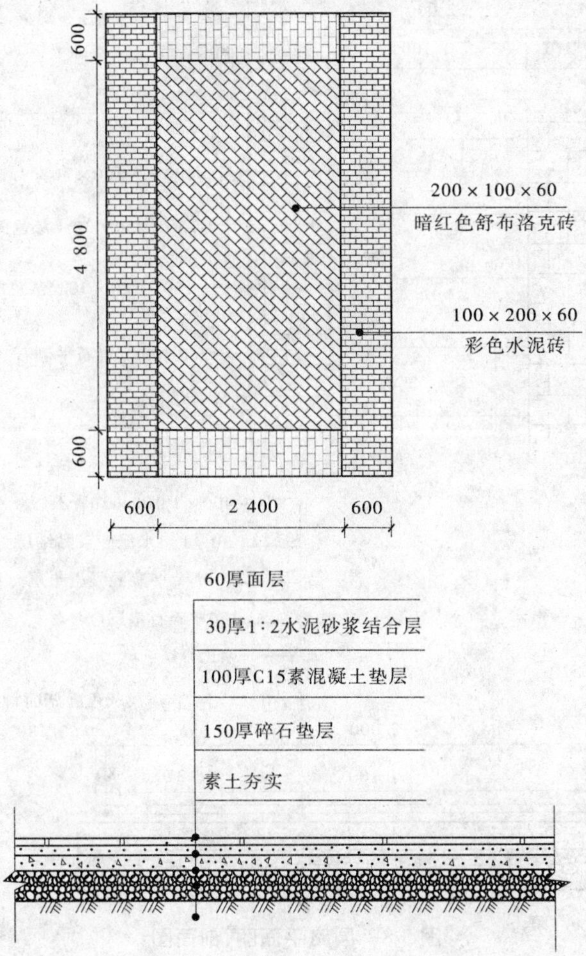

图5-7　平台平面图、剖面图

解　(1)计算各分项工程量。

①素土夯实

$S=$长×宽$=(60+0.05\times2)\times(2+0.05\times2)=126.21(m^2)$

②150厚碎石垫层

$V=$长×宽×厚度$=(60+0.05\times2)\times(2+0.05\times2)\times0.15=18.93(m^3)$

③100厚C15素混凝土垫层

$V=$长×宽×厚度$=(60+0.05\times2)\times(2+0.05\times2)\times0.1=12.62(m^3)$

④400×1 100×30厚青石板面层,30厚1:3水泥砂浆黏结层

$S=$长×宽$=60\times1.1=66.0(m^2)$

⑤150×250×30厚浅灰色蘑菇石面料石,30厚1:3水泥砂浆黏结层

$S=$长×宽$=60\times0.25\times2=30(m^2)$

⑥150×120×30厚浅灰色蘑菇石面料石,30厚1:3水泥砂浆黏结层

$S=$长×宽$=60\times0.12\times2=14.4(m^2)$

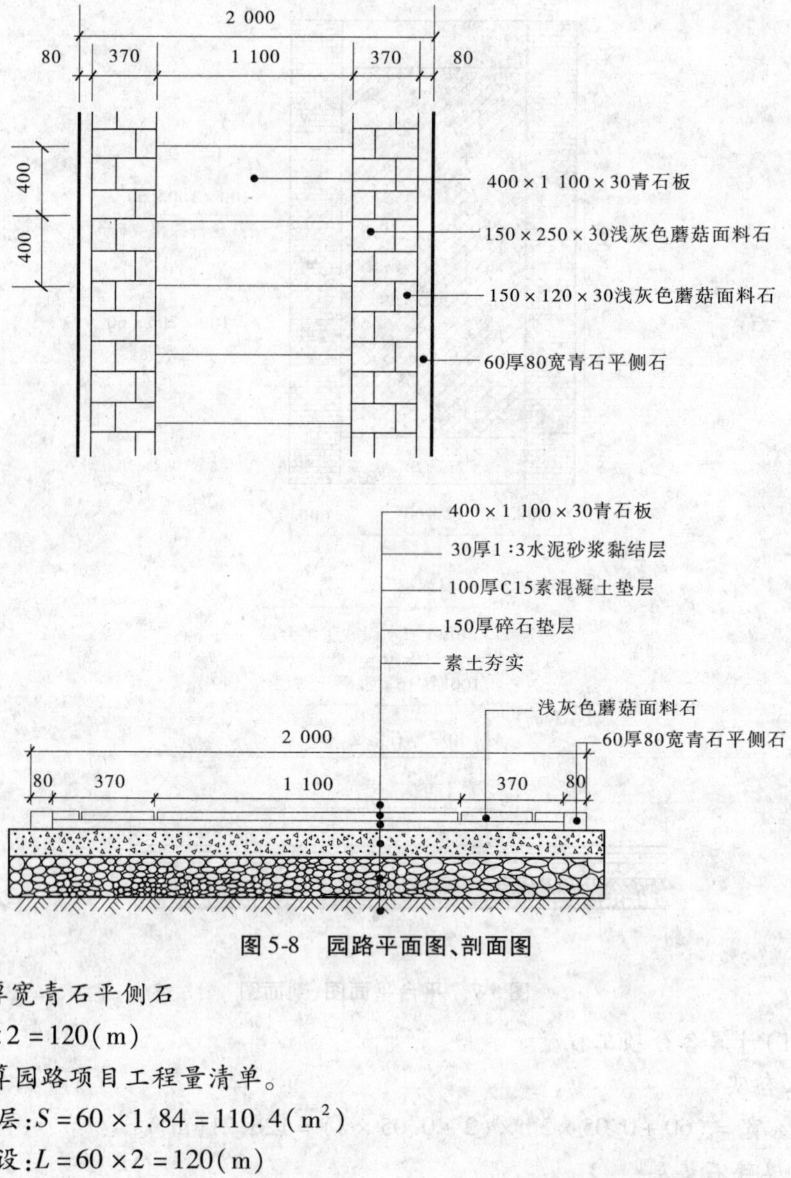

图 5-8　园路平面图、剖面图

⑦ 60 厚宽青石平侧石

$L = 60 \times 2 = 120(\text{m})$

(2)计算园路项目工程量清单。

园路面层：$S = 60 \times 1.84 = 110.4(\text{m}^2)$

路牙铺设：$L = 60 \times 2 = 120(\text{m})$

根据以上计算内容，得分部分项工程量清单如表 5-14 所示。

(二)园桥

1. 有关清单项目名称释义

(1)石桥基础：桥基础把桥梁自重以及作用于桥梁上的各种荷载传至地基的构件。

(2)石桥墩：桥墩位于两桥台之间，桥梁的中间部位，支承相邻两跨上部结构的构件。其作用是将上部结构传来的荷载可靠而有效地传给基础。

(3)石桥台：桥台位于桥梁两端，支承桥梁上部结构并和路堤相衔接的构筑物，其功能除传递桥梁上部结构的荷载到基础外，还具有抵挡台后的填土压力、稳定桥头路基、使桥头线路和桥上线路可靠而平稳地连接的作用。

表5-14　分部分项工程量清单

工程名称:某园路

序号	项目编码	项目名称	项目特征描述	计量单位	工程量
1	050201001001	园路	面层材料为400×1 100×30厚青石板,150×250×30、150×120×30厚浅灰色蘑菇石面料石,30厚1:3水泥砂浆黏结层;100厚C15素混凝土垫层;150厚碎石垫层;素土夯实	m^2	110.4
2	050201002001	路牙铺设	60厚80宽青石平侧石	m	120

注:路牙铺设垫层利用园路垫层,工程量计入园路中,路牙项目内不计。

(4)拱旋石:旋石即碹石,古代多称券石。石券最外端的一圈旋石叫"旋脸石",券洞内的叫"内旋石"。主要是加工面的多少不同,旋脸石可雕刻花纹,也可加工成光面。石券正中的一块旋脸石常称为"龙口石",也有叫"龙门石";龙口石上若雕凿有兽面者叫"兽面石"。

(5)石旋脸:石券最外端的一圈旋石的外面。

(6)金刚墙:金刚墙是指券脚下的垂直承重墙,又称"平水墙",是一种加固性质的墙。古建筑对凡是看不见的加固墙都称为金刚墙。梢孔(即边孔)内侧以内的金刚墙一般做成分水尖形,故称为"分水金刚墙",梢孔外侧的叫"两边金刚墙"。

(7)石桥面檐板:钉在石桥面檐口处起封闭作用的板。

(8)仰天石:位于桥面两边的边缘石叫"仰天石"。在桥长正中带弧形的仰面石叫"罗锅仰天",在桥长两头的仰面石叫"扒头仰天"。

(9)地伏石:一般用于台基栏杆下面或须弥座平面上栏杆栏板下面的一种特制条石。

(10)石望柱:是石栏杆的直立支撑,一般为15~25 cm的方形截面,高为1~1.3 m。柱脚做榫,与地伏连接。柱头为石雕,占全高的1/3~1/4,柱头形式有龙、凤、狮、莲瓣、幞方等。

(11)栏杆、扶手:栏杆系桥梁或建筑物的楼、台、廊、梯等边沿处的围护构件,由立杆、扶手组成,有的还加设横档或花饰部件。扶手是在栏杆栏板顶面或单独设立的,为提供人们依扶之用的扶握构件。

(12)栏板、撑鼓:栏板指实体式或局部镂空的栏杆。石栏板的板件一般是将扶手和绦环板用一块石板剔凿镂雕而成。撑鼓,是石栏杆端头的支顶、封头用花饰栏板石。一般将石面雕凿成圆鼓形花纹,故称为"抱鼓石"。

(13)木制步桥:指建筑在庭园内的、由木材加工制作的、主桥孔洞5 m以内,供游人通行兼有观赏价值的桥梁。

2.与园桥相关项目工程量计算规则

(1)桥基础:按设计图示尺寸以"m^3"计算。

(2)桥台、桥墩:按设计图示尺寸以"m^3"计算。

(3)桥面:按设计图示尺寸以"m^2"计算。

(4)护岸:按设计图示尺寸的体积以"m^3"计算。

(5)木制步桥、木栈道按"m^2"计算。

(6)土石方工程、柱梁板等钢筋混凝土工程、打桩工程等与桥相关的项目可根据其他章节相应计算规则进行计算。

(7)石旋脸工程量以看面面积计算。

3. 有关项目的说明

(1)园桥分为石桥、木桥项目。石桥由石基础、石桥台、石桥墩、石桥面及石栏杆等组成;木桥由木桩基础、木梁、木桥面及木栏杆等组成,如遇某些构配件使用钢筋混凝土或金属构件时,按《计价规范》附录A的有关项目编码列项。

(2)石桥基础类型指矩形、圆形等石砌基础。如采用混凝土基础应按相关项目编码列项。

(3)石桥项目中的勾缝要求同土建工程石墙勾缝(见附录A)。

(4)石桥项目中构件的雕饰要求,以园林景观工程石浮雕种类划分。

(5)石桥面铺筑,设计规定需做混凝土垫层或回填土时,可按土建工程相关项目编码列项(见《计价规范》附录A)。

(6)"木制步桥"项目中的桥宽度、桥长度均以桥板的铺设宽度与长度为准。

(7)"木制步桥"项目的部件,可分为木桩、木梁、木桥板、木栏杆、木扶手,各部件的规格应在工程量清单中进行描述。

4. 园桥工程量清单项目设置(《计价规范》附录E.2.1)

应按表5-15的规定执行。

表5-15 园桥工程(编码:050201)

项目编码	项目名称	项目特征	计量单位	工程量计算规则	工程内容
050201005	石桥基础	1. 基础类型 2. 石料种类、规格 3. 混凝土强度等级 4. 砂浆强度等级	m^3	按设计图示尺寸以体积计算	1. 垫层铺筑 2. 基础砖筑、浇筑 3. 砌石
050201006	石桥墩、石桥台	1. 石料种类、规格 2. 勾缝要求 3. 混凝土强度等级配合比			1. 石料加工 2. 起重架搭、拆 3. 墩、台、旋石、旋脸砌筑 4. 勾缝
050201007	拱旋石制作、安装	1. 石料种类、规格 2. 旋脸雕刻要求 3. 勾缝要求 4. 混凝土强度等级配合比			1. 石料加工 2. 起重架搭、拆 3. 墩、台、旋石、旋脸砌筑 4. 勾缝

续表 5-15

项目编码	项目名称	项目特征	计量单位	工程量计算规则	工程内容
050201008	石旋脸制作、安装	1. 石料种类、规格 2. 旋脸雕刻要求 3. 勾缝要求 4. 混凝土强度等级配合比	m^2	按设计图示尺寸以面积计算	1. 石料加工 2. 起重架搭、拆 3. 墩、台、旋石、旋脸砌筑 4. 勾缝
050201009	金刚墙砌筑		m^3	按设计图示尺寸以体积计算	1. 石料加工 2. 起重架搭、拆 3. 砌石 4. 填土夯实
050201010	石桥面铺筑	1. 石料种类、规格 2. 找平层厚度、材料种类 3. 勾缝要求 4. 混凝土强度等级 5. 砂浆强度等级	m^2	按设计图示尺寸以面积计算	1. 石材加工 2. 抹找平层 3. 起重架搭、拆 4. 桥面、桥面踏步铺设 5. 勾缝
050201011	石桥面檐板	1. 石料种类、规格 2. 勾缝要求 3. 混凝土强度等级配合比			1. 石材加工 2. 檐板、仰天石、地伏石铺 3. 铁锔、银锭安装 4. 勾缝
050201012	仰天石、地伏石	1. 石料种类、规格 2. 勾缝要求 3. 混凝土强度等级配合比	m	按设计图示尺寸以长度计算	1. 石材加工 2. 檐板、仰天石、地伏石铺 3. 铁锔、银锭安装 4. 勾缝
050201013	石望柱	1. 石料种类、规格 2. 柱高、截面 3. 柱身雕刻要求 4. 柱头雕饰要求 5. 勾缝要求 6. 砂浆配合比	根	按设计图示以数量计算	1. 石料加工 2. 柱身、柱头雕刻 3. 望柱安装 4. 勾缝

续表 5-15

项目编码	项目名称	项目特征	计量单位	工程量计算规则	工程内容
050201014	栏杆、扶手	1. 石料种类、规格 2. 栏杆、扶手截面 3. 勾缝要求 4. 砂浆配合比	m	按设计图示尺寸以长度计算	1. 石料加工 2. 栏杆、扶手安装 3. 铁锔、银锭安装 4. 勾缝
050201015	栏板、撑鼓	1. 石料种类、规格 2. 栏板、撑鼓雕刻要求 3. 勾缝要求 4. 砂浆配合比	块	按设计图示数量计算	1. 石料加工 2. 栏板、撑鼓雕刻 3. 栏板、撑鼓安装 4. 勾缝
050201016	木制步桥	1. 桥宽度 2. 桥长度 3. 木材种类 4. 各部件截面长度 5. 防护材料种类	m^2	按设计图示尺寸以桥面板长乘桥面板宽，以面积计算	1. 木桩加工 2. 打木桩基础 3. 木梁、木桥板、木桥栏杆、木扶手制作、安装 4. 连接铁件、螺栓安装 5. 刷防护材料

5. 园桥工程量清单编制实例

【例 5-7】 某石桥的局部基础断面图如图 5-9 所示，尺寸在图上已标注，计算其工程量，并按《计价规范》要求编制分部分项工程量清单。

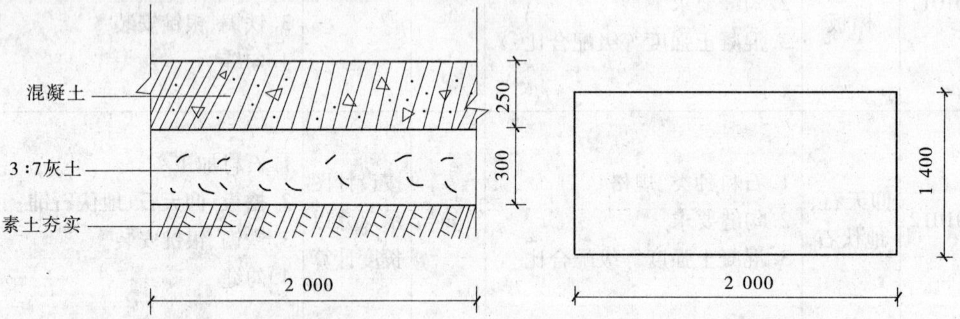

(a)断面示意图　　(b)平面示意图

图 5-9　石桥基础局部示意图

解　工程量计算如下：

(1)整理场地。

$S=2\times1.4=2.8(m^2)$

(2)挖土方。

$V=2\times1.4\times(0.3+0.25)=1.54(m^3)$

(3)素土夯实。

$S=$ 长 $\times$ 宽 $=2\times1.4=2.8(m^2)$

(4)3:7灰土垫层。

$V=S\times h=2\times1.4\times0.3=0.84(m^3)$

(5)混凝土基础。

$V=S\times h=2\times1.4\times0.25=0.7(m^3)$

清单工程量计算见表5-16。

表5-16　分部分项工程量清单

序号	项目编码	项目名称	项目特征	计量单位	工程量
1	010101001001	平整场地	三类土	m^2	2.8
2	010101002001	挖土方	挖土深0.58 m	m^3	1.54
3	050201005001	石桥基础	1. 矩形基础 2. 混凝土25 mm 3. 1:3灰土厚30 mm	m^3	1.54

【例5-8】　如图5-10所示为一个桥的示意图，各尺寸见图示，求其工程量。

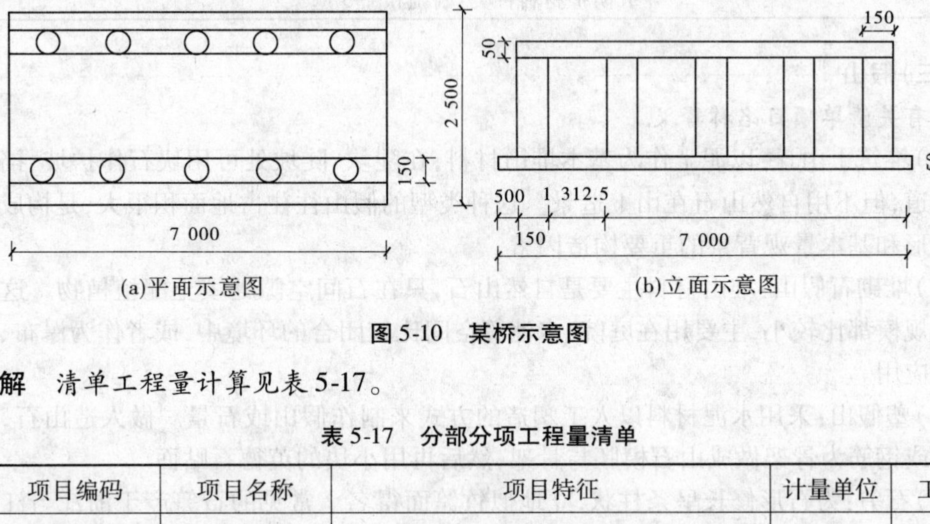

(a)平面示意图　　(b)立面示意图

图5-10　某桥示意图

解　清单工程量计算见表5-17。

表5-17　分部分项工程量清单

序号	项目编码	项目名称	项目特征	计量单位	工程量
1	050201013001	石望柱	柱高850 mm，截面 d 为150 mm的圆形	根	10
2	050201014001	栏杆、扶手	栏杆、扶手截面150 mm×150 mm	m	14.00

【例5-9】　某公园施工图显示如下内容，试按清单计价规范要求和本地建设工程计价办法的规定编制分部分项工程量清单。

绿地喷灌设施：从供水主管接出分管长度为43 m、管外径为 $\phi32$，从分管至喷头支管长度为54 m、管外径 $\phi20$，总长共97 m。喷头采用美国鱼鸟牌旋转喷头2″共6个，低压塑料丝扣阀门1个，水表1个。分管、支管均采用PPR塑料管。挖土深度0.5 m，土壤类别一类土。

步行木桥：桥面长 6 m、桥面宽 1.5 m、桥板厚 25 mm，满铺平口对缝。采用木桩基础，原木梢径 ϕ80、长 5 m，共 16 根。横梁原木梢径 ϕ80、长 1.8 m，共 9 根。纵梁原木梢径 ϕ100、长 5.6 m，共 5 根。栏杆、栏杆柱、扶手、扫地杆、斜撑 80 mm × 80 mm 采用枋木（刨光），栏杆高 90 mm。全部采用杉木，刷调和漆 3 遍。

解　按规范要求，某公园分部分项工程量清单见表 5-18。

表 5-18　某公园（部分）分部分项工程量清单

序号	项目编码	项目名称	项目特征	计量单位	工程量
1	050103001001	喷灌设施	1. 土石类别：一类土 2. 管道品种、规格、长度：PPR 塑料管，分管 ϕ32、43 m；支管 ϕ20、54 m 3. 管件、阀门、喷头品种、规格、数量：2″旋转喷头 6 个，水表 1 个，低压塑料丝扣阀门 1 个	m	97
2	050201016001	木制步桥	1. 桥宽度：1.5 m 2. 桥长度：6 m 3. 木材种类：全部采用杉木 4. 各部位截面长度：按施工图的要求 5. 防护材料种类：刷调和漆 3 遍	m^2	9

（三）假山

1. 有关清单项目名称释义

（1）堆筑土山丘：以泥土作为基本堆山材料，在陡坎、陡坡处可用块石作护坡、挡土墙或作磴道，但不用自然山石在山上造景。这种类型的假山往往占地面积很大，是构成园林基本地形和基本景观背景的重要构造因素。

（2）堆砌石假山：堆山材料主要是自然山石，只在石间空隙处填土配植植物。这种假山一般规模都比较小，主要用在庭院、水池等空间比较闭合的环境中，或者作为瀑布、滴泉的山体应用。

（3）塑假山：采用水泥材料以人工塑造的方式来制作假山或石景。做人造山石，一般以铁条或钢筋为骨架做成山石模胚与骨架，然后再用小块的英德石贴面。

（4）石笋：为石形修长呈条柱状，立地似竹笋而得名。常见的石笋产于浙江与江西交界的常山、玉山一带。其石质类似青石者称为“慧剑”，对含有白色小砾石或小卵石者称为“白果笋”或“子母剑”，对色黑如炭者称为“乌炭笋”。

（5）点风景石：以山石为材料，点布独立的不具备山形但以奇特的形状为审美特征的石质观赏品。

（6）池石、盆景山：池石是布置在水池中的点风景石。盆景山是在园林露地庭院中，布置的大型的山水盆景。盆景中的山水景观大多数都是按照真山真水形象塑造的，而且有着显著的小中见大的艺术效果，能够让人领会到咫尺千里的山水意境。

（7）山石护角：指土山或堆石山的山角堆砌的山石，起挡土石和点缀的作用。

（8）山坡石台阶：指随山坡而砌，多使用不规整的块石，砌筑的台阶一般无严格统一的每步台阶高度限制，踏步和踢脚无需石表面加工或有少许加工（打荒）。

2. 工程量清单项目的设置

堆塑假山工程量清单项目设置及工程量计算规则（《计价规范》附录 E. 2. 2），应按表5-19的规定执行。

表 5-19　堆塑假山（编码：050202）

项目编码	项目名称	项目特征	计量单位	工程量计算规则	工程内容
050202001	堆筑土山丘	1. 土丘高度 2. 土丘坡度要求 3. 土丘底外接矩形面积	m^3	按设计图示山丘水平投影外接矩形面积乘高度的 1/3 以体积计算	1. 取土 2. 运土 3. 堆砌、夯实 4. 修整
050202002	堆砌石假山	1. 堆砌高度 2. 石料种类、单块重量 3. 混凝土强度等级 4. 砂浆强度等级、配合比	t	按设计图示尺寸以估算质量计算	1. 选料 2. 起重架搭拆 3. 堆砌、修整
050202003	塑假山	1. 假山高度 2. 骨架材料种类、规格 3. 山皮料种类 4. 混凝土强度等级 5. 砂浆强度等级、配合比 6. 防护材料种类	m^2	按设计图示尺寸以估算面积计算	1. 骨架制作 2. 假山胎模制作 3. 塑假山 4. 山皮料安装 5. 刷防护材料
050202004	石笋	1. 石笋高度 2. 石笋材料种类 3. 砂浆强度等级、配合比	支	按设计图示数量计	1. 选石料 2. 石笋安装
050202005	点风景石	1. 石料种类 2. 石料规格、重量 3. 砂浆配合比	块		1. 选石料 2. 起重架搭拆 3. 点石
050202006	池石、盆景山	1. 底盘种类 2. 山石高度 3. 山石种类 4. 混凝土砂浆强度等级 5. 砂浆强度等级、配合比	座/个	按设计图示数量计	1. 底盘制作安装 2. 池石、盆景山安砌
050202007	山石护角	1. 石料种类、规格 2. 砂浆配合比	m^3	按设计图示尺寸以体积计算	1. 石料加工 2. 砌石
050202008	山坡石台阶	1. 石料种类、规格 2. 台阶坡度 3. 砂浆强度等级	m^2	按设计图示尺寸以水平投影面积计算	1. 石料加工 2. 台阶、踏步砌筑

3. 与假山相关项目工程量计算规则

(1)假山工程量按实际堆砌的石料以“t”计算。

堆砌假山工程量(t) = 进料验收的数量 - 进料剩余数量

当没有进料验收的数量时,叠成后的假山可按下述方法计算。

①假山体积计算

$$V_{体} = A_{矩} \times H$$

式中:$A_{矩}$ 为假山不规则平面轮廓的水平投影面积的最大外接矩形面积,m^2;H 为假山石着地点至最高顶点的垂直距离,m;$V_{体}$ 为叠成后的假山计算体积,m^3。

②假山质量计算

$$W_{质} = 表观密度 \times V_{体} \times Kn$$

式中:表观密度即石料实际密度,t/m^3,石料用材不同密度各不相同;Kn 为高度系数,当 $H \leqslant 1$ m 时 Kn 取 0.77,当 1 m $< H \leqslant 2$ m 时 Kn 取 0.72,当 2 m $< H \leqslant 3$ m 时 Kn 取 0.65;当 3 m $< H \leqslant 4$ m 时 Kn 取 0.60,当 $H > 4$ m 时 Kn 取 0.55。

(2)各种单体孤峰及散点石,按其单位石料体积(取单体长、宽、高各自的平均值乘积)乘以石料实际密度按“t”计算。

(3)塑假石山按设计图示尺寸以展开面积计算。

(4)山丘、假山的高度,如山丘、假山设计有多个山头时,以最高的山头进行描述。

(5)堆筑土山丘形状过于复杂的,工程量也可以估算体积计算。

(6)山石护角过于复杂的,工程量也可以估算体积计算,并在工程量清单中进行描述。

(7)凡以重量、面积、体积计算的山丘、假山等项目,竣工后按核实的工程量,根据合同条件规定进行调整。

4. 工程量清单编制实例

【例 5-10】 某太湖石园林假山如图 5-11 所示,求其工程量及工程量清单(三类土)。

解 (1)平整场地　平均宽度:(6.8 + 1.8)/2 = 4.3(m)　长度 = 14.8 m

以“m^2”计算,$S = 4.3 \times 14.8 = 63.64(m^2)$

(2)人工挖土　　挖土平均宽度:[4.3 + (0.08 + 0.1) × 2] = 4.66(m)

挖土平均长度:[14.8 + (0.08 + 0.1) × 2] = 15.16(m)

挖土深度:0.1 + 0.3 = 0.4(m)

V = 长 × 宽 × 高 = 4.66 × 15.16 × 0.4 = 28.26(m^3)

(3)道碴垫层(100 厚)

S = 平均宽度 × 平均长度 × 深度 = 4.66 × 15.16 × 0.1 = 7.07(m^3)

(4)C20 钢筋混凝土垫层(300 厚)

长度 = 14.8 + 0.1 × 2 = 15(m)　　宽度 = 4.3 + 0.1 × 2 = 4.5(m)

V = 长 × 宽 × 高 = 15 × 4.5 × 0.3 = 20.25(m^3)

(5)钢筋混凝土模板　　$S = V$ × 模板系数 = 20.25 × 0.26 = 5.265(m^2)

(6)钢筋混凝土钢筋　　$T = V$ × 钢筋系数 = 20.25 × 0.079 = 1.6(t)

(7)假山堆砌

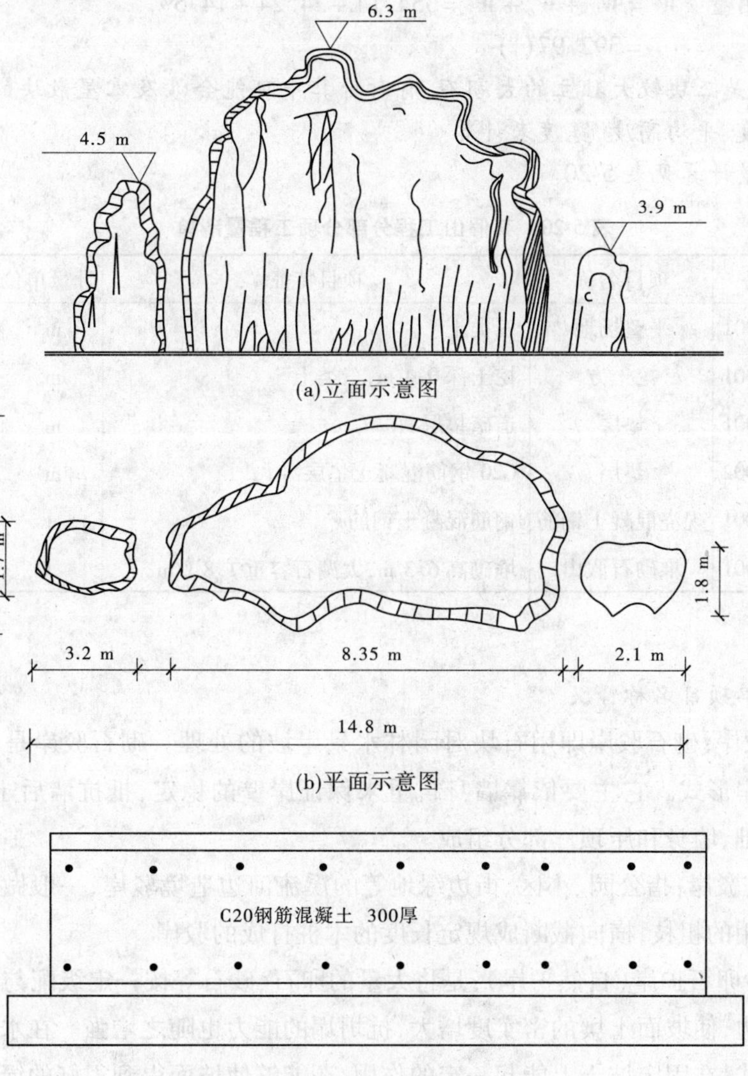

(a)立面示意图

(b)平面示意图

(c)基础垫层示意图(道碴垫层100 mm厚)

图5-11　某假山示意图

①6.3 m处　W_a = 长×宽×高×高度系数×太湖石容重

= 6.8×8.35×6.3×0.55×1.8

= 354.14(t)

②4.5 m处　W_b = 长×宽×高×高度系数×太湖石容重

= 1.7×3.2×4.5×0.55×1.8

= 24.24(t)

③3.9 m处　W_c = 长×宽×高×高度系数×太湖石容重

= 2.1×1.8×3.9×0.55×1.8

= 14.59(t)

太湖石总用量　$W = W_a + W_b + W_c = 354.14 + 24.24 + 14.59$
$= 392.97(t)$

注：本例中是三块较大独立的太湖石，有时计算中可能会涉及零星散块的石头，则应根据其累计长度、平均高度、宽度来计算。

清单工程量计算见表 5-20。

表 5-20　某假山工程分部分项工程量清单

序号	项目编码	项目名称	项目特征	计量单位	工程量
1	010101001001	平整场地	三类土	m^2	63.64
2	010101002001	挖土方	挖土深 0.4 m，三类土	m^3	28.26
3	010401006001	垫层	道碴垫层	m^3	7.07
4	010401006002	垫层	C20 钢筋混凝土垫层	m^3	20.25
5	010416001001	现浇混凝土钢筋	钢筋混凝土钢筋	t	1.6
6	050202002001	堆砌石假山	堆砌高 6.3 m，太湖石容重 1.8 t/m^3	t	392.97

（四）驳岸

1. 有关清单项目名称释义

（1）砌石驳岸：砌石驳岸即用石块对园林水景岸坡的处理。砌石驳岸是园林工程中最为主要的护岸形式。它主要依靠墙身自重来保证岸壁的稳定，抵抗墙后土壤的压力。驳岸结构由基础、墙身和压顶三部分组成。

（2）原木桩驳岸：指公园、小区、街边绿地等的溪流河边造境驳岸，一般做法是取伐倒木的树干或适用的粗枝，横向截断成规定长度的木桩打成的驳岸。

（3）散铺砂卵石护岸（自然护岸）：是将大量的卵石、砂石等按一定级配与层次堆积散铺于斜坡式岸边，使坡面土壤的密实度增大，抗坍塌的能力也随之增强。在水体岸坡上采用这种护岸方式，在固定坡土上能起一定的作用，还能够使坡面得到很好的绿化和美化。

2. 有关项目特征的说明

（1）“木桩驳岸”项目的桩直径，可以标注梢径，也可用梢径范围（如 $\phi 100 \sim 140$）描述。

（2）自然护岸如有水泥砂浆黏结卵石要求的，应在工程量清单中进行描述。

3. 驳岸（《计价规范》附录 E.2.3）

堆塑假山工程量清单项目设置及工程量计算规则，应按表 5-21 的规定执行。

4. 工程量清单编制实例

【例 5-11】　某水体驳岸的局部剖面图如图 5-12 所示，该部分驳岸长 8 m、宽 2 m，求该部分驳岸的工程量。

解　（1）清单工程量

工程量 = 长 × 宽 × 高 = 8 × 2 × (1.25 + 2.5) = 60.00(m^3)(按设计图示尺寸以体积计算)

清单工程量计算见表 5-22。

表 5-21　驳岸(编码:050203)

项目编码	项目名称	项目特征	计量单位	工程量计算规则	工程内容
050203001	石砌驳岸	1. 石料种类、规格 2. 驳岸截面、长度 3. 勾缝要求 4. 砂浆强度等级、配合比	m^3	按设计图示尺寸以体积计算	1. 石料加工 2. 砌石 3. 勾缝
050203002	原木桩驳岸	1. 木材种类 2. 桩直径 3. 桩单根长度 4. 防护材料种类	m	按设计图示尺寸,以桩长度(包括桩尖)计算	1. 木桩加工 2. 打木桩 3. 刷防护材料
050203003	散铺砂卵石护岸(自然护岸)	1. 护岸平均宽度 2. 粗细砂比例 3. 卵石粒径 4. 大卵石粒径、数量	m^2	按设计图示尺寸平均护岸宽度乘护岸长度以面积计算	1. 修边坡 2. 铺卵石、点布大卵石

表 5-22　某驳岸分部分项工程量清单

序号	项目编码	项目名称	项目特征	计量单位	工程量
1	050203001001	石砌驳岸	驳岸截面 2 m × 2.5 m,长 8 m	m^3	60.0

(2)定额工程量

①平整场地

S = 长 × 宽 = 8 × 2 = 16.0(m^2)

②挖地坑

V = 长 × 宽 × 高 = 8 × 2 × (1.25 + 2.5) = 60.00(m^3)

③块石混凝土

V = 长 × 宽 × 高 = 2 × 8 × 1.25 = 20.00(m^3)

④花岗岩方整石　从图上可看出,花岗岩方整石构成的表面呈梯形,所以其体积为

$V = S_{梯}$ × 长 = 1/2 × (上底 + 下底) × 高 × 长 = 1/2 × (2 − 1.2 + 2) × 2.5 × 8

= 28(m^3)

⑤级配砂石，级配砂石构成的图形是一个三个棱柱。

V = 底面积 × 高 = S × 长 = 1/2 × 1.2 × 2.5 × 8

= 12(m^3)

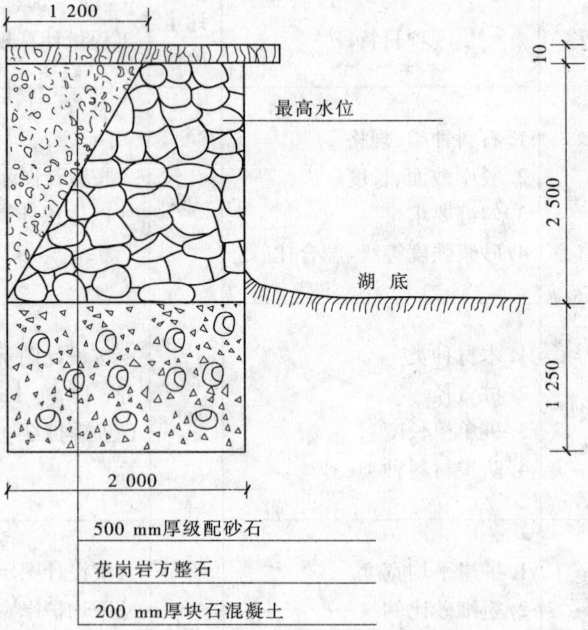

图 5-12 某水体驳岸局部剖面图

二、园路、园桥、假山工程工程量清单计价

(一)与计价相关的说明

(1)工程清单综合单价应包括该清单项目的各项可组合的主要工程内容，例如园路，包括路床整理、垫层铺筑、面层铺装等相应的人工、材料、机械、管理费、利润、风险费等。

(2)在铺砌园路块料面料时，如采用块料面层同样材料作路牙的，其路牙的工程量并入块料面层工程量内计算，不另行套用路牙基价子目。

(3)园路路床整理项目包括厚度在 ±30 cm 以内的挖土、填土、找平、夯实、整理、整修、弃土 2 m 以外；若场地统一平整已计算，不能重复路床整理项目。

(4)园路项目定额若缺项的，可套用其他章相应定额子目，其合计工日乘以系数 1.1。

(5)园桥项目定额若缺项的，可套用其他章相应定额子目，其合计工日乘以系数 1.25。

(6)木园桥中的木桥面板、木柱、木梁、木栏杆均以刨光为准，刨光损耗已包括在基价子目内。基价中的锯材是以自然干燥为准，如要求烘干，其烘干费另行计算。

(7)堆砌假山及塑假石山定额中，均不包括假山基础，其基础设计要求可套用“通用项目”相应定额。

(8)混凝土园路设置伸缩缝时,预留或切割伸缩缝及嵌缝材料应包括在报价内。

(9)围牙、盖板的制作或购置费应包括在报价内。

(10)嵌草砖的制作或购置费应包括在报价内,嵌草砖漏空部分填土有施肥要求时,也应包括在报价内。

(11)石桥基础在施工时,根据施工方案规定需筑围堰时,筑拆围堰的费用,应列在工程量清单措施项目费内。

(12)石桥面铺筑,设计规定需回填土或做垫层时,可将回填土或垫层包括在石桥面铺筑报价内,相关的回填土或混凝土垫层项目不再报价。

(13)凡石构件发生铁扒锔、银锭制作安装时,应包括在报价内。

(二)园路、园桥、假山工程计价编制实例

1.子目换算

在预算定额中由于定额子目的划分,设计标准要求的不同,以及受到定额篇幅的限制,采用预算定额时,有的需要按规定换算。如设计的材料品种规格与定额不同,或是混凝土及砂浆的设计强度等级与定额规定不同时,在套用定额时,都需要进行换算。定额项目的换算,就是把定额中规定的内容与设计要求的内容调整到一致的换算过程。

主要有运距的换算、断面的换算、强度等级的换算、厚度的换算等。

子目的换算或定额子目的补充,原则上按“定额三要素”精神执行,不改变其基本工作内容。其价格的取定和计算,必须符合定额管理部门的有关规定。

现针对园路、园桥、假山工程中常用的子目换算,作如下说明。

(1)强度等级换算。

在预算定额中,对混凝土及钢筋混凝土工程的混凝土强度等级,砖石工程的砌筑砂浆强度等级,以及抹灰、楼地面工程的抹灰砂浆强度等级等均列一种强度等级,当与设计强度等级不同时,按定额基价进行换算。

【例5-12】　求C15(40)园路混凝土垫层基价?

解　计算如下:

(1)套定额E14－54(见表5-23),基础垫层混凝土的基价为207.04元/m^3。(定额E14－54基础垫层混凝土采用的是:现浇及现场混凝土　砾石最大粒径40 mmC10水泥32.5)

(2)混凝土强度等级由原来的C10(40)换算为C15(40),现浇及现场混凝土　砾石最大粒径40 mm C10水泥32.5,改为:现浇及现场混凝土　砾石最大粒径40 mmC15水泥32.5。其每立方米混凝土单价增加158.17－145.41＝12.76(元)。

(3)每立方米混凝土定额用量为1.02 m^3。

(4)换算后的定额基价为:207.04＋12.76×1.02＝220.05(元/m^3)。

表 5-23　某省基础垫层铺筑定额

工作内容：筛土，浇水，拌和，铺设，找平，灌浆，震实，养护　　　　计量单位：m^3

定额编号				E14－49	E14－50	E14－51	E14－52	E14－53	E14－54
项目				基础垫层砂	基础垫层灰土 3:7	基础垫层灰土 2:8	基础垫层煤渣	基础垫层碎石	基础垫层混凝土
基价(元)				56.23	101.64	81.61	79.81	78.31	207.04
其中	人工费(元)			15.0	30.0	28.5	10.8	21.9	54.6
	材料费(元)			40.21	69.72	51.28	68.32	55	149.07
	机械费(元)			1.02	1.92	1.83	0.69	1.41	3.4
	名称	单位	单价(元)	数量					
	人工	工日	30.00	0.5	1.0	0.95	0.36	0.73	1.82
材料	水	m^3	1.44	0.3	0.2	0.2	—	—	0.5
	现浇及现场混凝土 砾石最大粒径 40 mmC10 水泥 32.5	m^3	145.41	—	—	—	—	—	1.02
	碎(砾)石	m^3	50.0	—	—	—	—	—	1.1
	煤渣	m^3	56.0	—	—	—	—	—	1.22
	灰土 2:8	m^3	50.492	—	—	1.01	—	—	—
	灰土 3:7	m^3	68.748	—	1.01	—	—	—	—
	黄砂	m^3	34.0	1.17	—	—	—	—	—
机械	其他机械	元	1	1.02	1.92	1.83	0.69	1.41	3.4

某地每立方米混凝土(部分)单价：

现浇及现场混凝土　砾石最大粒径　40 mmC10　水泥 32.5　　145.41 元/m^3；

现浇及现场混凝土　砾石最大粒径　40 mmC10　水泥 42.5　　154.91 元/m^3；

现浇及现场混凝土　砾石最大粒径　40 mmC15　水泥 32.5　　158.17 元/m^3；

现浇及现场混凝土　砾石最大粒径　40 mmC15　水泥 42.5　　161.89 元/m^3；

现浇及现场混凝土　砾石最大粒径　40 mmC20　水泥 32.5　　168.35 元/m^3；

现浇及现场混凝土　砾石最大粒径　40 mmC20　水泥 42.5　　174.19 元/m^3。

【例 5-13】　求 1:3 水泥砂浆黏结满铺卵石拼花面基价？

解　计算如下：

(1)套定额 E14－55(见第二章表 2-1)，基价为 612.92 元/10 m^2。

(2)砂浆等级由原来的水泥砂浆 1∶2.5(207.92 元/m^3),换算为水泥砂浆 1∶3(184.96 元/m^3),其每立方米砂浆单价减少 207.92 − 184.96 = 22.96(元)。

(3)每 10 m^2 铺装面层水泥砂浆定额用量为 0.36 m^3。

(4)换算后的定额基价为:612.92 − 22.96 × 0.36 = 604.65(元/m^2)。

某地水泥砂浆(部分)定额单价:

水泥砂浆 1∶1　258.415 6 元/m^3;水泥砂浆 1∶1.5　236.057 6 元/m^3;

水泥砂浆 1∶2　220.339 1 元/m^3;水泥砂浆 1∶2.5　207.916 2 元/m^3;

水泥砂浆 1∶3　184.956 2 元/m^3;水泥砂浆 1∶4　156.396 2 元/m^3。

(2)厚度换算。

在预算定额中的砂浆结合层、抹灰面层等厚度,是按设计规范中一般常用厚度取定的,为了考虑不同设计厚度,有的定额划分了基本厚度和增加厚度两个子目。

【例 5-14】　30 mm 水泥砂浆 1∶3 黏结 20 厚花岗石地面,求其定额基价?

解　计算如下:

(1)套定额 E6−43(见表 5-25),基价为 1 172.39 元/10 m^2(注:该定额包含了 1∶3 水泥砂浆消耗量 0.216 m^3)。

(2)30 mm 厚 1∶3 水泥砂浆定额消耗量为 0.03 × 1.02(砂浆损耗率为 2%) × 10 m^2 = 0.306 m^3/10 m^2。

(3)换算后的定额基价 = 原基价 + 1∶3 水泥砂浆单价 ×(30 mm 厚的消耗量 − 定额包含的消耗量) = 1 172.39 + 184.956 2 × (0.306 − 0.216) = 1 189.04(元/10 m^2)。

园路、园桥、假山项目,在设计形式上较多,具体做法也多,在定额套用时,涉及换算的子目也较多。在熟悉定额的基础上,结合工程的实际情况,掌握定额的换算方法,对合理定价、准确计算工程造价会有很大的帮助。

2. 工程量清单计价实例

【例 5-15】　根据【例 5-6】的工程量清单(表 5-14),参照定额,编制各项综合单价分析表及分部分项工程量清单计价表。(假定材料的价格如表 5-24 所示,企业管理费率 28.6%,利润率 19%,以人工费为计费基数,风险费不考虑,其余单价均按定额价取定)

表 5-24　主要材料价格

序号	材料名称	单位	单价(元)
1	400 × 1 100 × 30 厚青石板	m^2	140
2	150 × 250 × 30 厚浅灰色蘑菇石面料石	m^2	120
3	150 × 120 × 30 厚浅灰色蘑菇石面料石	m^2	120
4	60 厚 80 宽青石平侧石	m	30

解 (1)园路综合单价分析。

园路综合单价包括素土夯实、垫层铺筑、面层铺装等工作内容的人工、材料、机械、管理费、利润、风险费的合计。

①素土夯实

套用 E14－48 定额子目(园路土基整理路床),单价分析如下:

人工费＝13.5 元/10 m^2

材料费＝0

机械费＝0

企业管理费＝13.5×28.6%＝3.86(元/10 m^2)

利润＝13.5×19%＝2.57(元/10 m^2)

合计＝13.5＋3.86＋2.57＝19.93(元/10 m^2)

②150 厚碎石垫层

直接套定额 E14－53 定额子目(见表 5-23,基础垫层碎石),分析如下:

人工费＝21.9 元/m^3

材料费＝55.0 元/m^3

机械费＝1.41 元/m^3

企业管理费＝21.9×28.6%＝6.26(元/m^3)

利润＝21.9×19%＝4.16(元/m^3)

合计＝21.9＋55.0＋1.41＋6.26＋4.16＝88.73(元/m^3)

③100 厚 C15 素混凝土垫层

套定额 E14－54 定额子目(见表 5-23,基础垫层混凝土)。此定额为 C10 素混凝土垫层,故要进行换算。查定额内普通混凝土配合比表得 C15(40)混凝土单价为 158.17 元/m^3。则分析如下:

人工费＝54.6 元/m^3

材料费＝149.04＋(158.17－145.41)×1.02＝162.05(元/m^3)

机械费＝3.4 元/m^3

企业管理费＝54.6×28.6%＝15.62(元/m^3)

利润＝54.6×19%＝10.37(元/m^3)

合计＝54.6＋162.04＋3.4＋15.62＋10.37＝246.03(元/m^3)

④400×1 100×30 厚青石板面层,30 厚 1∶3水泥砂浆粘贴层

参考“楼地面—块料面层”章节子目,套用定额 E6－43 花岗岩板地面(见表 5-25),花岗石换算成 400×1 100×30 厚青石板,合计人工乘以 1.1 的系数。则:

人工费＝98.1×1.1 元/10 m^2＝107.91 元/10 m^2

表 5-25　某省块料面层(部分)定额表

工作内容:清理底层,调制砂浆。刷素水泥浆,砂浆找平。铺贴结合层及贴块料面层、填缝、养护。

计量单位:10 m^2

定额编号			E6－41	E6－42	E6－43	E6－46	E6－48
项目			缸砖地面	马赛克面层	花岗岩板地面	方砖地面细墁 500×500	方砖地面粗墁 500×500
基价(元)			308.23	345.16	1 172.39	965.36	394.69
其中	人工费(元)		117.6	161.1	98.1	636	91.2
	材料费(元)		186.58	178.51	1 070.9	327.01	302.14
	机械费(元)		4.05	5.55	3.39	2.35	1.35
名称	单位	单价(元)	数量				
人工	工日	30.00	3.92	5.37	3.27	21.2	3.04
材料 水	m^3	1.44	0.3	0.26	0.3	—	—
缸砖	m^2	13.1	10.1	—	—	—	—
马赛克	m^2	12.3	—	10.1	—	—	—
花岗岩板 20 mm 厚	m^2	100.0	—	—	10.1	—	—
方砖 500×500×60	百块	641	—	—	—	0.408	0.408
水泥砂浆 1:1	m^3	258.415 6	0.051	0.051	0.054	—	—
水泥砂浆 1:3	m^3	184.956 2	0.202	0.202	0.216	0.216	0.216
素水泥浆 1:0.42	m^3	425.508 8	0.004	0.004	0.004	—	—
白水泥	kg	0.42	—	1	—	—	—
草酸	kg	4.2	—	—	0.1	—	—
煤油	kg	3.5	—	—	0.4	—	—
硬白蜡	kg	1.85	—	—	0.27	—	—
油漆溶剂油	kg	4.04	—	—	0.05	—	—
清油	kg	10.08	—	—	0.05	—	—
生桐油	kg	8.26	—	—	—	1.5	—
松烟	kg	1.53	—	—	—	1.5	—
面粉	kg	3.12	—	—	—	3	—
其他材料费	元	1	1.6	1.24	1.84	1.49	0.66
机械 其他机械	元	1	4.05	5.55	3.39	2.35	1.35

材料费 =1 070.9 + 184.956 2 ×(0.306 - 0.216)(注:砂浆换算)+(140 - 100)×10.1(注:石材价格换算)=1 491.55 元/10 m^2

机械费 =3.39 元/10 m^2

企业管理费 =107.91 ×28.6% =30.86(元/10 m^2)

利润 =107.91 ×19% =20.5(元/10 m^2)

合计 =107.91 +1 491.55 +3.39 +30.86 +20.5 =1 654.21(元/10 m^2)

⑤150 ×250 ×30 厚浅灰色蘑菇石面料石、150 ×120 ×30 厚浅灰色蘑菇石面料石面层,30 厚 1:3水泥砂浆粘贴层,其计价方法同上,具体如下:

人工费 =98.1 ×1.1 元/10 m^2 =107.91 元/10 m^2

材料费 =1 070.9 + 184.956 2 ×(0.306 - 0.216)(注:砂浆换算)+(120 - 100)×10.1(注:石材价格换算)=1 289.55(元/10 m^2)

机械费 =3.39 元/10 m^2

企业管理费 =107.91 ×28.6% =30.86(元/10 m^2)

利润 =107.91 ×19% =20.5(元/10 m^2)

合计 =107.91 +1 289.55 +3.39 +30.86 +20.5 =1 452.21(元/10 m^2)

根据以上单价分析,结合例 5-6 已计算的各子目工程量,填写工程量清单综合单价分析表,如表 5-26 所示。

(2)路牙综合单价分析。

套用 E14 -69,将定额内的“路牙立砌机砖宽 53 毫米”换算成“60 厚 80 宽青石路牙”。(注:定额 E14 -69,单位为 10 m;其中人工为 0.83 个工日,30 元/工日;其中标准砖 240 ×115 ×53 mm 为主材,单位为百块,基价为 23.1,含量为 0.83)

具体如下:

人工费 =0.83 ×30 =24.9(元/10 m)

材料费 =20.89 +(30 ×10 -23.1 ×0.83)=301.71(元/10 m)

机械费 =0.15 元/10 m

企业管理费 =24.9 ×28.6% =7.12(元/10 m)

利润 =24.9 ×19% =4.73(元/10 m)

合计 =24.9 +301.71 +0.15 +7.12 +4.73 =338.6(元/10 m)

列表 5-27。

(3)编制分部分项工程量清单与计价表。

根据以上综合单价分析数据,填写园路分项工程量清单与计价表,如表 5-28 所示。

【例 5-16】 根据表 5-29 所示工程量清单,假定主要材料价格按表 5-30 所示,其他按定额取定。企业管理费率 28.6%,利润率 19%,以人工费为计费基数,风险费不考虑,其余单价均按定额价取定。请编制其工程量清单与计价表。

表 5-26　工程量清单综合单价分析表

工程名称：×××园路工程　　　　标段：　　　　　　　　　　　　　　第 1 页　共 2 页

清单编码	050201001001	名称	园路			计量单位	m^2			数量	110.40	综合单价（元）	202.91
消耗量标准编号	项目名称	单位	数量	取费基价（元）		动态基价（元）				企业管理费 28.60%	利润 19.000%		合价（元）
				人工费	机械费	小计	人工费	材料费	机械费				
E14－48	园路土基　整理路床	10 m^2	12.62	13.50		13.50	13.50			48.71	32.43		251.52
E14－53	基础垫层　碎石	m^3	18.93	21.90	1.41	78.31	21.90	55.00	1.41	118.50	78.75		1 679.66
E14－54 换	基础垫层　混凝土～换：现浇及现场混凝土　砾石最大粒径 40 mmC15 水泥 32.5	m^3	12.62	54.60	3.40	220.05	54.60	162.05	3.40	197.12	130.87		3 105.02
E6－43＊A1.1 换	花岗岩板　地面～人工＊1.1 换：400×1 100×30 厚青石板	10 m^2	6.60	107.91	3.39	1 602.85	107.91	1 491.55	3.39	203.68	135.30		10 917.79
E6－43＊A1.1 换	花岗岩板　地面～人工＊1.1 换：150×250×30 厚浅灰色蘑菇石	10 m^2	3.00	107.91	3.39	1 400.85	107.91	1 289.55	3.39	92.58	61.50		4 356.63
E6－43＊A1.1 换	花岗岩板　地面～人工＊1.1 换：150×120×30 厚浅灰色蘑菇石	10 m^2	1.44	107.91	3.39	1 400.85	107.91	1 289.55	3.39	44.44	29.52		2 091.18
人工单价：30 元/工日				累计（元）		—	—	—	—	705.03	468.37		22 401.80

说明：1. 清单综合单价＝累计合价÷清单数量；2. 管理费或利润＝数量×取费基价中的人工费（或人工费＋机械费）×相应费率；3. 合价＝数量×动态基价小计＋管理费＋利润；4. 招标文件提供了暂估单价的材料，按暂估的单价填入表内“暂估单价”栏及“暂估合价”栏；5. 材料费或机械费明细栏内数据仅为一个计量单位的综合单价含量；6. 可以计算工程量的施工措施项目按本表列项计价。

表 5-27　分部分项工程量清单综合单价分析

工程名称：×××园路工程　　　标段：　　　　　　　　　　　　　第 2 页　共 2 页

清单编码	050201002001	名称	路牙铺设					计量单位	m	数量	120.00	综合单价（元）	33.86
消耗量标准编号	项目名称	单位	数量	取费基价（元）		动态基价（元）				企业管理费 28.60%	商品（沥青）混凝土企管费 5%（2.5%）	利润 19.00%	合价（元）
				人工费	机械费	小计	人工费	材料费	机械费				
E14－69 换	路牙立砌机砖宽 53 mm～换：60 厚 80 宽青石路牙	10 m	12.00	24.90	0.15	326.76	24.90	301.71	0.15	85.44		56.76	4 063.32
人工单价：30 元/工日				累计（元）		—	—	—	—	85.44		56.76	4 063.32
材料费或机械费明细	主要材料机械名称、规格、型号					单位	数量	材料单价	材料合价	材料暂估单价	材料暂估合价	机械单价	机械合价
	其他材料费、其他机械费					元	—		30.17				0.01
	材料费、机械费小计					元	—		30.17				0.01

表 5-28　分部分项工程量清单与计价

工程名称：×××园路工程　　标段：　　第 1 页　共 1 页

序号	项目编码	项目名称及特征描述	计量单位	工程量	金额(元)		
					综合单价	合价	其中：暂估价
1	050201001001	园路	m^2	110.4	202.91	22 401.26	
	E14－48	园路土基　整理路床	10 m^2	12.62	19.93	251.52	
	E14－53	基础垫层　碎石	m^3	18.93	88.73	1 679.66	
	E14－54 换	基础垫层　混凝土～换：现浇及现场混凝土　砾石最大粒径 40 mmC15　水泥 32.5	m^3	12.62	246.04	3 105.02	
	E6－43＊A1.1 换	花岗岩板　地面～人工＊1.1 换：400×1 100×30 厚青石板	10 m^2	6.6	1 654.21	10 917.79	
	E6－43＊A1.1 换	花岗岩板　地面～人工＊1.1 换：150×250×30 厚浅灰色蘑菇石	10 m^2	3.0	1 452.21	4 356.63	
	E6－43＊A1.1 换	花岗岩板　地面～人工＊1.1 换：150×120×30 厚浅灰色蘑菇石	10 m^2	1.44	1 452.21	2 091.18	
2	050201002001	路牙铺设	m	120.0	33.86	4 063.20	
	E14－69 换	路牙　立砌机砖宽 53 mm～换：60 厚 80 宽青石路牙	10 m	12.0	338.61	4 063.32	
	本页小计					26 464.46	
	合计					26 464.46	

表 5-29　分部分项工程量清单

工程名称：×××小游园

序号	项目编码	项目名称	项目特征描述	计量单位	工程量
1	050201001001	花岗石铺装	600×300×30 厚虾红花岗石面层，30 厚 1∶3水泥砂浆黏结层，100 厚 C15 素混凝土垫层，150 厚碎石垫层，素土夯实	m^2	580
2	050201004001	嵌草砖铺装	250×250×40 黄色嵌草砖面层，50 厚黄沙层，150 厚碎石垫层，素土夯实	m^2	150
3	050201002001	路牙铺设	100×300×800 芝麻白花岗石，水泥砂浆 1∶2黏结	m	220
4	050202005001	景石点置	黄石，长度为 1 000～1 500 mm，宽 300～800 mm，高为 800～1 000 mm	块	3

表 5-30　主要材料价格

序号	材料名称	计量单位	价格(元)
1	600×300×30 厚虾红花岗石	m^2	130
2	250×250×40 黄色嵌草砖	m^2	55
3	100×300×800 芝麻白花岗石路牙	m	105
4	黄石景石	t	500
5	32.5 水泥	t	320

解　(1)确定子目工程量:根据分部分项工程量清单,计算各子目工程量。

(2)以序号 1 来说明主要计价过程。

①花岗石面层套用定额 E6－43(花岗岩板地面)。合计人工乘以 1.1 的系数。

在表 5-25 所示定额 E6－43 中用到有水泥砂浆 1∶1、水泥砂浆 1∶3、素水泥浆 1∶0.42 三种,本例提供 32.5 水泥的市场价格(0.32 元/kg),则单价相应变化(其余按定额价,砂 57.61 元/m^3、水 1.44 元/m^3),根据其砂浆配合比(见表 5-31)计算如下:

表 5-31　砂浆配合比(一)

项目	水泥砂浆 1∶1	水泥砂浆 1∶3	素水泥浆 1∶0.42
粗净砂(m^3)	0.76	1.22	—
水(m^3)	0.3	0.3	0.52
32.5 水泥(kg)	765	408	1 517

水泥砂浆 1∶1 单价:765×0.32(水泥)+0.76×57.61(砂)+0.3×1.44(水)=289.02(元/m^3)

水泥砂浆 1∶3 单价:408×0.32(水泥)+1.22×57.61(砂)+0.3×1.44(水)=201.28(元/m^3)

素水泥浆 1∶0.42 单价:1 517×0.32(水泥)+0.52×1.44(水)=486.19(元/m^3)

(查定额,某地水泥砂浆(部分)定额单价分别为:水泥砂浆 1∶1 为 258.415 6 元/m^3、水泥砂浆 1∶3 为 184.956 2 元/m^3、素水泥浆 1∶0.42 为 425.508 8 元/m^3)

人工费 =98.1×1.1 元/10 m^2 =107.91 元/10 m^2

材料费 =1 070.9 +201.27×0.306 －184.956 2×0.216 +(289.01 －258.415 6)×0.054 +(486.19 －425.508 8)×0.004 +(130 －100)×10.1 =1 397.4(元/10 m^2)

机械费 =3.39 元/10 m^2

企业管理费 =107.91×28.6% =30.86(元/10 m^2)

利润 =107.91×19% =20.5(元/10 m^2)

合计 =107.91 +1 397.4 +3.39 +30.86 +20.5 =1 560.06(元/10 m^2)

②100 厚 C15 素混凝土垫层

套定额 E14－54 定额子目基础垫层混凝土(见表 5-23)。此定额为 C10 素混凝土垫层,故要进行换算。本例提供32.5水泥的市场价格(0.32元/kg),则单价相应变化(其余按定额价,砾石40 mm 60元/m^3、中净砂54元/m^3、水1.44元/m^3)。

砂浆配合比见表5-32。

表5-32　砂浆配合比(二)

项目	现浇及现场混凝土　砾石最大粒径40 mmC10水泥32.5	现浇及现场混凝土　砾石最大粒径40 mmC15水泥32.5
32.5水泥(kg)	217	266
砾石40 mm(m^3)	0.84	0.86
中净砂(m^3)	0.63	0.59
水(m^3)	0.16	0.16

现浇及现场混凝土　砾石最大粒径40 mmC10水泥32.5单价计算为:217×0.32(水泥)+0.84×60(砾石)+0.63×54(中净砂)+0.16×1.44(水)=154.09元/m^3

现浇及现场混凝土　砾石最大粒径40 mmC15水泥32.5单价计算为:266×0.32(水泥)+0.86×60(砾石)+0.59×54(中净砂)+0.16×1.44(水)=168.81元/m^3

(查定额,某地现浇及现场混凝土(部分)定额单价分别为:现浇及现场混凝土　砾石最大粒径40 mmC10水泥32.5为145.410 4元/m^3、现浇及现场混凝土　砾石最大粒径40 mmC15水泥32.5为158.170 4元/m^3)

人工费=54.6元/m^3

材料费=149.04+(168.81-145.41)×1.02=172.91(元/m^3)

机械费=3.4元/m^3

企业管理费=54.6×28.6%=15.62(元/m^3)

利润=54.6×19%=10.37(元/m^3)

合计=54.6+172.91+3.4+15.62+10.37=256.9(元/m^3)

③150厚碎石垫层

直接套定额E14-53定额子目(见表5-23,基础垫层碎石),分析如下:

人工费=21.9元/m^3;材料费=55.0元/m^3;机械费=1.41元/m^3;企业管理费=21.9×28.6%=6.26(元/m^3);利润=21.9×19%=4.16(元/m^3)

合计=21.9+55.0+1.41+6.26+4.16=88.73(元/m^3)

④素土夯实

套用E14-48定额子目(园路土基整理路床),人工费=13.5元/10 m^2;材料费=0;机械费=0;企业管理费=13.5×28.6%=3.86元/10 m^2;利润=13.5×19%=2.57(元/10 m^2)

合计=13.5+3.86+2.57=19.93(元/10 m^2)

(3)在序号4,计算景石质量(取中间尺寸计)1.25×0.55×0.9×2.6=1.61(t/块),1.61×3=4.83(t),套用定额E14-17,湖石换成黄石即可。

(4)根据以上提供的资料计算各项综合单价,计价表如表5-33所示。

表 5-33　分部分项工程量清单与计价

工程名称:×××小游园　标段:　第1页　共1页

序号	项目编码	项目名称及特征描述	计量单位	工程量	金额(元)		
					综合单价	合价	暂估价
1	050201001001	园路-花岗石铺装	m^2	580.0	197.00	114 260.00	
	E6-43*A1.1换	花岗岩板　地面~人工*1.1换:水泥砂浆1:1换:水泥砂浆1:3换:素水泥浆1:0.42换:600×300×30厚虾红花岗石	10 m^2	58.0	1 560.10	90 485.80	
	E14-54换	基础垫层　混凝土~换:现浇及现场混凝土　砾石最大粒径40 mmC15水泥32.5	m^3	58.0	256.90	14 900.20	
	E14-53	基础垫层　碎石	m^3	87.0	88.73	7 719.51	
	E14-48	园路土基　整理路床	10 m^2	58.0	19.93	1 155.94	
2	050201004001	嵌草砖铺装	m^2	150.0	82.98	12 447.00	
	E14-62	预制混凝土草坪砖　厚6 cm以内	10 m^2	15.0	692.32	10 384.80	
	E1-77	原土打夯　地面	10 m^2	15.0	4.37	65.55	
	E14-53	基础垫层　碎石	m^3	22.5	88.73	1 996.43	
3	050201002001	路牙铺设	m	220.0	111.28	24 481.60	
	E14-69换	路牙立砌机砖宽53 mm~换:100×300×800芝麻白花岗石路牙	10 m	22.0	1 088.61	23 949.42	
	E14-54换	基础垫层　混凝土~换:现浇及现场混凝土　砾石最大粒径40 mmC10水泥32.5	m^3	2.2	241.88	532.14	
4	050202005001	点风景石 石料种类:黄石	块	3.0	1 316.64	3 949.92	
	E14-17换	布置景石1~5 t~换:黄石　换:水泥砂浆1:2.5	t	4.83	817.79	3 949.93	
本页小计						155 138.52	
合计						155 138.52	

第四节　园林景观工程计量与计价

园林景观工程的清单项目包括六个子分部工程,分别是原木竹构件、亭廊屋面、花架、园林桌椅、喷泉安装、杂项,每个子分部工程又包括若干分项工程,如图5-13所示。

- 园林景观工程
  - 原木竹构件
    - 原木(带树皮)柱、梁、檩、椽
    - 原木(带树皮)墙
    - 树枝吊挂楣子
    - 竹柱、梁、檩、椽
    - 竹编墙
    - 竹吊挂楣子
  - 亭廊屋面
    - 草屋面
    - 竹屋面
    - 树皮屋面
    - 现浇混凝土斜屋面板
    - 现浇混凝土攒尖亭屋面板
    - 就位预制混凝土攒尖亭屋面板
    - 就位预制混凝土穹顶
    - 彩色压型钢板(夹芯板)攒尖亭屋面板
    - 彩色压型钢(夹芯板)穹顶
  - 花架
    - 现浇混凝土花架柱、梁
    - 预制混凝土花架柱、梁
    - 木花架柱、梁
    - 钢花架柱、梁
  - 园林桌椅
    - 木制飞来椅
    - 钢筋混凝土飞来椅
    - 竹制飞来椅
    - 现浇混凝土桌椅
    - 预制混凝土桌椅
    - 石桌、石凳
    - 塑树根桌凳
    - 塑树节椅
    - 塑料、铁艺、金属椅
  - 喷泉安装
    - 喷泉管道
    - 喷泉电缆
    - 水下艺术装饰灯具
    - 电气控制柜
  - 杂项
    - 石灯
    - 塑仿石音箱
    - 塑树皮梁、柱
    - 花坛铁艺栏杆
    - 标志牌
    - 石浮雕
    - 石镌字
    - 砖石砌小摆设

图 5-13　园林景观工程清单项目的分解结构

一、园林景观工程工程量清单编制

(一)花架、廊架

1. 工程量计算有关说明

(1)柱顶石(磉蹬石)、木柱、木屋架、钢柱、钢屋架、屋面木基层和防水层等,应按《建筑工程工程量清单项目及计算规则》(GB 50500—2008)附录A中相关项目编码列项。

(2)需要单独列项目的土石方和基础项目,应按附录A相关项目编码列项。

(3)木构件连接方式应包括:开榫连接、铁件连接、扒钉连接、铁钉连接。

(4)竹构件连接方式应包括:竹钉固定、竹篾绑扎、铁丝连接。

(5)膜结构的亭、廊,应按附录A相关项目编码列项。

(6)本章项目中未包括的基础、柱、梁、墙、屋架等项目,发生时按附录A相关项目编码列项。

(7)花架项目中的"梁"包括盖梁和连系梁。

(8)花架应描述柱、梁的截面尺寸和高度以及根数。

(9)混凝土花架(亭)柱、梁、枋、檩(椽)按设计图示尺寸以"m^3"计算。

(10)花架(木亭)柱、梁、枋、连机、檩(椽)按设计图示截面乘以长度(包括榫长)以"m^3"计算,圆木构件工程量按设计尺寸查木材材积表计算。

(11)土石方工程、钢筋混凝土工程等与花架(亭)相关的项目根据其他章节相应计算规则进行计算。

2. 项目清单设置(《计价规范》附录E.3.3)

花架工程量清单项目设置及工程量计算规则,应按表5-34的规定执行。

表5-34 花架(编码:050303)

项目编码	项目名称	项目特征	计量单位	工程量计算规则	工程内容
050303001	现浇混凝土花架柱、梁	1. 柱、梁形式 2. 截面 3. 混凝土强度等级	m^3	按设计图示尺寸以体积计算	1. 土石运挖 2. 混凝土制作、运输、浇筑、振捣、养护
050303002	预制混凝土花架柱、梁	1. 柱、梁形式 2. 截面 3. 混凝土强度等级 4. 砂浆配合比	m^3	按设计图示尺寸以体积计算	1. 土(石)方挖运 2. 混凝土制作、运输、浇筑、振捣、养护 3. 构件制作、运输、安装 4. 砂浆制作、运输 5. 接头灌缝、养护
050303003	木花架柱、梁	1. 木材种类 2. 柱、梁截面 3. 连接方式 4. 防护材料种类	m^3	按设计图示截面乘长度(包括榫长)以体积计算	1. 土(石)方挖运 2. 混凝土制作、运输、浇筑、振捣、养护 3. 构件制作、运输、安装 4. 刷防护材料、油漆

续表 5-34

项目编码	项目名称	项目特征	计量单位	工程量计算规则	工程内容
050303004	钢花架柱、梁	1. 钢材品种、规格 2. 柱、梁截面 3. 油漆品种、刷漆遍数	t	按设计图示以吨质量计算	1. 土(石)方挖运 2. 混凝土制作、运输、浇筑、振捣、养护 3. 构件制作、运输、安装 4. 刷防护材料、油漆

3. 花架、廊架工程量清单编制实例

【例 5-17】　某公园内混凝土结构花架，如图 5-14 所示，土壤为三类土，花架顶梁长 6.2 m，花架柱、梁、檩条以 1∶3水泥砂浆找平，外饰真石漆，坐凳板宽 0.3 m，厚 0.05 m，计算其工程量，并依《计价规范》编制工程量清单。

解　(1)平整场地。

S = 建筑面积($S_{建}$) + 建筑外墙周长(L) ×2

$=2.3\times5.7+(2.3+5.7)\times2\times2$

$=45.11(\mathrm{m}^2)$

(2)柱基础。

①挖基坑。如图 5-14 中(d)花架结构大样图所示，该施工场地土壤为三类土。

基坑深 $H=870+200+80+80=1\ 230(\mathrm{mm})=1.23\ \mathrm{m}$

基坑长 a = 基坑宽 $b=600+200=800(\mathrm{mm})=0.8\ \mathrm{m}$

挖土深小于 1.5 m 不需要放坡(三类土放坡起点为 1.5 m)。

$V=H\times a\times b=1.23\times0.8\times0.8=0.79(\mathrm{m}^3)$

由图中花架平面图可知共有 6 个基坑。因此，挖基坑的土方工程量为：

$V_{土方}=0.78\times6=4.74(\mathrm{m}^3)$

②碎石垫层。由图 5-14 中(d)花架结构大样图可知，碎石垫层 $a=b=0.8$ m，碎石垫层厚 $h=0.08$ m，共有 6 个基坑。碎石垫层的工程量为：

$V_{碎石}=S_{底}\times h\times6=0.8\times0.8\times0.08\times6=0.31(\mathrm{m}^3)$

③混凝土垫层。混凝土垫层 $a=b=0.8$ m，混凝土垫层厚 $h=0.08$ m，共有 6 个基坑。混凝土垫层的工程量为：

$V_{混凝土}=S_{底}\times h\times6=0.8\times0.8\times0.08\times6=0.31(\mathrm{m}^3)$

④C20 混凝土柱基础。

$V_{混凝土柱基础}=S_{底}\times h\times6=0.6\times0.6\times0.2\times6=0.43(\mathrm{m}^3)$

工程量计算规则规定 ±0.00 以下柱体可计入基础，所以，$V=0.2\times0.2\times0.87\times6=0.21(\mathrm{m}^3)$

合计，C20 混凝土柱基础的体积 $V_{混凝土柱基础}=0.43\ \mathrm{m}^3+0.21\ \mathrm{m}^3=0.64\ \mathrm{m}^3$

⑤回填土。

$V_{回填土}$ = 挖基坑 − 基础 $=[4.74-(0.31+0.31+0.64)]=3.48(\mathrm{m}^3)$

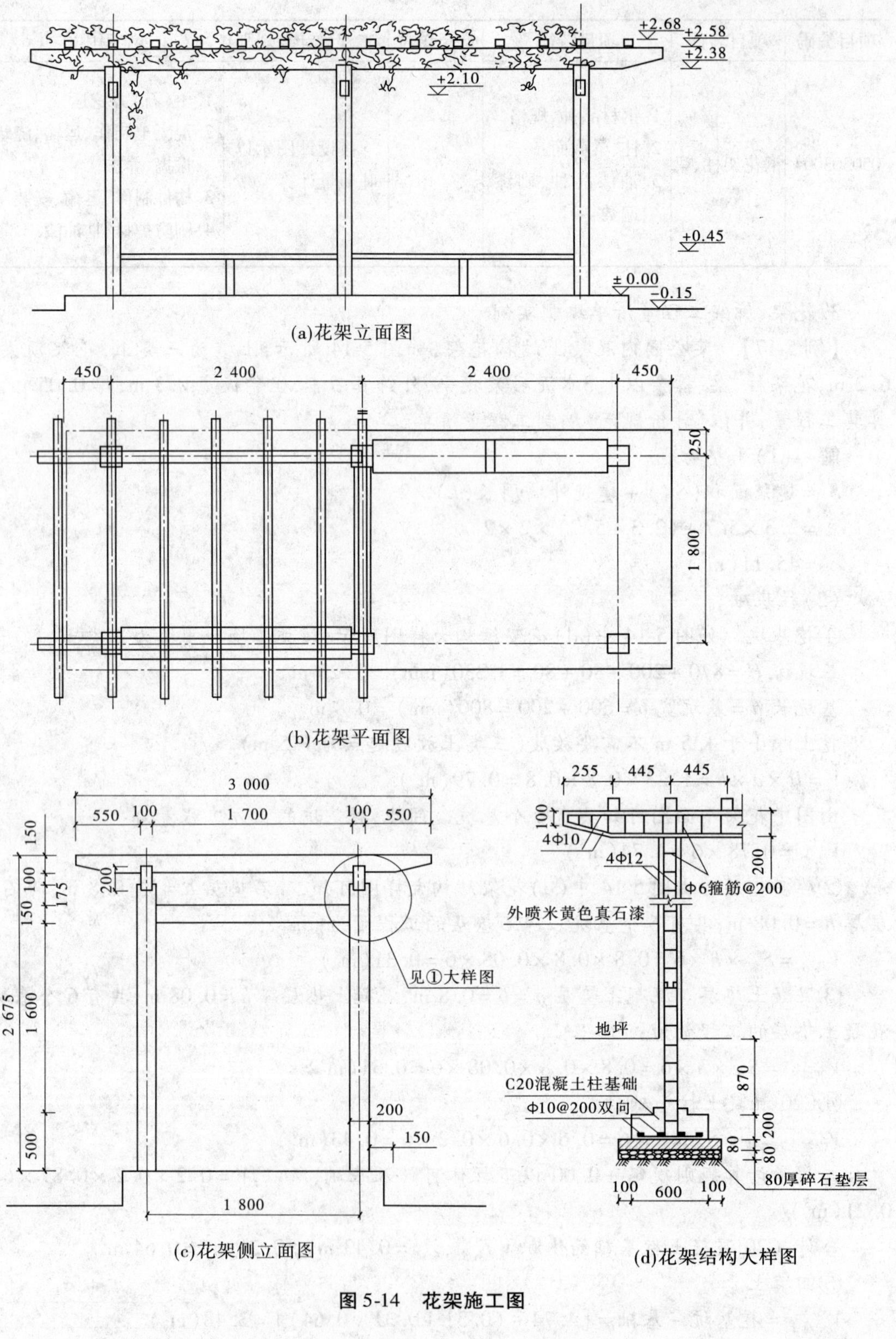

+2.68
+2.58
+2.38
+2.10
+0.45
±0.00
-0.15
(a)花架立面图
450
2 400
2 400
450
250
1 800
(b)花架平面图
3 000
550
100
1 700
100
550
150
100
175
200
150
2 675
1 600
500
见①大样图
200
150
1 800
(c)花架侧立面图
255
445
445
100
4Φ10
4Φ12
200
Φ6箍筋@200
外喷米黄色真石漆
地坪
870
C20混凝土柱基础
Φ10@200双向
200
80
80
80厚碎石垫层
100
600
100
(d)花架结构大样图

图 5-14　花架施工图

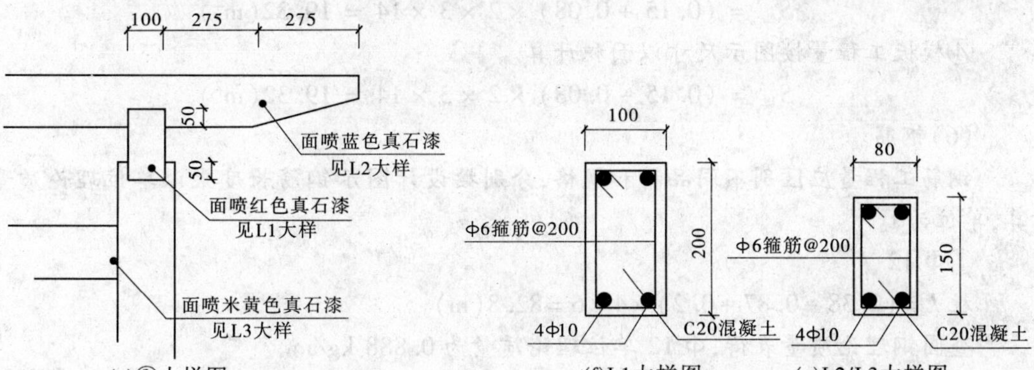

(e)①大样图　(f)L1大样图　(g)L2/L3大样图

续图 5-14

(3)柱。

①钢筋混凝土柱工程量按图示尺寸以体积计算。

$V_{柱}=S_{断面}\times H\times 6=0.2\times 0.2\times 2.38\times 6=0.57(m^3)$

②1:3水泥砂浆找平工程量按图示尺寸以面积计算。

$S_{找平}=(0.2+0.2)\times 2\times 2.38\times 6=0.2\times 0.2\times 2.38\times 6=11.42(m^2)$

③饰面米黄色真石漆工程量按图示尺寸以面积计算。

$S_{饰}=(0.2+0.2)\times 2\times 2.38\times 6=0.2\times 0.2\times 2.38\times 6=11.42(m^2)$

④模板工程量按图示尺寸以面积计算。

$S_{模}=(0.2+0.2)\times 2\times 2.38\times 6=0.2\times 0.2\times 2.38\times 6=11.42(m^2)$

(4)梁。

①钢筋混凝土梁工程量按图示尺寸以体积计算。

$V_{梁}=S_{断面}\times L=0.2\times 0.1\times 6.2\times 2+0.15\times 0.08\times 1.8\times 3=0.31(m^3)$

②1:3水泥砂浆找平工程量按图示尺寸以面积计算。

$S_{找平}=(0.2+0.1)\times 2\times 6.2\times 2+(0.15+0.08)\times 2\times 1.8\times 3=9.92(m^2)$

③饰面米黄色真石漆工程量按图示尺寸以面积计算。

$S_{饰}=(0.15+0.08)\times 2\times 1.8\times 3=2.48(m^2)$

④饰面红色真石漆工程量按图示尺寸以面积计算。

$S_{饰}=(0.2+0.1)\times 2\times 6.2\times 2=7.44(m^2)$

⑤模板工程量按图示尺寸以面积计算。

$S_{模}=(0.2+0.1)\times 2\times 6.2\times 2+(0.15+0.08)\times 2\times 1.8\times 3=9.92(m^2)$

(5)檩条。

①钢筋混凝土檩条工程量按图示尺寸以体积计算。

$V_{檩}=S_{断面}\times L=0.15\times 0.08\times 3\times 14=0.50(m^3)$

②1:3水泥砂浆找平工程量按图示尺寸以面积计算。

$S_{找平}=(0.15+0.08)\times 2\times 3\times 14=19.32(m^2)$

③饰面蓝色真石漆工程量按图示尺寸以面积计算。

$$S_{饰} = (0.15 + 0.08) \times 2 \times 3 \times 14 = 19.32(m^2)$$

④模板工程量按图示尺寸以面积计算。

$$S_{模} = (0.15 + 0.08) \times 2 \times 3 \times 14 = 19.32(m^2)$$

(6)钢筋。

钢筋工程量应区别不同品种和规格,分别按设计图示钢筋长度乘以单位理论质量计算,单位为t。

①Φ 12

柱 $L = (2.38 + 0.87 + 0.2) \times 4 \times 6 = 82.8(m)$

查圆钢理论质量表得,Φ 12 单位理论质量为 0.888 kg/m。

Φ 2 钢筋质量:82.8 × 0.888 = 73.53 kg = 0.074 t。

②Φ 10

梁 $L = 6.2 \times 2 \times 4 = 49.6(m)$

基础 $L = 0.6 \times 4 \times 2$(双向)$\times 6 = 28.8(m)$

檩条 $L = 4 \times 3 \times 14 = 168(m)$

小计:49.6 + 28.8 + 168 = 246.4(m)

查圆钢理论质量表得,Φ 10 单位理论质量为 0.617 kg/m。

Φ 10 钢筋质量:246.4 × 0.617 = 152.03(kg) = 0.152 t。

③Φ 6

柱 $L = (0.2 + 0.2) \times 2 \times (2.38 + 0.87 + 0.2)/0.2 \times 6 = 82.8(m)$

梁 $L = (0.1 + 0.2) \times 2 \times 6.2/0.2 \times 2 + (0.15 + 0.08) \times 2 \times 1.8/0.2 \times 3 = 51.62(m)$

檩条 $L = (0.15 + 0.08) \times 2 \times 3 \times 14/0.2 = 96.6(m)$

小计:82.8 + 51.62 + 96.6 = 231.02(m)

查圆钢理论质量表得,Φ 6 单位理论质量为 0.222 kg/m。

Φ 10 钢筋质量:231.02 × 0.222 = 51.29(kg) = 0.051 t。

(7)模板总量 $S = 11.42 + 9.92 + 19.32 = 40.66(m^2)$

(8)坐凳板 $V = 2.4 \times 0.3 \times 0.05 \times 2 = 0.072(m^3)$

花架工程量见表 5-35。

表 5-35　花架工程量

序号	分项工程名称	单位	工程数量	备注
1	1. 平整场地	m^2	45.11	
2	2. 基础			
3	挖基坑	m^3	4.74	
4	碎石垫层	m^3	0.31	
5	混凝土垫层	m^3	0.31	
6	C20 混凝土柱基础	m^3	0.64	
7	回填土	m^3	3.48	
8	3. 柱			

续表 5-35

序号	分项工程名称	单位	工程数量	备注
9	钢筋混凝土柱	m^3	0.57	
10	1:3水泥砂浆找平	m^2	11.42	
11	饰面米黄色真石漆	m^2	11.42	
12	4.梁			
13	钢筋混凝土梁	m^3	0.31	
14	1:3水泥砂浆找平	m^2	9.92	
15	饰面米黄色真石漆	m^2	2.48	
16	饰面红色真石漆	m^2	7.44	
17	5.檩条			
18	钢筋混凝土檩条	m^3	0.50	
19	1:3水泥砂浆找平	m^2	19.32	
20	饰面米黄色真石漆	m^2	19.32	
21	6.钢筋			
22	Φ12	t	0.074	
23	Φ10	t	0.152	
24	Φ6	t	0.051	
25	7.模板	m^2	40.66	
26	8.坐凳板	m^3	0.072	

根据以上计算内容,列工程量清单如表5-36所示。

表5-36 分部分项工程量清单

工程名称:花架工程　　　　第　页　共　页

序号	项目编号	项目名称	项目特征描述	计量单位	工程量
1	010101001001	平整场地	三类土,弃取土运距为0	m^2	45.11
2	010401002001	独立基础	C20混凝土柱基础,80厚C10混凝土垫层,80厚碎石垫层	m^3	0.64
3	050303001001	现浇混凝土花架柱、梁、檩条	C20混凝土;柱6根,高2.58 m,截面0.2×0.2 m;顶梁2根,长6.2 m,截面0.2×0.1 m;连梁3根,长1.8 m,截面0.15×0.08 m;檩条14根,长3 m,截面0.15×0.08 m	m^3	1.38

续表 5-36

序号	项目编号	项目名称	项目特征描述	计量单位	工程量
4	020203001001	零星项目一般抹灰	花架梁、柱、檩抹灰 1∶3水泥砂浆找平	m^2	40.66
5	020507001001	刷喷涂料	花架柱、梁、檩条喷涂料真石漆	m^2	40.66
6	010414002001	其他构件(坐凳)	50 厚 30 宽混凝土坐凳	m^3	0.072

(二)亭廊屋面

1. 有关说明

(1)参照花架廊中有关说明。

(2)瓦屋面按设计图示尺寸以斜面积计算,不扣除屋脊、斜沟等所占面积。

(3)草屋面、竹屋面、树皮屋面的木基层按土建工程木结构的屋面木基层(包括檩子、椽子、屋面板等)项目编码列项。

(4)混凝土斜屋面板、亭屋面板上盖瓦应按土建工程瓦屋面项目编码列项。

(5)穹顶的肋和壁基梁拼入穹顶体积内计算。

(6)就位预制亭屋面和穹顶使用土胎模时,应计算挖土、过筛、夯筑、抹灰以及构件出槽后的回填等,也可将土胎模发生的费用列入工程量清单措施项目内。

(7)彩色压型板(夹芯板)亭屋面板、穹顶屋面采用金属骨架的,若工程量清单单独列金属骨架项目的,骨架不应包括在亭屋面或穹顶屋面报价内。

2. 亭廊屋面清单项目设置(《计价规范》附录 E.3.2)

亭廊屋面工程量清单项目设置及工程量计算规则,应按表 5-37 的规定执行。

表 5-37　亭廊屋面(编码:050302)

项目编码	项目名称	项目特征	计量单位	工程量计算规则	工程内容
050302001	草屋面	1. 屋面坡度 2. 铺草种类 3. 竹材种类 4. 防护材料种类	m^2	按设计图示尺寸以斜面面积计算	1. 整理、选料 2. 屋面铺设 3. 刷防护材料
050302002	竹屋面	1. 屋面坡度 2. 铺草种类 3. 竹材种类 4. 防护材料种类	m^2	按设计图示尺寸以斜面面积计算	1. 整理、选料 2. 屋面铺设 3. 刷防护材料
050302003	树皮屋面	1. 屋面坡度 2. 铺草种类 3. 竹材种类 4. 防护材料种类	m^2	按设计图示尺寸以斜面面积计算	1. 整理、选料 2. 屋面铺设 3. 刷防护材料

续表 5-37

项目编码	项目名称	项目特征	计量单位	工程量计算规则	工程内容
050302004	现浇混凝土斜屋面板	1. 檐口高度 2. 屋面坡度 3. 板厚 4. 椽子截面 5. 老角梁、子角梁截面 6. 脊截面 7. 混凝土强度等级	m^3	按设计图示尺寸以体积计算。混凝土屋脊并入屋面体积内	混凝土制作、运输、浇筑、振捣、养护
050302005	现浇混凝土攒尖亭屋面板	1. 檐口高度 2. 屋面坡度 3. 板厚 4. 椽子截面 5. 老角梁、子角梁截面 6. 脊截面 7. 混凝土强度等级	m^3	按设计图示尺寸以体积计算。混凝土屋脊并入屋面体积内	混凝土制作、运输、浇筑、振捣、养护
050302006	就位预制混凝土攒尖亭屋面板	1. 亭屋面坡度 2. 穹顶弧长、直径 3. 肋截面尺寸 4. 板厚 5. 混凝土强度等级 6. 砂浆强度等级 7. 拉杆材质、规格	m^3	按设计图示尺寸以体积计算。混凝土脊和穹顶的肋、基梁并入屋面体积内	1. 混凝土制作、运输、浇筑、振捣、养护 2. 预埋铁件、拉杆安装 3. 构件出槽、养护、安装 4. 接头灌缝
050302007	就位预制混凝土穹顶	1. 亭屋面坡度 2. 穹顶弧长、直径 3. 肋截面尺寸 4. 板厚 5. 混凝土强度等级 6. 砂浆强度等级 7. 拉杆材质、规格	m^3	按设计图示尺寸以体积计算。混凝土脊和穹顶的肋、基梁并入屋面体积内	1. 混凝土制作、运输、浇筑、振捣、养护 2. 预埋铁件、拉杆安装 3. 构件出槽、养护、安装 4. 接头灌缝

续表 5-37

项目编码	项目名称	项目特征	计量单位	工程量计算规则	工程内容
050302008	彩色压型钢板(夹芯板)攒尖亭屋面板	1. 屋面坡度 2. 穹顶弧长、直径 3. 彩色压型钢板(夹芯板)品种、规格、品牌、颜色 4. 拉杆材质、规格 5. 嵌缝材料种类 6. 防护材料种类	m^2	按设计图示尺寸以面积计算	1. 压型板安装 2. 护角、包角、泛水安装 3. 嵌缝 4. 刷防护材料
050302009	彩色压型钢板(夹芯板)穹顶	1. 屋面坡度 2. 穹顶弧长、直径 3. 彩色压型钢板(夹芯板)品种、规格、品牌、颜色 4. 拉杆材质、规格 5. 嵌缝材料种类 6. 防护材料种类	m^2	按设计图示尺寸以面积计算	1. 压型板安装 2. 护角、包角、泛水安装 3. 嵌缝 4. 刷防护材料

3. 亭廊屋面工程量清单编制实例

【例 5-18】 某游园内四角木亭,如图 5-15 所示,木材均采用波萝格木材制作,所有木材要作防火、防腐、防蚁处理;地坪做法如下:400×400×30 厚青石板面层,20 厚 1:3水泥砂浆黏结,80 厚 C15 素混凝土垫层,100 厚碎石垫层,素土夯实;基础工程暂不列入。试计算各分项工程量,并依《计价规范》编制工程量清单。

解 (1)计算各分工程量如下:

①素土夯实:$S=5\times5=25(m^2)$

②100 厚碎石垫层:$V=5\times5\times0.1=2.5(m^3)$

③80 厚 C15 素混凝土垫层:$V=5\times5\times0.08=2.0(m^3)$

④400×400×30 厚青石板面层,20 厚 1:3水泥砂浆黏结:$S=5\times5=25(m^2)$

⑤400 宽木坐凳:$S=3\times3=9(m^2)$

⑥200×200 木柱:$S=0.2\times0.2\times3\times4=0.48(m^2)$

⑦20 厚 260 宽通长木板贴面,60 厚木龙骨:$S=0.26\times2.7\times4\times4=11.23(m^2)$

⑧120×200 木梁:$V=0.12\times0.2\times3$(按半透榫计)$\times4=0.288(m^3)$

⑨100×160 木梁:$V=0.1\times0.16\times3$(按半透榫计)$\times4=0.192(m^3)$

⑩120×100×240 木矮柱:$V=0.12\times0.1\times0.24\times4=0.012(m^3)$

⑪100×120 木角梁:$V_1=0.1\times0.12\times\sqrt{2.7^2+(3.73-2.64)^2}\times4=0.14(m^3)$

$$V_2=0.1\times0.12\times\sqrt{2.7^2+(3.73-2.64)^2}\times4\times1.414=0.2(m^3)$$

⑫300 高 200×200 木柱:$V=0.2\times0.2\times0.3=0.012(m^3)$

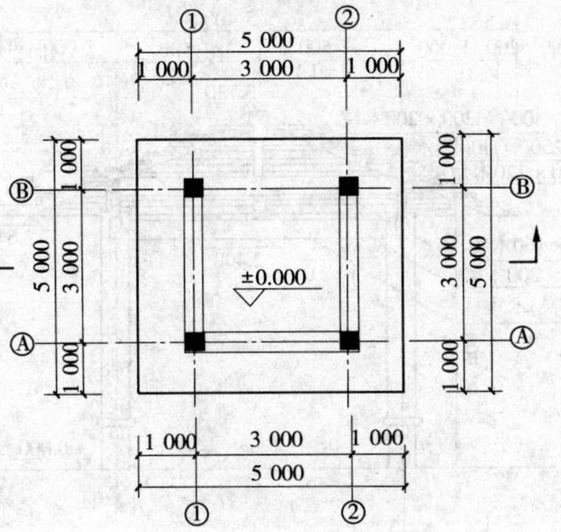

(a)四角亭平面图

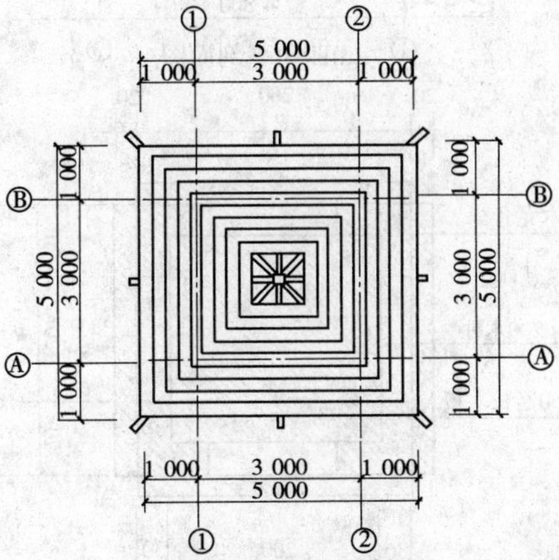

(b)四角亭屋顶平面图

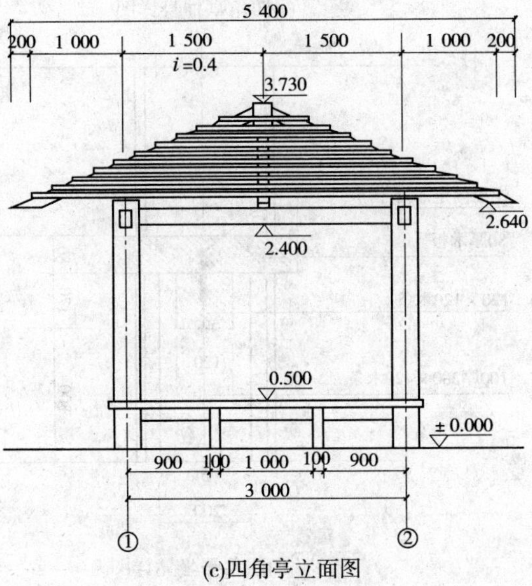

(c)四角亭立面图

图 5-15　四角木亭

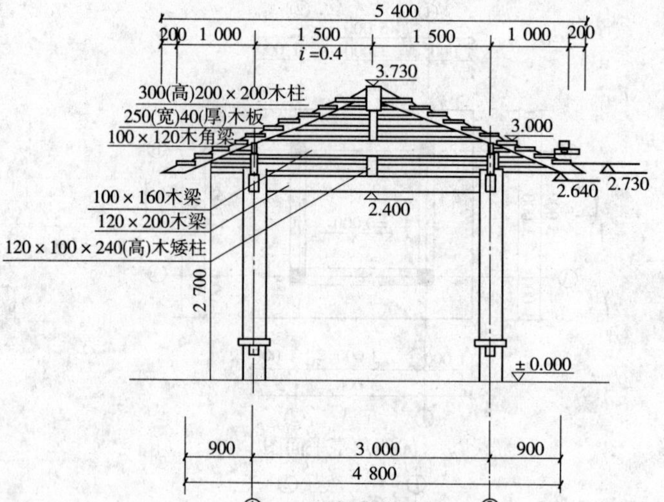

(d)四角亭剖面图

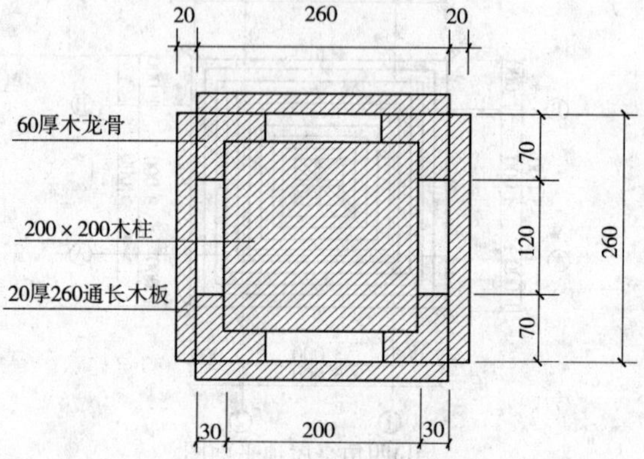

(e)四角亭柱身详图

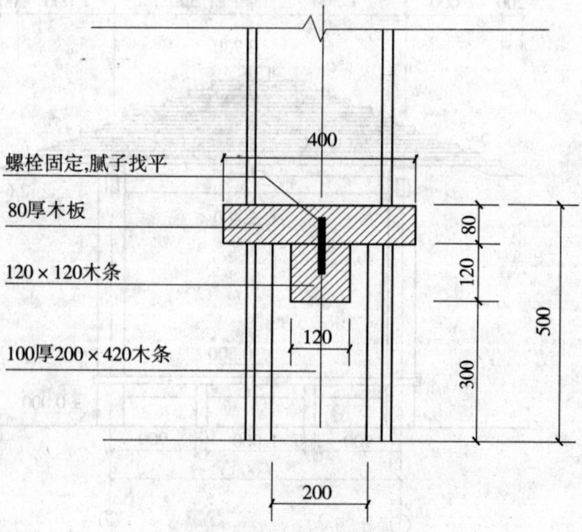

(f)四角亭坐凳详图

续图 5-15

⑬250 宽 40 厚木屋面板：$S=1/2\times5\times\sqrt{2.5^2+(3.73-2.73)^2}\times4=26.93(m^2)$

(2)根据以上计算内容,工程量清单如表 5-38 所示。

表 5-38　分部分项工程量清单

工程名称:某四角木亭　　第　页　共　页

序号	项目编号	项目名称	项目特征描述	计量单位	工程量
1	050201001001	亭地坪铺装	400×400×30 厚青石板面层,20 厚 1:3水泥砂浆黏结,80 厚 C15 素混凝土垫层,100 厚碎石垫层,素土夯实	m^2	25
2	050304001001	木坐凳	400 宽 80 厚波萝格木坐凳,120×120 通长木条,100 厚 200×420 板凳脚 6 只,螺栓固定,所有木材面均作防火、防腐、防蚁处理	m	9
3	050303003001	木柱	波萝格木,200×200×3 000 木柱,木材面均作防火、防腐、防蚁处理	m^3	0.48
4	020208001001	木柱饰面	20 厚 260 宽通长波萝格木板贴面,60 厚木龙骨,木材面均作防火、防腐、防蚁处理	m^2	11.23
5	050303003002	木梁	波萝格木,截面尺寸 120×200,木材面均作防火、防腐、防蚁处理	m^3	0.288
6	050303003003	木梁	波萝格木,截面尺寸 100×160,木材面均作防火、防腐、防蚁处理	m^3	0.192
7	050303003004	木梁	波萝格木,截面尺寸 100×120,木材面均作防火、防腐、防蚁处理	m^3	0.34
8	050303003005	木矮柱	波萝格木,截面尺寸 120×100,高 240,木材面均作防火、防腐、防蚁处理	m^3	0.012
9	050303003006	木柱	波萝格木,截面尺寸 200×200,高 300,木材面均作防火、防腐、防蚁处理	m^3	0.012
10	050302003001	木屋面板	250 宽 40 厚木屋面板,波萝格木,木材面均作防火、防腐、防蚁处理	m^2	26.93

注:1. 附录 E.3 无相应清单项目的参其他附录有关子目编码,柱饰面为 020208001。

2. 木坐凳参照木制飞来椅编码 050304001。

3. 木柱、木梁等可参照花架柱、梁清单编制。

(三)其他园林景观小品

1. 有关说明

(1)原木构件是指不剥树皮的原木。

(2)原木(带树皮)墙项目也可用于在墙体上铺钉树皮项目。

(3)竹编墙项目也可用于在墙体上铺钉竹板的墙体项目。

(4)树枝、竹编制的花牙子按树枝吊挂楣子和竹吊挂楣子项目编码列项。

（5）石桌、石凳项目可用于经人工雕凿的石桌、石凳，也可用于选自然石料的石桌、石凳。

（6）标志牌项目适用于各种材料的指示牌、指路牌、警示牌等。

（7）仿石音箱项目可用于人工雕凿的石音箱。

（8）原木（带树皮）墙项目的龙骨材料、底层材料，是指铺钉树皮的墙体龙骨材料和铺钉树皮底层材料。如木龙骨钉铺木板墙，在木墙板上再铺钉树皮。

（9）防护材料指防水、防腐、防虫涂料等。

（10）飞来椅的坐凳楣子是指坐凳面下面的楣子，类似于固定窗，四川称为地脚窗。

（11）飞来椅靠背形状指靠背是直形的还是弯形（鹅颈）的，尺寸指截面尺寸和长度。

（12）树枝、竹制的花牙以框外围面积或个计算。

（13）喷水管道工程量从供水主管接头算至喷头接口（不包括喷头长度）。

（14）水下艺术装饰灯具工程量以每个灯泡、灯头、灯座及与之配套的配件为1套。

（15）砖石砌小摆设工程量以体积计算，如外形比较复杂难以计算体积，也可以"个"计算。如有雕饰的须弥座，以个计算工程量时，工程量清单中应描述其外形主要尺寸，如长、宽、高尺寸。

（16）原木（带树皮）、树枝和竹制构配件需加热煨弯或校直时，加热费用应包括在报价内。

（17）草屋面需捆把的竹片和蔑条应包括在报价内。

2. 工程量清单编制

（1）原木、竹构件工程量清单项目设置及工程量计算规则按表5-39执行。

表5-39　原木、竹构件（编码：050301）

项目编码	项目名称	项目特征	计量单位
050301001	原木（带树皮）柱、梁、檩、椽	1. 原木种类；2. 原木梢径（不含树皮厚度）；3. 构件联结方式；4. 防护材料种类	m
050301002	原木（带树皮）墙	1. 原木种类；2. 原木梢径（不含树皮厚度）；3. 构件联结方式；4. 防护材料种类	m^2
050301003	树枝吊挂楣子	1. 原木种类；2. 原木梢径（不含树皮厚度）；3. 构件联结方式；4. 防护材料种类	m^2
050301004	竹柱、梁、檩、椽	1. 竹种类；2. 竹梢径；3. 连接方式；4. 防护材料种类	m
050301005	竹编墙	1. 竹种类；2. 墙龙骨材料种类、规格；3. 墙底层材料种类、规格 4. 防护材料种类	m^2
050301006	竹吊挂楣子	1. 竹种类；2. 竹梢径；3. 防护材料种类	m^2

（2）园林桌椅工程量清单项目设置及工程量计算规则按表5-40执行。

表 5-40 园林桌椅(编码:050304)

项目编码	项目名称	项目特征	计量单位
050304001	木制飞来椅	1. 木材种类;2. 坐凳面厚度、宽度 3. 靠背扶手截面;4. 靠背截面;5. 坐凳楣子形状、尺寸;6. 铁件尺寸、厚度;7. 油漆品种、刷油遍数	m
050304002	钢筋混凝土飞来椅	1. 坐凳面厚度、宽度;2. 靠背扶手截面;;3. 靠背截面;4. 坐凳楣子形状、尺寸;5. 混凝土强度等级;6. 砂浆配合比;7. 油漆品种、刷油遍数	m
050304003	竹制飞来椅	1. 竹材种类;2. 坐凳面厚度、宽度;3. 靠背扶手梢径;;4. 靠背截面;5. 坐凳楣子形状、尺寸;6. 铁件尺寸、厚度;7. 防护材料种类	m
050304004	现浇混凝土桌凳	1. 桌凳形状;2. 基础尺寸、埋设深度;3. 桌面尺寸、支墩高度;4. 凳面尺寸、支墩高度;5. 混凝土强度等级、砂浆配合比	个
050304005	预制混凝土桌凳	1. 桌凳形状;2. 基础形状、尺寸、埋设深度;3. 桌面形状、尺寸、支墩高度;4. 凳面尺寸、支墩高度;5. 混凝土强度等级;6. 砂浆配合比	个
050304006	石桌石凳	1. 石材种类;2. 基础形状、尺寸、埋设深度;3. 桌面形状、尺寸、支墩高度;4. 凳面尺寸、支墩高度;5. 混凝土强度等级;6. 砂浆配合比	个
050304007	塑树根桌凳	1. 桌凳形状;2. 桌凳高度;3. 砖石种类;4. 砂浆强度等级、配合比;5. 颜料品种、颜色	个
050304008	塑料、铁艺、金属椅	1. 桌凳形状;2. 桌凳高度;3. 砖石种类;4. 砂浆强度等级、配合比;5. 颜料品种、颜色	个

(3)喷泉安装工程量清单项目设置及工程量计算规则按表 5-41 执行。

表 5-41 喷泉安装(编码:050305)

项目编码	项目名称	项目特征	计量单位
050305001	喷泉管道	1. 管材、管件、水泵、阀门、喷头品种、规格、品牌;2. 管道固定方式;3. 防护材料种类	m
050305002	喷泉电缆	1. 保护管品种、规格;2. 电缆品种、规格	m
050305003	水下艺术装饰灯具	1. 灯具品种、规格、品牌;2. 灯光颜色	套
050305004	电气控制柜	1. 规格、型号;2. 安装方式	台

(4)杂项工程量清单项目设置及工程量计算规则按表 5-42 执行。

表 5-42　杂项(编码:050306)

项目编码	项目名称	项目特征	计量单位
050306001	石灯	1. 石料种类;2. 石灯最大截面;3. 石灯高度;4. 混凝土强度等级;5. 砂浆配合比	个
050306002	塑仿石音箱	1. 音箱石内空尺寸;2. 铁丝型号;3. 砂浆配合比;4. 水泥漆品牌、颜色	个
050306003	塑树皮梁、柱	1. 塑树种类;2. 塑竹种类;3. 砂浆配合比;4. 颜料品种、颜色	m^2
050306004	塑竹梁、柱	1. 塑树种类;2. 塑竹种类;3. 砂浆配合比;4. 颜料品种、颜色	m^2
050306005	花坛铁艺栏杆	1. 铁艺栏杆高度;2. 铁艺栏杆单位长度、重量;3. 防护材料种类	m
050306006	标志牌	1. 材料种类、规格;2. 镌字规格、种类;3. 喷字规格、颜色;4. 油漆品种、颜色	个
050306007	石浮雕	1. 石料种类;2. 浮雕种类;3. 防护材料种类	m
050306008	石镌字	1. 石料种类;2. 镌字种类;3. 镌字规格;4. 防护材料种类	个
050306009	砖石砌小摆设	1. 砖种类、规格;2. 石种类、规格;3. 砂浆强度等级、配合比;4. 石表面加工要求;5. 勾缝要求	m^3

二、园林景观工程工程量清单计价

(一)与计价相关的说明

园林景观工程涉及内容广,套用的定额子目较多,特别是亭子、廊、花架等小品与建筑工程内容相连,针对其园林小品所涉及的内容,对其在计价中注意点及说明如下:

(1)定额内的木构件、木装修木材除注明者外,以一、二类木种为准。如使用三、四类木种时,其制作人工耗用量乘系数 1.3,安装人工耗用量乘系数 1.15。

(2)在套用各子目定额时,砂浆、混凝土等的种类、配合比、施工厚度及装饰材料的品种、规格、间距等与设计不同时,除定额另有规定者外,应进行调整。

(二)工程量清单计价编制实例

【例 5-19】　根据例 5-17 的混凝土花架工程量清单(表 5-36),参照当地预算定额,试计算各项综合单价及分部分项工程量清单计价表。(计算综合单价时人工费、材料费、机械费参照表 5-43 中的参考价目表,企业管理费率 28.6%,利润率 19%,以人工费为计费基数,风险费不考虑,其余单价均按定额价取定)

解　(1)综合单价分析。以清单项目“现浇混凝土基础”为例来说明。

该清单项目可由挖基坑、碎石垫层、C10 混凝土垫层、C20 现浇混凝土基础、回填土夯填五个定额子目组价。

①A1 - 13 挖基坑:人工费基价为 887.45 元/100 m^3,数量为 $0.047 \times 100\ m^3$

人工费 $= 887.45 \times 0.047 = 41.71$(元)

材料费 =0

机械费 =0

企业管理费 =41.71 ×28.6% =11.93(元)

利润 =41.71 ×19% =7.92(元)

小计 =41.71 +0 +0 +11.93 +7.92 =61.56(元)

表 5-43　参考价目表　（单位:元）

定额号	项目名称	单位	基价	人工费	材料费	机械费
建筑 A						
A1 - 31	平整场地	100 m^2	94.50	94.50		
A1 - 13	挖基坑一、二类土　深度 2 m 以内	100 m^3	887.45	887.45		
A3 - 90	砂石　天然级配垫层	10 m^3	583.55	200.97	377.10	5.48
A3 - 101	混凝土垫层(C10)	10 m^3	1 969.35	367.42	1 475.81	126.13
A4 - 79	现浇混凝土　独立基础　混凝土(C20)	10 m^3	2 171.41	317.34	1 728.59	125.47
A1 - 29	回填土　夯填	100 m^3	1 006.86	882.00		124.86
A4 - 83	现浇混凝土　柱　矩形	10 m^3	2 627.02	649.12	1 891.40	86.32
A4 - 90	现浇混凝土　圈梁	10 m^3	2 667.42	722.90	1 891.61	52.90
A4 - 121	预制混凝土　过梁(檩条)	10 m^3	2 584.00	405.60	1 955.00	223.40
A6 - 154	小型构件安装　构件体积 0.1 m^3 以内不焊接	10 m^3	945.20	142.20	10.40	792.60
A4 - 158	预制混凝土　窗台板	10 m^3	9 355.71	5 005.71	4 321.43	28.57
A6 - 154	小型构件安装　构件体积 0.1 m^3 以内不焊接	10 m^3	945.71	142.86	10.00	792.86
装饰 B						
B2 - 22	一般抹灰水泥砂浆　零星项目	100 m^2	2 510.10	1 968.60	522.43	19.04
B5 - 239	外墙真石漆　胶带条分格	100 m^2	2 882.90	243.00	2 553.66	86.24

②A3 -90 碎石垫层:人工费基价为 200.97 元/10 m^3,数量为 0.031 ×10 m^3

人工费 =200.97 ×0.031 =6.23(元)

材料费基价为 377.10 元/10 m^3,数量为 0.031 ×10 m^3

材料费 =377.10 ×0.031 =11.69(元)

机械费基价为 5.48 元/10 m^3,数量为 0.031 ×10 m^3

机械费 =5.48 ×0.031 =0.17(元)

企业管理费 =6.23 ×28.6% =1.78(元)

利润 =6.23 ×19% =1.18(元)

小计 = 6.23 + 11.69 + 0.17 + 1.78 + 1.18 = 21.05(元)

③A3 - 101　C10 混凝土垫层,用同样的方法得小计 = 66.48 元

④A4 - 79　C20 现浇混凝土基础,用同样的方法得小计 = 148.63 元

⑤A1 - 29　回填土夯填,用同样的方法得小计 = 49.93 元

清单“现浇混凝土基础”累计 = 61.56 + 21.05 + 66.48 + 148.63 + 49.93 = 347.65(元)

综合单价 = 347.65 ÷ 0.64(清单数量) = 543.2(元/m^3)

其他分部项目、措施项目清单可参照计算出综合单价,如表5-44 ~ 表5-52 所示。

表5-44　工程量清单综合单价计算(一)

工程名称:混凝土花架工程　　标段:　　第1页　共7页

清单编码	010101001001		名称	平整场地	计量单位	m^2	数量	45.11	综合单价(元)	1.39
消耗量标准编号	项目名称	单位	数量	基价(元)				企业管理费	利润	合价
				小计	人工费	材料费	机械费			
A1 - 31	平整场地	100 m^2	0.451	94.50	94.50			12.19	8.10	62.91
人工单价:综合工日单价:30 元/日			累计(元)	—	—	—	—	12.19	8.1	62.91

表5-45　工程量清单综合单价计算(二)

工程名称:混凝土花架工程　　标段:　　第2页　共7页

清单编码	010401002001		名称	现浇混凝土基础	计量单位	m^3	数量	0.64	综合单价(元)	543.2
消耗量编号	项目名称	单位	数量	基价(元)				企业管理费	利润	合价
				小计	人工费	材料费	机械费			
A1 - 13	挖基坑	100 m^3	0.047	887.45	887.45			11.93	7.92	61.56
A3 - 90	碎石垫层	10 m^3	0.031	583.55	200.97	377.10	5.48	1.78	1.18	21.05
A3 - 101	C10 混凝土垫层	10 m^3	0.031	1 969.35	367.42	1 475.81	126.13	3.26	2.16	66.48
A4 - 79	C20 现浇混凝土基础	10 m^3	0.064	2 171.41	317.34	1 728.59	125.47	5.81	3.86	148.63
A1 - 29	回填土夯填	100 m^3	0.035	1 006.86	882.00		124.86	8.83	5.87	49.93
人工单价:综合工日单价:30 元/日			累计(元)	—	—	—	—	31.61	20.99	347.65

表 5-46　工程量清单综合单价计算(三)

工程名称:混凝土花架工程　　标段:　　第 3 页　共 7 页

清单编码	050303001001		名称	现浇混凝土花架柱、梁、檩条	计量单位	m^3	数量	1.38	综合单价(元)	326.24
消耗量编号	项目名称	单位	数量	基价(元)				企业管理费	利润	合价
				小计	人工费	材料费	机械费			
A4－83	现浇混凝土柱矩形	10 m^3	0.057	2 627.02	649.12	1 891.40	86.32	10.58	7.03	167.35
A4－90	现浇混凝土圈梁	10 m^3	0.031	2 667.42	722.90	1 891.61	52.90	6.41	4.26	93.36
A4－121	预制混凝土过梁(檩条)	10 m^3	0.05	2 584.00	405.60	1 955.00	223.40	5.80	3.85	138.85
A6-154	小型构件安装	10 m^3	0.05	945.20	142.20	10.40	792.60	2.03	1.35	50.65
人工单价:综合工日单价:30 元/日			累计(元)	—	—	—	—	24.82	16.49	450.21

表 5-47　工程量清单综合单价计算(四)

工程名称:混凝土花架工程　　标段:　　第 4 页　共 7 页

清单编码	020203001001		名称	柱、梁、檩条抹灰	计量单位	m^2	数量	40.66	综合单价(元)	34.51
消耗量编号	项目名称	单位	数量	基价(元)				企业管理费	利润	合价
				小计	人工费	材料费	机械费			
B2－22	一般抹灰水泥砂浆零星项目	100 m^2	0.407	2 510.10	1 968.60	522.43	19.04	229.15	152.23	1 402.99
人工单价:综合工日单价:30 元/日			累计(元)	—	—	—	—	229.15	152.23	1 402.99

表 5-48　工程量清单综合单价计算(五)

工程名称:混凝土花架工程　　标段:　　第 5 页　共 7 页

清单编码	020506001001		名称	柱、梁、檩条刷喷涂料	计量单位	m^2	数量	40.66	综合单价(元)	30.02
消耗量编号	项目名称	单位	数量	基价(元)				企业管理费	利润	合价
				小计	人工费	材料费	机械费			
B5 - 239	外墙真石漆胶带条分格	100 m^2	0.407	2 882.90	243.00	2 553.66	86.24	28.29	18.79	1 220.42
人工单价:综合工日单价:30 元/日			累计(元)	—	—	—	—	28.29	18.79	1 220.42

表 5-49　工程量清单综合单价计算(六)

工程名称:混凝土花架工程　　标段:　　第 6 页　共 7 页

清单编码	010414002001		名称	其他构件(坐凳)	计量单位	m^3	数量	0.07	综合单价(元)	1 239.72
消耗量编号	项目名称	单位	数量	基价(元)				企业管理费	利润	合价
				小计	人工费	材料费	机械费			
A4 - 158	预制混凝土窗台板	10 m^3	0.007	9 355.71	5 005.71	4 321.43	28.57	10.02	6.66	82.17
A6-154	小型构件安装	10 m^3	0.007	945.71	142.86	10.00	792.86	0.28	0.19	7.09
人工单价:综合工日单价:30 元/日			累计(元)	—	—	—	—	10.3	6.85	89.26

表 5-50　工程量清单综合单价计算(七)

工程名称:混凝土花架工程　　标段:　　第 7 页　共 7 页

清单编码	JC0101006001		名称	现浇矩形柱模板	计量单位	m^2	数量	11.42	综合单价(元)	2.3
消耗量编号	项目名称	单位	数量	基价(元)				企业管理费	利润	合价
				小计	人工费	材料费	机械费			
A12 - 60	矩形柱竹胶合板模板木支撑	100 m^2	0.01	2 126.00	1 044.00	943.00	139.00	2.99	1.98	26.23
人工单价:综合工日单价:30 元/日			累计(元)	—	—	—	—	2.99	1.98	26.23

表 5-51　工程量清单(措施项目)综合单价计算(一)

工程名称:混凝土花架工程　　标段:　　第 1 页　共 2 页

清单编码	JC0101010001		名称	现浇矩形梁模板	计量单位	m²	数量	9.92	综合单价(元)	40.04
消耗量编号	项目名称	单位	数量	基价(元)				企业管理费	利润	合价
				小计	人工费	材料费	机械费			
A12－77	梁竹胶合板模板	100 m²	0.099	3 281.82	1 533.64	1 598.48	149.70	43.42	28.85	397.17
人工单价:综合工日单价:30 元/日			累计(元)	—	—	—	—	43.42	28.85	397.17

表 5-52　工程量清单(措施项目)综合单价计算(二)

工程名称:混凝土花架工程　　标段:　　第 2 页　共 2 页

清单编码	JC0102003001		名称	预制矩形梁模板	计量单位	m²	数量	19.32	综合单价(元)	12.39
消耗量编号	项目名称	单位	数量	基价(元)				企业管理费	利润	合价
				小计	人工费	材料费	机械费			
A12－147	矩形梁竹胶合板模板	10 m³	0.10	1 921.60	990.00	797.00	134.60	28.31	18.81	239.29
人工单价:综合工日单价:30 元/日			累计(元)	—	—	—	—	28.31	18.81	239.29

(2)编制分部分项工程量/措施项目清单与计价表

根据以上综合单价分析数据,填写其分部分项工程量/措施项目清单与计价表,如表 5-53 所示。

表 5-53　分部分项工程量/措施项目清单与计价

工程名称:混凝土花架工程　　标段:　　第 1 页　共 1 页

序号	项目编码	项目名称及特征描述	计量单位	工程量	金额(元)		
					综合单价	合价	暂估价
1	010101001001	平整场地	m²	45.11	1.39	62.70	
	A1－31	平整场地	100 m²	0.451	139.49	62.91	
2	010401002001	独立基础(现浇混凝土基础)	m³	0.64	543.20	347.65	
	A1－13	挖基坑　一、二类土　深度 2 m 以内	100 m³	0.047	1 309.81	61.56	

续表 5-53

序号	项目编码	项目名称及特征描述	计量单位	工程量	金额(元)		
					综合单价	合价	暂估价
	A3－90	砂石　天然级配垫层	10 m^3	0.031	679.17	21.05	
	A3－101	混凝土垫层(C10)	10 m^3	0.031	2 144.40	66.48	
	A4－79	现浇混凝土 独立基础 混凝土(C20)	10 m^3	0.064	2 322.42	148.63	
	A1－29	回填土　夯填	100 m^3	0.035	1 426.68	49.93	
3	050303001001	现浇混凝土 花架柱、梁、檩条	m^3	1.38	326.24	450.21	
	A4－83	现浇混凝土　柱　矩形	10 m^3	0.057	2 936.00	167.35	
	A4－90	现浇混凝土　圈梁	10 m^3	0.031	3 011.65	93.36	
	A4－121	预制混凝土　过梁(檩条)	10 m^3	0.05	2 777.03	138.85	
	A6－154	小型构件安装	10 m^3	0.05	1 012.96	50.65	
4	020203001001	零星项目一般抹灰(柱、梁、檩条抹灰)	m^2	40.66	34.51	1 403.18	
	B2－22	一般抹灰水泥砂浆　零星项目	100 m^2	0.407	3 447.14	1 402.99	
5	020506001001	抹灰面油漆(柱、梁、檩条刷喷涂料)	m^2	40.66	30.02	1 220.61	
	B5－239	外墙真石漆　胶带条分格	100 m^2	0.407	2 998.57	1 220.42	
6	010414002001	其他构件(坐凳)	m^3	0.072	1 239.72	89.26	
	A4－158	预制混凝土　窗台板	10 m^3	0.007	11 738.38	82.17	
	A6－154	小型构件安装	10 m^3	0.007	1 012.96	7.09	
7	JC0101006001	现浇矩形柱模板	m^2	11.42	2.30	26.27	
	A12－60	矩形柱　竹胶合板模板　木支撑	100 m^2	0.01	2 622.72	26.23	
8	JC0101010001	现浇矩形梁模板	m^2	9.92	40.04	397.20	
	A12－77	过梁　竹胶合板模板　木支撑	100 m^2	0.099	4 011.77	397.17	
9	JC0102003001	预制矩形梁模板	m^2	19.32	12.39	239.37	
	A12－147	矩形梁　竹胶合板模板	10 m^3	0.1	2 392.86	239.29	
	合计					4 236.45	

研讨与练习

1. 什么是建筑面积？计算建筑面积有何用？建筑面积计算规则规定了哪些内容和计算范围？

2. 建筑面积计算规则中有哪些面积是计算 1/2 的？

3. 绿化工程量清单项目特征描述应考虑哪些因素？

4. 同一施工场地内发生的原有乔木迁移主要包括哪些工作内容？

5. 根据本章中提供的某省定额与价格，求园路 C20(40)素混凝土垫层基价。

6. 根据本章中提供的某省定额与价格，求 25 mm 厚 1:3水泥砂浆黏结 20 厚花岗石地面定额基价。

7. 某 2.5 m(包括路牙)园路，路牙采用 1000×150×150 芝麻白花岗石，路面采用 600×300×30 芝麻灰荔枝面花岗石铺装，30 厚 1:3水泥砂浆黏结，基层为：100 厚 C15 素混凝土垫层，150 厚碎石垫层，素土夯实，试计算该园路分部分项工程量清单。

8. 计算例 5-16，花岗石铺装：600×300×30 厚虾红花岗石面层，30 厚 1:3水泥砂浆黏结层，100 厚 C15 素混凝土垫层，150 厚碎石垫层，素土夯实。列出此清单的综合单价分析表。

9. 花架项目清单如何设置，工程量如何计算？亭子的瓦层面工程量如何计算？

10. 某景观水池依设计图纸工程量为：土方开挖 100 m^3，素土夯实 140 m^2，100 厚碎石垫层(灌浆)21 m^3，C20 混凝土池底 31 m^3，五层做法水泥砂浆防水(平面)110 m^2，池底面层马赛克 110 m^2；C20 混凝土池壁 7 m^3，五层做法水泥砂浆防水(立面)26 m^2，池内壁喷硬质层凹凸花纹涂料 26 m^2，池立面外侧贴马赛克 14 m^2，池沿顶部贴 20 mm 花岗石。相关定额见表 5-54，试计算该水池的分部分项工程量清单及综合单价分析表，并计算分部分项工程量清单与计价。(假定企业管理费率 28.6%，利润率 19%，以人工费为计费基数，风险费不考虑，其余单价均按定额价取定)

表 5-54　参考价目表　　(单位：元)

定额号	项目名称	单位	基价	人工费	材料费	机械费
E1－37	人工挖土方一、二类土	m^3	6.9	6.9		
E1－77	原土打夯　地面	10 m^2	3.09	2.7		0.39
E6－3	楼地面垫层　碎石(碎砖)灌浆	m^3	99.04	30.60	66.58	1.86
E14－54	C20 基础垫层　混凝土	m^3	207.04	54.60	149.04	3.40
E6－12	五层做法水泥砂浆　平面	10 m^2	123.00	57.00	62.20	3.80
E6－42	马赛克面层	10 m^2	345.20	161.10	178.50	5.60
E14－89	喷水池池壁　壁厚 25 cm 以内	m^3	697.91	280.20	402.37	15.34
E6－13	五层做法水泥砂浆　立面	10 m^2	140.90	73.50	62.40	5.00
B5－270	涂料、裱糊外墙喷硬质层凹凸花纹涂料	100 m^2	1 821.00	192.00	1 557.00	72.00
E6－43	花岗岩板　地面	10 m^2	1 172.40	98.10	1 070.90	3.40

11. 图 5-16 所示为组合花坛施工图，试计算该花坛的工程量、分部分项工程量清单及综合单价分析表，并计算分部分项工程量清单与计价。

本花坛为砖砌工程，属零星砖砌项目。花坛采用 MU10 红砖水泥浆砌筑，压顶为 C20 混凝土；地基土壤为一、二类土，干土；±0.00 以上砖墙外侧、顶面及套接段外露墙面贴花岗岩，±0.00 以下墙面均抹水泥砂浆；回填土夯至 ±0.00，余土外运。相关定额见表 5-55。(假定

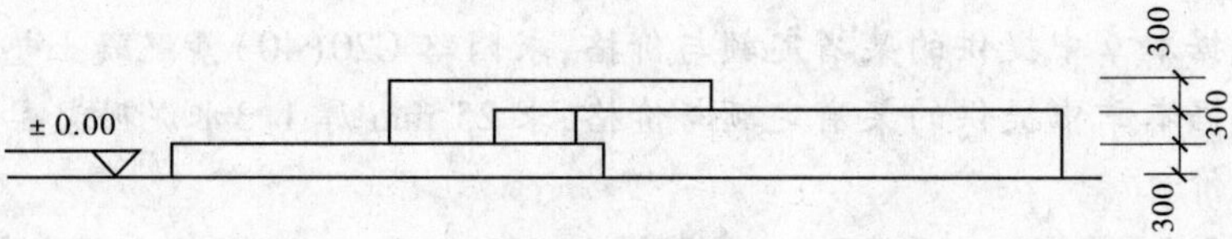

(a)立面图

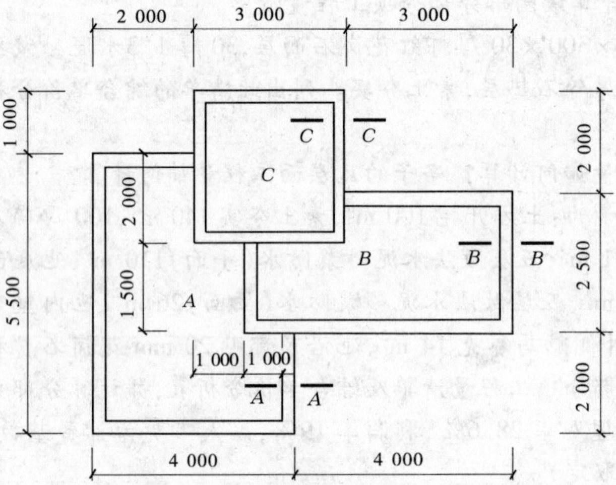

(b)平面图

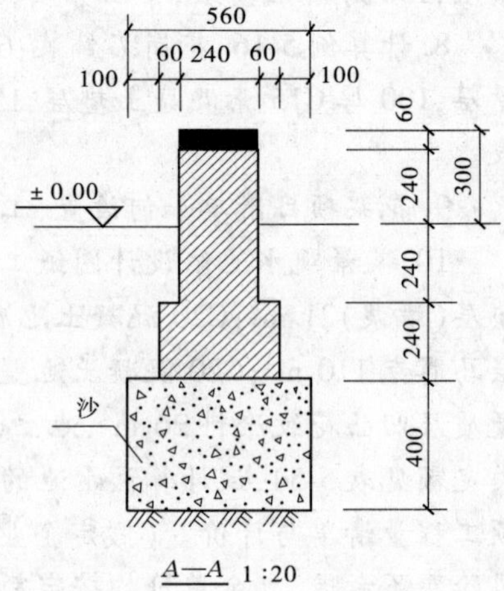

A—A　1:20

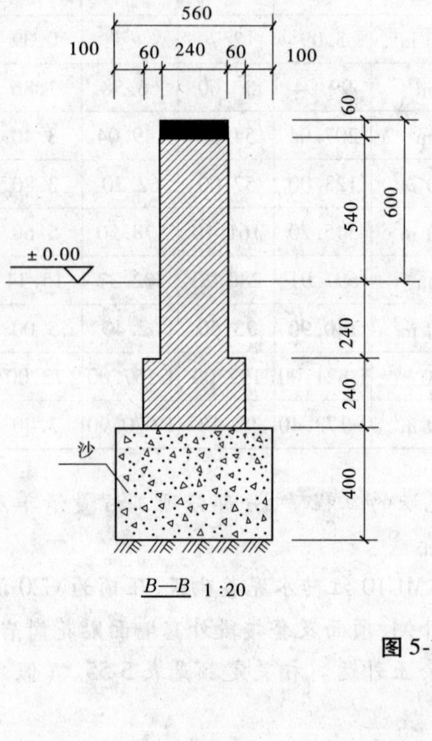

B—B　1:20

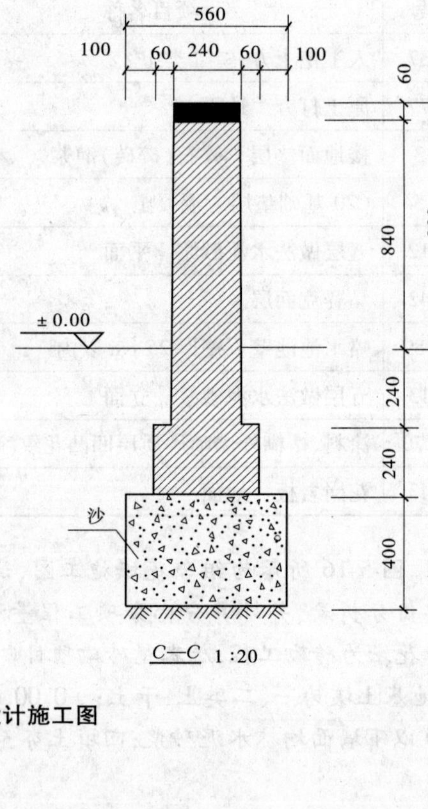

C—C　1:20

图 5-16　花坛设计施工图

企业管理费率28.6%，利润率19%，以人工费为计费基数，风险费不考虑，其余单价均按定额价取定）

注：计价规范附录E的清单项目中未列项的清单项目可按附录A（建筑工程工程量清单项目）、附录B（装饰装修工程量工程量清单项目）、附录D（市政工程工程量清单项目）等相关项目编码列项。

表5-55　参考价目表　（单位：元）

定额号	项目名称	单位	基价	人工费	材料费	机械费
E1－72	平整场地	m^2	16.8	16.8		
E1－1	人工挖地槽一、二类土干土深度在2 m内	m^3	9.6	9.6		
E1－78	原土打夯基槽（坑）	10 m^2	3.80	3.30		0.50
E2－12	砂	10 m^3	81.04	16.5	63.61	0.93
E2－13	砖基础	m^3	195.41	39.3	154.91	1.2
E1－74	回填土地面夯实	m^3	6.51	5.7		0.81
E1－76	回填土基槽（坑）夯实	m^3	8.55	7.5		1.05
E2－33	其他砌体　小型砌体	m^3	243.42	81.3	159.66	2.46
E7－23	砖外墙面　水泥砂浆底面	10 m^2	95.04	49.2	42.54	3.3
E7－67	镶贴块料面层　花岗岩板梁、柱及其他	10 m^2	1 275.05	175.5	1 095.83	3.73

12. 清单编制和清单计价在工程量上有什么不同？规则不同时，怎样进行计价？

（提示：清单工程量是工程实体数量的计算——称清单工程量，是报价的数量依据；而按计价定额规则计算的量——称施工工程量，是确定消耗量的计算基数，施工工程量与清单工程量之间存在的差值，应在报价时予以考虑。清单编制时，土方工程量按规范的工程量计算规则计算，如墙、柱基础挖土：按基础下垫层底面积乘以挖土深度计算，挖土深度为自然地坪（即交付施工的地坪标高）至垫层底尺寸。清单计价时工程量的计算——依采用何定额，可以按照定额规则计算或按施工方案确定的挖土体积计算——该工程量称为“施工工程量”。该计算的数量是用于清单综合单价组价使用的，在综合单价计算表中体现，而在清单计价表中还是以清单工程量为准，不应有变动的。如：挖土清单工程量为10 m^3，施工工程量为15 m^3，套用定额及考虑市场价格、综合费用后挖土单价为10元/m^3，合价为15×10＝150（元）则该挖土按清单工程量计价的综合单价为150÷10＝15（元/m^3））

第六章　园林工程结算与竣工决算

第一节　园林工程结算

一、工程价款的结算

园林工程结算根据施工阶段的不同，主要包括工程预付款及进度款的拨付和竣工结算等内容。

(一)工程价款的主要结算方式

根据现行规定，工程价款可以根据不同情况采取多种方式进行结算。

1.按月结算

按月结算即先预付工程备料款，在施工过程中按月结算工程进度款，竣工后进行竣工结算，我国现行建筑安装工程价款结算中，相当一部分是实行这种按月结算方式。

2.竣工后一次结算

建设项目或单项工程全部建筑安装工程建设期在12个月以内，或者工程承包合同价值在100万元以下的，可以实行工程价款每月月中预支、竣工后一次结算。

3.分段结算

分段结算即当年开工、当年不能竣工的单项工程或单位工程按照工程进度，划分不同阶段进行结算。分段结算可以按月预支工程款。实行竣工后一次结算和分段结算的工程，当年结算的工程款应与分年度的工作量一致，年终不另清算。

4.其他结算方式

结算双方约定的其他结算方式。

(二)工程预付款

1.工程预付款及其额度

工程预付款是建设工程施工合同订立后由发包人按照合同约定，在正式开工前预先支付给承包人的工程款。它是施工准备和所需要材料、结构件等流动资金的主要来源，国内习惯又称为预付备料款。工程预付款的具体事宜由承发包双方根据建设行政主管部门的规定，结合工程款、建设工期和包工包料情况在合同中约定。

我国的《建设工程施工合同(示范文本)》中，对工程预付款作了如下约定：实行工程预付款的，双方应当在专用条款内约定发包人向承包人预付工程款的时间和数额，开工后按约定的时间和比例逐次扣回。预付时间应不迟于约定的开工日期前7天。发包人不按约定预付，承包人可在约定预付时间7天后向发包人发出要求预付的通知，发包人收到通知后仍不能按要求预付，承包人可在发出通知后7天停止施工，发包人应从约定应付之日起向承包人支付应付款的贷款利息，并承担违约责任。

对于工程预付款额度,各地区、各部门的规定不完全相同,主要是为保证施工所需材料和构件的正常储备。一般是根据施工期、园林工程工作量、主要材料和构件费用占园林工程工作量的比例以及材料储备周期等因素经测算来确定。常用的有以下两种:

(1)在合同中约定。发包人根据工程的特点、工期长短、市场行情、供求规律等因素,招标时在合同中约定工程预付款的百分比。

(2)公式计算法。公式计算法是根据主要材料(含结构件等)占年度承包工程总价的比重、材料储备定额天数和年度施工天数等因素,通过公式计算预付备料款额度的一种方法。

其计算公式是:

$$工程预付款数额=\frac{工程总价\times材料比重(\%)}{年度施工天数}\times材料储备定额天数$$

$$工程预付款比例=\frac{工程预付款数额}{工程总价}\times100\%$$

式中:年度施工天数按 365 天日历天计算;材料储备定额天数由当地材料供应的在途天数、加工天数、整理天数、供应间隔天数、保险天数等因素决定。

【例 6-1】 某小区园林工程总造价 660 万元,其中主要材料、构件所占比重为 60%,材料储备定额天数为 60 天,问工程预付款为多少万元?

解 按工程预付款数额计算公式计算:

$$工程预付款=\frac{660\times60\%}{365}\times60=65.1(万元)$$

因此,工程预付款为 65.1 万元。

2. 工程预付款的扣回

发包人支付给承包人的工程预付款的性质是预支款项。随着工程进度的推进,拨付的工程进度款数额不断增加,工程所需主要材料、构件的用量逐渐减少,原来已支付的预付款应以抵扣的方式予以陆续扣回。扣款的方法如下:

(1)由发包人和承包人通过洽商用合同的形式予以确定,可采用等比率或等额扣款的方式,也可针对工程实际情况具体处理,如有些工程工期较短、造价较低,就无需分期扣还,而在竣工结算时扣回;有些工期较长,如跨年度工程,其备料款的占用时间很长,根据需要可以少扣或不扣。

(2)从未施工工程尚需的主要材料及构件的价值相当于工程预付款数额时扣起,从每次中间结算工程价款中,按材料及构件比重扣抵工程价款,至竣工之前全部扣清。因此,确定起扣点是工程预付款起扣的关键。

确定工程预付款起扣点的依据是:未完施工工程所需主要材料和构件的费用,等于工程预付款的数额。

工程预付款起扣点可按下式计算:

$$T=P-\frac{M}{N}$$

式中:T 为起扣点,即工程预付款开始扣回的累计完成工程金额;P 为承包工程合同款总额;M 为工程预付款数额;N 为主要材料、构件所占比重。

【例 6-2】 某小区园林工程中，按例 6-1 中预付款计算，起扣点应为多少万元？

解 按起扣点计算公式：

$$T = P - \frac{M}{N} = 660 - \frac{65.1}{60\%} = 551.5(\text{万元})$$

则当工程完成 551.5 万元时，本项工程预付款开始起扣。

(三)工程进度款

1. 工程进度款的计算

《建设工程施工合同(示范文本)》关于工程款的支付也作出了相应的约定：在确认计量结果后 14 天内，发包人应向承包人支付工程款(进度款)，发包人超过约定的支付时间不支付工程款(进度款)，承包人可向发包人发出要求付款的通知，发包人接到承包人通知后仍不能按要求付款，可与承包人协商签订延期付款协议，经承包人同意后可延期支付。协议应明确延期支付的时间和从计量结果确认后第 15 天起计算应付款的贷款利息。发包人不按合同约定支付工程款(进度款)，双方又未达成延期付款协议，导致施工无法进行，承包人可停止施工，由发包人承担违约责任。

工程进度款的计算主要涉及两个方面：一是工程量的计量；二是单价的计算方法。

单价的计算方法主要根据由发包人和承包人事先约定的工程价格的计价方法确定。一般来讲，目前在我国，工程价格的计价方法可以分为工料单价法和综合单价法两种方法。

所谓工料单价法，是指单位工程分部分项的单价为直接成本单价，按现行计价定额的人工、材料、机械的消耗量及其预算价格确定，其他直接成本、间接成本、利润、税金等按现行计算方法计算。

所谓综合单价法，是指单位工程分部分项工程量的单价是全部费用单价，既包括直接成本，也包括间接成本、利润、税金等一切费用。在具体应用时，既可采取可调价格的方式，即工程价格在实施期间可随价格变化而调整，也可采取固定价格的方式，即工程价格在实施期间不因价格变化而调整，在工程价格中已考虑价格风险因素，并在合同中明确了固定价格所包括的内容和范围。实践中采用较多的是可调工料单价法和固定综合单价法，现结合实例进行说明。

(1)可调工料单价法的表现形式。以某服务中心庭院园林绿化工程报价单为例，其形式见表 6-1。

(2)固定综合单价法的表现形式。仍以某服务中心庭院园林绿化工程工程量清单为例，其形式见表 6-2。

表 6-1　可调工料单价法实例

序号	定额号	定额名称	单位	工程量	工料单价(元)	合价(元)
1	4－14	栽植红枫 ϕ4～5	株	57	1.05	60
2	4－14	栽植多头苏铁主干 h200 以上	株	2	1.05	2

续表 6-1

序号	定额号	定额名称	单位	工程量	工料单价（元）	合价（元）
3	4－14	栽植苏铁干 $h40\sim60$	株	6	1.05	6
4	4－14	栽植垂丝海棠 $\phi5\sim6$	株	25	1.05	26
5	4－14	栽植大花木槿 $d4$ $h200$	株	33	1.05	35
6	4－14	栽植紫薇 $\phi5\sim6$	株	36	1.05	38
7	4－15	栽植鸡爪槭 $\phi6\sim8$	株	11	1.61	18
8	4－15	栽植五针松 $h200\sim250$	株	3	1.61	5
9	4－15	栽植花石榴 $h200$	株	15	1.61	24
10	4－16	栽植无患子 $\phi7\sim8$	株	13	2.79	36
11	4－16	栽植广玉兰 $\phi7\sim8$	株	18	2.79	50
12	4－17	栽植日本樱花 $\phi8\sim10$	株	27	5.3	143
13	4－17	栽植合欢 $\phi8\sim10$	株	25	5.3	133
14	4－17	栽植白玉兰 $\phi8\sim10$	株	22	5.3	117
15	4－17	栽植龙爪槐 $\phi8\sim10$	株	2	5.3	11
16	4－18	栽植金桂 $\phi10$	株	20	8.5	170
17	4－18	栽植黄山栾树 $\phi10\sim12$	株	24	8.5	204
18	4－19	栽植四季桂 $h250$ $\omega200$	株	24	13.15	316
19	4－20	栽植垂柳 $\phi14\sim15$	株	16	18.86	302
20	4－20	栽植乐昌含笑 $\phi13\sim14$	株	20	18.86	377
21	4－20	栽植大金桂 $h400$ $\omega350$	株	10	18.86	189
22	4－20	栽植杜英 $\phi12\sim14$	株	29	18.86	547
23	4－21	栽植银杏 $\phi18\sim20$	株	10	27.73	277
24	4－21	栽植沙朴 $\phi23\sim24$	株	10	27.73	277
25	4－21	栽植雪松 $h600\sim700$	株	13	27.73	360
26	4－21	栽植香樟 $\phi20\sim22$	株	46	27.73	276
27	4－21	栽植沙朴 $\phi40$	株	5	27.73	139
28	4－21	栽植香泡 $\phi25\sim28$	株	15	27.73	416
29	4－21	栽植香泡 $\phi20\sim22$	株	10	27.73	277
30	4－21	栽植大银杏 $\phi28\sim30$	株	22	27.73	610
31	4－54	栽植茶梅球 $p100\sim120$	株	120	1.05	126
32	4－55	栽植构骨球 $p100\sim120$	株	38	1.61	61
33	4－55	栽植茶花 $h150\sim180$ $p120\sim160$	株	27	1.61	43
34	4－59	栽植茶梅球 $p250$	株	2	13.64	27
35	4－75	栽植雷竹 $\phi2\sim3$	株	616	0.29	179
36	4－96 换	栽植珊瑚树 $h120$	株	1 836	0.24	441

续表 6-1

序号	定额号	定额名称	单位	工程量	工料单价（元）	合价（元）
37	4－102	栽植时令花卉	$10\ m^2$	10	11.46	115
38	4－102	葱兰栽植(草本花)	$10\ m^2$	85	11.46	974
39	4－103	栽植红花继木 h35 ω35	株	26 610	0.14	3 725
40	4－103	栽植八角金盘 h51 ω51	株	3 968	0.14	556
41	4－103	栽植茶梅 h31 ω31	株	18 416	0.14	2 578
42	4－103	栽植月季 h51 ω31	株	2 600	0.14	364
43	4－103	栽植紫鹃 h31 ω25	株	23 384	0.14	3 274
44	4－103	栽植毛鹃 h31 ω31	株	15 270	0.14	2 138
45	4－103	栽植金叶女贞 h41 ω31	株	12 584	0.14	1 762
46	4－103	栽植火棘 h31 ω31	株	23 428	0.14	3 280
47	4－112	马尼拉草皮铺种(满铺)	$10\ m^2$	950	12.91	12 265
		分部小计				38 346
		合计				38 346
	一	直接费	(1)+(2)+(3)+(4)			284 989
	1	基价直接费	工程量×定额基价			38 346
	2	人工价内差	工日数×(94 价－预算价)			45 176
	3	材料价内差	材料用量×(94 价－预算价)			199 117
	4	机械价内差	机械台班×(94 价－预算价)			2 350
	二	其他直接费	(5)+(6)			5 700
	5	施工附加费	(一)×0.9%			2 565
	6	施工包干费	(一)×1.1%			3 135
	三	现场经费	(一)×5.9%			16 814
	四	直接工程费	(一)+(二)+(三)			307 503
	五	间接费	(四)×6.9%			21 218
	六	利润	[(四)+(五)]×6%			19 723
	七	主要材料价外差				801 143
	八	税金	[(四)+(五)+(六)+(七)]×3.43%			39 431
	九	工程造价	(四)+(五)+(六)+(七)+(八)			1 189 018
	十	劳动保险费	(一)×2%			5 700
	十一	工程总费用	(九)+(十)			1 194 718
	十二	大写	壹佰壹拾玖万肆仟柒佰壹拾捌元整			

注：以某省园林工程预算定额和费用定额为依据。

表6-2　固定综合单价法实例

序号	定额号	定额名称	计量单位	工程量	综合单价（元）	合价（元）
1	4-21	栽植香樟 ϕ20~22	株	46	2 735.32	125 825.00
2	4-20	栽植大金桂 h400 ω350	株	10	3 578.88	35 789.00
3	4-18	栽植金桂 ϕ10	株	20	3 176.36	63 527.00
4	4-19	栽植四季桂 h250 ω200	株	24	204.06	4 897.00
5	4-21	栽植香泡 ϕ25~28	株	15	3 852.36	57 785.00
6	4-21	栽植香泡 ϕ20~22	株	10	3 231.78	32 318.00
7	4-21	栽植大银杏 ϕ28~30	株	22	6 334.68	139 363.00
8	4-21	栽植银杏 ϕ18~20	株	10	3 107.67	31 077.00
9	4-20	栽植乐昌含笑 ϕ13~14	株	20	1 593.03	31 861.00
10	4-17	栽植白玉兰 ϕ8~10	株	22	905.64	19 924.00
11	4-17	栽植日本樱花 ϕ8~10	株	27	995.99	26 892.00
12	4-16	栽植广玉兰 ϕ7~8	株	18	395.79	7 124.00
13	4-18	栽植黄山栾树 ϕ10~12	株	24	507.86	12 189.00
14	4-20	栽植垂柳 ϕ14~15	株	16	662.16	10 595.00
15	4-20	栽植杜英 ϕ12~14	株	29	1 096.56	31 800.00
16	4-21	栽植沙朴 ϕ40	株	5	10 058.16	50 291.00
17	4-21	栽植沙朴 ϕ23~24	株	10	3 852.36	38 524.00
18	4-17	栽植合欢 ϕ8~10	株	25	265.48	6 637.00
19	4-16	栽植无患子 ϕ7~8	株	13	453.95	5 901.00
20	4-15	栽植鸡爪槭 ϕ6~8	株	11	1 048.05	11 529.00
21	4-14	栽植紫薇 ϕ5~6	株	36	212	7 632.00
22	4-14	栽植垂丝海棠 ϕ5~6	株	25	390.37	9 759.00
23	4-14	栽植红枫 ϕ4~5	株	57	351.14	20 015.00
24	4-17	栽植龙爪槐 ϕ8~10	株	2	293.33	587.00
25	4-21	栽植雪松 h600~700	株	13	1 618.28	21 038.00
26	4-14	栽植苏铁干 h40~60	株	6	549.82	3 299.00
27	4-14	栽植多头苏铁主干 h200 以上	株	2	12 464.96	24 930.00
28	4-14	栽植大花木槿 d4 h200	株	33	31.13	1 027.00
29	4-15	栽植花石榴 h200	株	15	43.77	657.00
30	4-15	栽植五针松 h200~250	株	3	1 916.86	5 751.00

续表 6-2

序号	定额号	定额名称	计量单位	工程量	综合单价（元）	合价（元）
31	4－55	栽植茶花 $h150\sim180\ p120\sim160$	株	27	144.19	3 893.00
32	4－55	栽植构骨球 $p100\sim120$	株	38	172.02	6 537.00
33	4－75	栽植雷竹 $\phi2\sim3$	株	616	3.7	2 280.00
34	4－59	栽植茶梅球 $p250$	株	2	3 191.76	6 384.00
35	4－54	栽植茶梅球 $p100\sim120$	株	120	142.44	17 092.00
36	4－103	栽植八角金盘 $h51\ \omega51$	株	3 968	2.95	11 707.00
37	4－103	栽植红花继木 $h35\ \omega35$	株	26 610	1.56	41 483.00
38	4－103	栽植紫鹃 $h31\ \omega25$	株	23 384	1.28	29 947.00
39	4－103	栽植毛鹃 $h31\ \omega31$	株	15 270	1.07	16 369.00
40	4－103	栽植金叶女贞 $h41\ \omega31$	株	12 584	0.79	9 988.00
41	4－103	栽植茶梅 $h31\ \omega31$	株	18 416	2.53	46 645.00
42	4－103	栽植月季 $h51\ \omega31$	株	2 600	1.70	4 415.00
43	4－96 换	栽植珊瑚树 $h120$	株	1 836	9.10	16 713.00
44	4－102	栽植时令花卉	10 m^2	10	525.81	5 258.00
45	4－102	葱兰栽植（草本花）	10 m^2	85	87.54	7 441.00
46	4－103	栽植火棘 $h31\ \omega31$	株	23 428	3.23	75 638.00
47	4－112	马尼拉草皮铺种（满铺）	10 m^2	950	57.25	54 389.00
		合计				1 194 718.00

注：以某省园林工程预算定额和费用定额为依据。

可调工料单价法和固定综合单价法在分项编号、项目名称、计量单位、工程量计算方面是一致的，都可按照国家或地区的单位工程分部分项进行划分、排列，包含了统一的工作内容，使用统一的计量单位和工程量计算规则。所不同的是，可调工料单价法将工、料、机再配上预算价作为直接成本单价，其他直接成本、间接成本、利润、税金分别计算。因为价格是可调的，其材料等费用在竣工结算时按工程造价管理机构公布的竣工调价系数或按主材计算差价或主材用抽料法计算，次要材料按系数计算差价而进行调整。固定综合单价法是采用包含了风险费用在内的全费用单价，故不受时间价值的影响。由于两种计价方法的不同，因此工程进度款的计算方法也不同。

当采用可调工料单价法计算工程进度款时，在确定已完工程量后，可按以下步骤计算工程进度款：

（1）根据已完工程量的项目名称、分项编号、单价得出合价。

（2）将本月所完成的全部项目合价相加，得出直接费小计。

(3)按规定计算其他直接费、现场经费、间接费、利润。

(4)按规定计算主材差价或差价系数。

(5)按规定计算税金。

(6)累计本月应收工程进度款。

【例6-3】 如表6-1所给出的某服务中心庭院绿化工程开工一个月末,已完成全部乔木种植工程量,当月的工程进度款应按以下步骤计算。

第一步,计算直接费:

栽植红枫 ϕ4～5:57×1.05元/株=60元

栽植多头苏铁主干 h200以上:2×1.05元/株=2.1元

栽植紫薇 ϕ5～6:36×1.05元/株=38元

栽植苏铁干 h40～60:6×1.05元/株=6.3元

栽植垂丝海棠 ϕ5～6:25×1.05元/株=26元

栽植大花木槿 ϕ4 h200:33×1.05元/株=35元

栽植五针松 h200～250:3×1.61元/株=5元

栽植鸡爪槭 ϕ6～8:11×1.61元/株=18元

栽植花石榴 h200:15×1.61元/株=24元

栽植无患子 ϕ7～8:13×2.79元/株=36元

栽植广玉兰 ϕ7～8:18×2.79元/株=50元

栽植合欢 ϕ8～10:25×5.3元/株=133元

栽植白玉兰 ϕ8～10:22×5.3元/株=117元

栽植日本樱花 ϕ8～10:27×5.3元/株=143元

栽植龙爪槐 ϕ8～10:2×5.3元/株=11元

栽植金桂 ϕ10:20×8.5元/株=170元

栽植黄山栾树 ϕ10～12:24×8.5元/株=204元

栽植四季桂 h250 ω200:24×13.15元/株=316元

栽植大金桂 h400 ω350:10×18.86元/株=189元

栽植杜英 ϕ12～14:29×18.86元/株=547元

栽植垂柳 ϕ14～15:16×18.86元/株=302元

栽植乐昌含笑 ϕ13～14:20×18.86元/株=377元

栽植香樟 ϕ20～22:46×27.73元/株=1 276元

栽植沙朴 ϕ23～24:10×27.73元/株=277元

栽植雪松 h600～700:13×27.73元/株=360元

栽植沙朴 ϕ40:5×27.73元/株=139元

栽植香泡 ϕ25～28:15×27.73元/株=416元

栽植香泡 ϕ20～22:10×27.73元/株=277元

栽植大银杏 ϕ28～30:22×27.73元/株=610元

栽植银杏 ϕ18～20:10×27.73元/株=277元

以上定额直接费小计:6 440 元

人工价内差:工日数×(94 价－预算价)=5 289(元)

材料价内差:材料用量×(94 价－预算价)=90 631(元)

机械价内差:机械台班×(94 价－预算价)=2 339(元)

直接费为 6 440+5 289+90 631+2 339=104 699(元)

第二步,计算其他直接费、现场经费、间接费、利润。

其他直接费:104 699 元×2%=2 094 元

现场经费:104 699 元×5.9%=6 177 元

间接费:112 970 元×6.9%=7 795 元

利润:(112 970+7 795)元×6%=7 246 元

以上费用小计:23 312 元

第三步,计算材料价外差。按可调工料单价法规定,中间结算和竣工结算应以结算当时的价格进行价差调整。经计算材料价差为 680 771 元。

第四步,计算税金:808 782 元×3.43%=27 741 元。

第五步,累计本月应收款:104 699+23 312+680 771+27 741=836 523(元)。

则本月应收工程进度款为 836 523 元。

用固定综合单价法计算工程进度款比用可调工料单价法更方便、省事,工程量得到确认后,只要将工程量与综合单价相乘得出合价,再累加即可完成本月工程进度款的计算工作。

2. 工程进度款的支付

工程进度款的支付一般按当月实际完成工程量进行结算,工程竣工后办理竣工结算。在工程竣工前,承包人收取的工程预付款和进度款的总额一般不超过合同总额(包括工程合同签订后经发包人签证认可的增减工程款)的95%,其余5%尾款在工程竣工结算时除保修金外一并清算。

【例 6-4】　某园林工程承包合同总额为 660 万元,主要材料及结构件金额占合同总额的 60%,预付备料款额度为 20%,预付款扣款的方法是以未施工工程尚需的主要材料及构件的价值相当于预付款数额时起扣,从每次中间结算工程价款中,按材料及构件比重抵扣工程价款。保留金为合同总额的 5%。2007 年上半年各月实际完成合同价值如表 6-3 所示。问如何按月结算工程款?

表 6-3　各月完成合同价值　(单位:万元)

月份	2月	3月	4月	5月	6月
完成合同价值	55	110	165	220	110

解　(1)计算预付备料款:660×20%=132(万元)

(2)求预付备料款的起扣点:

$$开始扣回预付备料款时的合同价值=660-\frac{132}{60\%}=660-220=440(万元)$$

即当累计完成合同价值为440万元后,开始扣回预付款。

(3)2月完成合同价值55万元,结算55万元。

(4)3月完成合同价值110万元,结算110万元,累计结算工程款165万元。

(5)4月完成合同价值165万元,结算165万元,累计结算工程款330万元。

(6)5月完成合同价值220万元,到4月份累计完成合同价值550万元,超过了预付备料款的起扣点。

5月应扣回的预付备料款:(550-440)×60%=66(万元)

5月结算工程款:220-66=154(万元),累计结算工程款484万元。

(7)6月完成合同价值110万元,应扣回预付备料款:110×60%=66(万元),应扣5%的预留款:660×5%=33(万元)。

6月结算工程款为:110-66-33=11(万元),累计结算工程款495万元,加上预付备料款132万元,共结算627万元。预留合同总额的5%即33万元作为保留金。

二、园林工程竣工结算

园林工程竣工结算是在工程竣工并经验收合格后,施工单位根据施工过程中实际发生的增减变更情况,按照编制施工图预算的方法与规定,对原施工图预算或工程合同造价进行相应调整而编制确定的工程实际造价,并作为最终结算工程价款的技术经济文件。

单项工程竣工验收后,由园林施工企业及时整理交工技术资料。主要工程应绘制竣工图并编制竣工结算以及施工合同、补充协议、设计变更洽商等资料,送建设单位审查,经承发包双方达成一致意见后办理结算。但属于中央和地方财政投资的园林工程的结算,需经财政主管部门委托的专业银行或中介机构审查,有的工程还需经过审计部门审计。

(一)园林工程竣工结算的编制原则

(1)要编制竣工结算的工程项目或部位必须具备竣工结算的条件,即工程已通过竣工验收并取得竣工验收报告单。

(2)对要办理竣工结算的工程项目进行全面的清查,且这些内容都必须符合设计及验收规范要求,符合建筑安装工程质量检验评定标准的规定。

(3)要严格按照地区预算定额、地区估价表、调价文件及工程合同(或协议书)等的要求编制竣工结算书。

(4)应严格按照地区或部门规定的程序和方法编制工程竣工结算书。

(5)施工图预算书等结算资料必须齐全,并以对建设单位负责的态度、实事求是的精神,正确地确定工程最终造价。

(二)工程竣工结算编制的依据

工程竣工结算的编制是一项政策性较强、反映技术经济综合能力的工作,既要做到正确地反映工人创造的工程价值,又要正确地贯彻执行国家有关部门的各项规定。编制工程竣工结算必须收集如下依据:

(1)工程合同或协议书;

(2)施工图预算;

(3)图纸会审纪要和设计变更通知单;

(4)材料代用核定单和材料预算价格变更文件;

(5)施工现场签证记录;

(6)竣工图;

(7)隐蔽工程验收单、工程竣工报告和竣工验收单;

(8)分包单位或附属单位提出的分包工程结算书;

(9)现行市政工程预算有关定额、费用调整的补充项目;

(10)经双方协商同意并办理了签证的应列入工程结算的其他事项。

(三)工程竣工结算的内容

工程竣工结算时重点需要考虑在施工过程中工程量的变化、价格的调整等内容,主要包括以下几个方面。

1. 工程量增减调整

工程量增减调整是指所完成的实际工程量与施工图预算工程量之间的差额,即所谓量差。量差主要表现在以下几个方面:

(1)设计变更和漏项。因实际图样修改和漏项等产生的工程量增减,可依据设计变更通知书进行调整。

(2)现场工程更改。实际工程中施工方法出现不符、基础超深等均可根据双方签证的现场记录,按照合同或协议的规定进行调整。

(3)施工图预算错误。在编制竣工结算前,应结合工程的验收和实际完成工程量的情况,对施工图预算中存在的错误予以纠正。

2. 价差调整

工程竣工结算可按照地方预算定额或基价表的单价编制,因当地造价部门文件调整发生的人工、计价材料和机械费用的价差均可以在竣工结算时加以调整。未计价材料则可根据合同或协议的规定,按实际调整价差。

3. 费用调整

属于工程数量的增减变化,需要相应调整安装工程费的计算;属于价差的因素,通常不调整安装工程费,但要计入计费程序中,即该费用应反映在总造价中;属于其他费用,如停窝工费用、大型机械进出场费用等,应根据各地区定额和文件规定一次结清,分摊到工程项目中去。

(四)工程竣工结算的编制方式

1. 决标或议标后的合同价加签证结算方式

(1)合同价。经过建设单位、园林施工企业、招投标主管部门对标底和投标报价进行综合评定后确定的中标价,以合同的形式固定下来。

(2)变更增减账等。对合同中未包括的条款或出现的一些不可预见费,在施工过程中由于工程变更所增、减的费用,经建设单位或监理工程师签证后,与原中标合同价一起结算。

2. 施工图概(预)算加签证结算方式

(1)施工图概(预)算。这种结算方式适用于小型园林工程,一般是以经建设单位审定后的施工图概(预)算作为工程竣工结算的依据。

(2)变更增减账等。凡施工图概(预)算未包括的,在施工过程中工程变更所增减的费用,各种材料(构配件)预算价格与实际价的差价等,经建设单位或监理工程师签证后,与审定的施工图预算一起在竣工结算中进行调整。

3. 预算包干结算方式

预算包干结算也称施工图预算加系数包干结算,其公式为:

结算工程造价 = 经施工单位审定后的施工图预算造价 ×(1 + 包干系数)

在签订合同时,要明确预算外包干系数、包干内容及范围。包干费通常不包括因下列原因增加的费用:

(1)在原施工图外增加建设面积。

(2)工程结构设计变更、标准提高,非施工原因的工艺流程的改变等。

(3)隐蔽性工程的基础加固处理。

(4)非人为因素所造成的损失。

4. 平方米造价包干的结算方式

它是双方根据一定的工程资料,事先协商好每平方米造价指标后,乘以建设面积计算工程造价进行结算的方式。其公式为:

结算工程造价 = 建设面积 × 每平方米造价

这种方式适用于广场铺装、草坪铺设等。

(五)工程竣工结算方法

工程竣工结算的编制,因承包方式的不同而有所不同,其结算方法均应根据各省市建设工程造价(定额)管理部门、当地园林管理部门和施工合同管理部门的有关规定办理工程结算。常用的结算方法如下。

1. 在中标价格基础上进行调整

采用招标方式承包工程结算原则上应以中标价(议标价)为基础进行,如工程施工过程中有较大设计变更、材料价格的调整、合同条款规定允许调整的,或当合同条文规定不允许调整但非施工企业原因发生中标价格以外的费用时,承发包双方应签订补充合同或协议,在编制竣工结算时,应按本地区主管部门的规定,在中标价格基础上进行调整。

2. 在施工图预算基础上进行调整

以原施工图预算为基础,对施工中发生的设计变更、原预算书与实际不相符、经济政策的变化等,编制变更增减账,根据增减的内容对施工图预算进行调整。具体增减的内容主要包括:工程量的增减,各种人、材、机价格的变化和各项费用的调整等。

3. 在结算时不再调整

采用施工图概(预)算加包干系数和平方米造价包干方式进行工程结算,一般在承包合同中已分清了承发包单位之间的义务和经济责任。不再办理施工过程中所承包范围内的经济洽商,在工程结算时不再办理增减调整。工程竣工后,仍以原预算加系数或平方米造价包干进行结算。

采用上述结算方式,必须对工程施工期内各种价格变化进行预测,获得一个综合系数,即风险系数。采用这种做法,承包或发包方均承担很大的风险,一般只适用于建设面积小、施工项目单一、工期短的园林工程。对工期较长、施工项目复杂、材料品种多的园林工程不宜采用这种方式。

(六)工程竣工结算的审查

竣工结算编制后要有严格的审查,一般从以下几个方面入手。

1. 核对合同条款

首先,应核对竣工工程内容是否符合合同条件要求,工程是否竣工验收合格,只有按合同要求完成全部工程并验收合格才能竣工结算;其次,应按合同规定的结算方法、计价定额、取费标准、主材价格和优惠条款等,对工程竣工结算进行审核;若发现合同开口或有漏洞,应请建设单位与施工单位认真研究,明确结算要求。

2. 检查隐蔽验收记录

所有隐蔽工程均需进行验收,并由两人以上签证。实行工程监理的项目应经监理工程师签证确认。审核竣工结算时应核对隐蔽工程施工记录和验收签证,手续完整,工程量与竣工图一致方可列入结算。

3. 落实设计变更签证

设计修改变更应有原设计单位出具的设计变更通知单和修改的设计图纸、校审人员签字并加盖公章,经建设单位和监理工程师审查同意、签证;重大设计变更应经原审批部门审批,否则不应列入结算。

4. 按图核实工程数量

竣工结算的工程量应依据竣工图、设计变更单和现场签证等进行核算,并按国家统一规定的计算规则计算工程量。

5. 执行定额单价

结算单价应按合同约定或招标规定的计价定额与计价原则确定。

6. 防止各种计算误差

工程竣工结算子目多、篇幅大,往往有计算误差,应认真核算,防止因计算误差多计或少算。

第二节　园林工程竣工决算

一、竣工决算的概念及分类

竣工决算是建设工程经济效益的全面反映,是项目法人核定各类新增资产价值、办理其交付使用的依据。通过竣工决算,一方面能够正确反映建设工程的实际造价和投资结果;另一方面可以通过竣工决算与概算、预算的对比分析,考核投资控制的工作成效,总结经验教训，积累技术经济方面的基础资料，提高未来建设工程的投资效益。

竣工决算分为施工企业竣工决算和基本建设项目竣工决算，园林施工企业的竣工决算是企业内部对竣工的单位工程进行实际成本分析，反映其经济效果的一项决算工作。它是以单位工程的竣工结算为依据，核算其预算成本、实际成本和成本降低额，并编制单位工程竣工成本决算表，以总结经验，提高企业经营管理水平。基本建设项目竣工决算是建设单位根据国家建委《关于基本建设项目验收暂行规定》的要求，所有新建、改建和扩建工程建设项目竣工以后都应编报的竣工决算。它是反映整个建设项目从筹建到竣工验收投产的全部实际支出费用的文件。

二、园林工程竣工决算的内容

园林工程竣工决算是建设工程从筹建到竣工使用全过程中发生的所有实际支出，包括设备工器具购置费、建筑安装工程费和其他费用等。在建设项目或单项工程完工后，由建设单位财务及有关部门，以竣工结算、前期工程费用等资料为基础进行编制。竣工决算全面反映了建设项目或单项工程从筹建到竣工使用全过程中各项资金的使用情况和设计概(预)算执行的结果，它是考核建设成本的重要依据。竣工决算主要包括内容见表6-4。

表6-4　园林工程竣工决算内容

表现形式	内　容
文字说明	1. 工程概况 2. 设计概算和建设项目计划的执行情况 3. 各项技术经济指标完成情况及各项资金使用情况 4. 建设工期、建设成本、投资效果等
竣工工程概况表	将设计概算的主要指标与实际完成的各项主要指标进行对比，可采用表格的形式
竣工财务决算表	用表格形式反映出资金来源与资金运用情况
交付使用财产明细表	交付使用的园林项目中固定资产的详细内容，不同类型的固定资产应相应采用不同形式的表格。 例如，园林建筑等可用交付使用财产、结构、工程量(包括设计、实际)概算(实际的建设投资、其他基建投资)等项来表示。 设备安装可用交付使用财产名称、规格型号、数量、概算、实际设备投资、建设基建投资等项来表示

三、竣工决算的编制依据

(1)经批准的可行性研究报告及其投资估算；

(2)经批准的初步设计或扩大初步设计及其概算或修正概算；

(3)经批准的施工图设计及其施工图预算；

(4)设计交底或图纸会审纪要;

(5)招投标的标底、承包合同、工程结算资料;

(6)竣工图及各种竣工验收资料;

(7)设备、材料调价文件和调价记录;

(8)有关财务核算制度、办法和其他有关资料、文件等。

四、竣工决算的编制步骤

按照国家财政部印发的财基字[1998]4号关于《基本建设财务管理若干规定》的通知要求,竣工决算的编制步骤如下。

(1)收集、整理、分析原始资料。从建设工程开始就按编制依据的要求,收集、清点、整理有关资料,主要包括建设工程档案资料,如:设计文件、施工记录、上级批文、概(预)算文件、工程结算的归集整理,财务处理、财产物资的盘点核实及债权债务的清偿,做到账账、账证、账实、账表相符。对各种设备、材料、工具、器具等要逐项盘点核实并填列清单,妥善保管,或按照国家有关规定处理,不准任意侵占和挪用。

(2)对照、核实工程变动情况,重新核实各单位工程、单项工程造价。将竣工资料与原设计图纸进行查对、核实,必要时可实地测量,确认实际变更情况;根据经审定的施工单位竣工结算等原始资料,按照有关规定对原概(预)算进行增减调整,重新核定工程造价。

(3)将审定后的待摊投资、设备工器具投资、建筑安装工程投资、工程建设其他投资严格划分和核定后,分别计入相应的建设成本栏目内。

(4)编制竣工财务决算说明书,力求内容全面、简明扼要、文字流畅、说明问题。

(5)填报竣工财务决算报表。

(6)做好工程造价对比分析。

(7)清理、装订好竣工图。

(8)按国家规定上报、审批、存档。

第三节　园林工程结算模拟实训

一、实训目的

通过组织学生进行园林工程结算的模拟,熟悉园林工程预付款和进度款的计算,掌握工程竣工结算编制的依据与方法。

二、实训用具与材料

其主要包括笔、纸、计算器、园林工程图纸、园林工程预算书、设计变更通知单和施工现场工程变更洽商记录等。

三、实训内容

(1)工程预付款与进度款的计算。

(2)编制园林工程竣工结算文件。

四、步骤和方法

(一)工程预付款与进度款的计算

(1)分别用工料单价法和综合单价法以表格形式表示某园林工程的造价。

(2)根据列出的表格分析两种计价方法的关系。

(3)学生根据任课教师确定的每月已完成的工作量,用两种计价方法分别计算各月的工程进度款。

(4)确定主要材料及构件占合同总额的百分比和材料储备定额天数,分别计算出工程预付款、起扣点、各月结算的工程款。

(二)编制园林工程竣工结算文件

(1)任课教师给出该工程施工过程中发生的变化,包括设计变更,发生特殊情况,预算工程量不准确,人、材、机单价的调整,费用的调整等。

(2)收集编制结算的依据资料,分类汇总。

(3)确定该工程竣工结算方式。

(4)根据承包方式的不同编制工程竣工结算。

(5)竣工结算编制完毕后进行严格的审查。

研讨与练习

一、填空题

1. 工程价款按月结算的方式即先预付________;在施工过程中按月结算________,竣工后进行________。

2. 确定________是工程预付款起扣的关键。

3. 编制竣工结算时,根据增减的内容对施工图预算进行调整,具体增减的内容主要包括________、________和________的调整等。

4. 竣工决算分为________的竣工决算和________的竣工决算。

5. 园林工程竣工决算是在建设项目或单项工程完工后,由建设单位财务及有关部门,以________、________等资料为基础进行编制。

6. 设计概算是________(或________)阶段,根据勘测设计的技术文件,结合概算定额、概算指标、工资标准、设备价格、材料价格以及各项费用标准等基础资料,由________进行编制的,是确定建设项目和单项工程建设费用的文件。

7. ________和________总称为基本建设预算,即在建设之前,计算出建设项目或每项工程的概预算价值、作为确定建设投资、控制基建拨款和控制单位工程造价的依据。

8. 按照国家要求,所有建设项目,设计必须有________,施工必须有________,竣工必须有________。它们之间的关系是:________价值不得超过计划任务书的投资额,修正概算和施工图预算不得超过________价值,________不得超过施工图预算价值。

二、计算题

1. 某园林工程总造价为280万元,其中主要材料、构件所占比例为62.5%,材料储备定额天数为40天,问工程预付款为多少万元?起扣点应为多少万元?

2. 某园林工程承包合同总额为2 500万元,主要材料及结构件金额占合同总额的70%,预付备料款额度为15%,预付款扣款的方法是以未施工工程尚需的主要材料及构件的价值相当于预付款数额时起扣,从每次中间结算工程价款中,按材料及构件比重抵扣工程价款。保留金为合同总额的5%。某年各月实际完成合同价值如表6-5所示。问如何按月结算工程款。

表6-5 各月实际完成合同价值 (单位:万元)

月份	2月	3月	4月	5月	6月	7月	8月	9月	10月
完成合同价值	200	240	280	280	290	330	310	300	270

三、简答题

1. 简述工程价款结算的不同方式。
2. 确定工程预付款起扣点的依据是什么?
3. 采用可调工料单价法计算工程进度款,其计算步骤是什么?
4. 竣工结算编制后要有严格的审查,一般从哪几个方面入手?
5. 理解工程进度款计算的方法。
6. 简述竣工结算的依据、编制方法,竣工决算的编制步骤。
7. 简述施工企业内部单位工程竣工成本核算与基本建设项目竣工决算的关系。

第七章　园林工程预算软件的应用

第一节　概　述

随着建设产业市场化的飞速发展，工程造价行业的业务规模和需求也迅速扩大，原来的手工预算编制的形式和效率已明显不能适应当今的工作环境和条件，广大造价人员通过利用信息技术，对提高管理质量、工作效率的业务意识也在不断地增强，从根本上为计算机技术的应用创造了良好的条件。而计算机技术的飞速发展，也为工程造价行业准备好了充足的技术保证。

根据实际应用情况，目前90%以上的工程招投标环节中都使用了相关软件工具。现简单介绍几种常见的预算软件。

一、神机妙算软件

上海神机妙算造价软件有限公司在全国设有40多个软件销售服务机构，已经二次开发完成了符合当地实际情况的神机工程造价软件。该软件具有以下特点：

(1)采用智能感知技术、模糊关联技术、多权树形数据库技术对定额库进行管理，因此定额库具有智能性，表现为定额库可以万能悬挂适应不同的定额需要。

(2)用户可以自定义软件功能和人机用户界面，符合个性化的需要。

(3)可以跨专业、跨地区相互拖拉定额子目，全部功能和操作符合Windows标准。

(4)可以做工程量清单、概算、预算、结算、审计审核、编制标底、投标报价、定额编排打印、企业内部定额、工程量自动计算、钢筋自动计算等。

(5)神机妙算工程造价软件已经二次开发完成符合当地实际情况的200多种适于全国各地各专业的定额数据库，包括土建、装饰、房修、安装、市政、园林绿化、公路、铁路、电力、电信、消防、人防、水利、水电、水运、机场、码头、爆破、石油、石化、煤炭、管线、有线等。

二、广联达——清单计价系统

广联达清单计价系统是由北京广联达慧中软件技术有限公司研究开发的，目前广联达用户已遍布全国二十几个省、市、自治区及直辖市，全国有6万多家企业在应用广联达软件开展业务。

该系统采用模块化设计、规范和规则的数据库内置自动应用，以《建设工程工程量清单计价规范》和《中华人民共和国招投标法》为依据，是围绕项目招投标，实现“计量、询价、计价、招/投标文件编制、自动评标和招投信息发布、工程数据积累”等招标投标核心业务的一体化智能解决方案。

产品涉及全国建筑设计、施工、审计、咨询、监理、房地产开发等行业及财政审计、石油化工、邮电、电力、银行审计等系统。

广联达清单计价系统具有操作界面简单、输入简便易学、界面友好、功能完善、计算速度快、结果精度较高等卓越功能。

三、智多星建设项目造价管理软件

智多星软件以技术创新、功能开放、运行稳定、功能强大、报表灵活等著称,首创的源代码级的【宏语言】,成功完成了各行业专业化及各地区本地化的二次开发,让适用于各行业、各地区的工程项目管理与控制变成现实。其具有以下一些主要功能特点。

(1)项目管理导航。以整体工程项目为基础来构架软件系统,无论工程项目大小及单位工程多少,只生成一个文件,方便工程项目管理、汇总、成批打印导入导出 Excel 文件及制作电子标书。

(2)费率设置窗口布局科学合理。布局:费率条件→费率值→特项费率值,完美解决了组合条件决定费率取值问题。所有费率值可以根据规范自动产生,无需手工输入费率数值。

(3)不同专业定额相互调用十分快捷。

(4)换算过程记录在案,并可任意撤销。

(5)增加费、垂直运输机械费自动计算。

(6)子目取费,任意调整。

(7)树状结点模式处理数据层次计算。

(8)数据变化、同步计算,语音校对,清单自检,杜绝错误,全电子表格数据导入与导出功能,灵活可控的自由报表,独特的报表集合功能等。

四、建筑业清单大师——工程量清单的计价软件

完全依照建设部颁布的工程量清单计价规范,同时根据地方文件进行了优化、补充,采用先进的树形操纵方式,支持保温刷漆自动计算、主材设备自动带出、配比材料自动换算,能够进行建筑、装饰、安装、市政、园林绿化等工程的工程量清单报价、标底及招标文件的编制。为了使用户尽快熟悉、掌握工程量清单报价,该系统在功能设计上极大限度地考虑到用户进行定额计算的使用习惯。

五、预算专家——四川园林 V3.0

该软件仿效手工预算习惯,直接在标书中进行各种数据处理,定额录入。换算简便直观,各种数据动态计算,用户在录入数据的过程中立即得到计算结果。具有灵活直观的换算功能,可进行人、材、机、基价的增减和系数调整,可任意增删定额子目下的材料。

第二节　园林工程预算软件的应用

计算机预算软件在全国各省市所用的都不同,但其基本操作都是由项目建立、套定额、工程量输入、定额换算、价格输入与修改、造价计算和打印输出等部分组成。本章以黑

龙江省工程量清单计价软件(神机妙算)为例进行介绍。各个地区在本章教学过程中可根据本地区常用预算软件进行讲解。

一、安装与运行

第一步:把黑龙江省工程量清单软件光盘放入光驱,不要插上软件锁;电脑会自动读盘,弹出安装界面,如图 7-1 所示;用光标点击【安装软件】,点击【下一步】→【是】→选择路径(默认 C 盘 sjms 下)→【下一步】→【安装】→【结束安装】,如图 7-2 所示。

图 7-1　预算软件安装界面

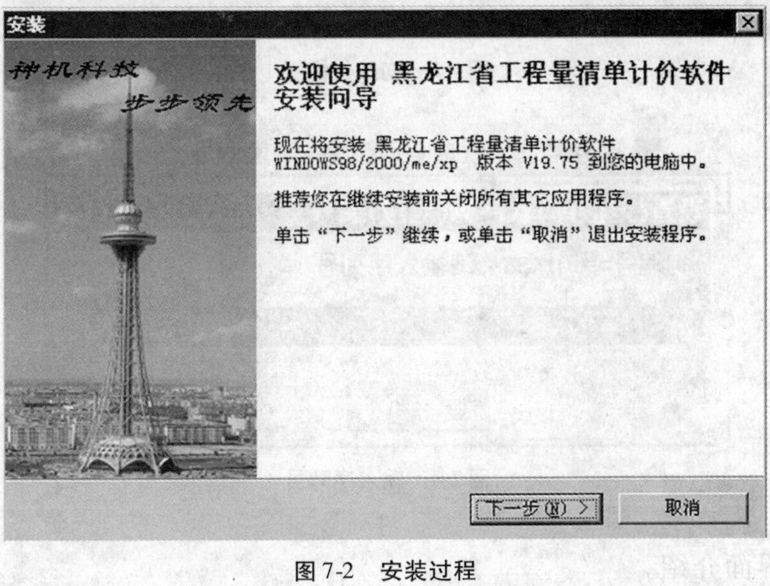

图 7-2　安装过程

第二步：用光标点击【多媒体安装】，点击【下一步】→选择路径（默认 C 盘 sjms 下）→【下一步】→【安装】→【结束安装】。

第三步：点击【退出】退出安装界面，插上软件加密锁，电脑应该会自动驱动软件锁程序。

第四步：双击桌面"黑龙江工程量清单"图标进入软件→点击［打开］→找到【工程量清单软件初始化模板】，双击它（见图 7-3）→点击带红心的图标【序列号】→输入软件的序列号如［123456. 78］→点击【确认】→系统会提示你有多少个定额库被打开→这样就 OK 了（见图 7-4）。如果提示你 0 个定额库被打开就有问题，这是因为输入软件的序列号时有错或没有在英文输入法下输入。

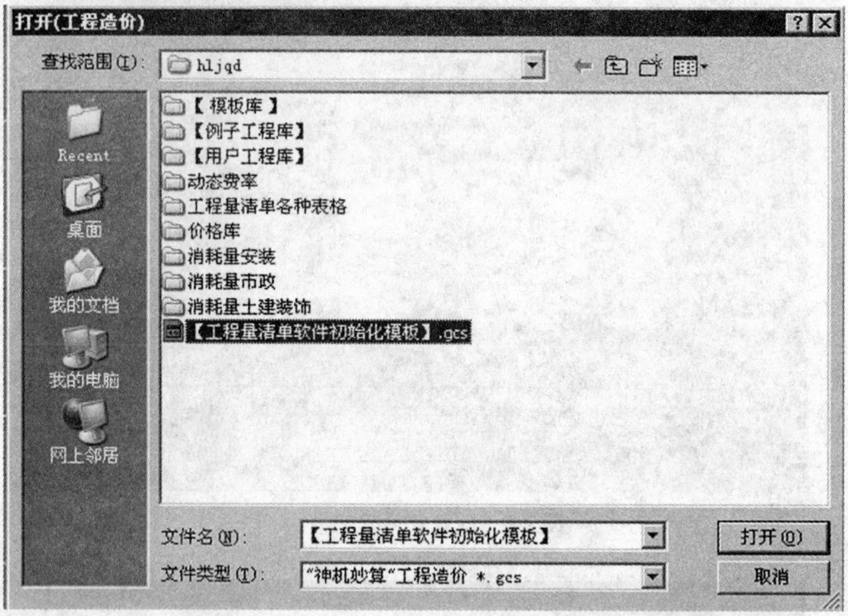

图 7-3　初始化模板

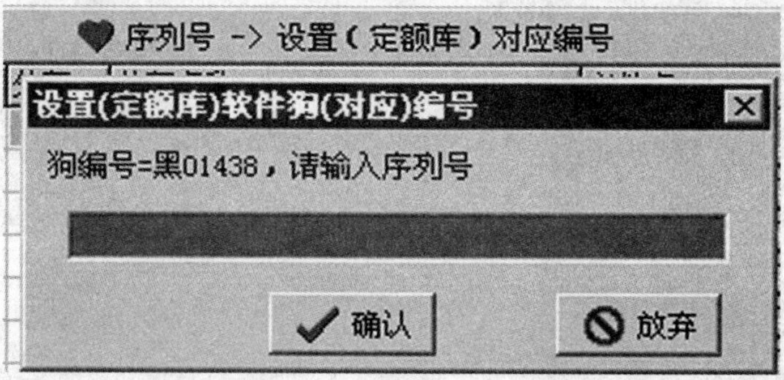

图 7-4　输入序列号

二、主界面介绍

图 7-5 是神机妙算软件的工作区域，大部分工作将在这个界面中完成。

标题栏:显示打开的工程造价文件路径与文件名。

主菜单:将软件系统中的命令按照功能域划分,置于各个菜单项的下拉列表当中。其主要作用是触发软件的功能和操作,软件的所有功能和操作都可以在这里找到。

工具栏:由执行菜单栏中各个菜单项中的常用命令的快捷图标按钮组成,可以有效地提高工作效率。

插页:在同一界面或对话框快速切换到不同的功能操作界面,如工程信息、价格信息、公共变量、套定额等插页。

窗口:在同一界面或插页中划分的若干区域,使各项操作在同一界面中完成。如图7-5中的套定额窗、定额含量窗、定额库窗口等。

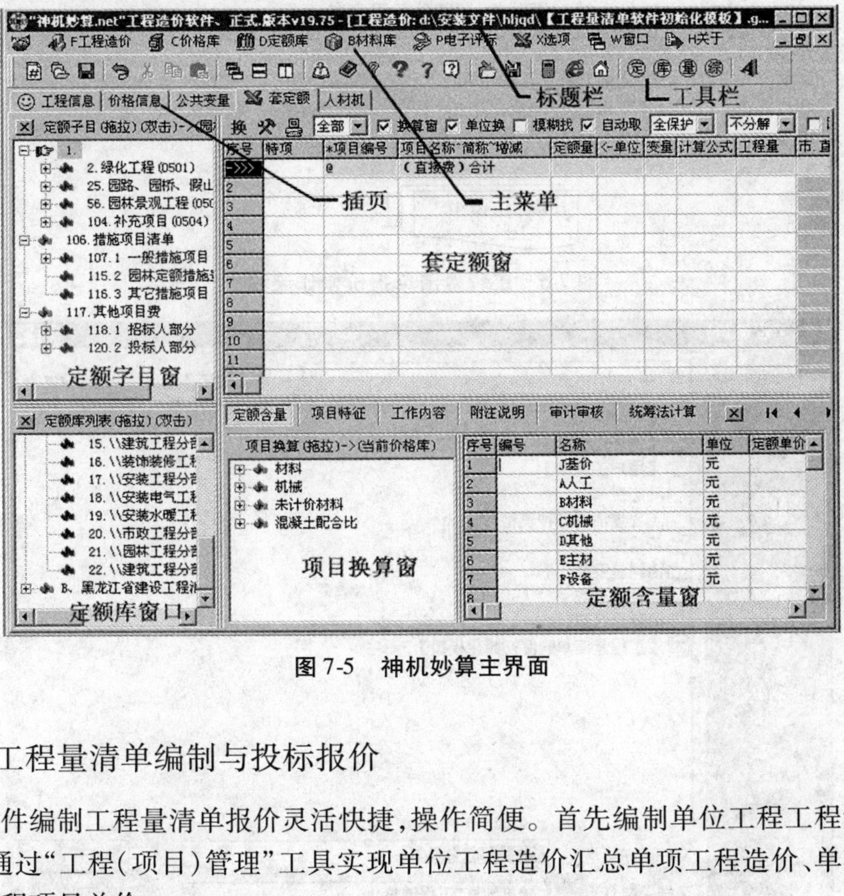

图7-5　神机妙算主界面

三、工程量清单编制与投标报价

本软件编制工程量清单报价灵活快捷,操作简便。首先编制单位工程工程量清单报价,然后通过"工程(项目)管理"工具实现单位工程造价汇总单项工程造价、单项工程造价汇总工程项目总价。

单位工程工程量清单报价的主要操作流程见图7-6。

(一)新建工程造价库

做新的工程预算时,首先要新建一个工程文件。单击【工程造价】菜单下【新建(工程造价)】命令,在弹出"新建(工程造价)"对话框中输入新建工程文件名,再单击【打开】按钮,即可进入新建"工程造价"界面,如图7-7所示。

(二)设置工程信息、选择工程模板

新建工程自动进入【工程信息】插页,在【工程信息】窗口录入各项工程信息,如图7-8

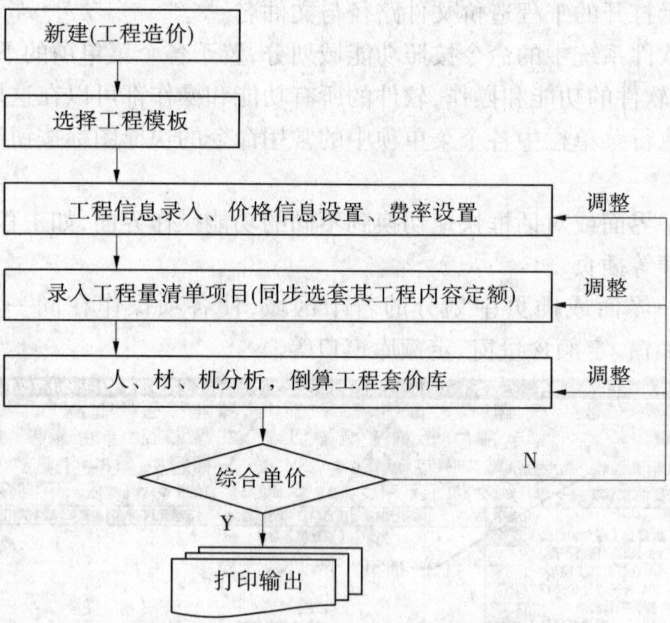

图 7-6　工程量清单报价操作流程

图 7-7　新建工程造价库

所示。

单击【选择模板】按钮，选择“黑龙江模板库”文件夹下的“市政园林清单模板”，再单击【打开】按钮，模板启动后自动完成工程量清单报价编制系统设置，全过程引导用户的操作，用户只需要录入清单及其工程内容子目和工程量，系统即可自动完成工程量清单报价的编制和各种标准清单表格的打印输出。

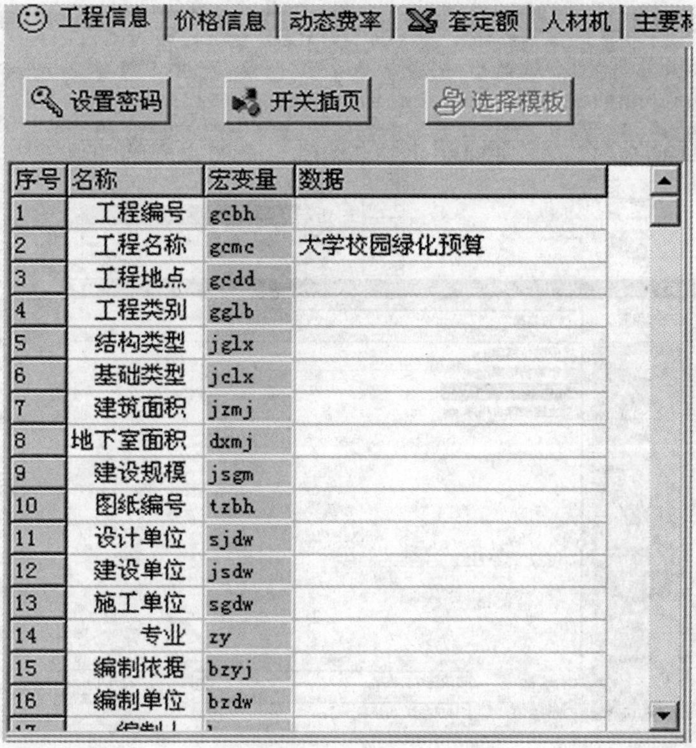

图 7-8　录入工程信息

（三）价格信息设置

在编制工程量清单标底或投标报价前，应先设置人、材、机价格信息，作为人、材、机分析的价格依据。操作方法是：进入【价格信息】插页，在【当前价格库】窗口单击鼠标右键提取菜单，单击【打开】命令，在弹出的“打开”对话框选择需要采用的价格库文件打开后，该价格库即成为当前价格库，直接供本工程造价软件采用，如图 7-9 所示。

（四）费率设置

进入【动态费率】插页，在【动态费率表】窗口，用户可以根据需要调整各类工程取费率或增加新的工程类别和取费类别。动态费率表每一行的工程类别对应一个特项变量，套定额时，通过设置定额子目特项，可自动实现定额子目按所属工程类别费率计算费用。

在套定额时软件会自动生成所属工程对应的特项符号。如动态费率中土石方工程所对应的特项为“土 ax”。

（五）编制工程量清单与投标报价

单位工程工程量清单报价编制主要在【套定额】插页中进行，单位工程工程量清单计价包括分部分项工程量清单项目、措施项目和其他项目费用。

1. 分部分项工程量清单项目编制

步骤 1：单击【定额库列表】窗口“工程量清单项目”前“田”，展示工程量清单项目列表，如图 7-10 所示。

步骤 2：双击“园林工程分部分项清单项目”，该专业的分部分项工程量清单项目即在

图 7-9　价格信息设置

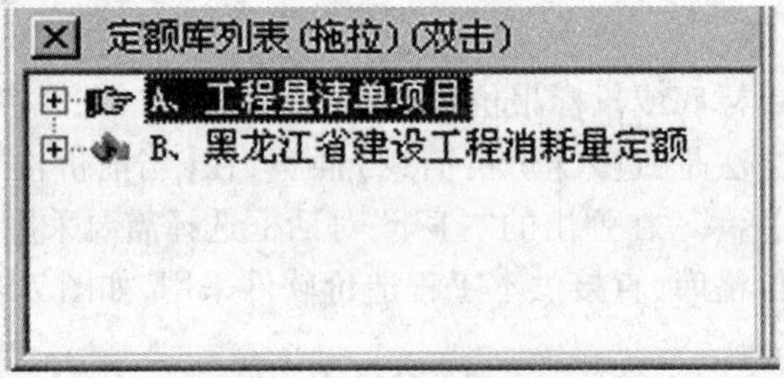

图 7-10　定额库列表

上方的【定额子目】窗口中以树形分级目录方式出现,如图 7-11 所示。

逐级展开【定额子目】窗口中的分部分项工程量清单项目节点,找到待录入的 9 位全国统一编码清单项目(以"＊＊＊"标识,如"＊＊＊050101001\伐树、挖树根\株")

步骤 3:首先利用鼠标拖拉的方式将【定额子目】下的"绿化工程"拖拉到【套定额】窗口的"＊分部分项清单项目"行下。再将鼠标定位在【套定额】窗口"＊＊绿化工程(0501)"下面,双击【定额子目】窗口中找到待录入的 9 位全国统一编码清单项目,如＊＊＊050101001\伐树、挖树根,系统自动弹出清单项目指引窗口(见图 7-12)。窗口列表中以树形目录自动列出该清单项目的工作内容定额子目列表。

按照图纸、招标文件和施工组织设计要求,考虑现场实际情况勾选列表中的工程内容子目。点击【确认】按钮,清单项目及其工程内容子目一起录入【套定额】窗口中。根据工

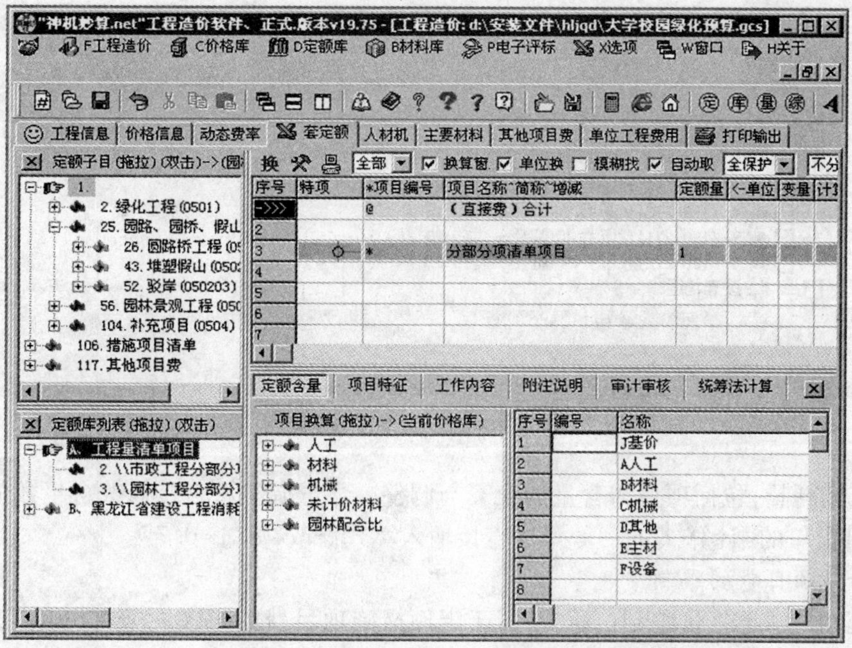

图 7-11　定额子目窗口中的树形分级

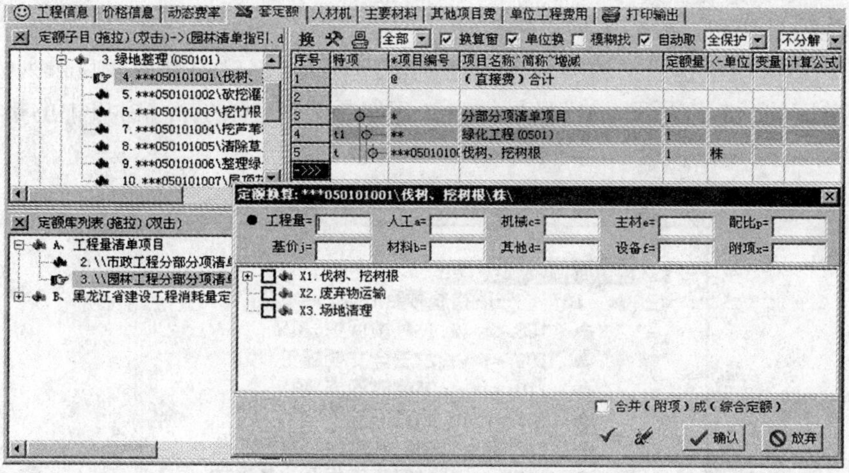

图 7-12　套定额窗口中的清单项目

程量计量规则计算，填写工程内容定额子目工程量，完成本条分项工程量清单项目组价，如图 7-13 所示。

此外，系统还提供了多种快速查找、录入清单和定额子目的方法：

(1)录入清单项目编码或定额号后回车。

(2)模糊查找名称录入清单项目与定额子目。

(3)拖拉其他工程文件中的清单项目或定额子目，当拖拉清单项目时，自动将其所属工程内容定额子目一起拖拉。

步骤 4：含量换算。选中【套定额】窗口中的待调整定额，在下方【含量库】窗口可灵

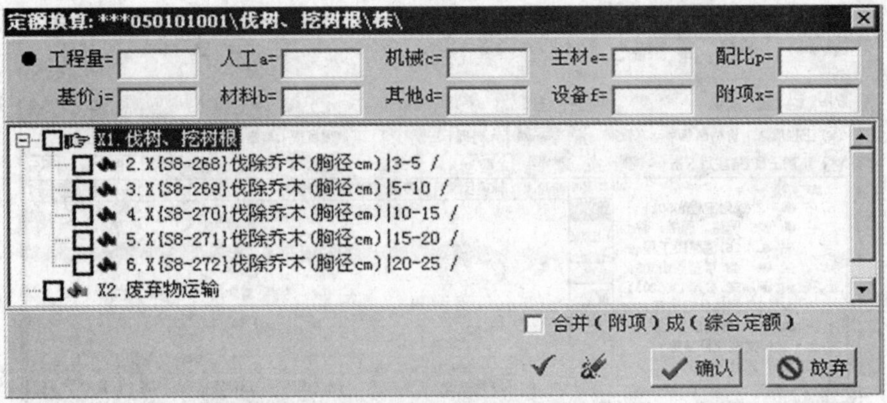

图 7-13　选择实际工程内容

活调整其消耗量，包括项目与含量的换算与调整。含量调整可直接修改含量数值，也可在【含量库】窗口的"计算式＋－＊/"栏直接输入算式修改，如"＊0.7"。

2. 措施项目费的编制

系统在其清单报价编制过程中，对于定额措施项目费的编制同分部分项工程量清单项目费的编制，即在【套定额】窗口中用相应定额子目完成。一般措施项目费报价时，在套价窗口直接拖拉自定义的措施项目，自动完成该措施项目报价。其他措施项目费可结合定额措施项目费和一般措施项目费报价。

步骤 1：选择规范预设措施项目，展开【定额库列表】窗口的清单库目录列表，点击所选专业清单库的"措施项目清单"目录结点。逐级展开【定额子目】窗口中的措施项目节点，找到待录入的规范预设措施项目，如图 7-14 所示。

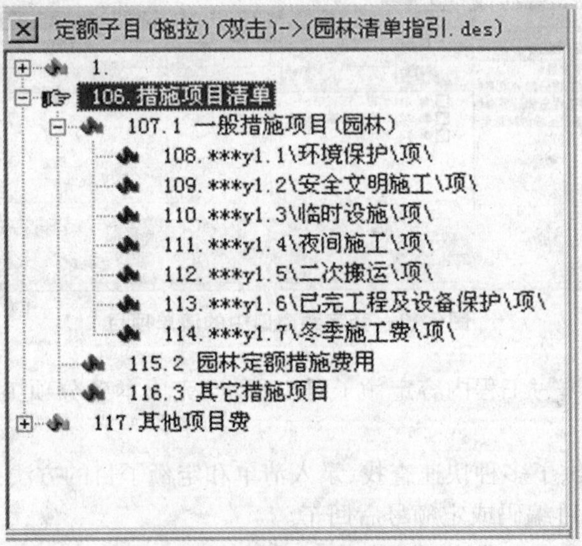

图 7-14　措施项目清单目录

步骤 2：录入措施项目。在【套定额】的清单表格中定位编辑行后，双击【定额子目】窗口中的措施项目，即可录入措施项目（也可采用直接拖拉措施项目进入清单编辑窗口),如图7-15所示。

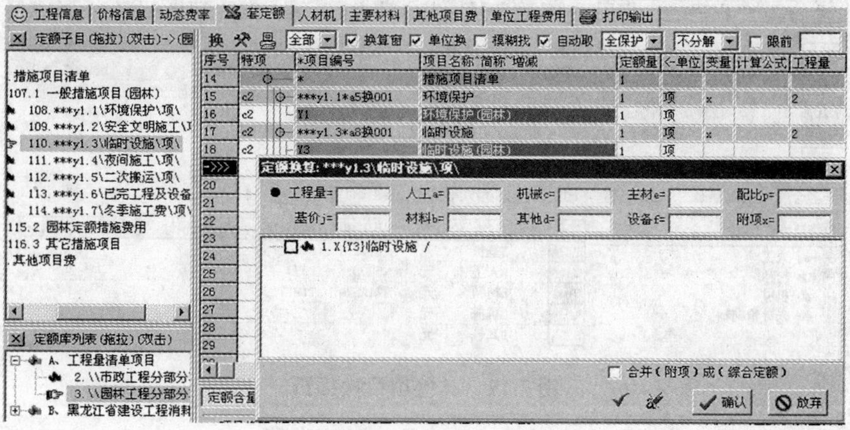

图7-15　录入措施项目

步骤3:措施项目组价。在“＊＊＊”清单措施项目行下编辑一条新定额(补充定额),光标定位于该行,在【套定额】窗口单击鼠标右键,选择弹出菜单中的“费用合计计算”,即可任意指定以直接费、人工费、材料费、机械费……直至工程量作为取费基数,任意给定费率,并将取费结果存入本条定额的工程量或基价,作为一条费用定额,如图7-16所示。

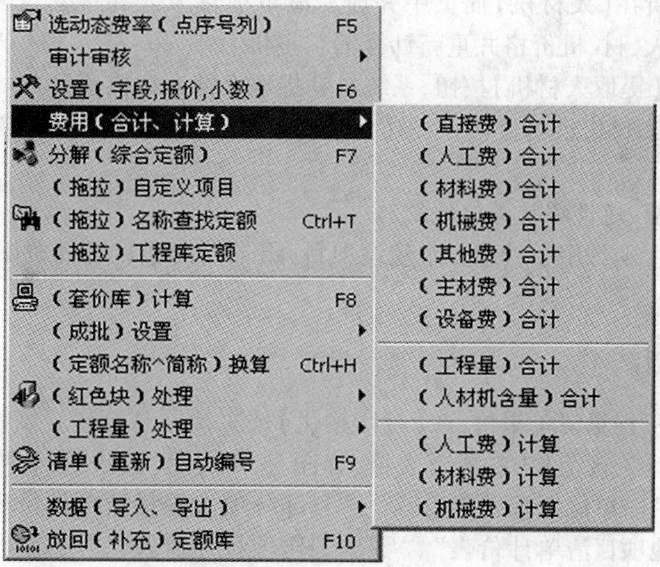

图7-16　措施项目组价

3. 其他项目费的编制

其他项目费中的“零星工作项目费”编制在【套定额】插页中完成,即在“＊＊＊”零星工作项目费清单项目行下编辑一条新定额(补充定额),在其含量窗口中编辑人、材、机消耗量项目及其含量,从而完成零星工作项目费组价,如图7-17所示。

其他项目费中其余费用均在【其他项目费】插页组价。【其他项目费】插页中的“计算

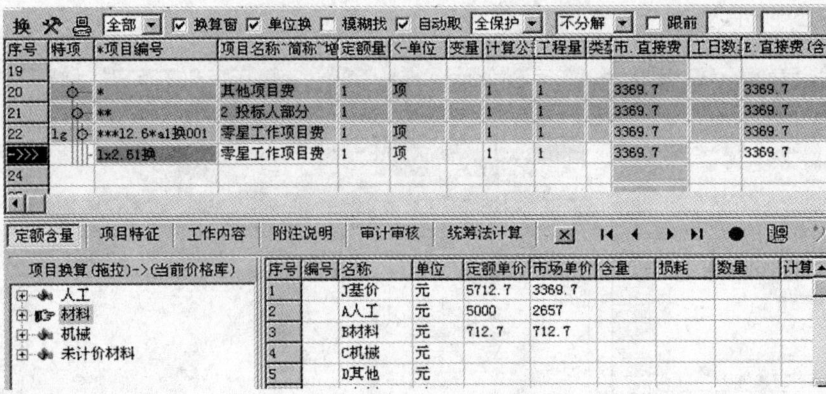

图 7-17　其他项目费插页

公式或基数"栏可填写固定金额进行组价，也可以根据需要自由给定取费基数和费率取费组价。

4. 单位工程费表的编制

【单位工程费表】插页汇总分部分项工程量清单项目费、措施项目费和其他项目费，并取定规费和税金两项费用。用户只需要调整这两项费用的费率即可，其他不需改变。

5. 人、材、机分析

人、材、机分析在【人材机】插页中完成。清单项目录入和选套定额后需要进行人、材、机分析，调整人、材、机价格并重新计算清单报价。

步骤1：点击【提取人材机】按钮，系统自动提取全部人材机项目。

步骤2：调整人材机市场价格，点击【（倒算）套价库按钮】，按新价格重新计算单位工程造价。

6. 单项工程费、建设项目总价的汇总

软件中项目管理可用于管理多个建设项目，将不同的项目进行费用汇总、统计，并输出报表。

四、打印输出

编制完成的工程量清单报价，在【打印输出】插页预览和打印。该插页预设了《建设工程工程量清单计价规范》中的所有表格，如图 7-18 所示，包括"工程项目总价表"、"单项工程费汇总表"、"单位工程费汇总表"、"分部分项工程量清单计价表"、"措施项目清单计价表"、"其他项目清单计价表"、"零星工作项目计价表"、"分部分项工程量清单综合单价分析表"、"措施项目费分析表"、"人工、材料、机械数量及价格表"、"主要清单项目工料机单价分析表"。系统提供自主选择预览打印范围功能，可灵活预览和打印输出。

在预览的过程中，如果发现报表格式不符合自己的需要，可对报表格式进行重新定制。选中报表，点击【编辑选中表格】按钮，打开报表编辑页面，可对当前打印机、纸张、表格的选项、字体字号等进行灵活处理，直至满足自己的工作需要，如图 7-19 所示。

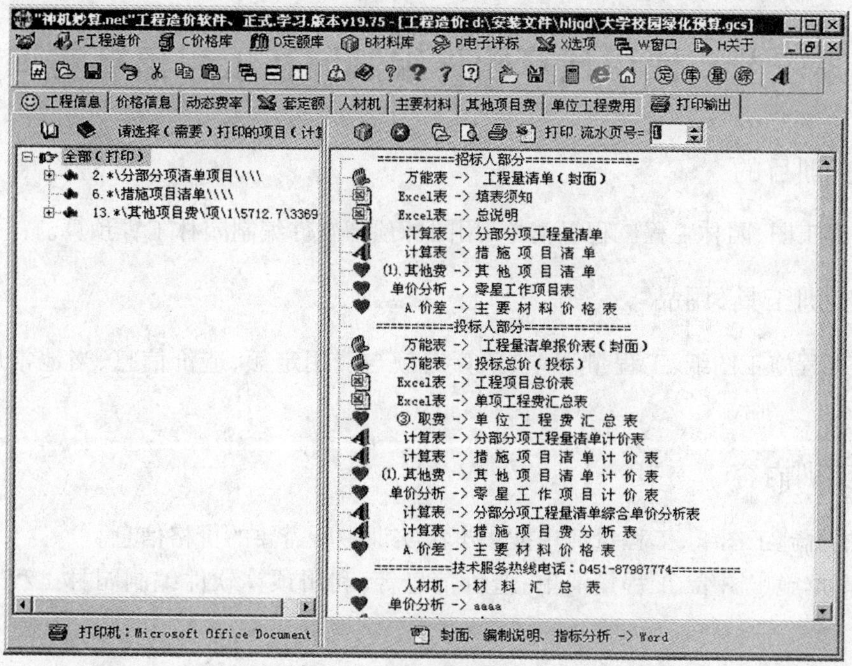

图 7-18　打印输出窗口页面

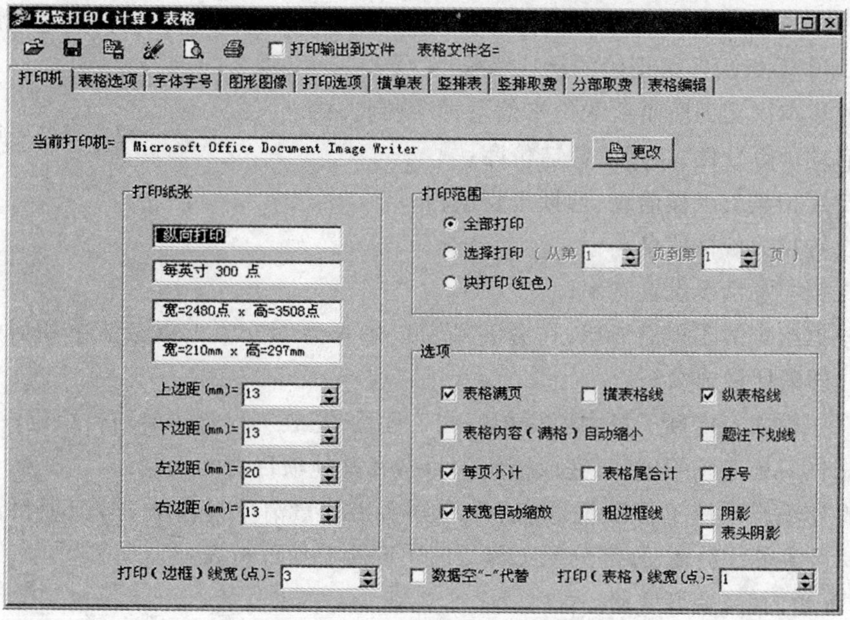

图 7-19　报表格式的重新定制

第三节　使用预算软件编制园林工程预算实训

一、实训目的

结合施工图、园林工程工程量清单,用园林预算软件编制园林工程预算。

二、实训工具、用品

园林工程施工图纸、工程量清单、预算定额与费用定额、造价信息、当地常用预算软件等。

三、实训内容

(1)根据施工图纸、工程量清单搜集本次实训中所需要的价格信息。

(2)根据施工图纸、工程量清单、造价信息等,利用预算软件编制园林工程工程量清单报价。

四、实训方法和步骤

把全班同学按每4人一组分成若干组,每组选定一名负责人,负责协调组内成员对不同要求的理解及最后各组报价的评比工作。

(1)收集本次实训所需要的价格信息,并绘制表格;

(2)启动预算软件,新建工程造价库;

(3)设置相关的工程信息、选择工程模板;

(4)设置相关价格信息;

(5)根据实际情况设置费率;

(6)根据给定的工程量清单,在套定额窗口录入分部分项工程量清单项目及其工程内容子目(即消耗量定额);

(7)在工程内容定额子目中填写相应的工程量,完成工程量清单项目组价;

(8)根据对施工图的理解,完成措施项目费和其他项目费的编制;

(9)打印输出单位工程费汇总表、分部分项工程量清单计价表、措施项目清单计价表、其他项目清单计价表、分部分项工程量清单综合单价分析表;

(10)完善内容,装订成册。

五、实训报告

根据园林工程施工图及设计说明,运用预算软件,编制园林工程施工图预算和工程量清单报价。

研讨与练习

1. 从本地区预算软件中，选择一套常用的预算软件并安装。

2. 熟悉该预算软件的界面，并根据表 7-1 内容编制一个简单的预算。

表 7-1　××绿化工程量计算式

序号	工程项目及名称	单位	数量
	直接费项目		
1	整理绿化用地：$S=852\ m^2$	m^2	852
2	栽植乔木 桧柏：高 1.2～1.5 m，2 株 垂柳：胸径 4.0～5.0 cm，7 株 龙爪槐：胸径 3.5～4.0 cm，4 株	株	13
3	栽植乔木 大叶黄杨：高 1～1.2 m，4 株	株	4
4	栽植灌木 金银木：高 1.5～1.8 m，90 株	株	90
5	栽植花卉 月季：两年生	株	120
6	铺种草皮 野牛草，草皮	m^2	466
7	园路 $S=176.54\ m^2$ $V_{砂垫层}=176.54\times0.2=35.31(m^3)$ $V_{灰土垫层}=176.54\times0.15=26.48(m^3)$ $S_{水泥方格砖}=176.54(m^2)$ 挖土方：$176.54\times0.35=61.79(m^3)$	m^2	176.54
8	路牙 路牙侧石安装：91.2 m 路牙 3:7 灰土：$91.2\ m\times0.16\ m\times0.15\ m=2.19\ m^3$	m	91.2
10	八角花坛		
	①人工挖地槽：$33.2\times0.8\times0.4=10.62(m^3)$	m^3	10.62
	②基础 3:7 灰土垫层：$33.2\times0.3\times0.4=3.98(m^3)$	m^3	3.98
	③混凝土池壁：$33.2\times1.1\times0.2=7.3(m^3)$	m^3	7.3
	④池面贴大理石：$33.2\times0.7=23.24(m^2)$	m^2	23.24

第八章 园林工程招投标

第一节 园林工程招标

一、园林工程招标投标概述

(一)园林工程招标投标的概念

园林工程招标投标是市场经济条件下进行大宗货物的买卖、工程建设项目的发包与承包,以及服务项目的采购与提供时,所采用的一种交易方式。

(二)园林工程招标投标的特点

我国从20世纪80年代初开始逐步实行招标投标制度,目前大量的、经常性的招标投标业务,主要集中在工程建设、政府采购、设备采购等领域,其中工程建设领域采用招投标方式最多。园林工程招标投标的主要特点如下:

(1)通过竞争机制,实行交易的公开。

(2)鼓励竞争,防止垄断,优胜劣汰,可较好地实现工程项目投资效益最大化。

(3)通过科学合理的程序,保证交易的公平和公正。

(三)工程项目招标应具备的条件

1.招标单位应具备的条件

(1)必须是法人或依法成立的其他组织。

(2)必须履行报批手续并取得批准。

(3)项目资金或资金来源已经落实。

(4)有与招标工程相适应的经济、技术管理人员。

(5)有组织编制招标文件的能力。

(6)有审查投标单位资质的能力。

(7)有组织开标、评标、定标的能力。

如果招标单位不具备上述(4)~(7)项条件,需委托具有相应资质的咨询、监理等中介服务机构代理招标。

2.招标项目应具备的条件

(1)项目概算已经批准。

(2)项目已列入国家、部门或地方的年度固定资产投资计划。

(3)建设用地的征用工作已经完成。

(4)有能够满足施工要求的施工图纸及技术资料。

(5)建设资金和主要建筑材料、设备的来源已经落实。

(6)已经项目所在地规划部门批准,施工现场的“三通一平”已经完成或已列入施工招标范围。

(四)园林工程招标投标的目的

《中华人民共和国招标投标法》(下称《招标投标法》)将招标与投标的过程纳入法制管理的轨道,主要内容包括通行的招标投标程序;招标人应遵循的基本规则;任何违反法律规定应承担的后果责任等。

园林工程招标投标的目的是:通过竞争择优选定项目的勘察、设计、施工、装修、材料设备供应、监理和工程总承包单位,达到保证工程质量、缩短建设周期、降低成本、提高投资效益和项目综合效益最大化的目的。

(五)园林工程招标投标的原则

1. 公开原则

公开原则是指招标投标活动应有较高的透明度,招标人应当将招标信息公布于众,以招引投标人作出积极反应。在招标采购制度中,公开原则要贯穿于整个招标投标程序中,具体表现在建设工程招标投标信息公开、条件公开、程序公开和结果公开。

2. 公平原则

公平原则要求招标人或评标委员会严格按照规定的条件和程序办事,平等地对待每一个投标竞争者,不得对不同的投标竞争者采用不同的标准。招标人不得以任何方式限制或者排斥本地区、本系统以外的法人或者其他组织参加投标。

3. 公正原则

公正是指招标投标活动要按照招标文件中的统一标准,实事求是地进行评标和决标,不偏袒任何一方。

4. 诚实信用原则

招标投标当事人应以诚实、守信的态度行使权利,履行义务,以保护双方的利益。诚实是指真实合法,不可用歪曲或隐瞒真实情况的手段去欺骗对方。

(六)园林工程招标投标范围

1. 法律和行政法规规定必须招标的范围

2000 年 5 月 1 日依据《招标投标法》的规定颁布了《工程建设项目招标范围和规模标准规定》,对必须招标的工程建设项目的具体范围和规模作出了进一步细化的规定。

1)按工程性质划分

(1)关系社会公共利益、公众安全的基础设施项目,主要包括:煤炭、电力、新能源等能源生产和开发项目;铁路、公路、管道、航空以及其他交通运输业等交通运输项目;邮政、电信枢纽、通信、信息网络等邮电通信项目;防洪、灌溉、排涝、引水、滩涂治理、水土保持、水利枢纽等水利项目;道路、桥梁、地铁和轻轨交通、地下管道、公共停车场等城市设施项目;污水排放及其处理、垃圾处理、河湖水环境治理、园林、绿化等生态环境建设和保护项目;其他基础设施项目。

(2)关系社会公共利益、公众安全的公用事业项目,主要包括:供水、供电、供气、供热等市政工程项目;科技、教育、文化等项目;体育、旅游等项目;卫生、社会福利等项目;商品住宅,包括经济适用住房;其他公用事业项目。

(3)使用国有资金投资的项目,主要包括:使用各级财政预算内资金的项目;使用纳入财政管理的各种政府性专项建设基金的项目;使用国有企业事业单位自有资金,并且国有资产投资者实际拥有控制权的项目。

(4)使用国家融资项目,主要包括:使用国家发行债券所筹资金的项目;使用国家对外借款、政府担保或者承诺还款所筹资金的项目;使用国家政策性贷款资金的项目;政府授权投资主体融资的项目;政府特许的融资项目。

(5)使用国际组织或者外国政府贷款、援助资金的项目,主要包括:使用世界银行、亚洲开发银行等国际组织贷款资金的项目;使用外国政府及其机构贷款资金的项目;使用国际组织或者外国政府援助资金的项目。

2)按委托任务的规模划分

各类工程建设项目,包括项目的勘察、设计、施工、监理以及与工程建设有关部门设备、材料的采购,达到下列规模标准之一者,必须进行招标。

(1)施工(含土建施工、设备安装、装饰装修等)单项合同估算价在200万元人民币以上的。

(2)重要设备、材料等货物的采购,单项合同估算价在100万元人民币以上的。

(3)勘察、设计、监理等服务的采购,单项合同估算价在50万元人民币以上的。

(4)单项合同估算价低于第(1)、(2)、(3)项规定的规模标准,但项目总投资额在3 000万元人民币以上的。

2. 可以不进行招标的建设项目范围

(1)涉及国家安全、国家秘密的工程。所谓涉及国家安全的项目,是指国防、尖端科技、军事装备等涉及国家安全、会对国家安全造成重大影响的项目。所谓国家秘密,是指关系国家安全和利益,依照法定程序确定,在一定时间内只限一定范围熟悉的事项。

(2)抢险救灾。抢险救灾具有很强的时间性,需要在短期内采取迅速、果断的行为,以排除险情、救济灾民。

(3)利用扶贫资金实行以工代赈,需要使用农民工等特殊情况。所谓以工代赈,是指国家利用扶贫资金建设扶贫工程项目,吸纳扶贫对象参加该工程的建设成为建成后项目的工作人员,以工资和工程项目的经营收益达到扶贫的一种政策。由于以工代赈项目有明确的服务对象,所以无需招标。

(4)勘察、设计采用特定专利或者专有技术或者其建筑艺术造型有特殊要求的。

(5)停建或者缓建后恢复建设的单位工程,且发包人没发生变更的。

(6)施工企业自建自用的工程,而且该施工企业资质等级符合工程要求的。

(7)在建工程追加的附属小型工程或者主体加层工程,且承包人未发生变更的。

(8)法律、法规、规章规定的其他情形。

3. 违反法律和行政法规的规定,规避招标应承担的法律责任

违反我国《招标投标法》相关规定,必须进行招标的项目而不招标的,或将必须进行招标的项目化整为零或者以其他任何方式招标的,责令限期改正,可处项目合同金额千分之五以上千分之十以下的罚款:对全部或者部分使用国有资金的项目,可以暂停项目执行或者暂停资金拨付,对单位直接负责的主管人员和其他直接责任人员依法给予处分。

(七)园林工程招标投标的方式

为了规范招标投标活动,保护国家利益和社会公共利益以及招标投标活动当事人的合法权益,《招标投标法》规定招标方式分为公开招标和邀请招标两大类。

1.公开招标

招标人通过新闻媒体发布招标公告,凡具备相应资质,符合招标条件的潜在组织不受地域和行业限制均可申请投标。

公开招标的优点:招标人可以在较广的范围内选择承包单位,投标竞争激烈,择优率高,有利于业主将工程项目的建设交予可靠的承包商实施,并获得有竞争性的商业报价,同时也可以在较大程度上避免招标活动中的贿标行为。其缺点是:准备招标、对投标申请单位进行资格预审和评标的工作量大,招标时间长、费用高;同时,参加竞争投标者越多,每个参加者中标的机会越小,风险越大,损失的费用越多,而这种费用的损失必然反映在标价上,最终会由招标人承担。

2.邀请招标

邀请招标也称有限竞争性招标,是指招标人以投标邀请书的形式邀请特定的法人或者其他的组织投标。招标人向预先确定的若干家承包单位发出投标邀请函,就招标工程的内容、工作范围、实施条件等作出简要的说明,请他们来参加投标竞争。被邀请单位同意参加投标后,从招标人处获取招标文件,并在规定时间内投标报价。邀请招标的邀请对象数量以5至7家为宜,但不应少于3家,否则就失去了竞争意义。与公开招标相比,其优点是不需要发招标广告,不进行资格预审,简化了投标程序,因此节约了招标费用,缩短了招标时间。其缺点是由于邀请范围较小,选择面窄,可能排斥某些在技术或报价上有竞争力的潜在投标人,因此投标竞争的激烈程度相对较差。

二、园林工程招标的程序

园林工程项目招标按照招标人与投标人参与程度,一般程序可分为三个阶段:一是招标准备阶段,二是招标阶段,三是决标成交阶段,如图8-1所示。

(一)招标准备阶段主要工作

招标准备阶段工作由招标人单独完成,投标人不参与。主要工作包括以下几个方面。

1.选择招标方式

(1)根据工程特点和招标人的管理能力确定发包范围。

(2)依据工程建设总进度计划确定项目建设过程中的招标次数和每次招标的工作内容。

(3)按照每次招标前准备工作完成情况,选择合同的计价方式。

(4)依据工程项目特点、招标前准备工作完成情况、合同类型等因素的影响程度,最终确定招标方式。

2.办理招标备案

招标人向建设行政主管部门办理申请招标手续。招标备案文件应说明:招标工作范围;招标方式;计划工期;对投标人的资质要求;招标项目的前期准备工作的完成情况;自行招标还是委托代理招标等,获得认可后才可以展开招标工作。

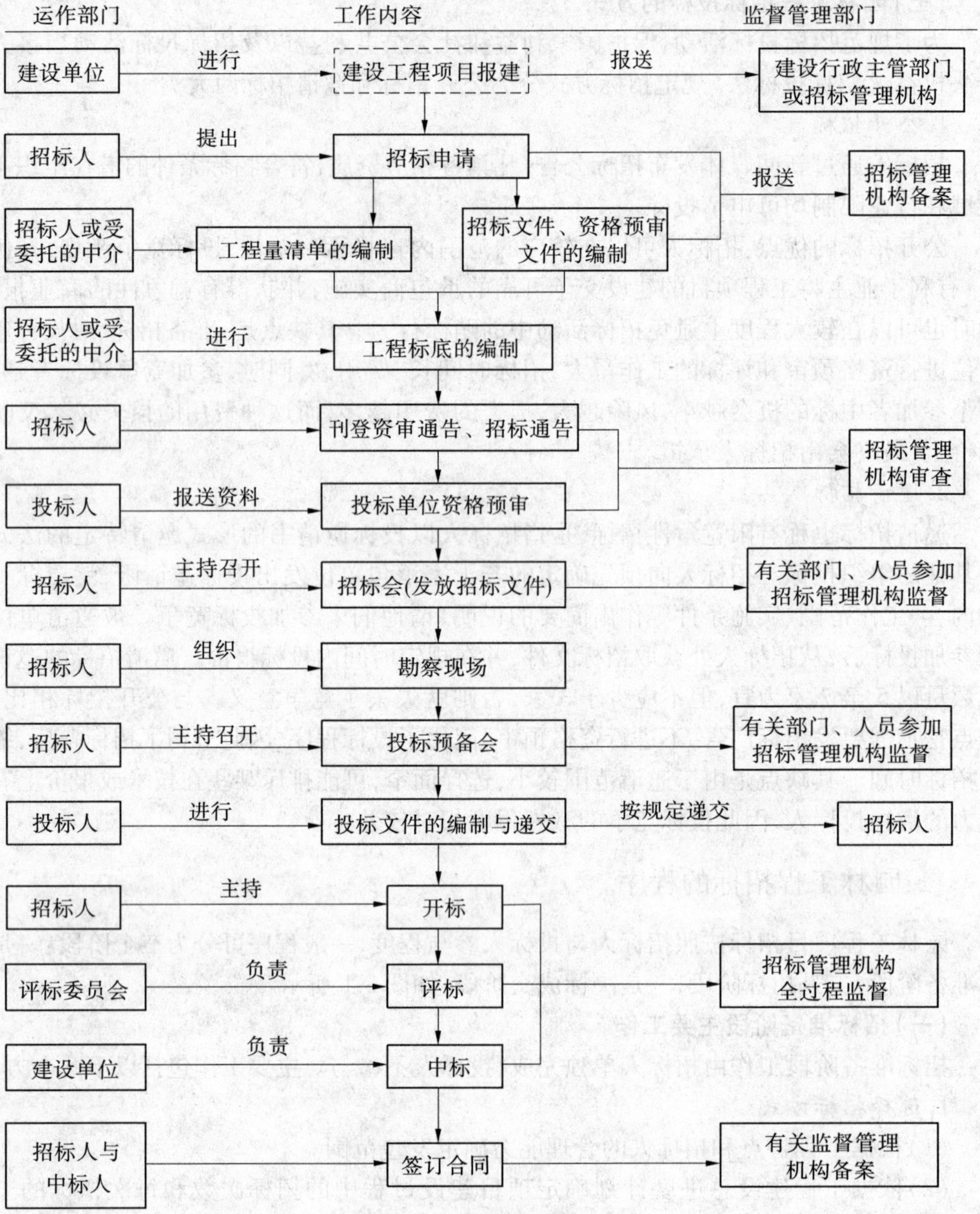

图 8-1 招标程序图

3. 编制招标有关文件

在招标准备阶段应编制好招标过程中可能涉及的有关文件,保证招标的正常进行。这些文件包括:

(1)招标广告。

(2)资格预审文件。

(3)招标文件。

(4)合同协议书以及资格预审和评标的方法等。

4.招标工作机构

1)招标工作机构形式

我国招标工作机构主要有以下三种形式。

(1)由招标人的基本建设主管部门(处、科、室、组)或实行建设项目业主责任制的业主单位负责有关招标的全部工作。这些机构的工作人员一般是从各有关部门临时抽调的,项目建成后往往转入生产或其他部门工作。

(2)由政府主管部门设立"招标领导小组"或"招标办公室"之类的机构,统一处理招标工作。这种机构常常因为政府主管部门过多干预而具有较多行政色彩。

(3)招标代理机构受招标人委托,组织招标活动。这种做法对保证招标质量、提高招标效益能起到有益作用。招标代理机构与行政机关和其他国家机关不得存在隶属关系或者其他利益关系。

2)招标工作小组需具备的条件

招标工作小组由建设单位或建设单位委托的具有法人资格的建设工程招标代理机构负责组建。招标工作小组必须具备以下条件:

(1)有建设单位法人代表或其委托的代理人参加;

(2)有与工程规模相适应的技术、财务人员;

(3)有对投标企业进行评审的能力。

3)招标工作机构人员构成

招标工作机构通常由以下三类人员构成:

(1)决策人,即主管部门任命的招标人或授权代表。

(2)专业技术人员,包括建筑师,结构、设备、工艺等专业工程师和估算师等,他们的职能是向决策人提供咨询意见和进行招标的具体事务工作。

(3)助理人员,即决策人员和专业技术人员的助手,包括秘书,负责管理资料、档案等的工作人员。

4)招标代理机构

招标代理机构是依法设立,从事招标代理业务并提供相关服务的社会中介组织,招标代理机构应当具备下列条件:

(1)有从事招标代理业务的场所和相应的资金。

(2)有能够编制招标文件和组织评标的相应专业力量。

(3)有符合评标要求的评标委员专家库。从事工程建设项目招标代理业务的招标代理机构,其资格由国务院或省、自治区、直辖市人民政府的建设行政主管部门认定。具体办法由国务院建设行政主管部门会同国务院有关部门制定,招标代理机构与行政机关和其他国家机关不得存在隶属关系或者其他利益关系,即招标代理机构依法独立成立,不得隶属于政府、主管行政等部门,也不得与之有任何利益关系。招标代理机构是独立的中介机构,招标代理机构应当在招标人委托的范围内办理招标事宜,并遵守招标投标法关于招标人的规定。

5）招标工作机构的职能

招标工作机构的职能包括决策和处理日常事务两方面。

（1）决策性工作包括以下事项：确定工程项目的发包范围，即决定是全过程统包还是分阶段发包或者单项工程发包、专业工程发包等；确定承包形式和承包内容，即决定采用总价合同承包、单价合同承包还是成本加酬金合同承包；确定承包方式，即决定是全部包工包料还是部分包工包料或包工不包料等；确定招标手段，即决定采用公开招标，还是邀请招标；确定标底；决标并签订合同或协议。

（2）招标的日常事务包括以下工作：发布招标及资格预审通告或投标邀请函；编制和发送或发售招标文件；组织现场考察和投标答疑；审查投标者资格；组织编制或委托代理机构编制标底；接受并保管投标文件和函件；开标、审标并组织评标；谈判签约；缴纳招标管理费；确定和发放标书，编制补偿费，填写招标工作综合报告和报表。

（二）招标阶段的主要工作内容

公开招标情况下从发布招标公告开始，若邀请招标则从发出投标邀请函开始，到投标截止日期为止的期间称为招标投标阶段。在这个阶段，招标人应做好招标的组织工作，投标人则要按照招标有关文件的规定程序和要求进行投标报价竞争。该阶段的工作内容如下。

1. 发布招标公告

招标公告的内容包括：①招标单位的名称；②建设项目资金来源；③工程项目概况和本次招标工作范围的简要介绍；④购买资格预审文件的地点、时间和价格等有关事项。

2. 资格预审

1）资格预审概念

对潜在投标人进行资格审查，主要考察企业总体能力是否具备完成招标工作所要求的条件，如果邀请招标不用资格预审。

公开招标时设置资格预审程序：一是保证参与投标的法人或组织在资质和能力等方面能够满足完成招标工作的要求；二是通过评审优选出综合实力较强的一批申请投标人，再请他们参加投标竞争，以减小评标的工作量。

2）资格预审程序

（1）招标人依据项目的特点编写资格预审文件。资格预审文件分为资格预审须知和资格预审表两大部分。资格预审须知内容包括招标工程概况和工作范围介绍，对投标人的基本要求和指导投标人填写资格预审文件的有关说明。资格预审表列出对潜在投标人资质条件、实施能力、技术水平、商业信誉等方面需要了解的内容，以应答形式给出的调查文件。资格预审表开列的内容要完整、全面，能反映潜在投标人的综合素质，因为资格预审中评定过的条件在评标时一般不再重复评定，应避免不具备条件的投标人承担项目的建设任务。

（2）资格预审表是以应答方式给出的调查文件。所有申请参加投标竞争的潜在投标人都可以购买资格预审文件，由其按要求填报后作为投标人的资格预审文件。

（3）招标人依据工程项目特点和发包工作性质划分评审几大类，如资质条件、人员能力、设备和技术能力、财务状况、工程经验、企业信誉等，分别给予不同权重。对其中的项目再细化评定内容和分项评分标准，通过对各投标人的评定和打分，确定各投标人的综合素质得分。

（4）资格预审合格的条件。首先投标人必须满足资格预审文件规定的必要合格条件和附加合格条件，其次评定分必须在预先确定的最低分数线以上，最后确定预审合格的。

3）投标人必须满足的基本资格条件

资格预审须知中明确列出投标人必须满足的最基本条件，可分为必要合格条件和附加合格条件两类。

（1）必要合格条件包括：法人的地位、资质等级、财务状况、企业信誉、分包计划等具体要求，是潜在投标人应满足的最低标准。

（2）附加合格条件视招标项目是否对潜在投标人有特殊要求决定。普通工程项目一般承包人均可完成，可不设置附加合格条件。对于大型复杂项目，尤其是需要有专门技术、设备或经验丰富的投标人才能完成的，应设置此类条件。

3. 编招标文件

招标文件通常分为投标须知、合同条件、技术规范、图纸和技术资料、工程量清单几大部分内容。

4. 现场考察

招标人在投标须知规定的时间组织投标人自费进行现场考察。

5. 解答投标人的质疑

6. 在规定的时间内递交投标书

（三）决标成交阶段的主要工作内容

从开标日到签订合同这一期间称为决标成交阶段，是对各投标书进行评审比较，最终确定中标人的过程，分为开标、评标、定标三个过程。

1. 开标

为了体现招标的公平、公正、公开，无论是邀请招标还是公开招标均应举行会议，在投标须知规定的时间和地点由招标人主持开标会议所有的投标人均应参加，并邀请项目建设有关部门代表出席。

开标时由投标人或其推选的代表检验投标文件的密封情况。确认无误后，工作人员当众拆封，宣读投标人名称、投标价格和投标文件等主要内容。所有在投标函中提出的附加条件、补充声明、优惠条件、替代方案等均应宣读，如果有标底也应公布。开标过程应当记录，并存档备查。开标后，任何投标人都不允许更改投标书的内容和报价，也不允许再增加优惠条件。投标书经启封后不得再更改招标文件中说明的评标、定标办法。

在开标时，如果发现投标文件出现下列情形之一，应当作为无效投标文件，不再进入评标：

（1）投标文件未按照招标文件的要求予以密封；

（2）投标文件中的投标函未加盖投标人的企业及企业法定代表人印章，或者企业法定代表人委托代理人没有合法、有效的委托书（原件）及委托代理人印章；

（3）投标文件的关键内容字迹模糊、无法辨认；

（4）投标人未按照招标文件的要求提供投标保证金或者投标保函；

(5)组成联合体投标的,投标文件未附联合体各方共同投标协议。

2. 评标

评标是对各投标书优劣的比较,以便最终确定中标人,由评标委员会负责评标工作。

评审方法可以分为定性评审和定量评审两大类。对于标的额较小的中小型工程评标可以采用定性比较的专家评议法。大型工程应采用"综合评分法"或"评标价法"对各投标书进行科学的量化比较。

评标结束后,评标委员会依据对各投标书评审后的结论向招标人提出评标报告,作为定标的主要依据。评标报告应包括评标情况说明;对各个合格投标书的评价;推荐合格的中标候选人等内容。如果评标委员会经过评审,认为所有投标都不符合招标文件的要求,可以否决所有投标。出现这种情况后,招标人应认真分析招标文件的有关要求以及招标过程,对招标工作范围或招标文件的有关内容作出实质性修改后重新进行招标。

3. 定标

1)定标程序

确定中标人前,招标人不得与投标人就投标价格、投标方案等实质性内容进行谈判。招标人应该根据评标委员会提出的评标报告和推荐的中标候选人确定中标人,也可以授权评标委员会直接确定中标人。中标人确定后,招标人向中标人发出中标通知书,同时将中标结果通知未中标的投标人,并退还他们的投标保证金或保函。中标通知书对招标人和中标人具有法律效力,招标人改变中标结果或中标人拒绝签订合同均要承担相应的法律责任。

中标通知书发出后的30天内,双方应按照招标文件和投标文件订立书面合同,不得作实质性修改。招标人不得向中标人提出任何不合理要求作为订立合同的条件,双方也不得私下订立背离合同实质性内容的协议。

招标人确定中标人后15天内,应向有关行政监督部门提交招标投标情况的书面报告。

2)定标原则

《招标投标法》规定,中标人的投标应当符合下列条件之一:

(1)能够最大限度地满足招标文件中规定的各项综合评价标准;

(2)能够满足招标文件各项要求,并经评审的价格最低,但投标价格低于成本的除外。

第一种情况即指用综合评分法或评标价法进行比较后,最佳标书的投标人应为中标人。第二种情况适用于招标工作属于一般投标人均可完成的小型工程施工;采购通过的材料、购买技术指标固定、性能基本相同的定型生产的中小型设备等招标,对满足基本条件的投标书主要进行投标价格的比较。

三、园林工程招标文件

(一)园林工程招标文件的内容

园林工程招标文件是由一系列有关招标方面的说明性文件资料组成的,包括各种旨在阐释招标人意志的书面文字、图表、电报、传真、电传等材料。一般来说,招标文件在形式上主要包括正式文本、对正式文本的解释和对正式文本的修改三个部分。

1. 招标文件正式文本

招标文件正式文本的形式结构通常分四卷、九章,格式如下:

第一卷 投标须知、合同条件和合同格式

第一章 投标须知

第二章 合同条件

第三章 合同协议条款

第四章 合同格式

第二卷 技术规范

第五章 技术规范

第三卷 投标文件

第六章 投标书和投标书附录

第七章 工程量清单与报价表

第八章 辅助资料表

第四卷 图纸

第九章 图纸

2. 对招标文件正式文本的解释(澄清)

对招标文件正式文本解释的形式主要是书面答复、投标预备会记录等。投标人如果认为招标文件有问题需要澄清,应在收到招标文件后以文字、电传、传真或电报等书面形式向招标人提出,招标人将以文字、电传、传真或电报等书面形式或以投标预备会的方式给予解答,将在投标截止时间 15 日前以书面形式通知所有投标人。解答包括对询问的解释,但不说明询问来源。解答意见经招标投标管理机构核准,由招标人发给所有获得招标文件的投标人。

3. 对招标文件正式文本的修改

其主要形式是补充通知、修改书等。在投标截止日期前,招标人可以自己主动对招标文件进行修改,或为解答投标人要求澄清的问题而对招标文件进行修改。修改意见经招标投标管理机构核准,由招标人以文字、电传、传真或电报等书面形式发给所有获得招标文件的投标人。对招标文件的修改也是招标文件的组成部分,对投标人同样起约束和指导作用。投标人收到修改意见后,应立即以书面形式(回执)通知招标人,确认已收到修改意见。为了给投标人一定的时间,使他们在编制投标文件时将修改意见考虑进去,招标人可以酌情延长递交文件的截止日期。

(二)园林建设工程招标文件的编审规则

园林建设工程招标文件由招标人或招标人委托的招标代理人负责编制,由建设工程招标管理机构负责审定。未经建设工程招标投标管理机构审定,建设工程招标人或招标代理人不得将招标文件分送给投标人。

编制和审定建设工程招标文件的原则和方法是一致的,从实践来看,编制和审定建设工程招标文件应当遵循以下规则。

(1)遵守法律、法规、规章和有关方针、政策的规定,符合有关贷款组织的合法要求。

保证招标文件的合法性是编制和审定招标文件必须遵循的一个根本原则，不合法的招标文件是无效的，不受法律保护。

(2)真实可靠、完整统一、具体明确、诚实信用。招标文件反映的情况和要求必须真实可靠，招标必须讲求信用，不能欺骗或误导投标人，招标人或招标代理人对招标文件的真实性负责。招标文件的内容应当全面系统、完整统一，各部分之间必须力求一致，避免相互矛盾或冲突。招标文件确定的目标和提出的要求必须具体明确，不能发生歧义、模棱两可。招标文件的形式要规范，要符合格式化要求，不能杂乱无章，使人看了一目了然。

(3)适当分标。工程分标是指就工程建设项目全过程(总承包)中的勘察、设计、施工等分阶段招标，分别编制招标文件，或者就工程建设项目全过程招标或勘察、设计、施工等阶段招标中的单位工程、特殊专业工程，分别编制招标文件。工程分标必须保证工程的完整性、专业性，正确选择分标方案，编制分标工程招标文件，不允许任意肢解工程。

(4)兼顾招标人和投标人双方利益。招标文件的规定要公平合理，不能将招标人的风险转移给投标人。

四、园林工程招标标底的编制

标底是招标工程的预期价格，工程施工招标必须编制标底。标底由招标单位自行编制或委托主管部门认定具有编制标底能力的咨询、监理单位编制。招标人设有标底的，标底必须保密，评标组织在评标时应当参考标底，标底对评标的过程和结果具有重要影响。

标底必须报经招标投标管理机构进行审定。标底一经审定应密封保存到开标，所有接触标底的人员负有保密责任，不得泄露。

(一)园林工程标底的作用

招标制度的本质就是竞争，而价格的竞争是投标竞争的最重要因素之一。在国际工程项目招标过程中，尤其是在世行贷款项目中，如果其他各项条件均满足招标文件的要求，大都明确要求价格最低的报价中标。但目前我国各施工企业大多采用常规方法施工，拥有专利施工技术、工艺的单位较少，同一资质等级的企业在施工能力方面差异不大。我国建筑行业竞争激烈，为了防止投标人以低于成本的报价展开恶性竞争，一般工程项目施工招标中大多设置标底，招标标底在招标过程中具有以下作用：

(1)标底价格可以使发包人预先了解自己在拟建工程中应承担的经济义务，是发包人筹款、用款的客观依据。

(2)标底价格是发包人选择投标人的参考价格或基准价。它是衡量投标单位价格的准绳，是评标的重要尺度，是决标的重要依据。

《FIDIC 土木工程施工合同条件》中指出，如果投标书偏差太大，不可能决定其资金价格，则建议该投标应被判定为基本上不符合要求，并退还给投标人。

(二)园林工程标底的编制原则

(1)根据设计图纸及有关资料和招标文件，参照国家规定的技术、经济标准定额及规范，确定工程量和编制标底。

(2)标底价格应由成本、税金、利润组成，通常应控制在批准的总概算(或修正概算)及投资包干的限额内。

(3)标底的价格作为建设单位的期望价格,应力求与市场的实际变化相吻合,要有利于竞争和保证工程质量。

(4)标底价格应考虑材料、人工、机械台班等价格变动因素,还应包括施工包干费、不可预见费和措施费等,工程要求优良的,还应增加相应费用。

(5)一个工程只能编制一个标底。

(三)园林工程标底的编制依据

(1)国家有关的法律、法规和部门规章。

(2)统一的工程计量规则、基础定额和国家各部门提供的各种相关定额取费标准及国家或地方价格调整文件等,人工、材料设备、机械台班等要素的市场价格。

(3)招标文件的有关规定。招标文件中的投标须知、协议书、合同条款和专用条款、投标书、技术规范等,都对投标价格、合同取费内容、取费计算及工程量清单作出了详细规定。

(4)施工现场地质、水文、勘察资料及现场环境等资料。

(5)设计文件及其他依据。设计文件确定工程的规则、构造,以及由此确定的施工方案,对工程量、价格均起到了决定作用。

(四)园林建设工程标底的编制程序

(1)招标文件相关条款一经确定,即可进入标底价格编制阶段。即确定了标底计价内容及计算方法、工程量清单、材料设备清单、施工方案或施工组织设计、临时设施布置。临时用地表、工程类别取费标准等。

(2)编制标底的人员应参加现场勘察和标前答疑会,对招标文件的澄清、修改和补充内容都应在编制标底过程中予以考虑。

(3)编制标底。应在投票截止日期前适当的时间完成标底的编制工作,应留给发包人审核和批准标底的时间。

(4)审核标底。发包人结合现场因素、施工图纸、施工方法、施工措施测算明细、材料设备清单、工程量清单、标底价格计算书、标底价格汇总表等多方面材料进行标底审核。要审核的具体内容包括:①标底价格计价内容;②标底价格组成内容;③标底价格相关费用。

(5)在开标前应做好标底保密工作。

(五)园林工程施工招标标底的计价办法

招标标底由成本(直接费、间接费)、利润和税金构成,其编制可采用以下计价方法。

1. 工料单价法

工料单价法即定额计价法。分部分项工程量的单价为直接费,直接费以人工、材料、机械的消耗及其相应价格确定。间接费、利润、税金按照有关规定另行计算。工料单价法包括三种计算方法:直接费为基础,人工费和机械费为基础,人工费为基础。

2. 综合单价法

综合单价应有完成一个规定计价单位工程所需的全部费用。包括人工费、材料费、机械费、管理费、利润、规费和税金等费用,综合单价应考虑风险因素。各分项工程量乘以综合单价的合价汇总后,再加计规费和税金,便可生成建筑或安装工程造价。

(六)园林工程招标文件的组成

园林工程招标文件其核心内容是一系列数据指标。由于工程交易最终主要是用价格或酬金来体现的,所以实践中,建设工程招标标底文件主要是指有关标底价格的文件,一般来说,建设工程招标标底文件主要由标底报审表和标底正文两部分组成。

1. 标底报审表

标底报审表是招标文件和标底正文内容的综合摘要,如表 8-1 所示。

表 8-1　标底报审表(工料单价法)

<table>
<tr><td>建设单位</td><td></td><td>工程名称</td><td></td><td>报建建筑面积(m²)</td><td></td><td>层数</td><td></td><td>结构类型</td><td></td></tr>
<tr><td>标底价格编制单位</td><td></td><td colspan="2">编制人员</td><td></td><td>报审时间</td><td colspan="2">年　月　日</td><td>工程类别</td><td></td></tr>
<tr><td rowspan="12">报送标底价格</td><td colspan="2">建筑面积(m²)</td><td colspan="2"></td><td rowspan="12">审定标底价格</td><td colspan="2">建筑面积(m²)</td><td colspan="2"></td></tr>
<tr><td colspan="2">项目</td><td>单方价(元/m²)</td><td>合价(元)</td><td colspan="2">项目</td><td>单方价(元/m²)</td><td>合价(元)</td></tr>
<tr><td colspan="2">工程直接费合计</td><td></td><td></td><td colspan="2">工程直接费合计</td><td></td><td></td></tr>
<tr><td colspan="2">工程间接费</td><td></td><td></td><td colspan="2">工程间接费</td><td></td><td></td></tr>
<tr><td colspan="2">利润</td><td></td><td></td><td colspan="2">利润</td><td></td><td></td></tr>
<tr><td colspan="2">其他费</td><td></td><td></td><td colspan="2">其他费</td><td></td><td></td></tr>
<tr><td colspan="2">税金</td><td></td><td></td><td colspan="2">税金</td><td></td><td></td></tr>
<tr><td colspan="2">标底价格总价</td><td></td><td></td><td colspan="2">标底价格总价</td><td></td><td></td></tr>
<tr><td rowspan="2">主要材料总量</td><td>钢材(t)</td><td>木材(m³)</td><td>水泥(t)</td><td rowspan="2">主要材料总量</td><td>钢材(t)</td><td>木材(m³)</td><td>水泥(t)</td></tr>
<tr><td></td><td></td><td></td><td></td><td></td><td></td></tr>
<tr><td colspan="4"></td><td colspan="4"></td></tr>
<tr><td colspan="4"></td><td colspan="4"></td></tr>
<tr><td colspan="5">审定意见</td><td colspan="5">审定说明</td></tr>
<tr><td colspan="3">增加项目

小计　　　　元</td><td colspan="2">减少项目

小计　　　　元</td><td colspan="5"></td></tr>
<tr><td colspan="10">合计　　　　元</td></tr>
<tr><td>审定人</td><td></td><td>复核人</td><td></td><td>审定单位盖章</td><td></td><td>审定时间</td><td colspan="3">年　月　日</td></tr>
</table>

标底报审表通常包括以下内容:

(1)招标工程综合说明。包括招标工程的名称、报建建筑面积施工质量要求、定额工期、计划工期结构类型、建筑物层数计划开工竣工时间等,必要时要附上招标工程(单项工程、单位工程等)一览表。

(2)标底价格。包括招标工程的总造价、单方造价、钢材、木材、水泥等主要材料的总用量及其单方用量。

(3)招标工程总造价中各项费用的说明。包括对包干系数、不可预见费用、工程特殊技术措施费等的说明，以及对增加或减少的项目的审定意见和说明。

工料单价和综合单价的标底报审表在内容（栏目设置）上不尽相同，这里仅以前者为例说明。

2. 标底正文

标底正文是详细反映招标人对工程价格、工期等的预期控制数据和具体要求的部分。一般包括以下内容。

1）总则

主要是说明标底编制单位的名称，持有的标底编制资质等级证书，标底编制的人员及其执业资格证书，标底具备条件，编制标底的原则和方法，标底的审定机构，对标底的封存、保密要求等内容。

2）标底诸要求及其编制说明

主要说明招标人在方案、质量、期限、价格、方法、措施等诸方面的综合性预期控制指标或要求，并要阐释其依据、包括和不包括的内容、各有关费用的计算方式等。

在标底诸要求中，要注意明确各单项工程、单位工程、室外工程的名称、建筑面积、方案要点、质量、工期、单方造价（或技术经济指标）以及总造价，明确钢材、木材、水泥等的总用量及单方用量，甲方供应的设备、构件与特殊材料的用量，明确分部与分项直接费、其他直接费、工资及主材的调价、企业经营费、利税取费等。

3）标底价格计算用表

采用工料单价的标底价格计算用表和采用综合单价的标底价格计算用表有所不同。采用工料单价的标底价格计算用表主要有标底价格汇总表（见表 8-2），工程量清单汇总及取费表，工程量清单表，材料清单及材料差价表，设备清单及价格表，现场因素、施工技术措施及赶工措施费用表等。采用综合单价的标底价格计算用表主要有标底价格汇总表，工程量清单表，设备清单及价格表，现场因素、施工技术措施及赶工措施费用表，材料清单及材料差价表，人工工日及人工费用表，机械台班及机械费用表等。

表 8-2 标底价格汇总表

项目		标底价格组成						
序号	内容	工程直接费合计	工程间接费合计	利润	其他费	税金	合计	备注
1	工程量清单汇总及取费							
2	材料差价							
3	设备价（含运杂费）							
4	现场因素、施工技术措施及赶工措施费							
5	其他费用							
6	风险费							
7	合计							
标底价格总价（大写）人民币元：								

4)施工方案及现场条件

这部分主要说明施工方法给定条件、工程建设地点现场条件、临时设施布置及临时用地表等。

(1)关于施工方法给定条件。包括:各分部分项工程完整的施工方法、保证质量的措施;各分部分项工程的施工进度计划;施工机械的进场计划;工程材料的进场计划;施工现场平面布置图及施工道路平面图;冬、雨季施工措施;地下管线及其他地上地下设施的加固措施;保证安全生产、文明施工、减少扰民、降低环境污染和噪声的措施。

(2)关于工程建设地点现场条件。现场自然条件包括现场环境、地形、地貌、地质、水文、地震烈度及气温、雨雪量、风向、风力等;现场施工条件包括建设用地面积、建筑物占用面积、场地拆迁及平整情况、施工用水电及有关勘探资料等。

(3)关于临时设施布置及临时用地表。对临时设施布置,招标人应提交一份施工现场临时设施布置图表并附文字说明,说明临时设施、加工车间、现场办公、设备及仓储、供电、供水、卫生、生活等设施的情况和布置。对临时用地,招标人要列表注明全部临时设施用地的面积、详细用途和需用时间。

五、园林工程招标文件实例

××大学校园绿化工程招标文件(绿-06-01)

××大学校园绿化工程招标文件

招标单位:××大学法人代表(章)

二〇〇六年一月二日

招标办备案意见:

二〇〇六年一月二日

经××大学上级主管部门批准,××路(二期)绿化工程招标前准备工作已完成,具备招标条件,现面向社会公开招标。

一、工程概况说明书

1. 工程名称:××大学校园绿化××路(二期)绿化工程。

2. 工程规模:××路二期,长约1.18 km,四条绿化带、两行行道树(详见××路道路横断面和设计要点)。

3. 施工质量要求:达到国家质量验收评定标准。

4. ××路绿化工程为一个标段。

5. 施工周期及维护期要求:

工期要求:2006年6月1日~2007年7月1日。

维护期:复验验收合格后两年。

6. 验收时间和标准:

验收时间：

(1)2006 年 7 月 2～7 日初验栽植质量和有苗率；

(2)2006 年 8 月 2～7 日复验成活率；

(3)2006 年 9 月 2～7 日根据绿化有关标准检查养护质量(质量要求同初验)；

(4)2007 年 5 月 2～7 日竣工验收保存率、覆盖度。

每次检查必须在上一次基础上进行，否则顺延或根据实际清况扣除管护费和苗木费。

验收标准：绿地内栽植的单株植物要求成活率、保存率 100%。小叶丁香、金叶女贞、大叶黄杨等群植的花灌木成活率、保存率要求 96%以上。播种类草本植物出苗率较高，无斑秃，且分布均匀，达到有关绿化标准，第二年生长季节覆盖度达 95%以上。

二、投标须知

1. 投标企业必须具备独立法人资格，法定代表人或法人委托人必须带身份证件参加开标会。

2. 投标企业必须具备三级以上(含三级)绿化施工资质，拟派出的项目经理须为园林绿化四级及以上的项目经理。

3. 近两年至少有两项以上的类似项目业绩。

4. 投标企业必须拥有自己的苗圃。

5. 为保证招标工作顺利完成，招标企业不得联合投标，一经发现取消其投标资格。中标单位施工中不得转包、分包，否则招标人有权中止合同。

6. 标书填写文字及数字应清楚，不得涂改，如有涂改者，必须有投标法人代表签名。投标总价必须用中文大写数字。

7. 标书文件中的任何文字，投标单位不得自行修改，如有疑问，书面告诉招标人，由招标人统一解答改正。

8. 投标人将标书填妥后，按要求密封。投标截止日期为 2006 年 2 月 15 日下午 2:00 整，当众开标开标地点：××大学主楼四楼会议室(××市××经济开发区大学城 1 号)

外埠单位投标仍按上述时间、地点送投，过时不予受理。

9. 投标方在投标报价之前，应认真阅读招标文件每一条款，按规定要求填写和投送标书；投标单位由于对招标文件阅读马虎、误解和漏看，或对建设场地了解不清及图纸看的不细等，而导致中标后发生的一切后果和风险，均由投标者自负，不得向招标单位提出任何索赔要求。

10. 投标单位在送投标书之前，必须办妥应交纳的投标保证金壹万元，此项保证金在第一次验收合格后退还原主，如中标人不组织施工，保证金不予退还。

11. 定于 2006 年 2 月 1 日，由招标公司组织踏查施工现场，解答有关招标投标中的一切问题。

三、标的预算造价及编制依据

1. 施工图纸及苗木市场价格

2. 预算造价组成：

标的预算总价＝标准单元价格×暂定单元数

标准单元价格＝单元苗木总价＋施工费＋维护费

施工费＝苗木费×10%

维护费＝苗木费×20%（两年）

暂定单元数以绿化设计方案为准。

3. ××路绿化设计、施工工程的预算造价××元

四、投标报价依据及原则

1. 投标人依据绿化设计图纸、招标文件、施工场地现场勘踏结果及企业自身具体实际情况自主浮动报价。

2. 投标报价不得高出投标人标书中公布的标书预算造价，否则视为无效标。

五、投标文件密封要求

1. 统一使用××大学招标办印制的投标袋及密封笺，并按要求三侧密封并加盖公章及法人代表骑缝章。

2. 使用统一印制的投标报价表并加盖公章及法人代表章。

3. 不符合以上要求的投标文件视为废标。

六、评标与定标

1. 企业投标报价：为防止投标企业低于成本恶意竞标，开标时公布本项工程投标报价的最低底限价，低于底限价即为废标。

（1）计算评标价：有效投标报价分别去掉一个最高最低投标报价后，剩余报价的算术平均值作为评标价。注意：有效报价少于5个时，所有有效报价均应参与算术平均值计算。

（2）计算投标报价得分：各有效投标报价得分以评标价为基准进行比较，低于或高于评标价的部分均按比例加减分值。

投标报价得分＝投标报价比重×[1－投标报价差率（%）]

其中：投标报价比重＝70分。

投标报价差率（%）＝（投标报价－评标价）/评标价

2. 工程质量：2分。

3. 施工方案：2分。

4. 施工工期：1分。

5. 企业资质等级分值。

（1）省内企业：三级1分，二级3分，一级5分。

（2）外省企业：二级1分，一级3分（依据现行有关规定在外省施工必须是二级及以上企业）。

6. 设计方案得分：10分。

7. 工作业绩及获奖情况（本项得分最高为10分）。

（1）国家级获奖证书5分；

（2）省部级获奖证书3分；

（3）市级获奖证书2分。

8. 评委对各有效标书进行打分，得分最高者为中标单位。

七、付款及结算方式

1. 付款方式:初步验收合格后付总价款的30%,第一次复验合格后再付20%,第二次复验合格后再付40%,第三次复验合格后付清余款。

2. 结算方式:竣工结算以中标的标准单元报价为基数,验收后以实际竣工单元数乘以单元报价。不完整单元以单元报价中各苗木单价乘以实栽数量后加30%施工及维护费用,计入工程结算。

3. 如遇图纸变更,凡原报价中已有的品种规格按上述办法按工程量增减计入结算;对原报价中没有的品种规格,原则上由招标时全体评委议定单价后依照上述办法按工程量增减计入。

八、合同签订

中标单位于中标之日起两个工作日内必须与招标人签订施工合同,如施工中违反招标文件及合同有关约定,招标人有权终止合同并没收其保证金。合同条款必须与招标文件的要求一致,不得随意更改其内容。

九、不可预见情况

如招标失败,招标人有权重新组织招标或对特殊情况采取特殊补救措施。

十、日程安排

发标时间:2006年2月5日下午2:00;

答疑时间:2006年2月16日下午2:00;

开标时间:2006年2月30日上午8:00。

十一、投标资料应包括如下内容

1. 授权委托书原件。

2. 施工方案。

3. 投标报价表。

4. 投标人认为有必要的其他资料。

十二、未尽事宜,以图纸答疑纪要为准。

第二节 园林工程投标

一、园林工程投标的机构与程序

现阶段,我国市场经济体制在逐步完善,施工企业作为建筑市场竞争的主体参与招投标是拿到工程的唯一途径。工程施工投标则是施工企业在激烈的竞争中,凭借本企业的实力和优势、经验和信誉以及投标水平和技巧获得工程项目承包任务的过程。投标人收到招标文件后,以承接施工任务为目的编制投标文件,在规定的时间内参加投标。在这个过程中,主要包括申请资格审查、组织投标班子、参加勘察和投标预备会、编制和递交投标文件、出席开标会议、参加评标期间的问题澄清会谈、签订合同等一系列过程。

(一)园林工程投标的机构

投标人在通过资格审查、购领了招标文件和有关资料之后,就要按招标文件确定的投标准备时间着手开展各项投标准备工作。投标准备时间是指从开始发放招标文件之日起至投标截止时间为止的期限，它由招标人根据工程项目的具体情况确定，一般在28天之内。然而，为了能够按时进行投标，并尽最大可能使投标获得成功，投标人在购领招标文件后需要有一个有经验的投标班子，以便对投标的全部活动进行通盘筹划、多方沟通并有效地组织实施。投标班子一般都是常设的，但也有的是针对特定项目临时设立的。

从实践来看，投标人的投标班子一般应包括下列三类人员。

(1)经营管理类人员：一般是从事工程承包经营管理的行家里手，熟悉工程投标活动的筹划和安排，具有相当的决策水平。

(2)专业技术类人员：是从事各类专业工程技术的人员，如建筑师、监理工程师、结构工程师、造价工程师等。

(3)商务金融类人员：是从事有关贸易、金融、财税、保险、会计、采购、合同、索赔等项工作的人员。

(二)投标程序

建筑工程投标的程序大体上也可分为投标准备工作、投标的组织工作和投标的后期工作三个阶段，具体来说有九个方面，见图8-2。

1. 建筑企业根据招标公告或投标邀请书，向招标人提交有关资格预审资料

我国建设工程招标中，在允许投标人参加投标前一般都要进行资格审查，投标人申报资格审查，应当严格按照招标公告或投标邀请书的要求，向招标人提供有关资料。经招标人审查后，报建设工程招标投标管理机构复查。复查合格后，才能具有参加投标的资格。

但资格审查的具体内容和要求有所区别。公开招标一般要按照招标人编制的资格预审文件进行资格审查。邀请招标一般是通过对投标人按照投标邀请书的要求提交或出示的有关文件和资料进行验证，确认所掌握的有关投标人的情况是否可靠、有无变化。

2. 接受招标人的资格审查

3. 购买招标文件及有关技术资料

4. 组织投标班子并委托投标代理人

5. 参加现场踏勘，并对有关疑问提出书面询问

投标人拿到招标文件后，应进行全面、细致的调查研究。若有问题应在收到招标文件后的7天内以书面形式向招标人提出。为及时获取与编制投标文件有关的重要信息，投标人要按照招标文件中注明的时间按时参加现场勘察和投标预备会。因此，现场踏勘是投标人编制、递交投标文件前必须参加的一个重要的准备工作，投标人必须高度重视。

6. 参加投标答疑会

投标预备会又称答疑会、标前会议，一般在勘察现场的1~2天内由招标人举行。答疑会的目的是解答投标人对招标文件和现场中提出的各种问题，并对图纸交底和解释。

7. 编制投标书及报价

投标书是投标人的投标文件，是对招标文件提出的要求和条件作出实质性响应的文本。经过现场踏勘和投标预备会后，投标人可以着手编制投标文件。投标人着手编制和递交投标文件的具体步骤和要求主要如下：

(1)结合现场踏勘和投标预备会的结果，进一步分析招标文件。

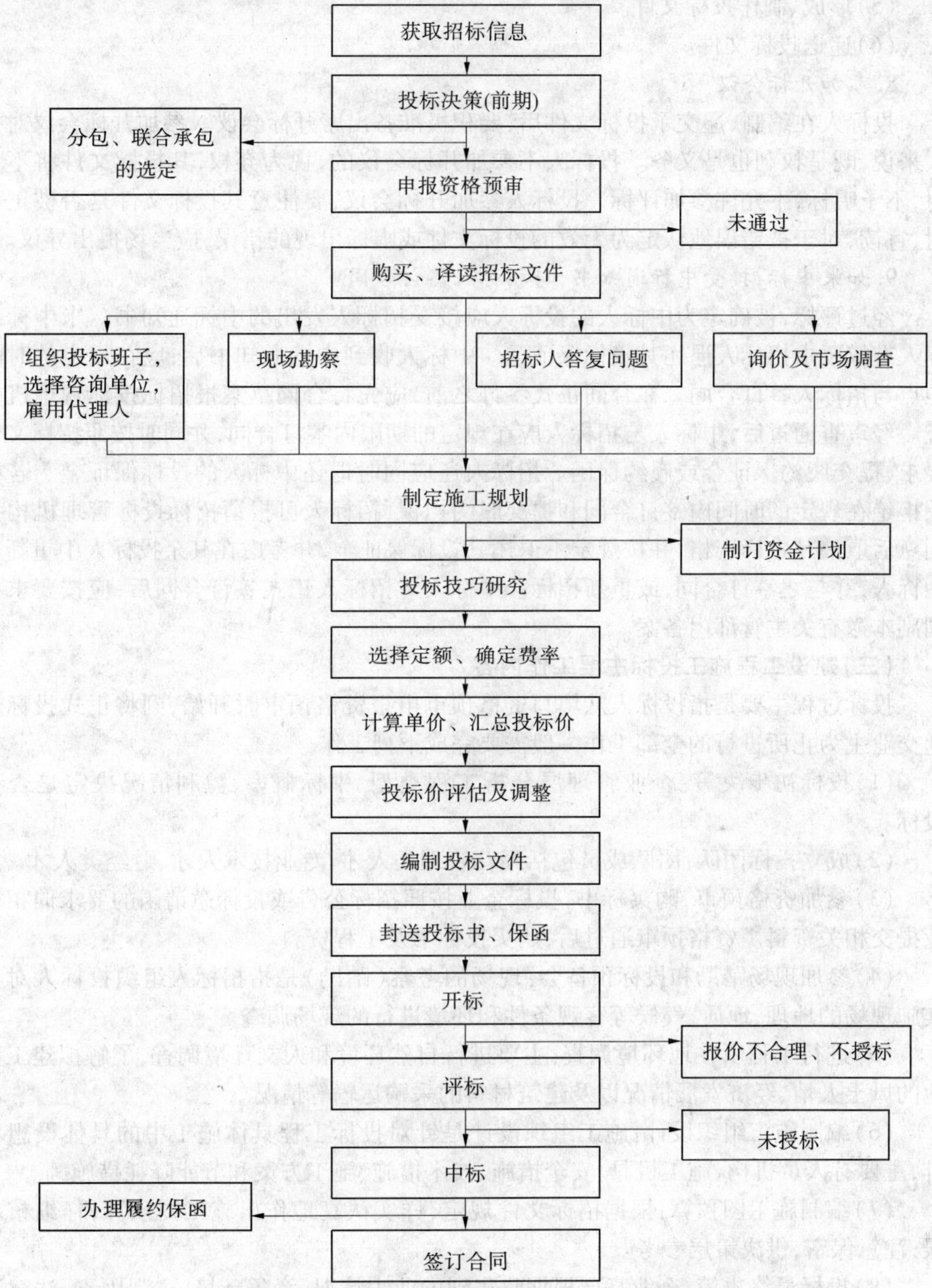

图 8-2　投标的程序

(2)校核招标文件中的工程量清单。

(3)根据工程类型编制施工规划或施工组织设计。

(4)根据工程价格构成进行工程估价,确定利润方针,计算和确定报价。

(5)形成、制作投标文件。

(6)递送投标文件。

8.参加开标会议

投标人在编制、递交了投标文件后,要积极准备出席开标会议。参加开标会议对投标人来说,既是权利也是义务。投标人不参加开标会议的,视为弃权,其投标文件将不予启封,不予唱标,不允许参加评标。投标人参加开标会议,要注意其投标文件是否被正确启封、宣读,对于被错误地认定为无效的投标文件或唱标出现的错误,应当场提出异议。

9.如果中标,接受中标通知书,与招标人签订合同

经过评标,被确定为中标人的投标人应接受招标人发出的中标通知书。未中标的投标人有权要求招标人退还其投标保证金。中标人收到中标通知书后,应在规定的时间和地点与招标人签订合同。在合同正式签订之前,应先将合同草案报招标投标管理机构审查。经审查通过后,中标人与招标人应在规定的期限内签订合同,并同时按照招标文件的要求,提交履约保证金或履约保函。招标人还应同时退还中标人的投标保证金。若中标人拒绝在规定的时间内签订合同和提交履约担保,招标人可报请招标投标管理机构批准同意后取消其中标资格,并按规定不退还其投标保证金,并考虑在其余投标人中重新确定中标人,并与之签订合同,或重新招标。中标人与招标人正式签订合同后,应按要求将合同副本送有关主管部门备案。

(三)建设工程施工投标主要工作内容

投标过程主要是指投标人从填写资格预审申报资格预审时开始,到将正式投标文件递交业主为止所进行的全部工作一般需要完成下列工作。

(1)投标初步决策:企业管理层分析工程类型、中标概率、盈利情况决定是否参与投标。

(2)成立投标团队:团队成员包括经营管理类人才、专业技术人才、财经类人才。

(3)参加资格预审,购买标书:投标企业按照招标公告或投标邀请函的要求向招标企业提交相关资料。资格预审通过后,购买投标书及工程资料。

(4)参加现场踏勘和投标预备会:现场的考察(踏勘)是指招标人组织投标人对项目实施现场的地理、地质、气候等客观条件和环境进行的现场调查。

(5)进行工程所在地环境调查:主要进行自然环境和人文环境调查,了解拟建工程当地的风土人情、经济发展情况以及建筑材料的采购运输等情况。

(6)编制施工组织设计:施工组织设计是针对投标工程具体施工中的具体设想和安排,主要有人员机构、施工机具、安全措施、技术措施、施工方案和节能降耗措施等。

(7)编制施工图预算:根据招标文件规定,详实认真地作出施工图预算,仔细核对无误,注意保密,供决策层参考。

(8)投标最终决策:企业高层根据收集到的业主情况、竞争环境、主观因素、法律法规及招标条件等信息,作出最终投标报价和响应性条款的决策。

(9)投标书成稿:投标团队汇总所有投标文件,按照招标文件规定整理成稿,检查遗漏和瑕疵。

(10)标书装订和密封:对已经成稿的投标书进行美工设计,装订成册,按照商务标和

技术标分开装订。为了保守商业秘密,应该在商务标密封前由企业高层手工填写决策后的最终投标报价。

(11)递交投标书、保证金,参加开标会:《招标投标法》规定投标截止时间即是开标时间。为了投标顺利,通常的做法是在投标截止时间前1~2个小时递交投标书和投标保证金,然后准时参加开标会议。

二、园林工程投标的准备工作

进入承包市场进行投标,必须做好一系列的准备工作,准备工作充分与否对中标和中标后赢利水平都有很大影响。投标准备包括接受资格预审、投标经营准备、报价准备3个方面。

(一)接受资格预审

根据我国《招标投标法》第十八条的规定,招标人可以对投标人进行资格预审。投标人在获取招标信息后,可以从招标人处获得资格预审调查表,投标工作从填写调查表开始。为了顺利通过资格预审,投标人应在平时就将一般资格预审内的有关资料准备齐全,最好储存在计算机里,到针对某个项目填写资格预审调查表时,将有关文件调出来加以补充完善即可。因为资格预审内容中,财务状况、施工经验、人员能力等是一些通用审查内容,在此基础上,附加一些具体项目的补充说明或填写一些表格,再补齐其他查询项目,即可成为资格预审书送出。

在填表时应突出重点,即要针对工程特点填好重要项目,特别是要反映公司施工经验、施工水平和施工组织能力,这往往是业主考察的重点。

在投标决策阶段,研究并确定本公司发展的地区和方向,注意收集信息,如有合适项目,及早动手做资格预审的申请准备,并参考前面介绍的资格预审方法为自己打分,找出差距,如某些问题不是自己可以解决的,则应考虑寻找适宜的合作伙伴组成联合体来参加投标。做好递交资格预审表后的跟踪工作,以便及时发现问题、补充资料。

资格预审文件应包括的主要内容如下:

(1)投标人组织与机构;

(2)近3年完成工程的情况;

(3)目前正在履行的合同情况;

(4)过去2年经审计过的财务报表;

(5)过去2年的资金平衡表和负债表;

(6)下一年度财务预测报告;

(7)施工机械设备情况;

(8)各种奖励或处罚资料;

(9)与本合同资格预审有关的其他资料,如是联合体投标应填报联合体每一成员的以上资料。

招标资格审查的主要内容,一般应当包括:①投标人组织与机构、营业执照、资质等级证书;②近3年完成工程的情况;③目前正在履行的合同情况;④资源方面的情况,包括财务、管理、技术、劳力、设备等情况;⑤受奖、罚的情况和其他有关资料。

投标人申报资格审查,应当严格按照招标公告或投标邀请书的要求,向招标人提供有关资料。经招标人审查后,报建设工程招标投标管理机构复查。复查合格后,才能具有参加投标的资格。

有关资料格式见表 8-3 ~ 表 8-7。

表 8-3　资格预审申请文件格式

______________(项目名称)________标段施工招标

资格预审申请文件

申请人:______________(盖单位章)

法定代表人或其委托代理人__________(签字)

年　　月　　日

资格预审申请函

______(招标人名称):

1. 按照资格预审文件的要求,我方(申请人)递交的资格预审申请文件及有关资料,用于你方(招标人)审查我方参加(项目名称)标段施工招标的投标资格。

2. 我方的资格预审申请文件包含“申请人须知”规定的全部内容。

3. 我方接受你方的授权代表进行调查,以审核我方提交的文件和资料,并通过我方的客户,澄清资格预审申请文件中有关财务和技术方面的情况。

4. 你方授权代表可通过(联系人及联系方式)得到进一步的资料。

5. 我方在此声明,所递交的资格预审申请文件及有关资料内容完整、真实和准确,且不存在“申请人须知”规定的任何一种情形。

申请人:________(盖单位章)

法定代表人或其委托代理人________(签字)

电话:______________________

传真:______________________

申请人地址:________________

邮政编码:__________________

年　　月　　日

表 8-4　法定代表人身份证明

申请人名称：________________

单位性质：________________

成立时间：______年____月____日

经营期限：________________

姓名______性别______年龄______职务______

系________________________（申请人名称）的法定代表人。

特此证明。

申请人：________________（盖单位章）

______年____月____日

表 8-5　授权委托书

本人______（姓名）系______（申请人名称）的法定代表人，现委托为我方代理人。代理人根据授权，以我方名义签署、澄清、递交、撤回、修改______（项目名称）______标段施工招标资格预审申请文件，其法律后果由我方承担。

委托期限：________

代理人无转委托权。

附：法定代表人身份证明

申请人：________________（盖单位章）

法定代表人：____________（签字）

身份证号码：____________

委托代理人：____________（签字）

身份证号码：________________

______年______月______日

表 8-6 申请人基本情况表

<table>
<tr><td>申请人名称</td><td colspan="7"></td></tr>
<tr><td>注册地址</td><td colspan="4"></td><td>邮政编码</td><td colspan="2"></td></tr>
<tr><td rowspan="2">联系方式</td><td>联系人</td><td></td><td colspan="2"></td><td>电话</td><td colspan="2"></td></tr>
<tr><td>传真</td><td></td><td colspan="2"></td><td>地址</td><td colspan="2"></td></tr>
<tr><td>组织结构</td><td colspan="7"></td></tr>
<tr><td>法定代表人</td><td>姓名</td><td></td><td colspan="2">技术职称</td><td></td><td>电话</td><td></td></tr>
<tr><td>技术负责人</td><td>姓名</td><td></td><td colspan="2">技术职称</td><td></td><td>电话</td><td></td></tr>
<tr><td>成立时间</td><td colspan="2"></td><td colspan="3">员工总人数</td><td colspan="2"></td></tr>
<tr><td>企业资质等级</td><td colspan="2"></td><td rowspan="5">其中</td><td colspan="2">项目经理</td><td colspan="2"></td></tr>
<tr><td>营业执照号</td><td colspan="2"></td><td colspan="2">高级职称人员</td><td colspan="2"></td></tr>
<tr><td>注册资金</td><td colspan="2"></td><td colspan="2">中级职称人员</td><td colspan="2"></td></tr>
<tr><td>开户银行</td><td colspan="2"></td><td colspan="2">初级职称人员</td><td colspan="2"></td></tr>
<tr><td>账号</td><td colspan="2"></td><td colspan="2">技工</td><td colspan="2"></td></tr>
<tr><td>经营范围</td><td colspan="7"></td></tr>
<tr><td>备注</td><td colspan="7"></td></tr>
<tr><td colspan="8">附:项目经理简历表。项目经理应附项目经理执业资格证、身份证、职称证、学历证、养老保险等证的复印件和管理过的项目业绩。</td></tr>
</table>

<table>
<tr><td>姓名</td><td></td><td>年龄</td><td></td><td>学历</td><td></td></tr>
<tr><td>职称</td><td></td><td>职务</td><td></td><td>拟在合同任职</td><td></td></tr>
<tr><td>毕业学校</td><td colspan="5">年 月毕业于 学校 专业</td></tr>
<tr><td colspan="6">主要工作经历</td></tr>
<tr><td>时间</td><td colspan="2">参加过类似工程项目</td><td>担任职务</td><td colspan="2">发包人联系电话</td></tr>
<tr><td></td><td colspan="2"></td><td></td><td colspan="2"></td></tr>
</table>

表8-7　近年完成的类似项目情况表

项目名称	
项目所在地	
发包人名称	
发包人地址	
发包人电话	
合同价格	
开工日期	
竣工日期	
承担的工作	
工程质量	
项目经理	
技术负责人	
总监理工程师及电话	
项目描述	
备注	

(二)投标经营准备

1.组成投标班子

在企业决定要参加某工程项目投标之后,最重要的工作即是组成一个干练的投标班子。对参加投标的人员要进行认真挑选,以满足以下条件。

(1)熟悉了解招标文件(包括合同条款),会拟订合同文稿,对投标、合同谈判和合同签约有丰富经验。

(2)对我国《招标投标法》、《合同法》、《建筑法》等法律、法规有一定了解。

(3)不仅需要有丰富的工程经验、熟悉施工和工程估价的工程师,还要有具有设计经验的设计工程师参加,以便从设计或施工角度,对招标文件的设计图纸提出改进方案,以节省投资和加快工程进度。

(4)最好有熟悉物资采购和园林植物的人员参加,因为工程的材料、设备往往占工程造价的一半以上。

(5)有精通工程报价的经济师参加。

总之,投标班子最好由多方面人才组成。一个公司应该有一个按专业和承包地区分组的、稳定的投标班子,但应避免把投标人员和工程实施人员完全分开,即部分投标人员必须参加所投标项目的实施,这样才能减少工程失误的出现,不断总结经验,提高投标人员的水平和公司的总体投标水平。

2.投标联合体

我国《招标投标法》第三十条规定,两个以上法人或者其他组织可以组成一个联合体以一个投标人的身份共同投标。如果各方是通过共同注册并进行长期经营的“合资公司”，则不属于《招标投标法》所说的联合体，所以联合体多指联合集团或者联营体。

联合体的内部关系以协议的形式确定，联合体在组建时，应依据《招标投标法》和有关合同法律的规定共同订立书面投标协议，在协议中约定各方应承担的具体工作和各方应承担的责任。联合体的对外关系，中标的联合体各方应当共同与招标人签订合同，并应在合同书上签字或盖章。在同一类型的债权债务关系中，联合体任何一方均有义务履行招标人提出的要求，招标人可以要求联合体的任何一方履行全部义务，被要求的一方不得以“内部订立的权利义务关系”为由拒绝履行义务。

(三)报价准备

1. 熟悉招标文件

承包商在决定投标并通过资格预审获得投标资格后，要购买招标文件并研究和熟悉招标文件的内容，在此过程中应特别注意对标价计算可能产生重大影响的问题。包括：

(1)关于合同条件方面，诸如工期、延期罚款、保函要求、保险、付款条件、税收、货币、提前竣工奖励、争议、仲裁、诉讼法律等。

(2)材料、设备和施工技术要求方面，如采用哪种规范、特殊施工和特殊材料的技术要求等。

(3)工程范围和报价要求方面，如承包商可能获得补偿的权利。

(4)熟悉图纸和设计说明，为投标报价做准备。熟悉招标文件，还应理出招标文件中含糊不清的问题，及时提请业主澄清。

2. 招标前的调查与现场考察

这是投标前重要的一步，如果在招标决策阶段已对拟招标的地区做了较深入的调查研究，则在拿到招标文件后只需要做针对性的补充调查，否则还需要做深入调查。现场考察主要是指去工地进行考察。招标单位一般在招标文件中注明现场考察的时间和地点，在文件发出后就要安排投标者进行现场考察工作。现场考察既是投标者的权利，又是其责任。因此，投标者在报价前必须认真进行施工现场考察，全面地、仔细地调查了解工地及其周围的政治、经济、地理等情况。

3. 分析招标文件、校核工程量、编制施工规划

1)分析招标文件

招标文件是招标的主要依据，应该仔细地分析研究招标文件，主要应放在投标者须知、专用条款、设计图纸、工程范围以及工程量表上，最好有专人或小组研究技术规范和设计图纸，明确特殊要求。

2)校核工程量

招标文件中的工程量清单，投标者一定要进行校核，因为这直接影响中标的机会和投标报价；对于无工程量清单的招标工程，应当计算工程量，其项目一般以单价项目划分为依据；在校核中如发现相差较大，投标者不能随便改变工程量，而应致函或直接找业主澄清，尤其对于总价合同要特别注意，如果业主投标前不给予更正，而且是对投标者不利的情况，投标者在投标时应附上说明。投标人在核算工程量时，应结合招标文件中的技术规范，弄清工程量中每一细目的具体内容，才不至于在计算单位工程量价格时出错。如果招

标的工程是一个大型项目,而且招标时间又比较短,则投标人至少要对工程量大而且造价高的项目进行核实。

3)编制施工规划

在投标过程中,必须编制全面的施工规划,但其全面程度比不上施工组织设计,如果中标,再编制施工组织设计。

施工规划的内容一般包括施工方案和施工方法、施工进度计划、施工机械和材料、设备和劳动力计划、临时生产和生活设施。制定施工规划的依据是设计图样,经复核的工程量,招标文件要求的开工、竣工日期以及对市场材料、机械设备、劳力价格的调查。编制的原则是在保证工期和工程质量的前提下,尽量使成本最低,利润最大。

(1)选择和确定施工方法。根据工程类型,研究可以采用的施工方法。对于一般的土方工程、混凝土工程、园林建筑小品工程、灌溉工程等比较简单的工程,可结合已有施工机械及工人技术水平来选定施工方法,努力做到节省开支,加快速度;对于大型复杂工程则要考虑几种施工方案,进行综合比较。

(2)选择施工设备和施工设施。一般与选择施工方法同时进行,在工程估价过程中还要不断进行施工设备和施工设施的比较,决定是利用旧设备还是采购新设备,须对设备的型号、配套、数量(包括使用数量和备用数量)进行比较。还应研究哪些类型的机械可以采用租赁办法,对于特殊、专用设备的折旧率须进行单独考虑,在确定订货设备清单时还应考虑辅助和修配用机械以及备用零件。

(3)编制施工进度计划。编制施工进度计划应紧密结合施工方法和施工设备的选定进行,施工进度计划中应提出各时段内要完成的工程量及限定日期,施工进度计划是采用网络进度计划还是线条进度计划,应根据招标文件要求而定。在投标阶段,一般用线条进度计划即可满足要求。

三、园林工程投标的决策与技巧

园林工程投标决策是指园林工程承包商为了达到中标目的而在投标进程中所采用的手段与方法。投标决策是园林工程承包经营决策的重要组成部分,它直接关系着能否中标和中标后的效益,所以园林建设工程承包商应高度重视投标决策。园林工程投标决策实际上包括投标与否决策、投标性质决策、投标效益决策与投标策略和技巧决策四种。

(一)投标决策

1. 投标与否决策

投标与否决策是园林工程投标决策的首要任务,是在获取招标信息后,对是否参加投标竞争进行分析、论证,并作出决策。承包商关于是否参加投标的决策是其他投标决策产生的前提。承包商决定是否参加投标,通常要综合考虑各方面的情况,如承包商当前的经营状况和长远目标,参加投标的目的,影响中标机会的内部、外部因素等。一般说来,有下列情形之一的招标项目,承包商不宜决定参加投标:

(1)工程资质要求超过本企业资质等级的项目。

(2)本企业业务范围和经营能力之外的项目。

(3)本企业现承包任务比较饱满,而招标工程的风险较大或盈利水平较低的项目。

(4)本企业投标资源投入量过大时面临的项目。

(5)有在技术等级、信誉、水平和实力等方面具有明显优势的潜在竞争对手参加的项目。

2. 投标性质决策

关于投标性质的决策主要考虑是投保险标,还是投风险标。所谓保险标,是指承包商对基本上不存在技术、设备、资金和其他方面问题的,或虽有技术、设备、资金和其他方面问题,但可预见并已有了解决办法的工程项目而投的标。保险标实际上就是不存在什么未解决或解决不了的重大问题,没有什么大的风险的标。如果企业经济实力不强,经不起折腾,投保险标是比较恰当的选择。我国的工程承包商一般都愿意投保险标,特别是在国际工程承包市场上,投保险标的更多。

3. 投标效益决策

关于投标效益的决策,一般主要考虑的是投盈利标、保本标,还是投亏损标。

1)盈利标

所谓盈利标,是指承包商为能获得丰厚利润回报的招标工程而投的标。一般来说,有下列情形之一的,承包商可以考虑投盈利标:

(1)业主对本承包商特别满意,希望发包给本承包商的;

(2)招标工程是竞争对手的弱项而是本承包商的强项的;

(3)本承包商在手任务虽饱满,但招标利润丰厚、诱人,值得且能实际承受超负荷运转的。

2)保本标

保本标是指承包商对不能获得多少利润但一般也不会出现亏损的招标工程而投的标。一般来说,有下列情形之一的,承包商可以考虑投保本标:

(1)招标工程竞争对手较多,而本承包商无明显优势的;

(2)本承包商在手任务少,无后继工程,可能出现或已经出现部分窝工的。

3)亏损标

亏损标是指承包商对不能获利、自己赔本的招标工程而投的标。我国一般禁止投标人以低于成本的报价竞标,因此,投亏损标是一种非常手段,是承包商不得已而为之。一般来说,有下列情形之一的,承包商可以决定投亏损标:

(1)招标项目的强劲竞争对手众多,但本承包商孤注一掷,志在必得的。

(2)本承包商已出现大量窝工,严重亏损,急需寻求支撑的。

(3)招标项目属于本承包商的新市场领域,本承包商渴望打入的。

(4)招标工程属于承包商有绝对优势的市场领域,而其他竞争对手强烈希望插足分享的。

4. 投标策略和技巧决策

关于投标策略和投标技巧的决策比较复杂,一般主要考虑投标时机的把握,投标方法和手段的运用等。如在获得招标信息后,是马上决定是否参加投标,还是先观望,后决定;在投标截止有效期限内,是尽早、还是尽迟递交投标文件;在投标报价上,是采用扩大标价法,还是不平衡报价法,抑或其他报价方法;在投标对策上,是寻求投标报价方面的有利因素,还是寻求其他方面的支持,抑或兼而有之。

(二)园林工程投标策略与技巧

1. 园林工程投标策略的指导思想

(1)知彼知己,把握情势。

(2)以长制短,以优胜劣。

(3)随机应变,争取主动。

2. 园林工程投标技巧

园林工程投标技巧是指园林工程承包商在投标过程中所形成的各种操作技能和诀窍。园林工程投标活动的核心和关键是报价问题,因此园林工程投标报价的技巧至关重要,常见的投标报价主要技巧如下。

1)扩大标价法

扩大标价法是指除按正常的已知条件编制标价外,对工程中变化较大或没有把握的工作项目,采用增加不可预见费的方法,扩大标价,减少风险。这种做法的优点是中标价即为结算价,减少了价格调整等麻烦;缺点是总价过高。

2)不平衡报价方法

不平衡报价方法又叫前重后轻法,是指在总报价基本确定的前提下,调整内部各个子项的报价,以期既不影响总报价,又在中标后满足资金周转的需要,获得较理想的经济效益。通常做法是:

(1)对预计今后工程量可能会增加的项目,单价可适当报高些,而对工程量可能减少的项目,单价可适当报低些。

(2)对能早日结账收回工程款的土方、基础等前期工程项目,单价可适当报高些,对水电设备安装、装饰等后期工程项目,单价可适当报低些。

(3)对设计图纸内容不明确或有错误,估计修改后工程量要增加的项目,单价可适当报高些,而对工程内容明确的项目,单价可适当报低些。

(4)对没有工程量只填单价的项目,或招标人要求采用包干报价的项目,单价宜报高些,对其余的项目,单价可适当报低些。

(5)对暂定项目(任意项目或选择项目)中实施的可能性大的项目,单价可报高些,预计不一定实施的项目,单价可适当报低些。

3)突然降价法

突然降价法是指为迷惑竞争对手而采用的一种竞争方法,通常的做法是,在准备投标报价的过程中预先考虑好降价的幅度,然后有意散布一些假情报,如打算弃标,按一般情况报价或准备报高价等,在临近投标截止日期前,突然前往投标,并降低报价,以期战胜竞争对手。

4)多方案报价法

承包商决定采用多方案报价法,通常主要有以下两种情况。

(1)如发现设计图纸中存在某些不合理并可以改进的地方或可以利用某项新技术、新工艺、新材料替代的地方,或者发现自己的技术和设备满足不了招标文件中设计图纸的要求,可以先按设计图纸的要求报一个价,然后再另附上一个修改设计的比较方案,或说明在修改设计的情况下，报价可降低多少。这种情况通常也称做修改设计法。

(2)如果发现招标文件中的工程范围很不具体、很不明确，或条款内容很不清楚、很不公正，或对技术规范的要求过于苛刻，可先按招标文件中的要求报个价，然后再说明假如招标人对合同要求作某些修改，报价可调整范围。

四、园林工程投标报价与文件编制

(一)投标报价

投标报价是投标书的核心组成部分，招标人往往将投标人的报价作为主要标准来选择中标人，同时也是招标人与中标人就工程标价进行谈判的基础。

1.投标报价的主要依据

一般来说，投标报价的主要依据包括以下几方面内容：

(1)设计单位出具的施工图及设计说明书。

(2)工程量清单。

(3)合同条件。

(4)相关的法律、法规。

(5)本工程施工组织设计。

(6)施工规范和施工说明书。

(7)有关部门颁发的现行预算定额、取费标准和有关规定。

(8)经核准的招标文件。

(9)经核准的设计概算。

(10)现行工程材料、设备的预算价格及运费和各项调差的规定。

(11)国家及其有关部门颁发的工期定额和有关工期的规定及劳务工资标准。

(12)当地的物价水平。

除依据上述因素外，投标报价还应该考虑各种相关的间接费用。

2.投标报价的步骤

(1)熟悉招标文件，对工程项目进行调查与现场考察。

(2)结合工程项目的特点、竞争对手的实力和本企业的自身状况、经验、习惯，制定投标策略。

(3)核算招标项目实际工程量。

(4)编制施工组织设计。

(5)考虑工程承包市场的行情，以及人工、机械及材料供应的费用，计算分项工程直接费。

(6)分摊项目费用，编制单价分析表。

(7)计算投标基础价。

(8)根据企业的施工管理水平、工程经验与信誉、技术能力与机械装备能力、财务应变能力、抵御风险的能力、降低工程成本增加经济效益的能力等，进行获胜分析、盈亏分析。

(9)提出备选投标报价方案。

(10)编制出合理的报价,以争取中标。

3. 投标报价的编制方法

目前,常用的投标报价编制方式有两种:一是按工程预算的方法编制,即投标人按照预算编制规定先计算工程量,再以政府主管部门批准的各种定额为依据计算直接费、间接费、利润和税金等费用,最后考虑一定的浮动率,确定总价。二是工程量清单报价法,即投标人针对招标人提供的工程量清单填报工程的单价、合价和总价。采用不同的报价方法,投标报价的组成和计算也有所不同。

1)按工程预算的方法编制

按工程预算的方法编制投标报价,是国内招标工程投标比较流行的做法。采用这种方法编制的投标报价,在费用组成上与工程预算文件中的费用构成基本一致。但严格来讲,投标报价和工程预算并不是一回事。一是工程预算的内容比较规范,其中各种费用都要按规定的费率和定额进行计算,不能随意变更,而投标报价则可根据承包商的实际情况进行计算,可以考虑承包中的风险,在工程预算基础上浮动,此时的定额是参考要素之一;二是工程预算文件编制完成后,主要用于对投资的控制,而投标报价只用于投标,二者的性质和用途完全不同。

按工程预算的方法编制的投标报价,主要由直接费、间接费、利润和税金四部分组成。

(1)直接费,由直接工程费和措施费组成。

直接工程费,是指施工过程中耗费的构成工程实体和有助于工程形成的各项费用,包括人工费、材料费、施工机械使用费。

人工费,是指直接从事建筑安装工程施工的生产工人开支的各项费用,包括基本工资、工资性补贴、生产工人辅助工资、职工福利费、生产工人劳动保护费。

材料费,是指施工过程中耗费的构成工程实体的原材料、辅助材料、构配件、零件、半成品的费用,包括材料原价(或供应价格)、材料运杂费、运输损耗费、采购及保管费、检验试验费。

施工机械使用费,是指施工机械作业所发生的机械使用费以及机械安拆费和场外运费,包括折旧费、大修理费、经常修理费、安拆费及场外运费、人工费、燃料动力费、养路费及车船使用税。

措施费,是指为完成工程项目,发生于该工程施工前和施工过程,并非工程实体项目的费用,主要包括环境保护费,文明施工费,安全施工费,临时设施费,夜间施工费,二次搬运费,大型机械设备进出场及安拆费,混凝土、钢筋混凝土模板及支架费,脚手架费,已完工程及设备保护费,施工排水、降水费。

(2)间接费。

投标报价中的间接费,由规费和企业管理费组成。

规费,是指政府和有关权力部门规定必须缴纳的费用,主要包括工程排污费、工程定额测定费、社会保障费(养老保险费、失业保险费、医疗保险费)、住房公积金、危险作业意外伤害保险。

企业管理费,是指建筑安装企业组织施工生产和经济管理所需费用,包括管理人员的基本工资、办公费、差旅交通费、固定资产使用费、工具用具使用费、劳动保险费、工会经费、职工教育经费、财产保险费、财务费、税金及其他。

(3)利润。

利润是指施工企业完成所承包工程获得的盈利。具体计算公式为:

$$利润 = 计算基数 \times 利润率$$

计算基数可采用以下几种:以直接费和间接费合计为计算基础,以人工费和机械费合计为计算基础,以人工费为计算基础。

随着市场经济的进一步发展,企业决定利润率水平的自主权将会更大。在投标报价时,企业可以根据工程难易程度、市场竞争情况和自身的经营管理水平自行确定合理的利润率。

(4)税金。

税金是指国家税法规定的应计入建筑安装工程造价内的营业税、城市维护建设税及教育费附加等。

营业税。营业税的税额为营业额的3%。

城市维护建设税。城市维护建设税是国家为了加强城乡的维护建设,扩大和稳定城市、乡镇维护建设资金来源,而对有经营收入的单位和个人征收的一种税。

教育费附加。是对缴纳增值税、消费税、营业税的单位和个人征收的一种附加费。

除了根据相应税率分别计算上述三项税金外,为了计算上的方便,也可将营业税、城市维护建设税及教育费附加合并在一起,以工程成本加利润为基数计算。

2)工程量清单报价法

在工程量清单报价法中,单价的确定有两种模式。一是按照工程概、预算编制方法编制,唯一不同的是工程量由招标人提供而不是投标人自行计算;二是单价由工程费、施工服务费、利润和税金等构成。这里所称的工程量清单报价法专指第二种模式。在报价的组成上工程量清单报价法与按概、预算方法编制投标报价基本相同,但按概、预算编制方法投标报价的每项费用的内容,比采用工程量清单报价要少而简单。采用工程量清单报价法编制的投标报价,不仅单价组成内容较多,而且各个承包商的分类和计算方法也不尽相同。

采用工程量清单报价法编制的投标报价,主要由工程费、施工服务费、利润和税金等几部分构成。

工程费是指直接用于建筑安装工程上的有关费用,通常由人工费、材料费两部分组成。人工费是指直接从事建筑安装施工的生产工人工资和各种津贴费。材料费是指直接用于建筑安装工程的材料、构件、零件和成品及半成品的所有用量。

施工服务费,是指为建筑安装工程施工服务的一切费用,包括以下内容:管理人员工资;非生产人员工资;流动施工及地区津贴费;劳保支出费;办公费;差旅交通费;临时设施费;职工教育经费;检验试验费;车辆、工具购置费;资料照片费;利息支出;施工机械购置费;周转材料购置费;脚手架费;冬雨期施工增加费;施工水、电、蒸汽费;场地清理费;其他费用。

在编制工程量清单报价时,应重点注意以下事项:

(1)工程量清单中的每一子目须填入单价或价格,且只允许有一个报价。

(2)工程量清单中标价的单价或金额,应包括所需人工费、施工机械使用费、材料费、其他(运杂费、质检费、安装费、缺陷修复费、保险费,以及合同明示或暗示的风险、责任和义务等),以及管理费、利润等。

(3)工程量清单中投标人没有填入单价或价格的,其费用视为已分摊在工程量清单中其他相关子目的单价或价格中。

(二)园林工程投标文件编制

投标文件有商务标和技术标两种,商务标主要是指投标的工程造价,技术标则是指针对投标工程拟采用的技术措施。

1.投标文件的内容

1)投标文件的组成

(1)投标函及投标函附录;

(2)法定代表人身份证明或附有法定代表人身份证明的授权委托书;

(3)联合体协议书;

(4)投标保证金或保函;

(5)已标价工程量清单;

(6)施工组织设计;

(7)项目管理机构(施工组织机构表和主要管理人员简历);

(8)拟分包项目情况表;

(9)资格审查资料;

(10)投标人须知前附表规定的其他材料。

以上投标文件的内容、表格等全部填写完毕后,即将其密封,按照业主在招标文件中指定的时间、地点递送。

2)商务标的内容

商务标的文本格式较多,各地都有自己的文本格式,我国《建设工程工程量清单计价规范》规定,商务标应包括:

(1)投标总价及工程项目总价表;

(2)单项工程费汇总表;

(3)单位工程费汇总表;

(4)分部分项工程量清单计价表;

(5)措施项目清单计价表;

(6)其他项目清单计价表;

(7)零星工程项目计价表;

(8)分部分项工程量清单综合单价分析表;

(9)项目措施费分析表和主要材料价格表。

3)技术标的内容

技术标通常由施工组织设计、项目管理班子配备情况、项目拟分包情况、替代方案及报价四部分组成。

(1)施工组织设计。投标前施工组织设计的内容有:主要施工方法、拟在该工程投入的施工机械设备情况、主要施工机械配备计划、劳动力安排计划、确保工程质量的技术组织措施、确保安全生产的技术组织措施、确保工期的技术组织措施、确保文明施工的技术组织措施等。同时其应包括以下附表:拟投入的主要施工机械设备表;劳动力计划表;计划开、竣工日期和施工进度网络图;施工总平面布置图及临时用地表。

(2)项目管理班子配备情况。项目管理班子配备情况主要包括项目管理班子配备情况表、项目经理简历表、项目技术负责人简历表和项目管理班子配备情况辅助说明等资料。

(3)项目拟分包情况。技术标投标文件中必须包括项目拟分包情况者。

(4)替代方案及其报价。投标文件中还应列明替代方案及其报价。

2. 投标文件的编制

(1)投标文件应按招标文件和《标准施工招标文件》(2007 年版)"投标文件格式"进行编写,如有必要可以增加附页,作为投标文件的组成部分。其中,投标函附录在满足招标文件实质性要求的基础上,可以提出比招标文件要求更有利于招标人的承诺。

(2)投标文件应当对招标文件有关工期、投标有效期、质量要求、技术标准和要求、招标范围等实质性内容作出响应。

(3)投标文件应用不褪色的材料书写或打印,并由投标人的法定代表人或其委托代理人签字或盖单位章。委托代理人签字的,投标文件应附法定代表人签署的授权委托书。投标文件应尽量避免涂改、行间插字或删除。如果出现上述情况,改动之处应加盖单位章或由投标人的法定代表人或其授权的代理人签字确认。签字或盖章的具体要求见投标人须知前附表。

(4)投标文件正本一份,副本份数见投标人须知前附表。正本和副本的封面上应清楚地标记"正本"或"副本"的字样。当副本和正本不一致时,以正本为准。

(5)投标文件的正本与副本应分别装订成册,并编制目录,具体装订要求见投标人须知前附表规定。

3. 标书的包装与投送

1)标书的包装

投标方应准备 1 份正本和 3 ~5 份副本,用信封分别把正本和副本密封,封口处加贴封条,封条处加盖法定代表人或其授权代理人的印章和单位公章,并在封面上注明"正本"或"副本"字样,然后一起放入招标文件袋中,再密封招标文件袋,文件袋外应注明工程项目名称、投标人名称及详细地址,并注明何时之前不准启封,且正本和副本有差异,以正本为准。

投标方应该注意标书的包装,标书的封面应尽可能做得精致一些。没有能力的投标方最好请专业人员设计制作标书的封面,以吸引招标方的注意力。园林标书封面上的图案最好与园林或林业这个大的主题相关,但不可泄露标书中的内容;只有文字的标书封面应该设计得简洁流畅,可在封面正中标明机密字样。

2)标书的投送

投标人递交投标文件不宜太早,一般在招标文件规定的截止日期前一两天内密封送交指定地点比较好。在投标期以后送达的投标文件,招标人应当拒收,已经收下的也须原封退给投标人。

投标人可以在递交投标文件以后，在规定的投标截止时间之前，采用书面形式向招标人递交补充、修改或撤回其投标文件的通知。在投标截止日期以后，不能修改投标文件。投标人的补充、修改或撤回通知，应按招标文件中投标须知的规定编制、密封、加写标志和递交，并在内层包封标明“补充”、“修改”或“撤回”字样。补充、修改的内容为投标文件的组成部分，根据投标须知的规定，在投标截止时间与招标文件中规定的投标有效期终止日之间的这段时间内，投标人不能撤回投标文件，否则其投标保证金将不予退还。

五、园林工程评标的程序与方法

评标是对各投标书优劣的比较，以便最终确定中标人，评标工作由评标委员会负责。

(一)园林工程施工评标原则

评标人员应当按照招标文件确定的评标标准和方法，对投标文件进行评审和比较，要本着实事求是的原则，不得带有任何主观意愿和偏见，高质量、高效率完成评标工作，并应遵循以下原则。

(1)认真阅读招标文件，严格按照招标文件规定的要求和条件对投标文件进行评审。

(2)公正、公平、科学合理。

(3)质量好、信誉高、价格合理、工期适当、施工方案先进可行。

(4)规范性与灵活性相结合。

(二)园林工程评标要求

1. 组建的评标委员会的要求

评标委员会由招标人的代表和有关技术、经济等方面的专家组成，成员人数为5人以上单数，其中招标人、招标代理机构以外的技术、经济等方面专家不得少于成员总数的2/3。评标委员会的专家成员，应当由招标人从建设行政主管部门及其他有关政府部门确定的专家名册或者工程招标代理机构的专家库内相关专业的专家名单中确定。确定专家成员一般应当采取随机抽取的方式。与投标人有利害关系的人不得进入评标委员会，已经进入的应当更换，保证评标的公平与公正。

评标委员会成员有下列情形之一的，应当回避：

(1)招标或投标主要负责人的近亲属。

(2)项目主管部门或者行政监督部门的人员。

(3)与投标人有经济利益关系，可能影响对投标公正评审的。

(4)曾因在招标、评标及其他与招标投标有关活动中从事违法行为而受过行政处罚或刑事处罚的。

评标委员会成员不得收受他人的财物或者其他好处，不得向他人透漏对投标文件的评审和比较、中标候选人的推荐情况及评标有关的其他情况。在评标活动中，评标委员会成员不得擅离职守，影响评标程序正常进行，不得使用“评标办法”没有规定的评审因素和标准进行评标。

2. 评标中对相关各方的纪律要求

(1)对招标人的纪律要求。招标人不得泄漏招标投标活动中应当保密的情况和资料，不得与投标人串通损害国家利益、社会公共利益或者他人合法权益。

(2)对投标人的纪律要求。投标人不得相互串通投标或者与招标人串通投标，不得向招标人或评标委员会成员行贿谋取中标，不得以他人名义投标或者以其他方式弄虚作假骗取中标；投标人不得以任何方式干扰、影响评标工作。

(3)对与评标活动有关的工作人员的纪律要求。与评标活动有关的工作人员不得收受他人的财物或者其他好处，不得向他人透漏对投标文件的评审和比较、中标候选人的推荐情况及评标有关的其他情况。在评标活动中，与评标活动有关的工作人员不得擅离职守，影响评标程序正常进行。

(三)园林工程评标程序

园林工程招标的评标和定标依据招标工程的规模、技术复杂程度来决定评标的办法与时间。一般国际性招标项目评标需要3~6个月时间。但小型工程由于承包工作内容较为简单、合同金额不大，可以采用即开、即评、即定的方式，由评标委员会及时确定中标人。国内大型工程项目的评审因评审内容复杂、涉及面宽，通常分成初步评审和详细评审两个阶段进行。本节主要讲述大型工程评标等程序。

1.初步评审

初步评审也是对投标书的响应性审查，此阶段不是比较各投标书的优劣，而是以投标文件为依据，检查各投标书是否为响应性投标，确定投标书的有效性。初步评审从投标书中筛选出符合要求的合格投标书，剔除所有无效投标和严重违法的投标书，以减少详细评审的工作量，保证评审工作的顺利进行。

1)初步评审的内容

(1)投标人的资格。

(2)投标保证书的有效性。即投标保证的格式、内容、金额、有效期，开具单位是否符合招标文件要求。

(3)报送资料的完整性。投标文件是否提交了招标文件规定应提交的全部文件，有无遗漏。

(4)投标文件的完整性、投标书与招标文件的要求有无实质性背离、报价计算的正确性。

2)技术性评审

投标文件的技术性评审包括施工方案、工程进度与技术措施、质量管理体系与措施、安全保证措施、环境保护管理体系与措施、资源(劳务、材料、机械设备)、技术负责人等方面是否与国家相应规定及招标项目符合。

3)商务性评审

投标文件的商务性评审主要是指投标报价的审核，审查全部报价数据计算的准确性。

商务标中出现以下情况，由评标委员会对投标书中的错误加以修正后请该标书的投标授权人予以签字确认，作为详评比较的依据。如果投标人拒绝签字，则按投标人违约对待，不仅投标无效，而且没收其投标保证金。修正错误的原则如下：

(1)投标文件中的大写金额和小写金额不一致的，以大写金额为准。

(2)总价金额与单价金额不一致的，以单价金额为准，但单价金额小数点有明显错误的除外。

4）对招标文件响应的偏差

投标文件对招标文件实质性要求和条件响应的偏差分为重大偏差和细微偏差。

（1）重大偏差。

没有按照招标文件要求提供投标担保或者所提供的投标担保有瑕疵；投标文件没有投标人授权代表签字并加盖公章；投标文件记载的招标项目完成期限超过招标文件规定的完成期限的；明显不符合技术规格、技术标准的要求；投标文件载明的货物包装方式、检验标准和方法等不符合招标文件的要求；投标文件附有招标人不能接受的条件；不符合招标文件规定的其他实质性要求。

所有存在重大偏差的投标文件都属于在初评阶段应淘汰的投标书。

（2）细微偏差。

对于存在细微偏差的投标文件，指投标文件基本上符合招标文件的要求，但在个别地方存在漏项或者提供了不完整的技术信息和数据等情况，并且补正这些遗漏或者不完整不会对其他投标人造成不公平的结果。对招标文件的响应存在细微偏差的投标文件仍属于有效投标书。

属于存在细微偏差的投标书，可以书面要求投标人在评标结束前予以澄清、说明或者补正，但不得超出投标文件的范围或者改变投标文件的实质内容。

5）投标文件作废标处理的其他情况

投标文件有下列情形之一的，由评标委员会初审后按废标处理。

（1）无单位盖章并无法定代表人或法定代表人授权的代理人鉴字或盖章的。

（2）未按规定的格式填写，内容不全或关键字迹模糊、无法辨认的。

（3）投标人递交两份或多份内容不同的投标文件，或在一份投标文件中对同一招标报有两个或多个报价且未声明哪一个有效，按招标文件规定提交备选投标方案的除外。

（4）投标人名称或组织结构与资格预审中不一致的。

（5）末按招标文件要求提交投标保证金的。

（6）联合体投标未附联合体各方共同投标协议的。

2. 详细评审

评标委员对各投标书方案和计划实行实质性评价与比较。评审时不应再采用招标文件中要求投标人考虑因素以外的任何条件作为标准。设有标底的，评标时应参考标底。

详评通常分为两个步骤进行。首先对各投标书进行技术和商务方面的审查，评定其合理性，以及若将合同授予该投标人在履行过程中可能给招标人带来风险。评标委员会认为必要时可以单独约请投标人对标书中含义不明确的内容作必要的澄清或说明，但澄清或说明不得超出投标文件的范围或改变投标文件的实质性内容。澄清内容也要整理成文字材料，作为投标书的组成部分。在对标书审查的基础上，评标委员会依据评标规则量化比较各投标书的优劣，并编写评标报告。

3. 评标报告

评标委员会在完成评标后，应向招标人提出书面评标结论性报告，作为定标的主要依据。评标报告应包括：评标情况和数据表；评标委员会成员名单；开标记录；符合要求的投标一览表;废标情况说明;评标标准、评标方法或者评标因素一览表;经评审的价格或者评分比较一览表;经评审的投标人排序;推荐的中标候选人名单与签订合同前要处理的事项;澄清、说明、补正事项纪要。

(四)园林工程评标的方法

由于工程规模不同、各类招标的标的不同,评审方法可以分为定性评审和定量评审两大类。

对于标的额较小的中小型工程评标可以采用定性比较的专家评议法,评标委员对各标书共同分项进行认真分析比较后,以协商和投票的方式确定候选中标人。这种方法评标过程简单,在较短时间内即可完成,但科学性较差。

对大型工程应采用"综合评分法"或"评标价法"对各投标书进行科学量化比较。综合评分法是将评审内容分类后分别赋予不同权重,评标委员依据评分标准对各类内容细分的小项进行相应的打分,最后计算的累计分值反映投标人的综合水平,以得分最高的投标书为最优。评标价法是指评审过程中以该标书的报价为基础,将报价之外需要评定的要素按预先规定的折算办法换算为货币价值,根据对招标人有利或不利的原则在投标价上增加或减少一定金额,最终构成评标价格。"评标价"既不是投标价也不是中标价,只是用价格指标作为评审标书优劣的衡量方法,评标价最低的投标书为最优。定标签订合同时,仍以投标报价作为中标的合同价。

1. 综合评分法

施工招标需要评定比较的要素较多,且各项内容的单位又不一致,如工期是天、报价是元等,因此综合评分法可以较全面地反映投标人的素质。评标是对各承包人实施工程综合能力的比较,大型复杂工程的评分标准最好设置几级评分目标,以利于评委控制打分标准,减少随意性。评分的指标体系及权重应根据招标工程项目特点设定。报价部分的评分为用标底衡量、用复合标底衡量和无标底比较三大类。

1)以标底为评分标准衡量报价的综合评分法(用得最广的)

评标委员会首先以预先确定的允许报价浮动范围(例如 ±5%)确定入围的有效投标,然后按照评标规则计算各项得分,最后以累计得分比较投标书的优劣。应予注意,若某投标书的总分不低,但其中某一项得分低于该项及格分时,也应充分考虑授标给此投标人实施过程中可能的风险。

如某园林施工采用综合单价合同的邀请招标,评标主要考察 4 个方面,每一方面再以百分制计分。

(1)投标单位的业绩、信誉,权重 0.15。内容包括:企业资质等级(30 分);企业信誉、银行信誉(20 分);同样主体工程的施工经历(20 分);近 5 年质量回访记录(15 分);近 3 年重大质量、安全事故(15 分)。

(2)施工管理能力,权重 0.1。内容包括:主要施工机具及劳动力安排计划(50 分);安全措施(30 分);同期工程量(20 分)。

(3)施工组织设计,权重 0.15。内容包括:施工方案(30 分);现场组织机构(30 分);网络进度计划(20 分);质量保证体系(20 分)。

(4)投标报价,权重 0.6。内容包括:投标报价(60 分);单价表中人工、材料、机械费组成的合理性(30 分);三材用量的合理性(10 分)。其中报价项的得分标准以(报价 - 标底)/标底来衡量,当偏差范围为 -(3 ~5)% 时得 40 分; -(2 ~1)% 时得 60 分; +(2 +(2 ~1)% 时得 50 分; +(5 ~3)% 得 30 分。

【例 8-1】　某幢高层写字楼建设项目,业主委托某监理单位进行施工阶段(包括施工招标)监理。该工程邀请甲、乙、丙三家施工企业进行总价投标。评标采用四项指标综合评分法。四项指标及权数分别为:投标单位的业绩与信誉 0.10,施工管理能力 0.15,施工组织设计合理性 0.25,投标报价 0.50。各项指标均以 100 分为满分。

其中,投标报价的评定方法是:

(1)计算投标企业报价的平均值$\overline{C}=\dfrac{\sum \text{投标企业的报价}}{\text{投标企业的个数}}$;

(2)计算评标基准价格 $C=0.6C_0+0.4\overline{C}$(式中 C_0 为项目标底价格);

(3)计算投标企业报价离差 $X=\dfrac{\text{报标企业报价}-C}{C}\times 100\%$;

(4)按下式确定投标企业的投标报价得分 P:

$$P=\begin{cases}100-400[X] & \text{当 } X>3\% \text{ 时}\\ 100-300[X] & \text{当 } 0<X\leqslant 3\% \text{ 时}\\ 100 & \text{当 } X=0 \text{ 时}\\ 100-100[X] & \text{当 } -5\%\leqslant X<0 \text{ 时}\\ 100-200[X] & \text{当 } X<-5\% \text{ 时}\end{cases}$$

根据开标结果已知该工程标底为 5 760 万元。甲企业投标报价 5 689 万元,乙企业投标报价 5 828 万元,丙企业投标报价 5 709 万元。

已知投标企业的其他指标得分如表 8-8 所示。

表 8-8　投标企业其他指标得分

评标指标	甲投标企业	乙投标企业	丙投标企业
业绩与信誉	92	90	85
施工管理能力	96	90	80
施工组织设计合理性	90	92	78
投标报价			99.24

试计算各投标企业的综合评分,并确定第一中标企业。

解　(1)甲、乙两家投标企业的报价得分:

①投标企业报价的平均值

$$\overline{C}=\frac{5\ 689+5\ 828+5\ 709}{3}=5\ 742(\text{万元})$$

②评标基准价格

$$C=0.6\times 5\ 760+0.4\times 5\ 742=5\ 752.8(\text{万元})$$

③甲、乙两家投标企业报价离差

$$X_{甲}=\frac{5\ 689-5\ 752.8}{5\ 752.8}\times100\%=-1.11\%$$

$$X_{乙}=\frac{5\ 828-5\ 752.8}{5\ 752.8}\times100\%=1.31\%$$

④报价得分。

$P_{甲}=100-100\times1.11\%=98.89$

$P_{乙}=100-300\times1.31\%=96.07$

(2)各投标企业的综合评分如下：

甲企业为　$0.1\times92+0.15\times96+0.25\times90+0.5\times98.89=95.55$(分)

乙企业为　$0.1\times90+0.15\times90+0.25\times92+0.5\times96.07=93.54$(分)

丙企业为　$0.1\times85+0.15\times80+0.25\times78+0.5\times99.24=89.62$(分)

第一中标企业为甲投标企业。

2)以复合标底值作为报价评分衡量标准的综合评分法

以标底作为报价评定标准时,有可能因编制的标底没有反映出较为先进的施工技术水平和管理水平,导致报价分的评定不合理。为了弥补这一缺陷,采用标底的修正值作为衡量标准。具体步骤为：

(1)计算各投标书报价的算数平均值。

(2)将标书平均值与标底再作算数平均。

(3)以②算出的值为中心,按预先确定的允许浮动范围(如±10%)确定入围的有效标书。

(4)计算入围有效标书的报价算数平均值。

(5)将标底和④计算的值进行平均,作为确定报价得分的衡量标准。此步计算可以是简单的算术平均,也可以采用加权平均(如标底的权重为0.4,报价的平均值权重为0.6)。

(6)依据评标规则确定的计算方法,按报价与标准的偏离度计算各投标书的该项得分。

3)无标底的综合评分法

对于前两种方法在商务评标过程中对报价部分的评审都以预先设定的标底作为衡量条件,如果标底编制得不够合理,有可能对某些投标书的报价评分不公平。为了鼓励投标人的报价竞争,可以不预先制定标底,用反映投标人报价平均水平某一值作为衡量基准评定各投标书的报价部分得分。此种方法在招标文件中应说明比较的标准值和报价与标准值偏差的计分方法,视报价与其偏离度的大小确定分值高低。采用较多的方法如下。

(1)以最低报价为标准。在所有投标书的报价中以报价最低者为标准(该项满分),其他投标人的报价按预先确定的偏离百分比计算相应得分。但应注意,最低的投标报价比次低投标人的报价如果相差悬殊(如差20%以上),则应首先考察最低报价是否有低于其企业成本的竞标,若报价的费用组成合理,才可以作为标准值。这种规则适用于工作内容简单,一般承包人采用常规方法都可以完成的施工内容,因此评标时更重视报价的高低。

(2)以平均报价为标准。开标后,首先计算各主要报价项的标准值。可以采用简单的算术平均值或平均值下浮某一预先规定的百分比作为标准值。标准值确定后,再按预先确定的规则,视各投标书的报价与标准值的偏离程度,计算各投标书的该项得分。对于某些较为复杂的工作任务,不同的施工组织和施工方法可能产生不同效果的情况,不应过分追求报价,因此采用投标人的报价平均水平作为衡量标准。

2. 评标价法

评标委员会首先通过对各标书的审查淘汰技术方案不满足基本要求的投标书,然后对基本合格的标书按预定的方法将某些评审要素按一定规则折算为评审价格。加到该标书的报价上形成评标价。以评标价最低的标书为最优(不是报价最低)。评标价作为衡量投标人能力高低的量化比较方法,与中标人签订合同时仍以投标价为准。可以折算成价格的一般评审要素如下:

(1)投标书承诺的工期提前给项目可能带来的超前效益,以月为单位按预定计算规则折算为相应的货币值,从该投标人的报价内扣减此值。

(2)实施过程中必然发生而标书又属明显漏项部分,给予相应的补项增加到报价上去。

(3)技术建议可能带来的实际效益,按预定的比例折算后,在投标价内减去该值。

(4)投标书内提出的优惠条件可能给招标人带来好处,以开标日为准,按一定的方法折算后,作为评审价格因素之一。

(5)对其他可以折算为价格的要素,按照对招标人有利或不利的原则,减少或增加到投标报价上去,即有利时减少相应的价格,不利时增加相应价格。

研讨与练习

1. 案例分析

【背景】 某园林工程项目,经过有关部门批准后,决定由业主自行组织施工公开招标。该工程项目为政府的公共工程,已经列入地方的年度固定资产投资计划,概算已经主管部门批准,但征地工作尚未完成,施工图及有关技术资料齐全。因估计除本市施工企业参加投标外,还可能有外省市施工企业参加投标,因此业主委托咨询公司编制了两个标底,准备分别用于对本市和外省市施工企业投标的评定。业主要求将技术标和商务标分别封装。某承包商在封口处加盖了本单位的公章,并由项目经理签字后,在投标截止日期的前1天将投标文件报送业主,当天下午,该承包商又递交了一份补充材料,声明将原报价降低5%,但是业主的有关人员认为,一个承包商不得递交2份投标文件,因而拒收承包商的补充材料。开标会议由市招投标管理机构主持,市公证处有关人员到会。开标前,市公证处人员对投标单位的资质进行了审查,确认所有投标文件均有效后正式开标。业主在评标之前组建了评标委员会,成员共8人,其中业主人员占5人,招标工作主要内容:①发投标邀请函;②发放招标文件;③进行资格后审;④召开投标质疑会议;⑤组织现场勘察;⑥接收投标文件;⑦开标;⑧确定中标单位;⑨评标;⑩发出中标通知书;⑪签订施工合同。

【问题】

(1)招标活动中有哪些不当之处?

(2)招标工作的内容是否正确?如果不正确请改正,并排出正确顺序。

2. 某工程招标,有A、B、C、D四家施工企业投标,招标单位决定评标采用"无标底招标,有标底评标"评标法。现计算出工程参考工程造价为6 000万元,并现场抽得报价算术平均值的权数为0.67,加权平均工程造价的下浮率为2.2%,请根据表8-9所列条件及标准,以最高分选定中标单位。

表8-9　某工程招标条件及标准

评分事项及标准	A	B	C	D
报价60分	5 500	5 800	6 300	6 600
总工期(月)15分 超期无分,按期9分,每提前1个月加2分	按期	提前1个月	提前2个月	提前3个月
工程质量15分 一次合格率100%得7分,得鲁班奖每项加5分,白玉兰奖每项加3分,优胜奖每项加1分,加至15分止	一次合格率100% 一项白玉兰奖	一次合格率100% 一项鲁班奖	一次合格率100% 一项白玉兰奖、一项优胜奖	一次合格率100% 一项优胜奖、一项鲁班奖
企业以往信誉10分 良好10分,一般5分	一般	一般	良好	良好

3. 公开招标程序有哪些?

4. 园林施工招标的方法有哪些?

5. 园林施工评标有哪些方法?

6. 投标文件存在哪些情形评标委员会初审后可以按废标处理?

第九章　园林工程合同管理与资料管理

第一节　园林工程合同相关法律摘要

一、《中华人民共和国民法通则》摘要

《中华人民共和国民法通则》(简称《民法通则》)是调整平等主体公民之间、法人之间、公民与法人之间的财产关系和人身关系的基本法律。

《中华人民共和国民法通则》已由中华人民共和国第六届全国人民代表大会第四次会议于1986年4月12日通过,自1987年1月1日起施行。由以下几部分构成。

目　录

第一章　基本原则
第二章　公民(自然人)
　第一节　民事权利能力和民事行为能力
　第二节　监护
　第三节　宣告失踪和宣告死亡
　第四节　个体工商户、农村承包经营户
　第五节　个人合伙
第三章　法人
　第一节　一般规定
　第二节　企业法人
　第三节　机关、事业单位和社会团体法人
　第四节　联营
第四章　民事法律行为和代理
　第一节　民事法律行为
　第二节　代理
第五章　民事权利
　第一节　财产所有权和与财产所有权有关的财产权
　第二节　债权
　第三节　知识产权
　第四节　人身权

第六章　民事责任
　第一节　一般规定
　第二节　违反合同的民事责任
　第三节　侵权的民事责任
　第四节　承担民事责任的方式
第七章　诉讼时效
第八章　涉外民事关系的法律适用
第九章　附则

二、《中华人民共和国合同法》摘要

在市场经济中，财产的流转主要依靠合同。特别是工程项目，标的大，履行时间长，协调关系多，合同管理尤其重要。《中华人民共和国合同法》（简称《合同法》）是规范我国市场经济财产流转关系的基本法，建设工程合同的订立和履行要遵守其基本规定。

我国在1999年3月15日第九届全国人民代表大会第二次会议通过了《中华人民共和国合同法》，1999年10月1日实施《中华人民共和国合同法》，建设部与国家工商行政管理局及时联合颁布了《建设工程施工合同（示范文本）》、《建设工程勘察合同（示范文本）》《建设工程设计合同（示范文本）》、《建设工程委托监理合同（示范文本）》。

《合同法》由总则、分则和附则三部分组成。总则包括八章：一般规定；合同的订立；合同的效力；合同的履行；合同的变更和转让；合同的权利义务终止；违约责任；其他规定。

（一）合同法律关系的构成

合同法律关系是指由合同法律规范所调整的，在民事流转过程中所产生的权利义务关系。合同法律关系包括合同法律关系主体、客体和内容三部分。

1. 合同法律关系的主体

合同法律关系的主体是指参加合同法律关系依法享有权利、承担义务的当事人。合同法律关系的主体可以是自然人、法人、其他组织。

1）自然人

自然人，是指基于自然出生而成为民事法律关系主体的有生命的人。作为合同法律关系主体的自然人必须具备相应的民事权利能力和民事行为能力。民事权利能力是民事主体依法享有民事权利和民事义务的资格。自然人的民事权利能力始于出生，终于死亡。根据自然人的年龄和精神状况，可以将自然人分为完全民事行为能力人、限制民事行为能力人和无民事行为能力人。

2）法人

我国《民法通则》规定，法人是具有民事权利能力和民事行为能力，依法独立享有民事权利和承担民事义务的组织。由此可见，法人是指按照法定程序成立，设有一定的组织机构，拥有独立的财产或独立经营管理的财产，能以自己的名义在社会经济活动中享有权利和承担义务，并能在法院起诉和应诉的社会组织。

法人应当具备以下条件：

（1）依法成立。法人不能自然产生，它的产生必须经过法定的程序。

（2）有必要的财产和经费。法人必须具有独立的财产或独立经营管理的财产和活动经费。财产是法人开展工作和进行生产经营活动的物质基础,也是法人享有经济权利和承担经济义务的先决条件。

(3)有自己的名称、组织机构和场所。法人名称是法人相互区别的标志和法人进行活动时使用的代号。法人要有固定的场所作为其享有权利和承担义务的法定住所,以利于国家主管机关进行监督和管理或者企业开展生产经营和服务等活动。

(4)能够独立承担民事责任。法人必须能够以自己财产或者经费承担在民事活动中的债务,在民事活动中给其他主体造成损失时能够承担赔偿责任。

3)其他组织

法人以外的其他组织也可以成为合同法律关系主体,主要包括:法人的分支机构,不具备法人资格的联营体、合伙企业、个人独资企业等。

2.合同法律关系的客体

合同法律关系的客体,是指参加合同法律关系的主体享有的权利和承担的义务所共同指向的对象,合同法律关系的客体主要包括物、行为、智力成果。

3.合同法律关系的内容

合同法律关系的内容是指合同约定和法律规定的权利和义务。合同法律关系的内容是合同的具体要求,决定了合同法律关系的性质,它是连接主体的纽带。

(1)权利。权利是指合同法律关系主体在法定范围内,按照合同的约定有权按照自己的意志作出某种行为。权利主体也可要求义务主体作出一定的行为或不作出一定的行为,以实现自己的有关权利。当权利受到侵害时,有权得到法律保护。

(2)义务。义务是指合同法律关系主体必须按法律规定或约定承担应负的责任。义务和权利是相互对应的,相应主体应自觉履行相对应的义务。否则,义务人应承担相应的法律责任。

(二)代理

代理是代理人在代理权限范围内,以被代理人的名义实施的、其民事责任由被代理人承担的法律行为。以代理权产生的依据不同,可将代理分为委托代理、法定代理和指定代理。

(1)委托代理:是基于被代理人对代理人的委托授权行为而产生的代理。

(2)法定代理:是指根据法律的直接规定而产生的代理。法定代理主要是为维护无行为能力或限制行为能力人的利益而设立的代理方式。

(3)指定代理:是根据人民法院和有关单位的指定而产生的代理。指定代理只在没有委托代理人和法定代理人的情况下适用。被指定的人称为指定代理人,依法被指定为代理人的,如无特殊原因不得拒绝担任代理人。

(三)合同的担保

担保是指当事人根据法律规定或者双方约定,为促使债务人履行债务实现债权人的权利的法律制度。担保通常由双方当事人订立担保合同,担保合同是被担保合同的从合同。

《中华人民共和国担保法》规定的担保方式有保证、抵押、质押、留置和定金。

(四)合同的效力

1.合同生效应当具备的条件

(1)当事人具有相应的民事权利能力和民事行为能力。

(2)意思表示真实。

(3)不违犯法律或者社会公共利益。

2.效力待定的合同

有些合同的效力较为复杂,不能直接判断是否生效,而与合同的一些后续行为有关,这类合同即为效力待定合同。

(1)限制民事行为人订立的合同。

(2)无代理权人订立的合同。

(3)法定代表人、负责人超越权限订立的合同。

(4)无处分权人处分他人财产订立的合同。

3.无效合同

无效合同是指当事人违犯了法律规定的条件而订立的,国家不承认其效力,不给予法律保护的合同。

(1)一方以欺诈、胁迫的手段订立,损害国家利益的合同。

(2)恶意串通,损害国家、集体或第三人利益的合同。

(3)以合法形式掩盖非法目的的合同。

(4)损害社会公共利益。

(5)违犯法律、行政法规的强制性规定的合同。

无效合同的确认权归人民法院或仲裁机构,合同当事人或其他任何机构均无权认定合同无效。

4.可变更或可撤销的合同

(1)因重大误解而订立的合同。

(2)在订立合同时显失公平的合同。

(3)以欺诈、胁迫等手段或乘人之危,使对方在违背真实意思的情况下订立的合同。

5.合同争议的解决方式

合同争议也称合同纠纷,是指合同当事人对合同规定的权利和义务产生了不同的理解。合同争议的解决方式有和解、调解、仲裁、诉讼四种。

第二节 园林工程合同的概念、特点、种类

一、园林工程合同的概念

园林工程施工合同是指由承包方(设计、施工单位)为按期完成发包方(建设单位)交付的特定工程项目,确定双方权利和义务的协议。园林工程施工合同是建设工程合同的一种,它与其他建设工程合同相同,是一种双务合同,在订立时也应遵守自愿、公平和诚实信用等原则。承包方按协议按期保质保量完成合同任务,发包方按期验收,并支付工程价款或报酬。

园林工程施工合同是园林工程的主要合同,是园林工程建设质量控制、进度控制、投资控制、安全控制的主要依据。在市场经济条件下,建设市场主体之间相互的权利义务关

系主要是通过建筑市场确立的,因此在建筑领域加强对园林工程施工合同的管理具有十分重要的意义。

在园林工程施工合同中,实行的是以工程师为主的管理体系(虽然工程师不是施工合同当事人)。施工合同中的工程师是指监理单位委派的总监理工程师或发包人指定的履行合同的负责人,其具体身份和职责由双方在合同中约定。

二、园林工程合同的特点

(一)合同标的物的特殊性

园林施工合同的标的是园林各类建筑产品,建筑产品是不动产,建造过程中往往受到自然条件、地质条件、社会条件、人为条件等因素的影响。这就决定了每个园林施工合同的标的物不同于工厂批量生产的产品,具有单件性的特点。所谓“单件性”指不同地点建造的相同类型和级别的建筑,园林施工过程中所遇到的情况不尽相同,在甲工程施工中遇到的困难在乙工程中不一定发生,而在乙工程施工中可能出现甲工程没有发生过的问题,相互间具有不可替代性。

(二)合同履行周期长

由于园林建筑产品的体积庞大,结构复杂,建造周期较长,不同用途、不同专业特点的建设工程工期长短也不同,少则几个月,多则数年。在较长的合同期内,双方履行义务往往会受到不可抗力、履行过程中法律法规政策变化、市场价格的浮动等因素的影响,必然导致合同的内容约定、履行管理都很复杂。

(三)合同内容的复杂性

虽然施工合同当事人只有两方,但履行过程中涉及的主体却有许多种,内容的约定还需与其他相关合同相协调,如园林设计合同、园林供货合同及园林监理合同等。

园林工程施工合同条款除我国《合同法》规定的工程范围、建设工期、中间交工、工程的开工和竣工时间、工程质量、工程造价、技术资料交付时间、材料和设备供应责任、拨款和结算、竣工验收、质量保修范围和质量保证期、双方相互协作等条款外,还有很多具体内容,如:有关图纸、技术资料提供份数,保证工期的进度计划,提前或延误工期的责任、价款的预付和调整、设计、现场“三通一平”、地下障碍、工程分包、不可抗力、合同解除、缓建等重要内容。

(四)合同涉及面广

签订园林工程施工合同,必须遵守国家的多项法律和行政法规,由于建设工程施工合同条款多,涉及的法律和行政法规也多,如《中华人民共和国合同法》、《中华人民共和国民事诉讼法》、《中华人民共和国民法通则》、《中华人民共和国建筑法》、《中华人民共和国保险法》、《中华人民共和国担保法》、《中华人民共和国标准化法》、《中华人民共和国文物保护法》、《中华人民共和国噪声污染防治法》、《中华人民共和国反不正当竞争法》、《中华人民共和国仲裁法》等。除了涉及众多法律、行政法规外,建设工程施工合同监督还涉及工商行政管理部门、建设工程行政主管部门;合同履行中产生的纠纷还要涉及仲裁委员会或人民法院;合同纳税则涉及税务部门。

三、园林工程合同的种类

从不同的角度可以对合同作出不同的分类。

(一)合同法的基本分类

《合同法》将合同分为15类:买卖合同,供用电、水、气、热力合同,赠与合同,借款合同,租赁合同,融资租赁合同,承揽合同,建设工程合同,运输合同,技术合同,保管合同,仓储合同,委托合同,行纪合同,居间合同。在合同法中对每一类合同都作了较为详细的规定。

(二)合同的其他分类

合同的其他分类是侧重学术理论分析的,《合同法》中也有涉及。合同的其他分类主要有以下几种:

(1)计划与非计划合同。计划合同是依据国家有关计划签订的合同;非计划合同则是当事人根据市场需求和自己的意愿订立的合同。

(2)双务合同与单务合同。双务合同是指双方当事人相互负有权利并承担义务的合同。大多数合同都是双务合同,如园林施工合同。单务合同是指合同当事人双方并不相互享有权利、负有义务的合同,如赠与合同。

(3)诺成合同与实践合同。诺成合同是指当事人意思表示一致即可订立的合同。实践合同是指在当事人意思表示一致的前提下,还需交付标的物或者其他给付的合同,如货物运输合同。在现代生活中大部分合同都是诺成合同。这种合同分类的目的在于确立合同的生效时间。

(4)主合同与从合同。主合同是指不依附于其他合同而独立存在的合同,如买卖合同、园林施工合同等;从合同是指不能独立存在,而以主合同存在为存在的前提条件,如担保合同主合同有效。从合同就有效,主合同无效,从合同自然无效,但是,从合同是否有效不会影响主合同的效力。

(5)有偿合同与无偿合同。有偿合同是指合同当事人双方任何一方均需给予另一方相应权益,方能取得自己利益的合同。无偿合同是指当事人一方无需给予相应权益即可从另一方取得利益。在市场经济中,绝大部分合同都是有偿合同。

(6)要式合同与不要式合同。如果法律要求必须具备一定形式和手续的合同,称为要式合同;反之,法律不要求具备一定形式和手续的合同,称为不要式合同。

第三节　园林工程施工合同的内容与参考格式

园林工程属于建设工程,因此园林工程施工合同可采用建设工程的施工合同。现行的《建设工程施工合同(示范文本)》(GF 1999—0201)是在《建设工程施工合同》(GF 1991—0201)基础上进行修订的版本,是一种建设工程合同。

一、园林工程施工合同的组成

园林工程施工合同由协议书、通用条款和专用条款三部分组成。

(一)协议书

协议书是总纲性文件,是发包人与承包人依据有关法律法规,遵循平等、自愿、公平和诚实信用的原则,就建设工程施工中最基本、最重要的事项协商一致而订立的合同。它规定了合同当事人双方最主要的权利、义务,规定了组成合同的文件及合同当事人履行合同义务的承诺,并由合同当事人在这份文件上签字盖章,因此具有很高的法律效力,在所有施工合同文件组成中具有最优的解释效力。主要内容可概括为:发包人、承包人的全称;工程概况;工程承包范围;合同工期;质量标准;合同价款;组成合同的文件;合同生效时间,并明确对双方有约束力的合同文件的组成。

(二)通用条款

通用条款是根据《合同法》、《建筑法》等法律法规,对承发包双方的权利义务作出具体规定,是一种标准化条款,在使用时不作任何改动,原文照搬。其主要内容可概括为:词语定义及合同文件;双方一般权利和义务;施工组织设计和工期;质量与检验;安全施工;合同价款与支付;材料设备供应;工程变更;竣工验收与结算;违约、索赔和争议;其他等十一部分,共47个条款。

(三)专用条款

由于具体实施工程项目的工作内容各不相同,施工现场和外部环境条件各异,因此还须有反映招标工程特点和要求的专用条款的约定。专用条款是发包人与承包人根据法律、行政法规规定,结合具体工程实际,经协商达成一致意见的条款,是对通用条款的具体化、补充或修改。

(1)“专用条款”谈判依据及注意事项。

(2)“专用条款”与“通用条款”是相对应的。

(3)“专用条款”具体内容是发包人与承包人协商将工程的具体要求填写在合同文本中。

(4)建设工程合同“专用条款”的解释优于“通用条款”。

(四)附件

该示范文本附有三个附件:附件1“承包人承揽工程项目一览表”、附件2“发包人供应材料设备一览表”、附件3“工程质量保修书”。

二、园林工程施工合同的内容

(一)“协议书”的内容

1. 工程概况

工程概况包括工程名称、工程地点、工程内容、工程立项批准文号和资金来源。

工程名称是指合同双方要进行的工程的名称,它应当以批准的设计文件所称的名称为准,不得擅自更改。工程地点是指工程的建设地点。对于扩建或者改建的工程项目,因主体结构已存在,所以施工地点只写主体结构地即可。但对于新建项目或者外地工程,必须详细地将建设项目所在地的省、市、县的具体地点标清楚,因为它涉及施工条件、取费标准等一系列问题。

2. 工程承包范围

工程承包范围指承包人承包的工程范围和内容。

工程范围和内容包括主要工程、附属工程的建设内容，每一工程建设内容都要写清楚，以免出现不必要的争议和麻烦。

3. 合同工期

合同工期包括开工日期、竣工日期、合同工期，应填写总日历天数。

时间在合同中是一项比较重要的内容，园林工程施工合同更是如此。开工、竣工日期是合同的必备条款。有时由于工期的要求，有些分部工程是在其他分部工程中插入的，如假山工程、小品工程、装饰工程等，都是在主体工程基础上施工的，有一定的依附性，因此也必须规定这些工程的开工、竣工日期。

4. 质量标准

工程质量必须达到国家标准规定的合格标准，双方也可以约定达到国家标准规定的优良标准。

工程质量是基本建设的一个重大问题，双方当事人会因质量问题发生争议。一般情况下工程质量应达到国家验收标准及合同规定的标准。保修养护期应在满足国家规定的最低保修（养护）期的基础上满足合同条款规定；保修及养护内容要按合同及有关法规规定执行。

5. 合同价款

合同价款应填写双方确定的合同金额。

工程造价是指双方达成协议的工程内容和承包范围的工程价款。如工程项目为招标工程，应以中标时的中标价为准；如按初步设计总概算投资包干时，应以经审批的概算投资与承包内容相应部分的投资（包括相应的不可预见费）为工程价款；如按施工图预算包干，则应以经审查的施工图总概算或综合预算为准。合同条款中，应明确规定承包工程价款。如果一时不能计算出工程价款，尤其是按照施工图预算加现场签证或按实际结算的工程，不能事先确定其工程价款，合同中也应当明确规定工程价款计算原则，如执行定额和计算标准，以及如何签证和审定工程价款等。

6. 组成合同的文件

合同文件应能相互解释，互为说明。除专用条款另有约定外，组成合同的文件及优先解释顺序如下：

（1）本合同协议书。

（2）中标通知书。

（3）投标书及其附件。

（4）本合同专用条款。

（5）本合同通用条款。

（6）标准、规范及有关技术文件。

（7）图纸。

（8）工程量清单。

（9）工程报价单或预算书。

(二)通用条款内容

1. 词语定义及合同文件

(1)词语定义。包括通用条款;专用条款;发包人;项目经理;设计单位;监理单位;工程师;工程造价管理部门;工程;合同价款;追加合同价款;费用;工期;开工日期;竣工日期;图纸;施工场地;书面形式;违约责任;索赔;不可抗力;小时或天。

(2)合同文件及解释顺序。同第二章第一节前文"协议书"内容中的有关说明。

(3)语言文字和适用法律、标准及规范。

(4)图纸。

2. 双方一般权利和义务

(1)工程师。

(2)工程师的委派和指令。

(3)项目经理。

(4)发包人工作。

(5)承包人工作。

3. 施工组织设计和工期

(1)进度计划。

(2)开工及延期开工。

(3)暂停施工。

(4)工期延误。

(5)工程竣工。

4. 质量与检验

(1)工程质量。

(2)检查和返工。

(3)隐蔽工程和中间验收。

(4)重新检验。

(5)工程试车。

5. 安全施工

(1)安全施工与检查。

(2)安全防护

(3)事故处理。

6. 合同价款与支付

(1)合同价款及调整。

(2)工程预付款。

(3)工程量的确认。

(4)工程款(进度款)支付。

工程价款的支付一般分预付款、中间结算和竣工结算3部分。工程开始,施工企业按规定向建设单位收取工程备料款和进度款,进度款是根据施工企业逐日完成建设安装工程量来确定。工程竣工后,承包、发包双方应办理交工验收手续,工程验收应以施工图及设计文件、施工验收标准及合同协议为依据进行，由建设单位和施工单位协商确定各期付款所占总造价的比率。因为在施工中会出现各种变化，如地质条件的变化、材料的代换、工程量的增减、施工做法的变更等，这就要根据所发生的变化，利用单项工程竣工结算来重新确定结算时的工程实际造价。

7. 材料设备供应

(1) 发包人供应材料设备。

(2) 承包人采购材料设备。

园林工程施工过程中材料、设备的供应主要有两种情况：一是甲方（建设单位）供应材料、设备；二是乙方（施工单位）采购材料、设备。甲乙双方应严格按照合同规定，对各自负责的材料、设备保证按时、按质、按量供应。在建设工程施工合同中，材料、设备的采购、供应、验收、保管应有严格详细的责任划分。

8. 工程变更

(1) 工程设计变更。

(2) 其他变更。

(3) 确定变更价款。

9. 竣工验收与结算

(1) 竣工验收。

(2) 竣工结算。

(3) 质量保修。

10. 违约、索赔和争议

1) 承包方的违约责任

(1) 工程质量不符合合同规定的，应负责无偿维修、补栽或返工；

(2) 由于维修、补栽、返工造成逾期交付或工程交付时间不符合规定时，偿付逾期违约金；

(3) 在工程保修养护期内负责对工程保修养护，不能负责保修养护的要承担违约责任。

2) 发包方的违约责任

(1) 未能按照承包合同的规定履行自己应负的责任的，除竣工日期得以顺延外，还应赔偿承包方因此发生的实际损失。

(2) 工程中途停建、缓建或由于设计变更以及设计错误造成的返工，应采取措施弥补或减少损失，同时，赔偿承包方由此造成的停工、窝工、返工、倒运、人员和机械设备调迁、材料积压的实际损失。

(3) 工程未经验收，发包方提前使用或擅自动用，由此而发生的质量或其他问题，由发包方承担责任。

(4) 超过合同规定日期验收的，按合同的违约责任条款的规定偿付逾期违约金。

(5) 不按照合同规定拨付工程款的，按银行有关逾期付款办法或“工程价款结算办法”的有关规定处理。

3) 争议

解决合同争议的方式按我国法律规定有和解、调解、仲裁和诉讼。其中仲裁和诉讼具有排他性，因此在合同中必须写明选择的解决方式。

11. 其他

(1)工程分包。

(2)不可抗力。

(3)保险。

(4)担保。

(5)专利技术及特殊工艺。

(6)文物和地下障碍物。

(7)合同解除。

(8)合同生效与终止。

(9)合同份数。

(10)补充条款。

三、园林施工承包合同的参考格式

合同格式是指合同的文件形式，一般有条文式和表格式两种。园林工程施工合同通常以条文格式为主，辅以表格，共同构成规范的施工合同书。一份标准的施工合同由四部分组成，即标题、序文、正文和结尾四部分。

(一)合同标题

写明合同的名称，如××公园改建建筑施工合同、××小区绿化工程施工承包合同。

(二)合同序文

它包括主体双方(甲乙方)的名称、合同编号(序号)及简短说明。

(三)合同正文

这是合同的重点部分，由以下内容组成：

(1)工程概况，工程名称、地点、投资单位、建设目的、工程范围(工程量)；

(2)工程造价(合同价)；

(3)开、竣工日期及中间交工工程的开竣工日期；

(4)承包方式；

(5)物资供应方式(供货地点、方式)；

(6)设计文件及概预算和技术资料的提供日期；

(7)工程变更和增减条款，经济责任。

(8)定额依据及现场职责；

(9)工程款支付方式与结算方法；

(10)双方相互协作事项及合理化建议采纳；

(11)保修期及保养条件(栽植工程以一个养护期为标准)；

(12)工程竣工验收组织及标准；

(13)违约责任(含罚则和奖励)；

(14)不可预见事件的有关规定；

(15)合同纠纷及仲裁条文；

(16)合同保险条文。

(四)合同结尾

合同结尾要注明合同份数、存留和生效方式、签订日期及地点,加盖法人代表签章,注明合同公证单位、合同未尽事项或补充的条款,最后附上合同应有的附件:工程项目一览表,甲方供应材料、设备一览表,施工图纸及技术资料交付时间表(见表9-1～表9-3)。

表9-1　工程项目一览

建设单位:

序号	工程名称	投资性质	形式	计量单位	数量	工程造价	设计单位	备注

表9-2　甲方供应材料、设备一览

工程名称:

序号	名称	规格型号	单位	数量	供应时间	送达地点	备注

表9-3　施工图纸及技术资料交付时间

建设单位:

序号	工程名称	单位	份数	类别	交付时间	图名	备注

第四节　园林工程设计、监理合同的内容与参考格式

一、园林工程设计合同的内容和参考格式

园林工程设计合同是指根据园林工程的要求,对园林工程所需的技术、经济、资源、环

境等条件进行综合分析、论证，编制园林工程设计文件的协议。为了保证工程项目的建设质量达到预期的投资目的，实施过程必须遵循项目建设的内在规律，即先勘察、后设计、再施工的程序。

园林工程设计合同必须具有上级机关批准的设计书才能订立。小型单项工程必须具有上级机关批准文件方能订立。如果单独委托施工图设计任务，应当同时具有经有关部门批准的初步设计文件方能订立。

(一)园林工程设计合同的内容

1. 工程名称、规模、阶段、建设地点、投资额及设计内容、合同双方的概况

2. 发包人向设计人(承包人)提交的有关资料、文件及期限

(1)如果委托初步设计，发包人应在规定的日期内向承包人提供经过批准的设计任务书(或可行性研究报告)、选择建设地址的报告以及原料、燃料、水电、运输等方面的协议文件和能满足初步设计要求的勘察、设计资料，经科研取得的技术资料等。

(2)如果委托施工图设计，委托方应在规定日期内向承包方提供经过批准的初步设计文件和能满足施工图设计要求的设计资料、施工条件以及有关设备的技术资料等。

此外，委托人应负责及时地向有关部门办理各阶段设计文件的审批工作，在委托书中明确设计范围和深度。在设计人员进入施工现场工作时，委托人应提供必要的工作和生活条件。

3. 承包人向发包人交付的设计文件、地点及期限

(1)承包人要根据批准的设计任务书(或可行性研究报告)或此阶段设计的批准文件以及有关设计的技术经济文件、设计标准、技术规范、规程、定额等提出设计技术要求和进行设计，并按合同规定的进度和质量要求，提交设计文件(包括概预算文件、材料设备清单)。初步设计经上级主管部门审查后，在原定任务书范围内的必要修改，由承包人负担。

(2)承包人对所承担设计任务的建设项目应配合施工，进行施工前技术交底，解决施工中的有关设计问题，负责设计变更和修改预算，参加隐蔽工程验收和工程竣工验收。

4. 设计费用和支付方式

工程设计费的收费标准按由国务院工程设计主管部门组织国务院各有关部门编制、经国家物价局会同国务院工程设计主管部门批准颁发的《工程设计收费标准》执行。承包方按承担任务的工程性质，分别执行标准中有关行业的收费标准。由于设计合同采用定金担保，因此没有预付款。设计合同生效后 3 天内，发包方应向设计单位预付设计费的 20% 作为定金；初步设计完成后 3 天内付 30%；施工图完成后付 50%。设计合同履行后，定金抵作设计费。设计费付清后，设计单位对所承担设计任务的建设项目应配合施工，参加试车考核及工程竣工验收等，不应另收技术服务费和差旅费。

5. 违约责任

1)发包人的违约责任

(1)发包人延误支付。发包人应按合同规定的金额和时间向设计人支付设计费，每逾期支付一天，应承担应支付金额 2‰逾期违约金，且设计人提交设计文件的时间顺延。逾期 30 天以上时，设计人有权暂停履行下面的工作，并书面通知发包人。

(2)审批工作的延误。发包人的上级或设计审批部门对设计文件不审批或合同项目停缓建,均视为发包人应承担的风险。设计人提交合同约定的设计文件和相关资料后,按照设计人已完成全部设计任务对待,发包人应按合同规定结清全部设计费。

(3)因发包人原因要求解除合同。在合同履行期间,发包人要求终止或解除合同,设计人未开始设计工作的,不退还发包人已付的定金;已开始设计工作的,发包人应根据设计人已进行的实际工作量,不足一半时,按该阶段设计费的一半支付;超过一半时,按该阶段设计费用的全部支付。

2)设计人的违约责任

(1)设计错误。作为设计人的基本义务应对设计资料及文件中出现的遗漏或错误负责修改或补充。由于设计人员错误造成工程质量事故损失,设计人除负责采取补救措施外,应免收直接受损失部分的设计费。损失严重的,还应根据损失的程度和设计人责任大小向发包人支付赔偿金。

(2)设计人延误完成设计任务。由于设计人自身原因,延误了按合同规定交付的设计资料及设计文件的时间,每延误一天,应减收该项目应收设计费的2‰。

(3)因设计人员原因要求解除合同的。合同生效后,设计人要求终止或解除合同,设计人应双倍返还定金。

3)不可抗力事件的影响

由于不可抗力因素致使合同无法履行时,双方应及时解决。

6.设计变更

设计合同的变更,通常指设计人承接工作范围和内容的改变。按照发生原因的不同,一般可涉及以下几个方面原因。

(1)设计人的工作。

设计人交付设计资料及文件后,按规定参加有关的设计审查,并根据审查结论负责对不超出原定范围的内容做必要的调整补充。

(2)委托任务范围内的设计变更。

为了维护设计文件的严肃性,经过批准的设计文件不应随意变改。发包人、施工承包人、监理人均不得修改建设工程勘察、设计文件。如果发包人根据工程的实际需要确需修改建设工程勘察、设计文件时,应当首先报经原审批机关批准,然后由原建设工程勘察、设计单位修改。经过修改的设计文件仍需按设计管理等程序经有关部门审批后使用。

(3)委托其他设计单位完成的变更。

在某些特殊情况下,发包人需要委托其他设计单位完成设计变更工作,如变更增加的设计内容专业性较强;超过了设计人资质条件允许承接的工作范围;或施工期间发生的设计变更,设计人由于资源能力所限,不能在要求的时间内完成等原因。在此情况下,发包人经原建设工程设计人书面同意后,也可以委托其他具有相应资质的建设工程勘察、设计单位修改。修改单位对修改的勘察、设计文件承担相应责任,设计人不再对修改的部分负责。

(4)发包人原因的重大设计变更。

发包人变更委托设计项目、规模、条件或因提交的资料错误,或所提交资料作较大修改,以致造成设计人设计需返工时,双方除需另行协商签订补充协议或另订合同、重新明确有关条款外,发包人应按设计人所耗工作量向设计人增付设计费。

在未签合同前发包人已同意设计人为发包人所做各项设计工作的,应按收费标准相应支付设计费。

7. 争议解决事项

8. 双方的其他协作条件

其他协作条件是指双方当事人为了保证设计工作顺利完成所应当履行的相互协助的义务。

9. 设计合同必须明确规定合同的生效和失效日期

设计合同在全部设计任务完成、委托方支付完毕后失效,设计合同的未尽事宜,需经双方协商作出补充规定。补充规定与原合同具有同等效力,但不得与原合同内容冲突。附件是设计合同的组成部分。设计合同的附件一般包括委托设计任务书、工程设计取费表、补充协议等。

(二)园林工程合同参考格式

园林工程设计合同

委托方(甲方):________________

地址:__________邮编:__________电话:__________

法定代表人:____________职务:____________

承包方(乙方):________________

地址:__________邮编:__________电话:__________

法定代表人:____________职务:____________

依照《中华人民共和国合同法》的有关规定,经双方协商一致签订本合同。

第一条　甲方委托乙方承担的工程勘察设计项目名称、内容、规模与范围详见委托勘察设计项目表(见附件)。

第二条　乙方根据委托的园林设计项目和主管部门的规定,按初步设计(方案设计)和施工图设计分阶段进行。在具备各个阶段设计条件时,双方签订阶段协议书,具体规定甲方应提交的勘察设计基础资料的名称和日期,乙方需交付的勘察设计文件资料的名称和日期,作为本合同的附件。

第三条　甲方责任

1. 按照各设计阶段协议书的规定,向乙方提供有关建设项目审批文件和设计基础资料,并对提供的时间、进度与资料可靠性负责。

委托勘察测绘工作的,在勘测工作开展前,应提出勘察测绘技术要求及标有拟建工程准确位置的地形图,圈定测量范围的平面图,土地使用证的复制件,并安排好现场工作条件。

委托初步设计应提出以下资料:①经过批准的设计任务书;②选址报告;③规划要求;④原料(或经过批准的资源报告)、燃料、水、电、运输等方面的协议文件;⑤经批准的工艺设计资料,民用项目的使用要求;⑥能满足初步设计要求的勘测资料,需要经过科研取得的技术资料,人防、消防、劳动保护、工业卫生、环境保护预测资料等。

委托施工图设计时,应提供经过批准的初步设计文件和满足施工图设计要求的勘察资料、施工条件,以及有关设备的技术资料。

2. 收到乙方交付的设计文件后,应及时报请有关部门审查,审查意见书面转送给乙方。组织施工单位与设计单位共同商定有关技术条件,组织设计技术交底,通知乙方参加试车考核及竣工验收。

3. 在设计人员进入现场作业或配合施工时,应负责提供必要的工作和生活条件。

4. 委托配合引进项目的设计任务,从询价、对外谈判、国内外技术考察直至建成投产的各阶段,应吸收承担有关设计任务的单位参加。

5. 维护乙方的勘察设计文件,不得擅自修改,未经乙方同意不得转让给第三方重复使用。对转让后重复使用的项目,乙方不负任何技术责任。

6. 按照国家和本市有关规定,按时付给设计费。

第四条　乙方责任

1. 按照甲方提供的建设项目审批文件和设计基础资料编制设计文件,根据各阶段协议书的规定,按期交付各阶段的设计文件(初步设计 6 份,施工图设计 8 份),并保证质量。需增加设计文件的份数时另行收费。需复制供应标准图时另行收费。

2. 乙方要根据批准的设计任务书或上一阶段设计的批准文件,以及有关设计技术协议文件、设计标准、技术规范、规程、定额等,提出勘察技术要求和进行设计,并按合同规定的进度和质量提出设计文件(包括概、预算文件,材料、设备清单)。

3. 初步设计经上级主管部门审查后,在原定任务书范围内的必要修改由乙方负责。原定任务书有重大变更而需重作设计时,须有设计审批机关或设计任务书批准机关的意见书,经双方协商,另订合同。

4. 乙方对所承担设计的建设项目应配合施工,开工前进行设计技术交底,解决施工过程中有关的设计问题,负责设计变更和修改预算,参加试车考核及工程竣工验收。

5. 对于复杂项目,需要乙方协助收集设计基础资料时,应按技术服务的有关规定办理。

6. 勘察单位应按照现行标准、规范、规程和技术条例,进行工程测量、工程地质、水文地质等勘察工作,并按合同规定的进度、质量提交勘察成果。

第五条　勘察设计费用

乙方根据国家批准的勘察设计收费标准及办法计收勘察设计费。设计合同生效后,甲方付给乙方设计费 30%;乙方交付初步设计文件时,甲方再付给乙方设计费;交付施工图设计文件时,甲方负责结清全部设计费。小型设计项目及复用设计项目分两次拨付设计费。即签订设计合同时拨付 20% 作为定金,完成施工图时付清全部设计费。

勘察合同生效后,甲方付给乙方勘察费的 30%,乙方交付勘察文件时,甲方负责结算全部勘察费。

第六条　违约责任

1. 甲方不履行合同,无权请求退还定金。乙方不履行合同,应当双倍返回定金。

2. 甲方不能按时提供建设项目审批文件和设计基础资料,或因资料原因影响乙方设计进度或造成设计修改,乙方除可推迟交付设计文件日期外,甲方应按乙方实际损失的工日,以日产值________元计算,增补设计费。

3. 甲方因故要求变更设计,经乙方同意后,除设计文件交付时间另议外,甲方应按乙方实际返工修改工日,增付设计费。

4. 甲方因故要求停止设计时,应及时用书面通知乙方,乙方应立即停止设计,甲方已付的定金不予偿还,定金不足设计进度部分,按已完成的设计实际进度补交费用。

5. 甲方报请初步设计文件审批时间超过半年时,本合同自行失效,乙方已收的定金和设计费不予退回。

6. 由于乙方的勘察设计错误,给甲方造成较大经济损失时,乙方除负责积极采取补救措施外,要免收损失部分的勘察设计费,并应付给甲方与直接损失部分勘察设计费相等的赔偿金。

7. 勘察设计文件(图纸)交付时间按协议规定时间拖后时,由甲乙双方商定,每逾期一天,甲方可少付该阶段勘察设计费的1%,提前时,甲方付给乙方该阶段设计费的________%(经批准生效)。

8. 甲方如延期交付勘察设计费时应偿付逾期违约金,按天数累计计算,每天偿付勘察设计费1%的违约金,但每天偿付最高额不得超过100元。

9. 乙方不及时到现场处理有关设计问题,不及时按审批机关意见修改设计时,每影响一天应减付设计费1%。

第七条　合同执行过程中,如有纠纷,双方应本着实事求是的原则协商解决,解决不成按(　　)项解决。

1. 申请________仲裁委员会仲裁。

2. 向人民法院起诉。

第八条　合同未尽事宜,经双方协商一致,可在合同中增加补充条款,补充条款也同样是合同的有效部分。

第九条　本合同附件的委托勘察设计项目表以及勘察设计协议书,均为本合同的组成部分,具有同等法律效力。

第十条　本合同一式____份。其中正本两份(甲、乙双方各执一份),副本____份。甲、乙双方业务主管部门各执一份,市基建主管部门一份。

甲方:____________________

甲方代表:____________________

________年____月____日

乙方:____________________

乙方代表:____________________

________年____月____日

二、园林监理合同的内容与参考格式

(一)园林监理合同的内容

园林工程委托监理合同,是指委托人与监理人就委托的工程项目管理内容签订的明确双方权利和义务的协议。

1. 园林监理合同的特点

监理合同是委托合同的一种,除具有委托合同的共同特点外,还具有以下特点:

(1)监理合同的当事人双方应当是具有民事权利能力和民事行为能力、取得法人资格的企事业单位、其他社会组织,个人在法律允许的范围内也可以成为合同当事人。委托人必须是具有国家批准的建设项目,落实投资计划的企事业单位、其他社会组织及个人,作为受托人必须是依法成立具有法人资格的监理企业,并且所承担的工程监理业务应与企业资质等级和业务范围相符合。

(2)监理合同委托的工作内容必须符合工程项目建设程序,遵守有关法律、行政法规。监理合同是以对建设工程项目实施控制和管理为主要内容,因此监理合同必须符合建设工程项目的程序,符合国家和建设行政主管部门颁发的有关建设工程的法律、行政法规、部门规章和各种标准、规范要求。

(3)委托监理合同的标的是服务。

2. 园林监理合同示范文本

园林工程属于建设工程,所以园林监理合同与《建设工程委托监理合同示范文本》的组成是相同的,所以"园林监理合同"是由"合同"、"标准条件"和"专用条件"组成的。

(1)园林建设委托监理合同。

"合同"是个总的协议,是纲领性的法律文件。其中明确当事人双方确定的委托监理工程的概况(工程名称、地点、工程规模、总投资);委托人向监理人支付报酬的期限和方式;合同签订、生效、完成时间;双方愿意履行约定的各项义务的表示。"合同"是一份标准的格式文件,经当事人双方在有限的空格内填写具体规定的内容并签字盖章即发生法律效力。

(2)园林工程委托监理合同标准条件。

建设工程委托监理合同标准条件,其内容涵盖了合同中所用词语定义,适用范围和法规,签约双方的责任,权利和义务,合同生效变更与终止,监理报酬,争议的解决,以及其他一些情况,它是委托监理合同的通用文件,适用于各类建设工程项目监理。各个委托人、监理人都应遵守。

(3)园林工程委托监理合同的专用条件。

由于标准条件适用于各种行业和专业项目的建设工程监理,因此其中的某些条款规定得比较笼统,需要在签订具体监理合同时,结合地域特点、专业特点和委托监理项目的工程特点,对标准条件中的某些条款进行补充、修正。

所谓"补充"是指标准条件中的条款明确规定,在该条款确定的原则下,专用条件的条款中进一步明确具体内容,使两个条件中相同序号的条款共同组成一条内容完备的条款。如标准条件中规定"建设工程委托监理合同适用的法律是国家法律、行政法规,以及专用条件中议定的部门规章或工程所在地的地方法规、地方章程"。就具体工程监理项目来说,就要求在专用条件的相同序号条款内写入履行本合同必须遵循的部门规章和地方法规的名称,作为双方都必须遵守的条件。

所谓"修改"是指标准条件中规定的程序方面的内容,如果双方认为不合适,可以协议修改。如标准条件中规定"委托人对监理人提交的支付通知书中酬金或部分酬金项目提出异议,应在收到支付通知书24小时内向监理人发出异议的通知”。如果委托人认为这个时间太短,在与监理人协商达成一致意见后,可在专用条件的相同序号条款内另行写明具体的延长时间,如改为48小时。

(二)园林监理合同的参考格式

第一部分　园林工程委托监理合同

委托人________与监理人________经双方协商一致,签订本合同。

一、委托人委托监理人监理的工程(以下简称“本工程”)概况如下:

工程名称:

工程地点:

工程规模:

总投资:

二、本合同中的有关词语含义与本合同第二部分“标准条件”中赋予它们的定义相同。

三、下列文件均为本合同的组成部分:

(1)监理投标书或中标通知书;

(2)本合同标准条件;

(3)本合同专用条件;

(4)在实施过程中双方共同签署的补充与修正文件。

四、监理人向委托人承诺:按照本合同的规定,承担本合同专用条件中议定范围内的监理业务。

五、委托人向监理人承诺按照本合同注明的期限、方式、币种,向监理人支付报酬。

本合同自________年________月________日开始实施,至________年________月________日完成。

本合同一式________份,具有同等法律效力,双方各执________份。

委托人:(签章)	监理人:(签章)
住所:	住所:
法定代表人:(签章)	法定代表人:(签章)
开户银行:	开户银行:
账号:	账号:
邮编:	邮编:
电话:	电话:

本合同签订于:　　　年　　月　　日

第五节　园林工程施工索赔

一、园林施工索赔的概念

索赔是当事人在合同实施过程中,根据法律、合同规定及惯例,对不应由自己承担责任的情况造成的损失,向合同的另一方当事人提出给予赔偿或补偿要求的行为。在工程建设的各个阶段,都有可能发生索赔,但在施工阶段索赔发生较多。对施工合同的双方来说,都有通过索赔维护自己合法利益的权利,依据双方约定的合同责任,构成正确履行合同义务的制约关系。

二、施工索赔分类

(一)按索赔的合同依据分类

1.合同中明示的索赔

合同中明示的索赔是指承包人所提出的索赔要求,在该工程项目的合同文件中有文字依据,承包人可以据此提出索赔要求,并取得经济补偿。这些在合同文件中有文字规定的合同条款,称为明示条款。

2.合同中默示的索赔

合同中默示的索赔,即承包人的该项索赔要求,虽然在工程项目的合同条款中没有专门的文字叙述,但可以根据该合同的某些条款的含义,推论出承包人有索赔权。这种索赔要求同样有法律效力,有权得到相应的经济补偿。这种有经济补偿含义的条款,在合同管理工作中被称为“默示条款”或称为“隐含条款”。默示条款是一个广泛的合同概念,它包含合同明示条款中没有写入但符合双方签订合同时设想的愿望和当时环境条件的一切条款。这些默示条款,或者从明示条款所表述的设想愿望中引申出来,或者从合同双方在法律上的合同关系引申出来,经合同双方协商一致,或被法律和法规所指明,都成为合同文件的有效条款,要求合同双方遵照执行。

(二)按索赔目的分类

1.工期索赔

由于非承包人责任的原因而导致施工进程延误,要求批准顺延合同工期的索赔,称之为工期索赔。工期索赔形式上是对权利的要求,以避免在原定合同竣工日不能完工时,被发包人追究拖期违约责任。一旦获得批准合同工期顺延后,承包人不仅免除了承担拖期违约赔偿费的严重风险,而且可能提前工期得到奖励,最终仍反映在经济收益上。

2.费用索赔

费用索赔的目的是要求经济补偿。当施工的客观条件改变导致承包人增加开支,要求对超出计划成本的附加开支给予补偿,以挽回不应由他承担的经济损失。

(三)按索赔事件的性质分类

1.工程延误索赔

因发包人未按合同要求提供施工条件,如未及时交付设计图纸、施工现场、道路等,或因发包人指令工程暂停或不可抗力事件等造成工期拖延的,承包人对此提出索赔。这是工程中常见的一类索赔。

2.工程变更索赔

由于发包人或监理工程师指令增加或减少工程量或增加附加工程、修改设计、变更工程顺序等,造成工期延长和费用增加,承包人对此提出索赔。

3. 合同被迫终止的索赔

由于发包人或承包人违约以及不可抗力事件等造成合同非正常终止,无责任的受害方因其蒙受经济损失而向对方提出索赔。

4. 工程加速索赔

由于发包人或工程师指令承包人加快施工速度,缩短工期,引起承包人人、财、物的额外开支而提出的索赔。

5. 意外风险和不可预见因素索赔

在工程实施过程中,因人力不可抗拒的自然灾害、特殊风险以及一个有经验的承包人通常不能合理预见的不利施工条件或外界障碍,如地下水、地质断层、溶洞、地下障碍物等引起的索赔。

6. 其他索赔

如因货币贬值、汇率变化、物价工资上涨、政策法令变化等引起的索赔。

三、索赔的程序

(一)承包人的索赔

承包人的索赔程序通常可分为以下几个步骤。

1. 承包人提出索赔要求

1)发出索赔意向通知

索赔事件发生后,承包人应在索赔事件发生后的 28 天内向工程师递交索赔意向通知,声明将对此事件提出索赔。该意向通知是承包人就具体的索赔事件向工程师和发包人表示的索赔愿望和要求。如果超过这个期限,工程师和发包人有权拒绝承包人的索赔要求。

2)递交索赔报告

索赔意向通知提交后的 28 天内,或工程师可能同意的其他合理时间,承包人应递送正式的索赔报告。索赔报告的内容应包括:事件发生的原因,对其权益影响的证据资料,索赔的依据,此项索赔要求补偿的款项和工期展延天数的详细计算等有关材料。

如果索赔事件的影响持续存在,28 天内还不能算出索赔额和工期展延天数时,承包人应按工程师合理要求的时间间隔(一般为 28 天),定期陆续报出每一个时间段内的索赔证据资料和索赔要求。在该项索赔事件的影响结束后的 28 天内,报出最终详细报告,提出索赔论证资料和累计索赔额。

2. 工程师审核索赔报告

1)工程师审核承包人的索赔申请

在接到正式索赔报告以后,认真研究承包人报送的索赔资料。首先在不确认责任归属的情况下,客观分析事件发生的原因,重温合同的有关条款,研究承包人的索赔证据,并检查他的同期记录;其次通过对事件的分析,工程师再依据合同条款划清责任界限,必要时还可以要求承包人进一步提供补充资料。尤其是对承包人与发包人或工程师都负有一定责任的事件影响,更应划出各方应该承担合同责任的比例。最后再审查承包人提出的索赔补偿要求,剔除其中的不合理部分,拟定自己计算的合理索赔款额和工期顺延天数。

2)判定索赔成立的原则

工程师判定承包人索赔成立的条件为:

(1)与合同相对照,事件已造成了承包人施工成本的额外支出,或总工期延误;

(2)造成费用增加或工期延误的原因,按合同约定不属于承包人应承担的责任,包括行为责任或风险责任;

(3)承包人按合同规定的程序提交了索赔意向通知和索赔报告。

上述三个条件没有先后主次之分,应当同时具备。只有工程师认定索赔成立后,才能处理应给予承包人的补偿额。

3)对索赔报告的审查

(1)事态调查。通过对合同实施的跟踪、分析了解事件经过、前因后果,掌握事件详细情况。

(2)损害事件原因分析。即分析索赔事件是由何种原因引起,责任应由谁来承担。在实际工作中,损害事件的责任有时是多方面原因造成的,故必须进行责任分解,划分责任范围。按责任大小,承担损失。

(3)分析索赔理由。主要依据合同文件判明索赔事件是否属于未履行合同规定义务或未正确履行合同义务导致,是否在合同规定的赔偿范围之内。只有符合合同规定的索赔要求才具有合法性、才能成立。例如某合同规定,在工程总价5%范围内的工程变更属于承包人承担的风险,则发包人指令增加工程量在这个范围内,承包人不能提出索赔。

(4)实际损失分析。即分析索赔事件的影响,主要表现为工期的延长和费用的增加。

(5)证据资料分析。主要分析证据资料的有效性、合理性、正确性,这也是索赔要求有效的前提条件。如果在索赔报告中提不出证明其索赔理由、索赔事件的影响、索赔值的计算等方面的详细资料,索赔要求是不能成立的。

3.确定合理的补偿额

(1)工程师与承包人协商补偿。工程师核查后初步确定应予以补偿的额度往往与承包人的索赔报告中要求的额度不一致,甚至差额较大。主要原因大多为对承担事件损害责任的界限划分不一致,索赔证据不充分,索赔计算的依据和方法分歧较大等,因此双方应就索赔的处理进行协商。对于持续影响时间超过28天以上的工期延误事件,当工期索赔条件成立时,对承包人每隔28天报送的阶段索赔临时报告审查后,每次均应作出批准临时延长工期的决定,并于事件影响结束后28天内承包人提出最终的索赔报告后,批准顺延工期总天数。应当注意的是,最终批准的总顺延天数,不应少于以前各阶段已同意顺延天数之和。规定承包人在事件影响期间必须每隔28天提出一次阶段索赔报告,可以使工程师能及时根据同期记录批准该阶段应予顺延工期的天数,避免事件影响时间太长而不能准确确定索赔值。

(2)工程师索赔处理决定。通常,工程师的处理决定不是终局性的,对发包人和承包人都不具有强制性的约束力。承包人对工程师的决定不满意,可以按合同中的争议条款提交约定的仲裁机构仲裁或诉讼。

4.发包人审查索赔处理

当工程师确定的索赔额超过其权限范围时,必须报请发包人批准。发包人首先根据事件发生的原因、责任范围、合同条款审核承包人的索赔申请和工程师的处理报告,再依据工程建设的目的、投资控制、竣工投产日期要求以及针对承包人在施工中的缺陷或违反合同规定等的有关情况,决定是否同意工程师的处理意见。

5. 承包人是否接受最终索赔处理

承包人接受最终的索赔处理决定,索赔事件的处理即告结束。如果承包人不同意就会导致合同争议。通过协商双方达到互谅互让的解决方案,是处理争议的最理想方式。如达不成谅解,承包人有权提交仲裁或诉讼解决。

(二)发包人的索赔

《建设工程施工合同(示范文本)》规定,承包人未能按合同约定履行自己的各项义务或发生错误而给发包人造成损失时,发包人也应按合同约定向承包人提出索赔。FIDIC《施工合同条件》中,业主的索赔主要限于施工质量缺陷和拖延工期等违约行为导致的业主损失。合同内规定业主可以索赔的条款见表9-4。

表9-4　业主可以索赔的条款

序号	条款号	内容
1	7.5	拒收不合格的材料和工程
2	7.6	承包人未能按照工程师的指示完成缺陷补救工作
3	8.6	由于承包人的原因修改进度计划导致业主有额外投入
4	8.7	拖期违约赔偿
5	2.5	业主为承包人提供的电、气、水等应收款项
6	9.4	未能通过竣工检验
7	11.3	缺陷通知期的延长
8	11.4	未能补救缺陷
9	15.4	承包人违约终止合同后的支付
10	18.2	承包人办理保险未能获得补偿的部分

第六节　园林工程施工资料的管理

一、施工期间资料编制

在园林绿化工程施工期间,应编制的施工资料有如下几种。

(一)质量合格证书、检(试)验报告及复试报告

进入施工现场的原材料、成品、半成品、构配件、设备等产品必须有出厂质量合格证书、检(试)验报告及复试报告,并应归入施工技术文件。

(1)进入施工现场原材料、成品、半成品、构配件、设备等产品,其质量合格证书、检(试)验报告及复试报告,应符合下列规定:

①合格证书、检(试)验报告为复印件的必须加盖供货单位印章方为有效,并注明使用工程名称、规格、数量、进场日期、经办人签名及原件存放地点。

②凡使用新技术、新工艺、新材料、新设备的,应有法定单位鉴定证明和生产许可证。产品要有质量标准、使用说明和工艺要求。使用前应按其质量标准进行检(试)验。

③在使用前必须按现行国家有关标准的规定抽检、复试,复试结果合格方可使用。

④对按国家规定只提供技术参数的测试报告,应由使用单位的技术负责人依据有关技术标准对技术参数进行判别并签字认可。

(2)水泥生产厂家的检(试)验报告应包括后期的28天强度报告。水泥使用前复试的主要项目为胶砂强度、凝结时间,安定性、细度等。

(3)钢材(钢筋、钢板、型钢)使用前应做力学性能试验;如果不符合要求,应对该批钢材进行化学成分检验或其他专项检验;如果需焊接时,还应做可焊接性试验。

预应力混凝土所用的高强钢丝、钢绞线等张拉钢材,除按上述要求检验外,还应按有关规定进行外观检查。

(4)焊接材料:应有焊接材料与母材的可焊性试验报告。

(5)砌块(砖、料石、预制块等):用于承重结构时,使用前复试项目为抗压、抗折强度。

(6)砂、石:试验项目有筛分、表观密度、堆积密度和紧密密度、含泥量、泥块含量、针状和片状颗粒的总含量等。结构或设计有特殊要求时,还应按要求加做压碎指标值等相应项目试验。

(7)混凝土外加剂、掺和料:混凝土外加剂、掺和料使用前,应进行现场复试并出具试验报告和掺量配合比试配单。

(8)防水材料及粘接材料:防水卷材、涂料,填缝;密封、黏结材料,沥青玛琋脂、环氧树脂等应进行抽样试验。

(9)石灰:石灰在使用前应按批次取样,检测石灰的氧化钙和氧化镁含量。

(10)水泥、石灰、粉煤灰混合料:连续供料时,生产单位出具合格证书的有效期最长不得超过7天。

(11)商品混凝土:生产单位应按同配比、同批次、同强度等级提供出厂质量合格证书。

(12)管材、管件、设备、配件:混凝土管、金属管生产厂家应提供有关的强度、严密性、无损探伤的检测报告。

(13)预应力混凝土张拉材料:应有预应力锚具、连接器、夹片、金属波纹管等材料的出厂检(试)验报告及复试报告。锚具生产厂家及施工单位应提供锚具组装件的静载锚固性能试验报告。

(14)混凝土预制构件:钢筋混凝土及预应力钢筋混凝土梁、板、墩、柱、挡墙板等预制构件生产厂家,应提供质量保证资料。如钢筋原材料复试报告、焊(连)接检验报告;达到设计强度值的混凝土强度报告(含28天标养及同条件养护的);预应力材料及设备的检验、标定和张拉资料等。

(15)钢结构构件:主体结构构件生产厂家应提供质量保证资料。如:钢材的复试报告、可焊性试验报告;焊接(缝)质量检验报告,连接件的检验报告;机械连接记录等。

(16)各种地下管线的各类井室的井圈、井盖、踏步等,应有质量合格证书。

(17)支座、变形装置、防水带等产品应有出厂质量合格证书和设计有要求的复试报告。

(二)施工检(试)验报告

(1)凡有见证取样及送检要求的,应有见证记录、见证试验汇总表。

(2)水泥混凝土抗压、抗折强度,抗渗、抗冻性能试验资料。

①应有试配申请单和配合比通知单。

②有按规范规定组数的试块强度试验资料和汇总表。

标准养护试块28天抗压强度试验报告;

水泥混凝土桥面和路面应有28天标养抗压、抗折强度试验报告;

结构混凝土应有同条件养护试块抗压强度试验报告,作为拆模、卸支架、预应力张拉、构件吊运、施加临时荷载等的依据。

③设计有抗渗、抗冻性能要求的混凝土,除应有抗压强度试验报告外,还应有按规范规定组数标准养护的抗渗、抗冻试验报告。

④商品混凝土应有以现场制作的标准养护28天的试块抗压,抗折、抗渗、抗冻指标作为评定的依据。

(3)砂浆试块强度试验资料的内容。

①有砂浆试配申请单、配比通知单和强度试验报告。

②使用沥青玛琋脂、环氧树脂砂浆等黏接材料,应有配合比通知单和试验报告。

(4)钢筋焊、连接检(试)验资料。钢筋连接接头采用焊接方式或采用锥螺纹、套管等机械连接接头方式的,均应按有关规定。

二、园林绿化工程施工试验资料

建设单位、施工单位城建档案馆各保存一份。

(一)施工试验记录(通用)

由具备相应资质等级的检测单位出具报告,并随相关资料进入资料流程(后续各种专用试验记录与此相同)。

(二)相关规定与要求

(1)在完成检验批的过程中,由施工单位试验负责人负责制作施工试验试件,之后送至具备相应检测资质等级的检测单位进行试验。

(2)检测单位根据相关标准对送检的试件进行试验后,出具试验报告并将报告返还施工单位。

(3)施工单位将施工试验记录作为检验批报验的附件,随检验批资料进入审批程序(后续各种专用试验记录形成流程相同)。

(三)注意事项

按照设计要求和规范规定应做施工试验,且无相应施工试验表格的,应填写施工试验记录(通用);采用新技术、新工艺及特殊工艺时,对施工试验方法和试验数据进行记录,应填写施工试验记录(通用)。

三、园林绿化工程施工验收资料

园林绿化工程每个施工检验批完成,施工单位自检合格后,应由项目专业质量检查员填报"检验批质量验收记录表"。按照质量验收规范的规定,检验批质量验收应由监理工程师(建设单位项目专业技术负责人)组织项目专业质量检查员等进行验收并签认。

园林绿化工程填写"检验批质量验收记录表"时,应符合下列要求。

1. 表头的填写

"检验批质量验收记录表"表头填写要求如下:

(1)单位(子单位)工程名称按合同文件上的单位工程名称填写,子单位工程标出该部分的位置。

(2)分部(子分部)工程名称按划定的分部(子分部)名称填写。

(3)验收部位是指一个分项工程中验收的那个检验批的抽样范围,要按实际情况标注清楚。

(4)检验批验收记录表中,施工执行标准名称及编号应填写施工所执行的工艺标准的名称及编号。例如,可以填写所采用的企业标准、地方标准、行业标准或国家标准;如果未采用上述标准,也可填写实际采用的施工技术方案等依据,填写时要将标准名称及编号填写齐全,此栏不应填写验收标准。

(5)表格中工程参数等应如实填写,施工单位、分包单位名称宜写全称,并与合同上公章名称一致,并注意各表格填写的名称应相互一致;项目经理应填写合同中指定的项目负责人,分包单位的项目经理也应是合同中指定的项目负责人,表头签字处不需要本人签字的地方,由填表人填写即可,只是标明具体的负责人。

2."施工质量验收规范的规定"栏

制表时,按以下四种情况填写。

(1)直接写入:将主控项目、一般项目的要求写入。

(2)简化描述:将质量要求作简化描述,作为检查提示。

(3)写入条文号:当文字较多时,只将引用标准规范的条文号写入。

(4)写入允许偏差:对定量要求,将允许偏差直接写入。

3. 填写"施工单位检查评定记录"栏

填写"施工单位检查评定记录"栏应遵守下列要求。

(1)对定量检查项目,当检查点少时,可直接在表中填写检查数据;当检查点数较多填写不下时,可以在表中填写综合结论。

(2)对定性类检查项目,可填写"符合要求"或用符号表示,打"√"。

(3)对既有定性又有定量的项目,当各个子项目质量均符合规范规定时,可填写"符合要求"或打"√",不符合要求时打"×"。

(4)无此项内容时用打"/"来标注。

(5)在一般项目中,规范对合格点百分率有要求的项目,也可填写达到要求的检查点的百分率。

(6)对混凝土、砂浆强度等级,可先填报告份数和编号,待试件养护至28天试压后,再对检验批进行判定和验收,应将试验报告附在验收表后。

(7)主控项目不得出现"×",当出现打"×"时,应进行返工修理,使之达到合格;一般项目不得出现超过20%的检查点打"×",否则应进行返工修理。

(8)有数据的项目,将实际测量的数值填入格内。"施工单位检查评定记录"栏应由质量检查员填写。填写内容:可为"合格"或"符合要求",也可为"检查工程主控项目、一般项目均符合《×××质量验收规范》(GB××—××)的要求,评定合格"等。质量检查员代表企业逐项检查评定合格后,应如实填表并签字,然后交监理工程师或建设单位项目专业技术负责人验收。

4."监理单位验收记录"栏

验收前,监理人员应采用平行、旁站或巡回等方法进行监理,对施工质量抽查,对重要项目作见证检测,对新开工程、首件产品或样板间等进行全面检查。以全面了解所监理工程的质量水平、质量控制措施是否有效及实际执行情况,做到心中有数。

在检验批验收时,监理工程师应与施工单位质量检查员共同检查验收。监理人员应对主控项目、一般项目按照施工质量验收规范的规定逐项抽查验收。应注意:监理工程师应该独立得出是否符合要求的结论,并对得出的验收结论承担责任。对不符合施工质量验收规范规定的项目,暂不填写,待处理后再验收,但应做出标记。

5."监理单位验收结论"栏

本栏应由专业监理工程师或建设单位项目专业技术负责人填写。填写前,应对"主控项目"、"一般项目"按照施工质量验收规范的规定逐项抽查验收,独立得出验收结论。认为验收合格,应签注"同意施工单位评定结果,验收合格"。

如果检验批中含有混凝土、砂浆试件强度验收等内容,应待试验报告出来后再作判定。

四、园林绿化工程资料归档与管理

(一)工程资料案卷的构成

工程资料案卷封面包括名称、案卷题名、编制单位、技术主管、编制日期(以上由移交单位填写)、保管期限、密级、共____册第____册等(由档案接收部门填写)。填写时,应符合下列规定。

(1)名称:填写工程建设项目竣工后使用名称(或曾用名)。若本工程分为几个(子)单位工程应在第二行填写(子)单位工程名称。

(2)案卷题名:填写本卷卷名。第一行按单位、专业及类别填写案卷名称;第二行填写案卷内主要资料内容提示。

(3)编制单位:本卷档案的编制单位,并加盖公章。

(4)技术主管:编制单位技术负责人签名或盖章。

(5)编制日期:填写卷内资料材料形成的起(最早)、止(最晚)日期。

(6)保管期限:由档案保管单位按照本单位的保管规定或有关规定填写。

(7)密级:由档案保管单位按照本单位的保密规定或有关规定填写。

（二）工程资料案卷目录及备考表

1. 工程资料卷内目录

工程资料的卷内目录的内容包括序号、工程资料题名、原编字号、编制单位，编制日期、页次和备注。卷内目录内容应与案卷内容相符，排列在封面之后，原资料目录及设计图纸目录不能代替。

（1）序号：案卷内资料排列先后用阿拉伯数字从 1 开始依次标注。

（2）工程资料题名：填写文字材料和图纸名称，无标题的资料应根据内容拟写标题。

（3）原编字号：资料制发机关的发字号或图纸原编图号。

（4）编制单位：资料的形成单位或主要负责单位名称。

（5）编制日期：资料的形成时间（文字材料为原资料形成日期，竣工图为编制日期）。

（6）页次：填写每份资料在本案卷的页次或起止的页次。

（7）备注：

①分项目录（一）适用于施工物资材料的编目，目录内容应包括资料名称、厂名、型号规格、数量、使用部位等，有进场见证试验的，应在备注栏中注明。

②分项目录（二）适用于施工测量记录和施工记录的编目，目录内容包括资料名称、施工部位和日期等。资料名称：填写表格名称或资料名称；施工部位：应填写测量、检查或记录的层、轴线和标高位置；日期：填写资料正式形成的年、月、日。

2. 工程资料卷内备考表

园林绿化工程资料卷内备考表分为上下两栏，上栏应标明本案卷一编号资料的总张数，指文字、图纸、照片等的张数，由立卷单位填写；下栏由接收单位根据案卷的完成及质量情况标明审核意见，由接收单位填写。

（三）工程资料案卷规格与装订

1. 案卷规格

卷内资料、封面、目录、备考表统一采用 A4 幅（297 mm × 210 mm）尺寸，图纸分别采用 A0（841 mm × 1 189 mm）、A1（594 mm × 841 mm）、A2（420 mm × 594 mm）、A3（297 mm × 420 mm）、A4（297 mm × 210 mm）幅面。小于 A4 幅面的资料要用 A4 白纸（297 mm × 210 mm）衬托。

2. 案卷装具

案卷采用统一规格尺寸的装具。属于工程档案的文字、图纸材料一律采用城建档案馆监制的硬壳卷夹或卷盒，外表尺寸 310 mm（高）× 220 mm（宽），卷盒厚度尺寸分别为 50、30 mm 两种，卷夹厚度尺寸为 25 mm；少量特殊的档案也可采用外表尺寸为 310 mm（高）× 430 mm（宽），厚度尺寸为 50 mm。案卷软（内）卷皮尺寸为 297 mm（高）× 210 mm（宽）。

3. 案卷装订

（1）文字材料必须装订成册；图纸材料可装订成册，也可散装存放。

（2）装订时要剔除金属物，装订线一侧根据案卷薄厚加垫草板纸。

（3）案卷用棉线在左侧三孔装订，棉线装订结打在背面。装订线距左侧 20 mm，上下两孔分别距中孔 80 mm。

(4)装订时,须将封面、目录、备考表,封底与案卷一起装订。图纸散装在卷盒内时,需将案卷封面、目录、备考表三件用棉线在左上角装订在一起。

4. 案卷脊背编制

案卷脊背项目有档号、案卷题名,由档案保管单位填写。城建档案的案卷脊背由城建档案馆填写。

(四)城市建设档案封面与目录

1. 工程档案案卷封面

使用城市建设档案封面,注明工程名称、案卷题名、编制单位、技术主管、保存期限、档案密级等。

2. 工程档案卷内目录

使用城市建设档案卷内目录内容包括顺序号、文件材料题名,原编字号、编制单位。

研讨与练习

1. 简述合同的分类。
2. 园林工程施工合同的组成有哪些?
3. 合同法律关系的构成有哪些?
4. 合同争议的解决方式有哪些?
5. 索赔的程序步骤有哪些?
6. 如何理解施工索赔的概念?

第十章　园林工程计价案例

——××庭院园林工程预算

××庭院园林景观工程,设计面积为700 m²,原有场地简单平整一下即可,土壤类别为二类土,苗木采用树棍桩三角桩支撑,乔木采用草绳绕树干。植物种植前,应将基肥与种植土拌匀。基肥可为充分腐熟、干爽的蘑菇肥、塘泥、泥炭土、堆肥等。设计基肥用量为:草地5 kg/m²,地被植物10 kg/m²,冠幅1 m以下灌木5 kg/株,冠幅1 m以上灌木10 kg/株,土球直径60 cm以下乔木20 kg/株,土球直径7~80 cm乔木40 kg/株,土球90~100 cm乔木60 kg/株,土球直径100 cm以上乔木至少80 kg/株,原土贫瘠和种植土肥力欠佳的时候应增加基肥,特殊情况下可会同甲方最后确定具体用量。根据《建设工程工程量清单计价规范》(GB 50500—2008)及湖南省2006《湖南省仿古建筑及园林景观工程消耗量标准》、《湖南省建筑工程消耗量》、《湖南省建筑装饰装修工程消耗量标准》、《湖南省安装工程消耗量标准》,取费文件参照湘建价[2009]406号,编制该工程预算书。

一、施工图纸

施工图纸见图10-1~图10-12。

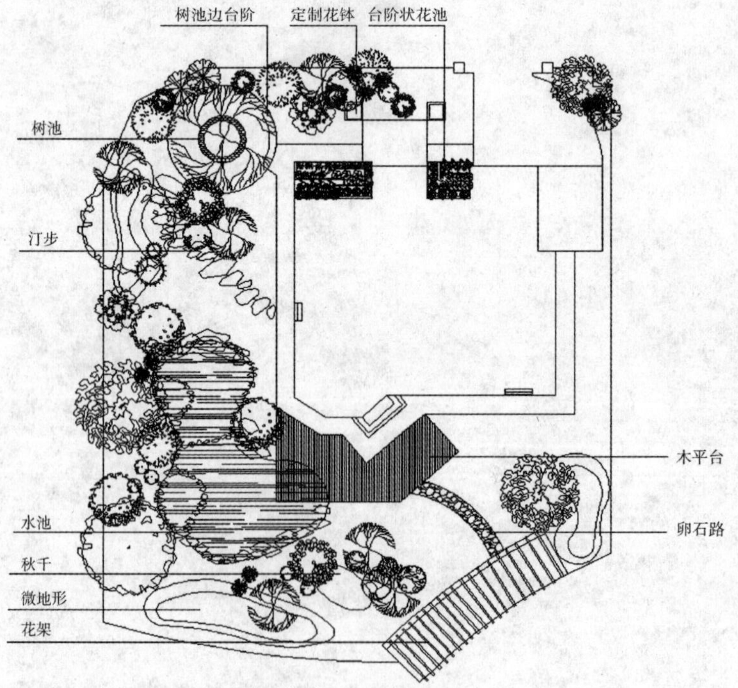

图10-1　总平面图

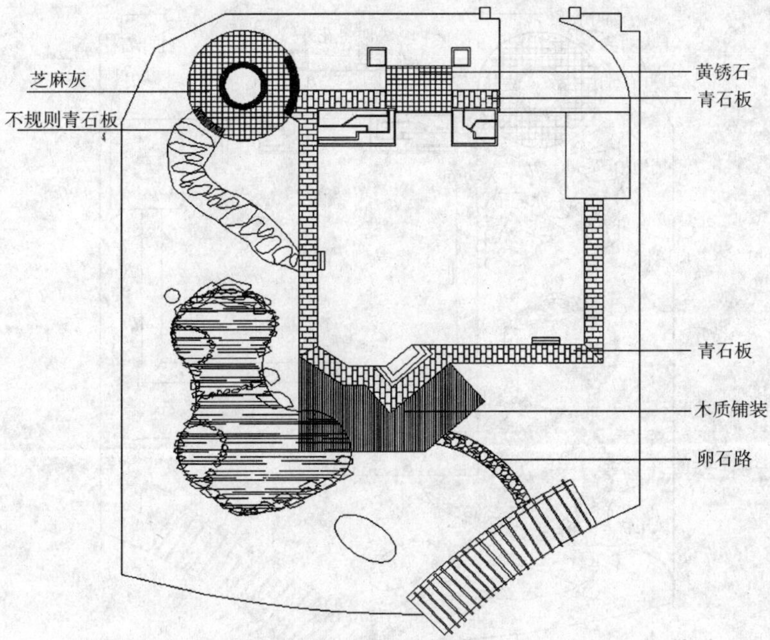

图 10-2　铺装总平面图

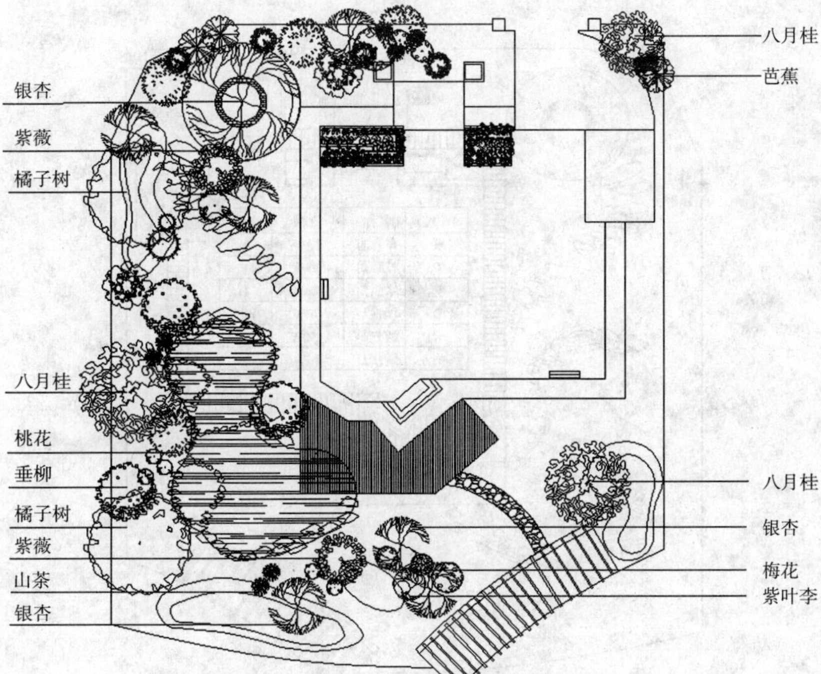

图 10-3　乔木、散植灌木布置图

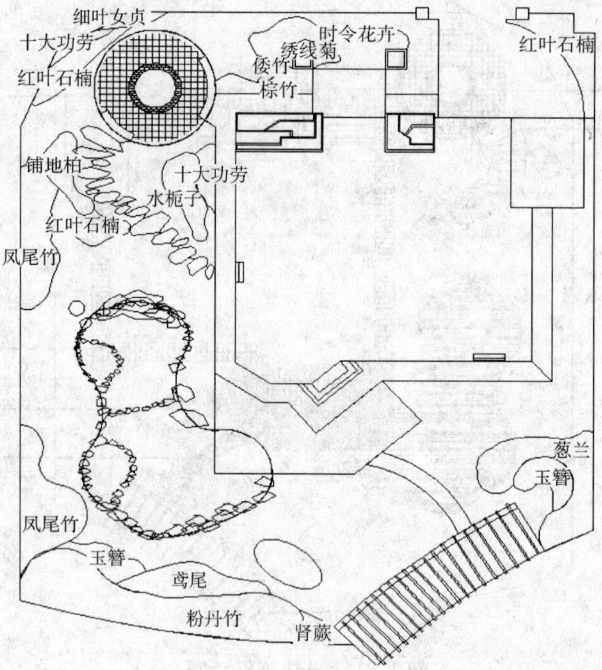

图 10-4　片植灌木、地被布置图

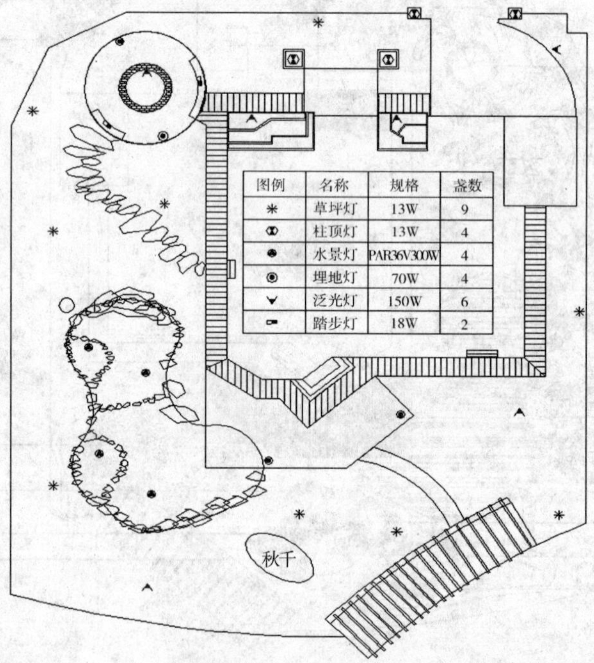

图例	名称	规格	盏数
*	草坪灯	13W	9
	柱顶灯	13W	4
	水景灯	PAR36V300W	4
	埋地灯	70W	4
	泛光灯	150W	6
	踏步灯	18W	2

图 10-5　灯具布置图

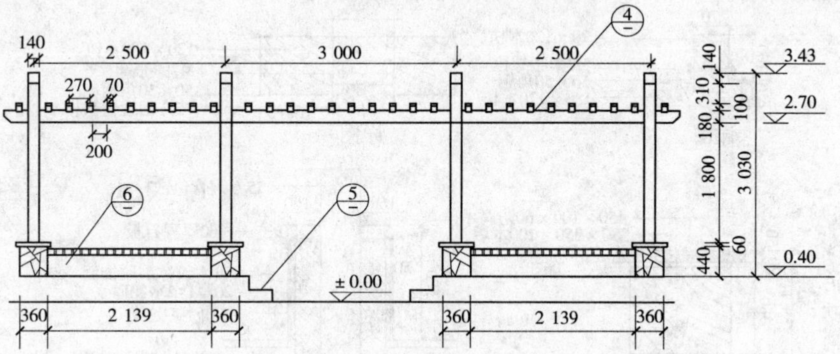

图 10-6　花架立面图

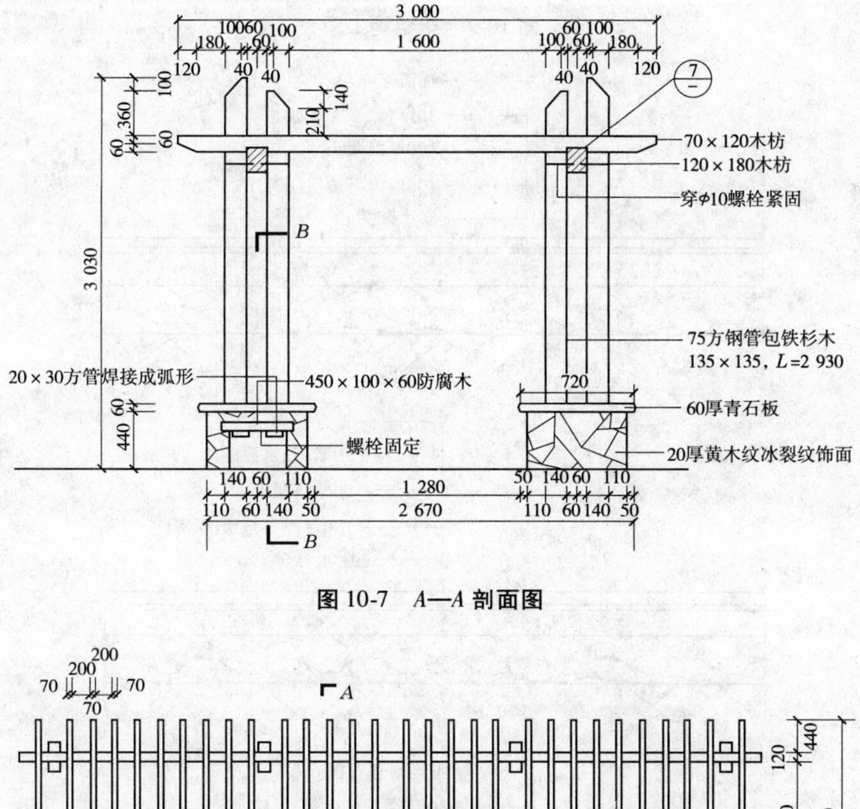

图 10-7　*A—A* 剖面图

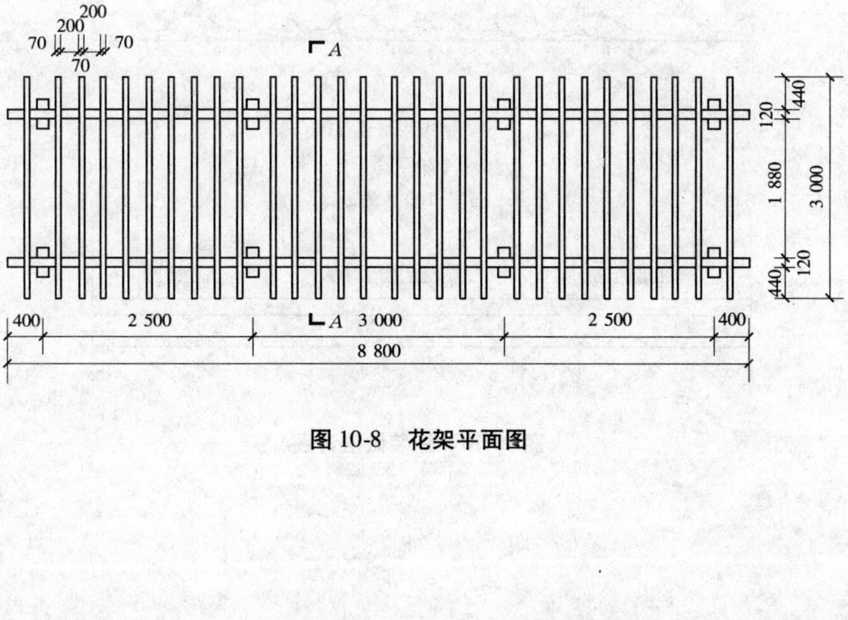

图 10-8　花架平面图

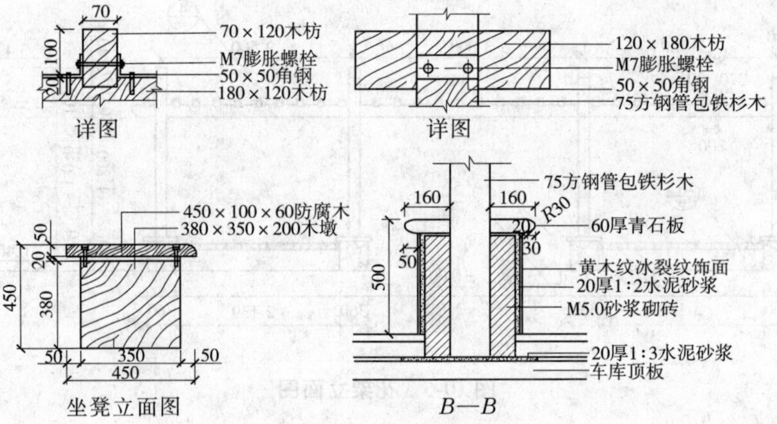

图 10-9　花架施工图

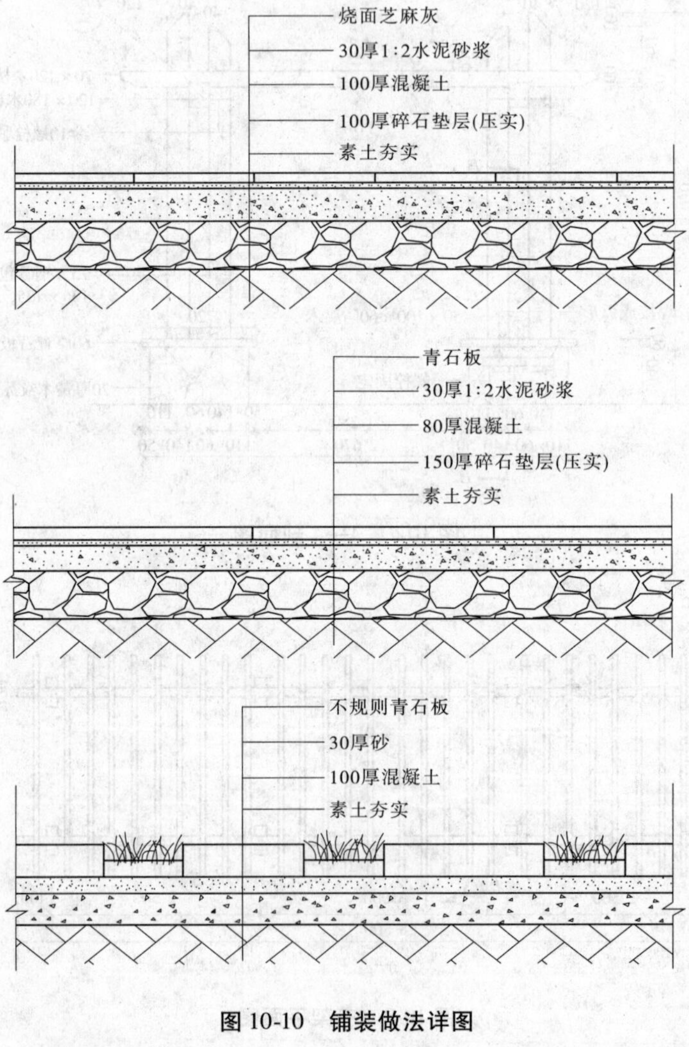

图 10-10　铺装做法详图

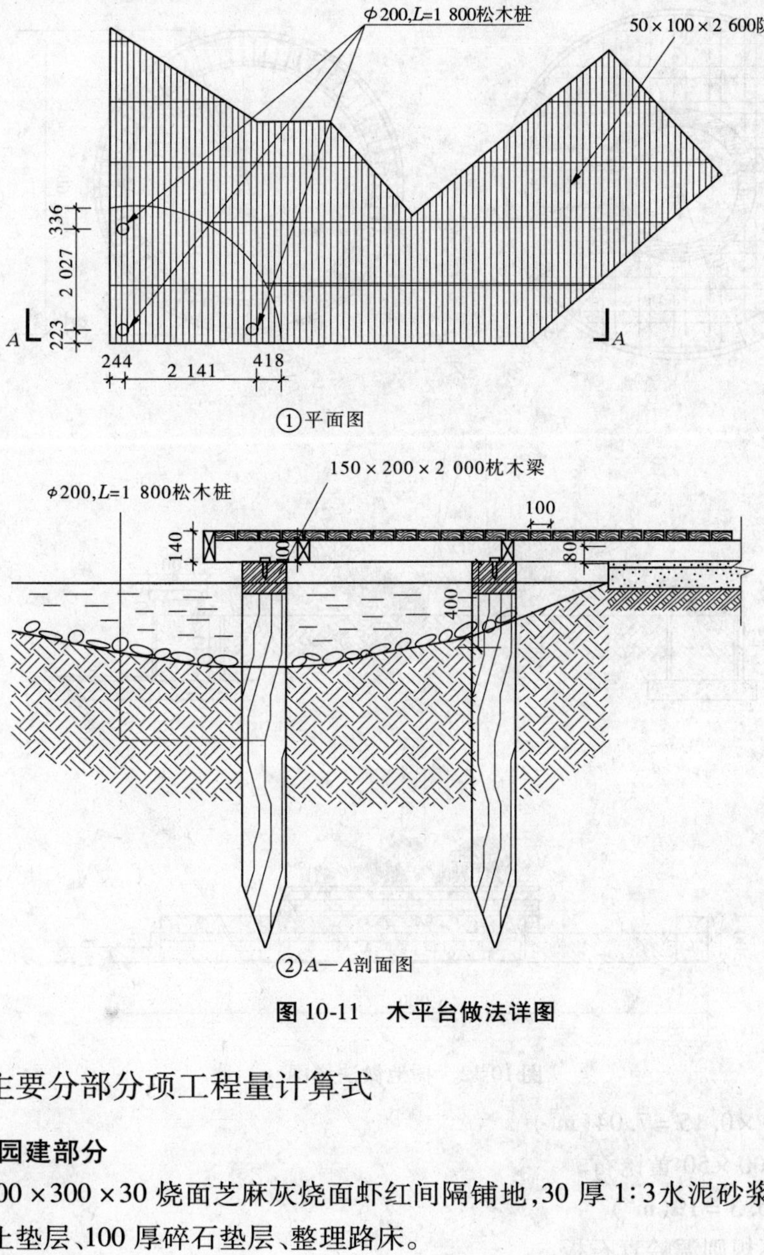

图 10-11　木平台做法详图

二、主要分部分项工程量计算式

（一）园建部分

（1）300×300×30 烧面芝麻灰烧面虾红间隔铺地，30 厚 1∶3水泥砂浆结合层、100 厚 C20 混凝土垫层、100 厚碎石垫层、整理路床。

$S=8.7\ m^2$

$V_{C20}=8.7\times0.1=0.87(m^3)$

$V_{碎石}=8.7\times0.1=0.87(m^3)$

（2）600×300×30 温岭青石板，30 厚 1∶3水泥砂浆结合层、80 厚 C20 混凝土垫层、150 厚碎石垫层、整理路床。

$S=44.35+2.59=46.9(m^2)$

$V_{C20}=46.9\times0.08=3.75(m^3)$

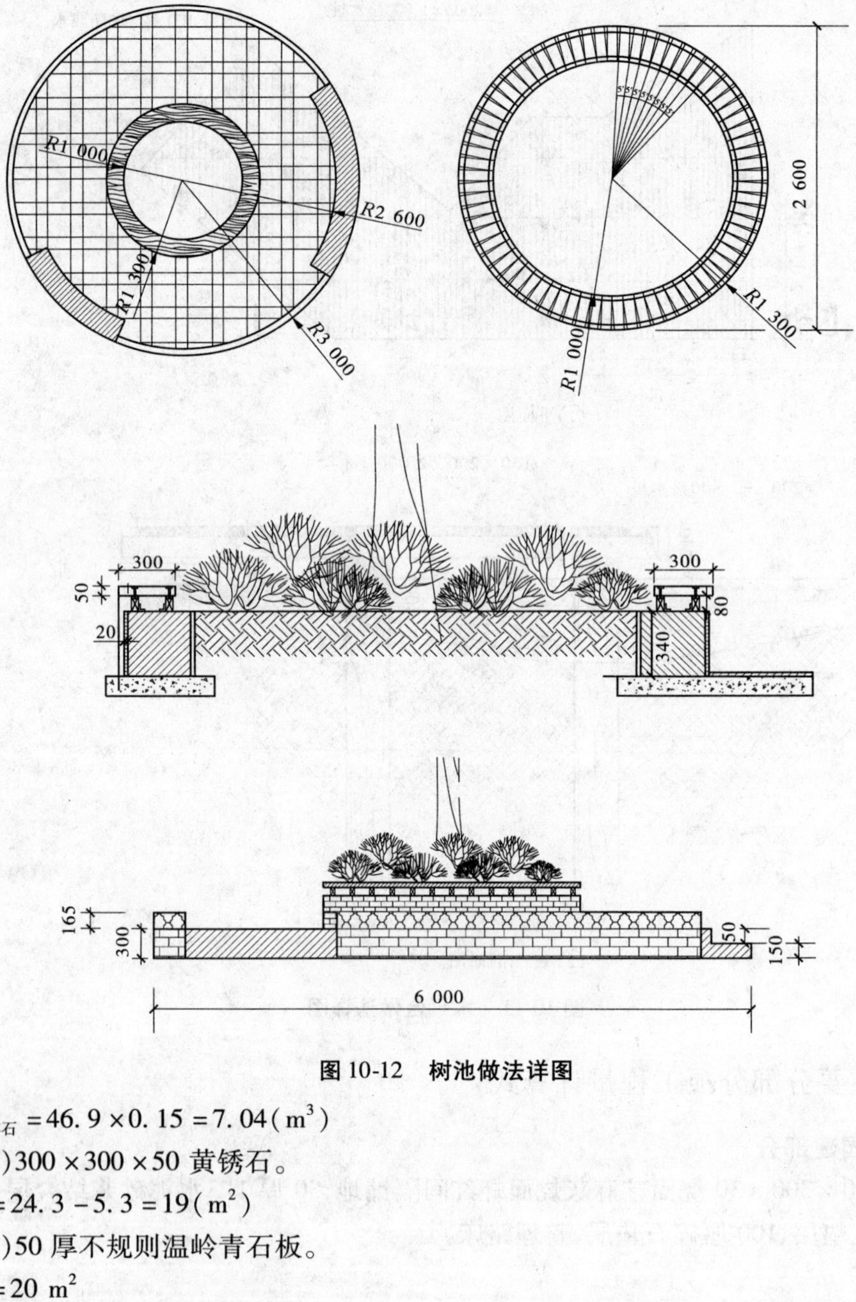

图 10-12　树池做法详图

$V_{碎石}=46.9\times0.15=7.04(m^3)$

(3)300×300×50 黄锈石。

$S=24.3-5.3=19(m^2)$

(4)50 厚不规则温岭青石板。

$S=20\ m^2$

(5)ϕ30 ~ 50 mm 卵石铺地。

$S=4.8\ m^2$

(二)水池部分

$S=71\ m^2$　水岸线 $L=46.2\ m$

(1)挖方 $V=71\times0.7$【平均挖深】$=49.7(m^3)$

(2)100 厚碎石垫层 $V=71\times0.1=7.1(m^3)$

150 厚 C20 混凝土垫层 $V=71\times0.15=10.65(m^3)$

(3)防水层

厚 2 mm 聚氨酯 涂刷两遍 $1.2\times71=85.2$

水泥砂浆 混凝土或硬基层土 $1.2\times71=85.2$

(4)池底铺卵石 干铺~换:精选卵石 $\phi50\sim80$ mm

$V=71\times0.05$【平均大小】$=3.55(m^3)$

(5)自然式溪流驳岸 黄石

$V=46.2\times0.088$【单个石头平均体积】$=4.05(m^3)$

三、工程预算书

(1)封面。

(2)预算编制说明。

(3)投标总价。

(4)预算汇总表。

(5)工程量清单计价表。

(6)综合单价分析表。

(7)人工、主要材料、机械汇总表。

各项内容示例如下。

××项目庭院景观工程

预

算

书

编制单位：××园林有限公司

编制日期：××××年××月××日

预算编制说明

一、工程概况

本工程为“××庭院景观绿化工程”,工程主要内容包括绿化苗木种植、平面铺装、花池、水池、电气安装、园路等。

二、编制依据

1. 本工程相关施工图纸;
2. 执行定额:湖南省2006《湖南省仿古建筑及园林景观工程消耗量标准》、《湖南省建筑工程消耗量》、《湖南省建筑装饰装修工程消耗量标准》、《湖南省安装工程消耗量标准》;
3. 取费文件参照“湘建价[2009]406号”;
4. 国家、地市各类相关规范及法律法规文件。

三、编制内容概述

1. 本预算造价采用清单计价,清单单价中未执行优惠。
2. 预算取费标准:分专业、市区值取费。
3. 主要材料单价参照2010株洲建设造价第三期调整,人工定额工资综合工日及机上人工均为68元/工日调整,装饰人工按82元/工日调整。

投标总价

招 标 人：________________

投标报价(小写)：¥425 064.12

(大写)：肆拾贰万伍仟零陆拾肆元壹角贰分

投 标 人：××园林公司 (单位盖章)

法定代表人：________________ (签字盖章)

预算编制人：________________ (造价工程师签字盖专用章)

编 制 时 间：××××年××月××日

预算汇总表

工程名称：××庭院景观绿化工程　　　　第1页　共2页

序号	工程内容	计费基础说明	费率(%)	金额(元)
1	分部分项工程费	1.1+1.2+1.3+1.4+1.5+1.6+1.7+1.8+1.9		403 013.28
1.1	人工费	按规定计算的分部分项工程费用中的人工费的合计		30 803.76
1.2	材料费	按规定计算的分部分项工程费用中的材料费的合计		363 204.42
1.3	机械费	按规定计算的分部分项工程费用中的机械费合计		2 240.16
1.4	其他费	按规定计算的分部分项工程费用中的其他费合计		364.50
1.5	商品混凝土企管费	按规定计算的商品混凝土的总用量×单价		
1.6	沥青商品混凝土企管费	按规定计算的沥青商品混凝土的总用量×单价		
1.7	安装工程设备费	按规定进入工程造价的安装设备费		
1.8	企业管理费	分部分项工程费用中的工程量×企业管理费的计算基数的累计	28.6	3 845.54
1.9	利润	分部分项工程费用中的工程量×利润的计算基数的累计	19	2 554.90
2	措施项目费	2.1+2.2+2.3		2 009.59
2.1	安全文明施工费	人工费	14.95	2 009.59
2.2	冬雨季施工增加费	按解释汇编要求(＜分部分项工程量清单费＞)即第1项		
2.3	施工措施项目费	2.3.1+2.3.2		
2.3.1	能计量的部分	2.3.1.1~2.3.1.8		
2.3.1.1	人工费	按组成措施项目费用中的人工费的合计		
2.3.1.2	材料费	按组成措施项目费用中材料费的合计		
2.3.1.3	机械费	按组成措施项目费用中机械费的合计		
2.3.1.4	其他费	按组成措施项目费用中其他费的合计		
2.3.1.5	商品混凝土企管费	按规定计算的商品混凝土的总用量×单价		
2.3.1.6	沥青商品混凝土企管费	按规定计算的沥青商品混凝土的总用量×单价		

工程名称：× ×庭院景观绿化工程 第 2 页 共 2 页

序号	工程内容	计费基础说明	费率(%)	金额(元)
2.3.1.7	企业管理费	组成措施项目费用中的企业管理费计算基础合计	28.6	
2.3.1.8	利润	组成措施项目费用中的利润计算基础合计	19	
2.3.2	不可计量的部分	按表 -10 的合计金额		
3	其他项目费	3.1 +3.2 +3.3 +3.4		
3.1	暂列金额	表 -11 ~1 的合计		
3.2	专业工程暂估价	表 -11 ~3 的合计		
3.3	计日工	表 -11 ~4 的合计		
3.4	总承包服务费	表 -11 ~5 的合计		
4	规费	4.1 +4.2 +4.3 +4.4		5 821.91
4.1	工程排污费	分部分项工程费 + 措施项目费 + 其他项目费		
4.2	职工教育经费	(分部分项工程费 + 措施项目费 + 计日工)中人工费总额		
4.3	养老保险费	分部分项工程费 + 措施项目费 + 其他项目费		
4.4	其他规费	(分部分项工程费 + 措施项目费 + 计日工)中人工费总额	18.9	5 821.91
4.5	其中:工伤保险费	按文件规定要求	0.9	277.23
5	税金	(1 +2 +3 +4)	3.461	14 219.34
6	含税工程造价	合计:1 +2 +3 +4 +5		425 064.12

说明：1. 如无单位工程划分，单项工程也使用本表汇总。

2. 其他规费栏包括失业保险费、医疗保险费、工伤保险费、危险作业意外伤害保险费、住房公积金、工会经费等六项。

分部分项工程量清单/施工措施项目清单与计价表

工程名称：××庭院景观绿化工程　　　　第1页　共12页

序号	项目编码	项目名称及特征描述	计量单位	工程量	金额(元)		
					综合单价	合价	其中:暂估价
		园建				110 904.19	
1	050201001001	300×300×30 烧面芝麻灰烧面虾红间隔铺地	m^2	8.7	179.24	1 559.39	
	A3－95	砾(碎)石　干铺垫层	10 m^3	0.087	1 505.98	131.02	
	A3－101 换	混凝土垫层～换:现浇及现场混凝土　砾石最大粒径 40 mmC15　水泥 32.5	10 m^3	0.087	2 923.12	254.31	
	E6－43 换	花岗岩板　地面～换:300×300×30 烧面芝麻灰烧面虾红间隔	10 m^2	0.87	1 349.53	1 174.09	
2	050201001002	600×300×30 温岭青石板	m^2	46.9	150.63	7 064.55	
	A3－95	砾(碎)石　干铺垫层	10 m^3	0.704	1 505.98	1 060.21	
	A3－101 换	混凝土垫层～换:现浇及现场混凝土　砾石最大粒径 40 mmC15　水泥 32.5	10 m^3	0.375	2 923.12	1 096.17	
	E6－43 换	花岗岩板　地面～换:600×300×30 温岭青石板	10 m^2	4.69	1 046.53	4 908.23	
3	050201001003	300×300×50 黄锈石	m^2	19.001	260.68	4 953.13	
	A3－91	毛石　干铺垫层	10 m^3	0.38	1 839.67	699.07	
	A3－95	砾(碎)石　干铺垫层	10 m^3	0.19	1 505.98	286.14	
	A3－101 换	混凝土垫层～换:现浇及现场混凝土　砾石最大粒径 40 mmC15　水泥 32.5	10 m^3	0.152	2 923.12	444.31	
	E6－43 换	花岗岩板　地面～换:300×300×50 黄锈石	10 m^2	1.9	1 854.53	3 523.61	
4	050201001004	50 厚不规则温岭青石板	m^2	20.0	146.00	2 920.00	
	A3－95	砾(碎)石　干铺垫层	10 m^3	0.2	1 505.98	301.20	
	本页小计					16 497.07	

工程名称：××庭院景观绿化工程　　　　第2页　共12页

序号	项目编码	项目名称及特征描述	计量单位	工程量	金额(元)		
					综合单价	合价	其中:暂估价
	E6－1换	楼地面垫层　砂～园路垫层	m^3	1.0	106.67	106.67	
	B1－34换	花岗岩楼地面　碎拼花岗岩～换:50厚不规则温岭青石板	100 m^2	0.2	12 560.52	2 512.10	
5	050201001005	ϕ30～50卵石铺地	m^2	4.8	139.08	667.58	
	A3－95	砾(碎)石　干铺垫层	10 m^3	0.096	1 505.98	144.57	
	E6－1换	楼地面垫层　砂～园路垫层	m^3	0.24	106.67	25.60	
	E14－56换	素色卵石面　彩边　素色～换:ϕ30～50卵石　换:ϕ30～50卵石	10 m^2	0.48	1 036.23	497.39	
6	050303003001	花架	座	1.0	50 446.19	50 446.19	
	B2－84换	拼碎花岗岩　砖柱面～换:20厚黄木纹冰裂纹切割	100 m^2	0.069	16 009.78	1 104.67	
	B2－89换	粘贴花岗岩(水泥砂浆粘贴)　零星项目～换:60厚720×460青石板(磨边)	100 m^2	0.026	21 675.52	563.56	
	协商	75×75钢管　刷漆 $L=2.93$	根	16.0	90.00	1 440.00	
	协商	铁杉木 $L=2.93$	根	16.0	809.27	12 948.32	
	E5－39换	方木桁条　厚度11 cm以内～换:70×120芬兰木	m^3 竣工木料	0.756	6 513.10	4 923.90	
	E5－17换	扁作梁　大梁、承重、山界梁、轩梁、荷包梁、双步　厚24 cm以内～换:芬兰木梁120×180	m^3 竣工木料	0.38	7 394.90	2 810.06	
	E5－39换	方木桁条　厚度11 cm以内～换:450长×60厚芬兰木坐凳面板	m^3 竣工木料	0.116	6 513.10	755.52	
	E9－32	底油、油色、清漆两遍　柱、梁、桁、枋古式木构件	10 m^2	5.028	199.40	1 002.58	
	本页小计					51 113.77	

工程名称：××庭院景观绿化工程　　　　第3页　共12页

序号	项目编码	项目名称及特征描述	计量单位	工程量	金额(元)		
					综合单价	合价	其中：暂估价
	E5－14换	方柱　30×30以内～换:380×350×200高芬兰木墩	m^3 竣工木料	0.106	6 112.52	647.93	
	E2－24换	砖柱　矩形～换:水泥砂浆(水泥32.5级)强度等级M5	m^3	0.891	370.62	330.22	
	A3－95	砾(碎)石　干铺垫层	10 m^3	0.134	1 505.98	201.80	
	A3－101换	混凝土垫层～换:现浇及现场混凝土.砾石最大粒径40 mmC15　水泥32.5	10 m^3	1.336	2 923.12	3 905.29	
	B1－1	水泥砂浆　混凝土或硬基层上　20 mm	100 m^2	0.01	1 276.70	12.77	
	E5－289换	平口板　铺在大木楞上～换:50厚芬兰木板	10 m^2	0.472	2 859.22	1 349.55	
	E5－289换	平口板　铺在大木楞上～换:100厚芬兰木	10 m^2	3.301	5 589.22	18 450.02	
7	050201016001	木平台	m^2	32.6	514.29	16 765.85	
	A3－95	砾(碎)石　干铺垫层	10 m^3	0.275	1 505.98	414.14	
	A3－101换	混凝土垫层～换:现浇及现场混凝土　砾石最大粒径40 mmC20　水泥32.5	10 m^3	0.275	3 045.74	837.58	
	E5－289换	平口板　铺在大木楞上～换:50厚芬兰木板	10 m^2	3.26	2 859.22	9 321.06	
	E1－46	人工打园木桩　桩长在3 m内	m^3	0.17	1 997.98	339.66	
	E5－17换	扁作梁　大梁、承重、山界梁、轩梁、荷包梁、双步　厚24 cm以内～换:150×200×2 000芬兰木梁	m^3 竣工木料	0.18	7 394.90	1 331.08	
	E5－39换	方木桁条　厚度11 cm以内～换:140×50芬兰木	m^3 竣工木料	0.133	6 513.10	866.24	
	E5－286换	方木楞　不带剪刀撑～换:100×50芬兰木龙骨	m^3 竣工楼地楞	0.317	5 783.12	1 833.25	
	本页小计					16 765.85	

工程名称：××庭院景观绿化工程　　　　第4页　共12页

序号	项目编码	项目名称及特征描述	计量单位	工程量	金额（元）		
					综合单价	合价	其中：暂估价
	E9－32	底油、油色、清漆两遍　柱、梁、桁、枋古式木构件	10 m^2	9.141	199.40	1 822.72	
8	010303004001	带坐凳树池	个	1.0	2 219.38	2 219.38	
	E2－33 换	其他砌体　小型砌体～换：水泥砂浆（水泥 32.5 级）强度等级 M5	m^3	0.755	384.42	290.24	
	B2－22	一般抹灰水泥砂浆　零星项目	100 m^2	0.02	6 925.36	138.51	
	B2－87 换	粘贴花岗岩（水泥砂浆粘贴）　砖墙面～换：墨绿色花岗岩	100 m^2	0.028	14 215.06	398.02	
	E5－39 换	方木桁条　厚度 11 cm 以内～换：300 长×50 厚芬兰木坐凳面板	m^3 竣工木料	0.108	6 513.10	703.41	
	A3－101 换	混凝土垫层～换：现浇及现场混凝土　砾石最大粒径 40 mmC15　水泥 32.5	10 m^3	0.058	2 923.12	169.54	
	协商	钢龙骨弯曲加工 50×80	m	14.444	30.00	433.32	
	E9－32	底油、油色、清漆两遍　柱、梁、桁、枋古式木构件	10 m^2	0.433	199.40	86.34	
9	010303004002	花池一	个	1.0	2 285.50	2 285.50	
	协商	H0.2 m 麻石条安装	m	8.9	55.00	489.50	
	协商	H0.4 m 麻石条安装	m	5.0	115.00	575.00	
	协商	H0.7 m 麻石条安装	m	6.6	185.00	1 221.00	
10	010303004003	花池二	个	1.0	1 949.50	1 949.50	
	协商	H0.2 m 麻石条安装	m	2.3	55.00	126.50	
	协商	H0.4 m 麻石条安装	m	2.5	115.00	287.50	
	本页小计					6 454.38	

工程名称：××庭院景观绿化工程　　　　第5页　共12页

序号	项目编码	项目名称及特征描述	计量单位	工程量	金额(元)		
					综合单价	合价	其中:暂估价
	协商	H0.7 m 麻石条安装	m	8.3	185.00	1 535.50	
11	050203003001	水池	m^2	71.0	282.72	20 073.12	
	E1－19	一、二类土　干土深度在 2 m 以内	m^3	49.7	29.62	1 472.11	
	A3－95	砾(碎)石　干铺垫层	10 m^3	0.71	1 505.98	1 069.25	
	A3－101 换	混凝土垫层～换:抗渗等级 P6 砾石最大粒径 20 mmC20　水泥 32.5	10 m^3	1.065	3 151.26	3 356.09	
	E11－2	钢筋及铁件制安　Φ 8	t	0.5	5 363.74	2 681.87	
	A8－98	厚 2 mm 聚氨酯　涂刷两遍	100 m^2	0.852	5 337.74	4 547.75	
	B1－1	水泥砂浆　混凝土或硬基层上　20 mm	100 m^2	0.852	1 276.70	1 087.75	
	E14－93 换	池底铺卵石　干铺～换:精选卵石　ϕ50～80 mm	m^3	3.55	661.37	2 347.86	
	E14－90	自然式溪流驳岸　黄石	t	4.05	866.84	3 510.70	
		绿化				273 717.51	
		乔灌木				245 377.50	
12	050102001001	栽植八月桂　胸径 25 cm	株	3.0	45 363.22	136 089.66	
	E13－72	栽植乔木(一、二类土)(带土球)　土球直径 160 mm 以内	10 株	0.3	453 164.72	135 949.42	
	E13－247	草绳绕树干　胸径 25 cm 内	m	6.0	11.40	68.40	
	E13－264	树木支撑　树棍桩　三脚桩	10 株	0.3	149.47	44.84	
	本页小计					156 162.78	

工程名称：××庭院景观绿化工程　　　　第 6 页　共 12 页

序号	项目编码	项目名称及特征描述	计量单位	工程量	金额（元）		
					综合单价	合价	其中：暂估价
	协商	基肥	kg	9.0	3.00	27.00	
13	050102001002	栽植橘子树　胸径 25 cm	株	2.0	2 863.22	5 726.44	
	E13－72	栽植乔木（一、二类土）（带土球）　土球直径 160 cm 以内	10 株	0.2	28 164.72	5 632.94	
	E13－247	草绳绕树干　胸径 25 cm 内	m	4.0	11.40	45.60	
	E13－264	树木支撑　树棍桩　三脚桩	10 株	0.2	149.47	29.89	
	协商	基肥	kg	6.0	3.00	18.00	
14	050102001003	栽植银杏　胸径 25 cm	株	7.0	6 563.22	45 942.54	
	E13－72	栽植乔木（一、二类土）（带土球）　土球直径 160 cm 以内	10 株	0.7	65 164.72	45 615.30	
	E13－247	草绳绕树干　胸径 25 cm 内	m	14.0	11.40	159.60	
	E13－264	树木支撑　树棍桩　三脚桩	10 株	0.7	149.47	104.63	
	协商	基肥	kg	21.0	3.00	63.00	
15	050102001004	栽植垂柳　胸径 15 cm	株	3.0	1 026.92	3 080.76	
	E13－69	栽植乔木（一、二类土）（带土球）　土球直径 100 cm 以内	10 株	0.3	9 994.54	2 998.36	
	E13－245	草绳绕树干　胸径 15 cm 内	m	3.0	6.52	19.56	
	E13－264	树木支撑　树棍桩　三脚桩	10 株	0.3	149.47	44.84	
	协商	基肥	kg	6.0	3.00	18.00	
	本页小计					54 749.74	

工程名称：××庭院景观绿化工程　　　　第7页　共12页

序号	项目编码	项目名称及特征描述	计量单位	工程量	金额（元）		
					综合单价	合价	其中：暂估价
16	050102001005	栽植红花紫薇　胸径8～10 cm	株	2.0	1 709.09	3 418.18	
	E13－66	栽植乔木（一、二类土）（带土球）　土球直径60 cm以内	10株	0.2	16 832.52	3 366.50	
	E13－244	草绳绕树干　胸径10 cm内	m	2.0	4.89	9.78	
	E13－264	树木支撑　树棍桩　三脚桩	10株	0.2	149.47	29.89	
	协商	基肥	kg	4.0	3.00	12.00	
17	050102001006	栽植桃花　胸径15 cm	株	4.0	1 446.92	5 787.68	
	E13－69	栽植乔木（一、二类土）（带土球）　土球直径100 cm以内	10株	0.4	14 194.54	5 677.82	
	E13－245	草绳绕树干　胸径15 cm内	m	4.0	6.52	26.08	
	E13－264	树木支撑　树棍桩　三脚桩	10株	0.4	149.47	59.79	
	协商	基肥	kg	8.0	3.00	24.00	
18	050102004001	栽植山茶花　冠幅80～100 cm	株	9.0	155.78	1 402.02	
	E13－88	栽植灌木（一、二类土）（带土球）　土球直径40 cm以内	10株	0.9	1 512.78	1 361.50	
	协商	基肥	kg	13.5	3.00	40.50	
19	050102001007	栽植红叶李　胸径10 cm	株	1.0	762.09	762.09	
	E13－66	栽植乔木（一、二类土）（带土球）　土球直径60 cm以内	10株	0.1	7 332.52	733.25	
	E13－244	草绳绕树干　胸径10 cm内	m	1.0	4.89	4.89	
	本页小计					11 369.97	

工程名称：××庭院景观绿化工程　　　　第8页　共12页

序号	项目编码	项目名称及特征描述	计量单位	工程量	金额(元)		
					综合单价	合价	其中:暂估价
	E13-264	树木支撑　树棍桩　三脚桩	10株	0.1	149.47	14.95	
	协商	基肥	kg	3.0	3.00	9.00	
20	050102001008	栽植梅花　胸径15 cm	株	6.0	3 749.92	22 499.52	
	E13-69	栽植乔木(一、二类土)(带土球)　土球直径100 cm以内	10株	0.6	37 194.54	22 316.72	
	E13-245	草绳绕树干　胸径15 cm内	m	6.0	6.52	39.12	
	E13-264	树木支撑　树棍桩　三脚桩	10株	0.6	149.47	89.68	
	协商	基肥	kg	18.0	3.00	54.00	
21	050102004002	栽植鹅掌柴　冠幅80~100 cm	株	8.0	215.78	1 726.24	
	E13-88	栽植灌木(一、二类土)(带土球)　土球直径40 cm以内	10株	0.8	2 112.78	1 690.22	
	协商	基肥	kg	12.0	3.00	36.00	
22	050102001009	栽植红枫　胸径8~10 cm	株	6.0	3 059.09	18 354.54	
	E13-66	栽植乔木(一、二类土)(带土球)　土球直径60 cm以内	10株	0.6	30 332.52	18 199.51	
	E13-244	草绳绕树干　胸径10 cm内	m	6.0	4.89	29.34	
	E13-264	树木支撑　树棍桩　三脚桩	10株	0.6	149.47	89.68	
	协商	基肥	kg	12.0	3.00	36.00	
23	050102001010	栽植芭蕉　胸径8~10 cm	株	3.0	94.09	282.27	
	本页小计					42 862.57	

工程名称：××庭院景观绿化工程　　第9页　共12页

序号	项目编码	项目名称及特征描述	计量单位	工程量	金额（元）		
					综合单价	合价	其中：暂估价
	E13－66	栽植乔木（一、二类土）（带土球）　土球直径60 cm以内	10株	0.3	682.52	204.76	
	E13－244	草绳绕树干　胸径10 cm内	m	3.0	4.89	14.67	
	E13－264	树木支撑　树棍桩　三脚桩	10株	0.3	149.47	44.84	
	协商	基肥	kg	6.0	3.00	18.00	
24	050102004003	栽植龟甲冬青　冠幅80～120 cm	株	2.0	152.78	305.56	
	E13－89	栽植灌木（一、二类土）（带土球）　土球直径50 cm以内	10株	0.2	1 482.74	296.55	
	协商	基肥	kg	3.0	3.00	9.00	
		地被				28 340.01	
25	050102007001	栽植细叶女贞	m^2	1.36	75.82	103.12	
	E13－144	木本类花卉灌木成片栽植　每平方米50株以内	10 m^2	0.136	758.27	103.12	
26	050102007002	栽植凤尾竹	m^2	13.68	165.56	2 264.86	
	E13－143	木本类花卉灌木成片栽植　每平方米40株以内	10 m^2	1.368	1 655.60	2 264.86	
27	050102007003	栽植十大功劳	m^2	18.67	124.83	2 330.58	
	E13－144	木本类花卉灌木成片栽植　每平方米50株以内	10 m^2	1.867	1 248.27	2 330.52	
28	050102007004	栽植倭竹	m^2	0.99	85.63	84.77	
	E13－144	木本类花卉灌木成片栽植　每平方米50株以内	10 m^2	0.099	856.27	84.77	
	本页小计					5 088.89	

工程名称：××庭院景观绿化工程　　　　第10页　共12页

序号	项目编码	项目名称及特征描述	计量单位	工程量	金额(元)		
					综合单价	合价	其中:暂估价
29	050102007005	栽植绣线菊	m^2	1.49	115.03	171.39	
	E13－144	木本类花卉灌木成片栽植　每平方米50株以内	10 m^2	0.149	1 150.27	171.39	
30	050102007006	栽植粉单竹	m^2	32.0	417.56	13 361.92	
	E13－143	木本类花卉灌木成片栽植　每平方米40株以内	10 m^2	3.2	4 175.60	13 361.92	
31	050102007007	栽植水栀子	m^2	12.68	70.93	899.39	
	E13－144	木本类花卉灌木成片栽植　每平方米50株以内	10 m^2	1.268	709.27	899.35	
32	050102007008	栽植红叶石楠	m^2	16.02	115.03	1 842.78	
	E13－144	木本类花卉灌木成片栽植　每平方米50株以内	10 m^2	1.602	1 150.27	1 842.73	
33	050102007009	栽植玉簪	m^2	9.83	100.33	986.24	
	E13－144	木本类花卉灌木成片栽植　每平方米50株以内	10 m^2	0.983	1 003.27	986.21	
34	050102007010	栽植葱兰	m^2	15.96	61.38	979.62	
	E13－145	木本类花卉灌木成片栽植　每平方米60株以内	10 m^2	1.596	613.76	979.56	
35	050102007011	栽植肾蕨	m^2	2.62	75.56	197.97	
	E13－143	木本类花卉灌木成片栽植　每平方米40株以内	10 m^2	0.262	755.60	197.97	
36	050102007012	栽植棕竹	m^2	4.97	561.56	2 790.95	
	E13－143	木本类花卉灌木成片栽植　每平方米40株以内	10 m^2	0.497	5 615.60	2 790.95	
	本页小计					21 230.26	

工程名称：××庭院景观绿化工程　　　　第 11 页　共 12 页

序号	项目编码	项目名称及特征描述	计量单位	工程量	金额(元)		
					综合单价	合价	其中:暂估价
37	050102007013	栽植铺地柏	m^2	5.9	93.56	552.00	
	E13－143	木本类花卉灌木成片栽植　每平方米 40 株以内	10 m^2	0.59	935.60	552.00	
38	050102007014	栽植鸢尾	m^2	8.48	70.93	601.49	
	E13－144	木本类花卉灌木成片栽植　每平方米 50 株以内	10 m^2	0.848	709.27	601.46	
39	050102007015	栽植时令花卉(彩叶草、金盏菊、香石竹)	m^2	11.0	106.63	1 172.93	
	E13－137	草本类花卉灌木成片栽植　每平方米 50 株以内	10 m^2	1.1	1 066.28	1 172.91	
		水电				18 391.39	
40	030213003001	草坪灯	套	9.0	300.86	2 707.74	
	C2－1541	草坪灯具立柱式　示意图号　188、189、190、191	10 套	0.9	3 008.64	2 707.78	
41	030213003002	柱顶灯	套	4.0	161.27	645.08	
	C2－1538	点光源艺术装饰灯具射灯　吸顶式　示意图号　182、183、184、185、186、187	10 套	0.4	1 612.66	645.06	
42	030213003003	水下灯	套	4.0	285.69	1 142.76	
	C2－1532	水下艺术装饰灯具喷水池灯　示意图号　175、176、177	10 套	0.4	2 856.88	1 142.75	
43	030213003004	埋地灯	套	4.0	225.91	903.64	
	C2－1535	点光源艺术装饰灯具嵌入式　灯具直径(150)　示意图号　179、180、181	10 套	0.4	2 259.10	903.64	
44	030213003005	泛光灯	套	6.0	283.60	1 701.60	
	本页小计					9 427.24	

工程名称：××庭院景观绿化工程　　　　第12页　共12页

序号	项目编码	项目名称及特征描述	计量单位	工程量	金额(元)		
					综合单价	合价	其中:暂估价
	C2－1595	碘钨灯、投光灯	10套	0.6	2 835.97	1 701.58	
45	030213003006	踏步灯	套	2.0	98.03	196.06	
	C2－1528	标志、诱导装饰灯具墙壁式　示意图号　171、172、173、174	10套	0.2	980.31	196.06	
46	030208001001	电力电缆 YJV－3×4	m	300.0	18.08	5 424.00	
	C2－604	铜芯电力电缆敷设电缆　截面35 mm^2 以下	100 m	3.0	1 808.44	5 425.32	
47	030212001001	电气配管 PC25	m	300.0	16.23	4 869.00	
	C2－1131	半硬质阻燃管埋地敷设　半硬质塑料管公称直径　25 mm以内	100 m	3.0	931.46	2 794.38	
	C2－507	电缆沟挖填、人工开挖路面电缆沟挖填　一般土沟	m^3	63.0	32.91	2 073.33	
48	030801005001	塑料管 PP－R:DN25	m	25.0	31.17	779.25	
	C8－151	室内管道安装　PPR塑料给水管(热熔)管外径(25 mm以内)	10 m	2.5	311.69	779.23	
49	030803001001	闸阀 DN25	个	2.0	11.13	22.26	
	C8－374	塑料活接球阀门公称直径(25 mm以内)	台	1.0	22.26	22.26	
本页小计						11 290.57	
合计						403 013.09	

分部分项工程量清单/措施项目清单综合单价分析表

工程名称：××庭院景观绿化工程　　　　第1页　共6页

清单编码	050201001001	名称	300×300×30 烧面芝麻灰烧面虾红间隔铺地	计量单位	m^2	数量	8.70	综合单价	179.24

消耗量标准编号	项目名称	单位	数量	取费基价		动态基价				企业管理费 28.60%	商品混凝土企管费5%（2.5%）	利润 19.000%	合价（元）
				人工费	机械费	小计	人工费	材料费	机械费				
A3－95	砾(碎)石　干铺垫层	10 m^3	0.087	201.60	5.90	1 410.00	457.01	945.52	7.59	5.02		3.33	131.02
A3－101 换	混凝土垫层～换:现浇及现场混凝土、砾石最大粒径40 mmC15　水泥32.5	10 m^3	0.087	367.50	126.11	2 748.16	832.99	1 725.17	190.00	9.14		6.08	254.31
E6－43 换	花岗岩板　地面～换:300×300×30 烧面芝麻灰烧面虾红间隔	10 m^2	0.87	98.10	3.39	1 302.83	222.36	1 077.08	3.39	24.41		16.22	1 174.09
人工单价:综合工日单价:68 元/日 装饰人工单价:82 元/日				累计(元)		—	—	—	—	38.57		25.63	1 559.42

材料费或机械费明细	主要材料机械名称、规格、型号	单位	数量	材料单价	材料合价	材料暂估单价	材料暂估合价	机械单价	机械合价
	夯实机　电动　夯击能力20～62 Nm　小	台班	0.002 6					29.21	0.08
	单卧轴式混凝土搅拌机　出料容量350 L　小	台班	0.010 1					178.09	1.80
	其他材料费、其他机械费	元	—		134.41				0.44
	材料费、机械费小计	元	—		134.41				2.31

注:选取园路铺装、木平台、植物种植和灯具安装为代表。

工程名称：××庭院景观绿化工程　　第2页　共6页

清单编码	050201001005	名称	ϕ30~50卵石铺地	计量单位	m^2	数量	4.80	综合单价	139.08

消耗量标准编号	项目名称	单位	数量	取费基价		动态基价				企业管理费28.60%	商品（沥青）混凝土企管费5%（2.5%）	利润19.000%	合价（元）
				人工费	机械费	小计	人工费	材料费	机械费				
A3-95	砾（碎）石　干铺垫层	10 m^3	0.096	201.60	5.90	1 410.00	456.98	945.52	7.60	5.54		3.68	144.57
E6-1换	楼地面垫层　砂~园路垫层	m^3	0.24	15.18	0.84	99.46	34.42	64.21	0.83	1.04		0.69	25.60
E14-56换	素色卵石面　彩边　素色~换：ϕ30~50卵石换：ϕ30~50卵石	10 m^2	0.48	288.00		899.15	652.79	246.33		39.54		26.27	497.39
人工单价：综合工日单价：68元/日 装饰人工单价：82元/日				累计（元）		—	—	—	—	46.12		30.64	667.56

材料费或机械费明细	主要材料机械名称、规格、型号	单位	数量	材料单价	材料合价	材料暂估单价	材料暂估合价	机械单价	机械合价
	夯实机　电动　夯击能力20~62 Nm　小	台班	0.005 2					29.21	0.15
	其他材料费、其他机械费	元	—		46.76				0.04
	材料费、机械费小计	元	—		46.76				0.19

工程名称：××庭院景观绿化工程　　第3页　共6页

清单编码	050201016001	名称	木平台	计量单位	m^2	数量	32.60	综合单价	514.29

消耗量标准编号	项目名称	单位	数量	取费基价		动态基价				企业管理费28.60%	商品混凝土企管费5%（2.5%）	利润19.000%	合价（元）
				人工费	机械费	小计	人工费	材料费	机械费				
A3－95	砾(碎)石　干铺垫层	10 m^3	0.275	201.60	5.90	1 410.04	456.95	945.45	7.60	15.86		10.53	414.14
A3－101换	混凝土垫层～换：现浇及现场混凝土　砾石最大粒径40 mmC20　水泥32.5	10 m^3	0.275	367.50	126.11	2 870.80	833.02	1 847.78	190.04	28.91		19.20	837.58
E5－289换	平口板　铺在大木楞上～换：50厚芬兰木板	10 m^2	3.26	44.10	1.50	2 838.23	99.96	2 736.77	1.50	41.11		27.32	9 321.06
E1－46	人工打园木桩　桩长在3 m内	m^3	0.17	324.00	10.11	1 843.76	734.41	1 099.24	10.12	15.75		10.47	339.66
E5－17换	扁作梁　大梁、承重、山界梁、轩梁、荷包梁、双步厚24 cm以内～换：150×200×2 000芬兰木梁	m^3竣工	0.18	622.80	10.50	7 098.44	1 411.67	5 676.28	10.50	32.06		21.30	1 331.08
E5－39换	方木桁条　厚度11 cm以内～换：140×50芬兰木	m^3竣工	0.133	221.40	3.75	6 407.74	501.80	5 902.11	3.76	8.42		5.60	866.24
E5－286换	方木楞　不带剪刀撑～换：100×50芬兰木龙骨	m^3竣工	0.317	91.20	3.09	5 739.72	206.72	5 529.91	3.09	8.27		5.49	1 833.25
E9－32	底油、油色、清漆两遍柱、梁、桁、枋古式木构件	10 m^2	9.141	66.30		167.84	150.28	17.56		173.31		115.18	1 822.72
综合工日单价：68元/日　装饰人工单价：82元/日				累计(元)		—	—	—	—	323.69		215.09	16 765.73

材料费或机械费明细	主要材料机械名称、规格、型号	单位	数量	材料单价	材料合价	材料暂估单价	材料暂估合价	机械单价	机械合价
	夯实机　电动　夯击能力20～62 Nm　小	台班	0.002 2					29.21	0.06
	单卧轴式混凝土搅拌机出料容量350 L　小	台班	0.008 5					178.09	1.52
	其他材料费、其他机械费	元	—		417.09				0.39
	材料费、机械费小计	元	—		417.09				1.97

工程名称：××庭院景观绿化工程　　　　第4页　共6页

清单编码	050102001001	名称	栽植八月桂　胸径25 cm	计量单位	m^2	数量	3.00	综合单价	45 363.22

消耗量标准编号	项目名称	单位	数量	取费基价		动态基价				企业管理费 28.60%	商品(沥青)混凝土企管费5%(2.5%)	利润 19.000%	合价(元)
				人工费	机械费	小计	人工费	材料费	机械费				
E13-72	栽植乔木(一、二类土)(带土球)　土球直径160 cm以内	10株	0.30	876.00	741.40	452 747.73	1 985.60	450 020.73	741.40	75.16		49.93	135 949.42
E13-247	草绳绕树干　胸径25 cm内	m	6.00	2.70		10.12	6.12	4.00		4.62		3.06	68.40
E13-264	树木支撑　树棍桩三脚桩	10株	0.30	18.00		140.90	40.80	100.10		1.55		1.03	44.84
协商	基肥	kg	9.00			3.00							27.00
人工单价：综合工日单价：68元/日 装饰人工单价：82元/日				累计(元)		—	—	—	—	81.33		54.02	136 089.66

材料费或机械费明细	主要材料机械名称、规格、型号	单位	数量	材料单价	材料合价	材料暂估单价	材料暂估合价	机械单价	机械合价
	八月桂　胸径25 cm	株	1.00	45 000.00	45 000.00				
	其他材料费、其他机械费	元	—		20.08				74.14
	材料费、机械费小计	元	—		45 020.08				74.14

工程名称：××庭院景观绿化工程　　　　第5页　共6页

清单编码	050102007003	名称	栽植十大功劳	计量单位	m^2	数量	18.67	综合单价	124.83

消耗量标准编号	项目名称	单位	数量	取费基价		动态基价				企业管理费 28.60%	商品(沥青)混凝土企管费 5%(2.5%)	利润 19.000%	合价(元)
				人工费	机械费	小计	人工费	材料费	机械费				
E13－144	木本类花卉灌木成片栽植 每平方米50株以内	10 m^2	1.867	97.50		1 201.85	221.00	980.85		52.07		34.60	2 330.52
人工单价：综合工日单价：68元/日 装饰人工单价：82元/日				累计(元)		—	—	—	—	52.07		34.6	2 330.52

材料费或机械费明细	主要材料机械名称、规格、型号	单位	数量	材料单价	材料合价	材料暂估单价	材料暂估合价	机械单价	机械合价
	十大功劳	株	49.00	2.00	98.00				
	其他材料费、其他机械费	元	—		0.09				
	材料费、机械费小计	元	—		98.09				

工程名称：××庭院景观绿化工程　　　　第 6 页　共 6 页

清单编码	030213003002	名称	柱顶灯	计量单位	套	数量	4.00	综合单价	161.27

消耗量标准编号	项目名称	单位	数量	取费基价		动态基价				企业管理费 28.60%	商品(沥青)混凝土企管费 5%(2.5%)	利润 19.000%	合价(元)
				人工费	机械费	小计	人工费	材料费	机械费				
C2-1538	点光源艺术装饰灯具射灯 吸顶式 示意图号 182、183、184、185、186、187	10 套	0.40	30.90		1 597.95	70.05	1 527.90		3.54		2.35	645.06
人工单价：综合工日单价：68 元/日 装饰人工单价：82 元/日				累计(元)		—	—	—	—	3.54		2.35	645.06

材料费或机械费明细	主要材料机械名称、规格、型号	单位	数量	材料单价	材料合价	材料暂估单价	材料暂估合价	机械单价	机械合价
	柱顶灯	套	1.01	150.00	151.50				
	其他材料费、其他机械费	元	—		1.29				
	材料费、机械费小计	元	—		152.79				

人工、主要材料、机械汇总表

工程名称：××庭院景观绿化工程　　第1页　共6页

序号	编码	名称(材料、机械规格型号)	单位	数量	单价(元)	合价(元)	备注
1	201008001	75×75 钢管　刷漆 $L=2.93$	根	16.00	90.000	1 440.000	
2	201008002	铁杉木 $L=2.93$	根	16.00	100.000	1 600.000	
3	20100807001~2	基肥	kg	121.50	3.000	364.500	
4	2010088002~1	H0.2 m 花池	m	11.20	55.000	616.000	
5	2010088003~3	钢龙骨弯曲加工 50×80	m	14.44	30.000	433.320	
6	201009001	H0.4 m 花池	m	7.50	115.000	862.500	
7	201009002	H0.7 m 花池	m	14.90	185.000	2 756.500	
8	215~1	300×300×30 烧面芝麻灰烧面虾红间隔	m^2	8.79	100.000	878.700	
9	215~2	600×300×30 温岭青石板	m^2	47.37	70.000	3 315.830	
10	215~3	300×300×50 黄锈石	m^2	19.19	150.000	2 878.500	
11	AN3210	合金钢钻头 $\phi10$	个	0.48	20.000	9.600	
12	CL00034	草绳	kg	183.00	0.800	146.400	
13	CL00053	树棍(长 1.2 m)	根	111.00	3.200	355.200	
14	CL00058	锡纸	kg	0.02	44.700	0.925	
15	CL00487	中(粗)砂	m^3	1.45	54.000	78.343	
16	CL00528	镀锌铁丝 22$^{\#}$	kg	4.00	4.100	16.400	
17	CL00532	镀锌铁丝 12$^{\#}$	kg	3.70	4.100	15.170	
18	CL00536	园钉	kg	10.06	5.370	54.023	
19	CL00671	粗砂	m^3	6.95	57.610	400.297	
20	CL00675	砾(碎)石	m^3	26.64	70.000	1 865.046	
21	CL00683	石渣	m^3	0.26	41.000	10.829	
22	CL00693	中(粗)砂	m^3	1.05	54.000	56.430	
23	CL00698	草酸	kg	0.75	4.200	3.133	
24	CL00789	二甲苯	kg	11.04	3.350	36.990	
25	CL00797	聚氨酯甲料	kg	91.71	17.770	1 629.674	
26	CL00799	聚氨酯乙料	kg	143.49	16.750	2 403.379	
		本页小计				22 227.69	

工程名称：××庭院景观绿化工程　　第 2 页　共 6 页

序号	编码	名称(材料、机械规格型号)	单位	数量	单价(元)	合价(元)	备注
27	CL00812	汽油　70#	kg	2.25	4.930	11.093	
28	CL00940	其他材料费	元	45.47	1.000	45.475	
29	CL00986	酚醛清漆	kg	14.16	12.340	174.783	
30	CL01011	煤油	kg	3.21	3.500	11.240	
31	CL01032	水柏油	kg	1.50	0.670	1.007	
32	CL01052	硬白蜡	kg	2.51	1.850	4.643	
33	CL01054	油漆溶剂油	kg	9.28	4.040	37.492	
34	CL01066	剪刀撑(平撑)垫木	m^3	0.02	943.000	20.327	
35	CL01078～1	50 厚芬兰木板	m^2	39.19	260.000	10 188.360	
36	CL01078～2	100 厚芬兰木	m^2	34.66	520.000	18 023.460	
37	CL01147～10	300 长×50 厚芬兰木坐凳面板	m^3	0.12	5 200.000	636.854	
38	CL01147～3	70×120 芬兰木	m^3	0.86	5 200.000	4 457.981	
39	CL01147～4	芬兰木梁 120×180	m^3	0.41	5 200.000	2 153.840	
40	CL01147～5	450 长×60 厚芬兰木坐凳面板	m^3	0.13	5 200.000	684.029	
41	CL01147～6	380×350×200 高芬兰木墩	m^3	0.11	5 200.000	596.950	
42	CL01147～7	150×200×2 000 芬兰木梁	m^3	0.20	5 200.000	1 020.240	
43	CL01147～8	140×50 芬兰木	m^3	0.15	5 200.000	784.274	
44	CL01147～9	100×50 芬兰木龙骨	m^3	0.33	5 200.000	1 730.820	
45	CL01275～1	ϕ30～50 卵石	t	0.21	300.000	61.920	
46	CL01312～1	ϕ30～50 卵石	t	0.05	300.000	15.840	
47	CL01358	黄石	t	4.13	700.000	2 891.700	
48	CL01359	标准砖 240 mm×115 mm×53 mm	百块	9.01	23.100	208.032	
49	CL01598～1	60 厚 720×460 青石板(磨边)	m^2	2.76	135.000	372.060	
50	CL01598～2	墨绿色花岗岩	m^2	2.86	85.000	242.760	
51	CL01605～1	50 厚不规则温岭青石板	m^2	19.20	88.000	1 689.600	
52	CL01605～2	20 厚黄木纹冰裂纹切割	m^2	7.31	65.000	475.410	
53	CL01909	镀锌精制带帽螺栓 M8×100 以内 2 平 1 弹垫	10 套	7.20	5.460	39.312	
		本页小计				46 579.5	

工程名称：× ×庭院景观绿化工程　　第3页　共6页

序号	编码	名称（材料、机械规格型号）	单位	数量	单价（元）	合价（元）	备注
54	CL01957	精制六角带帽螺栓　镀锌带2个垫圈 M10×14～70	10套	2.45	3.900	9.547	
55	CL02021	膨胀螺栓 M12	套	12.24	0.770	9.425	
56	CL02112	木螺钉　$\phi 2\sim 4\times 6\sim 65$	10个	1.65	0.130	0.214	
57	CL02202	地脚螺栓　M12×160以下	套	36.72	1.200	44.064	
58	CL02248	镀锌铁丝　$13^{\#}\sim 17^{\#}$	kg	0.96	4.500	4.320	
59	CL02282	钢锯条	根	0.12	0.200	0.024	
60	CL02283	锯条（各种规格）	根	7.25	0.200	1.450	
61	CL02353	冲击钻头 $\phi 8$	个	0.20	0.600	0.120	
62	CL02357	冲击钻头 $\phi 12$	个	0.52	4.990	2.575	
63	CL02599	橡胶垫　δ2	m^2	0.21	13.260	2.785	
64	CL02652	线麻	kg	0.01	5.170	0.052	
65	CL02666	电焊条　结　422　$\phi 3.2$	kg	0.60	5.000	3.000	
66	CL02820	金刚石（三角型）	块	1.45	4.500	6.521	
67	CL02821	金刚石 200×75×50	块	1.00	12.500	12.500	
68	CL03240～1	精选卵石　$\phi 50\sim 80$ mm	t	3.62	600.000	2 172.600	
69	CL03244	钢筋　$\phi 8$	t	0.51	3 661.400	1 867.314	
70	CL03299	普通钢板　$0^{\#}\sim 3^{\#}$　δ2.6～3.2	kg	5.94	4.000	23.760	
71	CL03606	塑料胀管　$\phi 6\sim 8$	个	16.28	0.120	1.954	
72	CL04171	熟桐油	kg	2.63	8.710	22.893	
73	CL04230	防水胶圈	个	6.00	0.200	1.200	
74	CL04278	松节油	kg	1.07	6.830	7.303	
75	CL04324	硬酯酸 一级	kg	0.15	8.400	1.260	
76	CL04435	YJ－Ⅲ黏结剂	kg	2.39	12.140	29.051	
77	CL04521	铜线端子 20A	个	10.15	0.450	4.568	
78	CL04533	钢接线盒（灯具配用）	个	4.08	1.440	5.875	
79	CL04540	飞保险（羊角熔断器）5A	个	9.27	1.670	15.481	
80	CL04631	水泥 32.5 级	kg	12 579.57	0.320	4 025.462	
81	CL04638	白水泥	kg	95.39	0.420	40.063	
		本页小计				8 315.38	

工程名称：××庭院景观绿化工程　　第 4 页　共 6 页

序号	编码	名称（材料、机械规格型号）	单位	数量	单价（元）	合价（元）	备注
82	CL04644	砾石 20 mm	m^3	7.85	60.000	471.135	
83	CL04645	砾石 40 mm	m^3	19.94	60.000	1 196.474	
84	CL04651	中净砂	m^3	20.55	54.000	1 109.615	
85	CL04652	粗净砂	m^3	5.75	57.610	331.210	
86	CL04654	粗净砂（过筛）	m^3	0.09	57.610	5.380	
87	CL04655	白石子	kg	118.90	0.160	19.024	
88	CL04675	石灰膏	m^3	0.01	173.000	1.280	
89	CL04684	107 胶	kg	30.79	1.360	41.868	
90	CL04713	水	m^3	49.86	3.400	169.515	
91	CL04767	橡皮绝缘线 BLX－4	m	12.24	2.060	25.214	
92	CL04779	塑料绝缘线 BV－105 ℃－1.5 mm^2	m	6.51	1.660	10.810	
93	CL04781	塑料绝缘线 BV－105 ℃－2.5 mm^2	m	1.02	2.690	2.738	
94	CL04787	橡皮绝缘线 BX－4	m	36.65	5.330	195.334	
95	CL04831	镀锌电缆卡子 2×35	套	56.16	1.340	75.254	
96	CL05022	瓷接头（双）	个	11.33	0.320	3.626	
97	CL05132	沥青绝缘漆	kg	0.30	8.650	2.595	
98	CL05218	电缆吊挂　3×50	套	21.33	8.840	188.557	
99	CL05221	标志牌	个	14.40	0.150	2.160	
100	CL05222	封铅　含铅 65%　含锡 35%	kg	3.06	7.880	24.113	
101	CL05291	毛石	m^3	4.65	80.000	372.096	
102	CL05313	石膏粉	kg	3.07	0.400	1.227	
103	CL05344	草酸	kg	0.26	4.200	1.108	
104	CL05384	破布	kg	1.50	4.800	7.200	
105	CL05392	清油	kg	1.86	10.080	18.783	
106	CL05540	钢板 10 mm	kg	0.25	4.000	1.018	
107	CL05856	圆木桩	m^3	0.19	1 000.000	185.640	
108	CL06031	棉纱头	kg	0.62	9.600	5.960	
109	CL06317	圆钢 ϕ14	kg	0.11	4.540	0.511	
		本页小计				4 469.44	

工程名称：××庭院景观绿化工程　　第5页　共6页

序号	编码	名称(材料、机械规格型号)	单位	数量	单价(元)	合价(元)	备注
110	CL06405	石料切割锯片	片	0.15	12.000	1.837	
111	CL10071	角钢 50×4	kg	0.07	3.300	0.229	
112	HA0270	调和漆	kg	0.58	8.750	5.111	
113	J1-68	夯实机　电动　夯击能力 20~62 Nm　小	台班	0.73	29.207	21.414	
114	J3-17	汽车式起重机　提升质量 5 t　中	台班	0.89	474.422	420.053	
115	J4-5	载货汽车　装载质量 5 t　中	台班	0.03	437.382	13.121	
116	J6-11	单卧轴式混凝土搅拌机　出料容量 350 L　小	台班	3.38	178.094	602.221	
117	J6-16	灰浆搅拌机　拌筒容量 200 L　小	台班	0.46	90.211	41.152	
118	J9-1	交流弧焊机　容量 21 kVA　小	台班	0.36	140.168	50.460	
119	JB0120	107 胶	kg	3.04	1.360	4.129	
120	JX00044	混凝土震捣器（平板式）	台班	2.64	12.850	33.987	
121	JX00550	汽车式起重机　8t	台班	1.78	499.930	889.675	
122	JX00759	石料切割机	台班	0.23	13.790	3.185	
123	JX00909	电动热熔机　750W(小型)	台班	1.48	47.800	70.505	
124	RG00003	综合工日	工日	424.89	68.000	28 892.602	
125	RG00005	装饰人工工日	工日	23.30	82.000	1 910.806	
126	ZC01245-1	给水 PPR 塑料管夹　Dg25	副	30.28			
127	ZC10094102	八月桂　胸径 25 cm	株	3.00	45 000.000	135 000.000	
128	ZC15342733	给水 PPR 塑料管　Dg25	m	25.75	11.400	293.550	
129	ZC22805718	细叶女贞	株	66.64	1.000	66.640	
130	ZC36831883	梅花　胸径 15 cm	株	6.00	3 600.000	21 600.000	
131	ZC37072687	十大功劳	株	914.83	2.000	1 829.660	
132	ZC37137197	肾蕨	株	94.32	1.500	141.480	
133	ZC40041332	桃花　胸径 15 cm	株	4.00	1 300.000	5 200.000	
134	ZC42363709	鹅掌柴　冠幅 80~100 cm	株	8.00	200.000	1 600.000	
135	ZC46846841	凤尾竹	株	492.48	4.000	1 969.920	
136	ZC48388691	红花紫薇　胸径 8~10 cm	株	2.00	1 650.000	3 300.000	
		本页小计				203 961.74	

工程名称：××庭院景观绿化工程 第6页 共6页

序号	编码	名称(材料、机械规格型号)	单位	数量	单价(元)	合价(元)	备注
137	ZC49831130	PC25	m	318.00	7.000	2 226.000	
138	ZC50465089	粉单竹	株	1 152.00	11.000	12 672.000	
139	ZC50535446	玉簪	株	481.67	1.500	722.505	
140	ZC53859023	桔子树　胸径 25 cm	株	2.00	2 500.000	5 000.000	
141	ZC55955997	芭蕉　胸径 8～10 cm	株	3.00	35.000	105.000	
142	ZC56162059	鸢尾	株	8 255.52	0.900	7 429.968	
143	ZC59436981	倭竹	株	48.51	1.200	58.212	
144	ZC61276601	YJV－3×4	m	303.00	12.000	3 636.000	
145	ZC61343521	埋地灯	套	4.04	200.000	808.000	
146	ZC62767310	红叶石楠	株	784.98	1.800	1 412.964	
147	ZC63418611	给水 PPR 塑料管　管件 Dg25	个	30.73	6.000	184.350	
148	ZC63595335	草坪灯 13 W	套	9.09	220.000	1 999.800	
149	ZC65060688	红枫　胸径 8～10 cm	株	6.00	3 000.000	18 000.000	
150	ZC67365641	水栀子	株	621.32	0.900	559.188	
151	ZC67563601	银杏　胸径 25 cm	株	7.00	6 200.000	43 400.000	
152	ZC70893627	时令花卉(彩叶草、金盏菊、香石竹)	株	539.00	1.600	862.400	
153	ZC78552508	龟甲冬青　冠幅 80～120 cm	株	2.00	130.000	260.000	
154	ZC80881208	泛光灯	套	6.06	240.000	1 454.400	
155	ZC84665107	踏步灯	套	2.02	75.000	151.500	
156	ZC87777000	塑料阀门 DN25	个	1.01	12.000	12.120	
157	ZC88504311	垂柳　胸径 15 cm	株	3.00	880.000	2 640.000	
158	ZC90188213	红叶李　胸径 10 cm	株	1.00	700.000	700.000	
159	ZC91134289	棕竹	株	178.92	15.000	2 683.800	
160	ZC95795938	绣线菊	株	73.01	1.800	131.418	
161	ZC96031852	柱顶灯	套	4.04	150.000	606.000	
162	ZC96207319	葱兰	株	1 021.44	0.500	510.720	
163	ZC97102314	水下灯	套	4.04	260.000	1 050.400	
164	ZC97552824	铺地柏	株	212.40	2.000	424.800	
165	ZC98256387	山茶花　冠幅 80～100 cm	株	9.00	140.000	1 260.000	
	本页小计					110 961.55	
	合计					396 515.30	

参考文献

[1] 何辉,吴瑛. 园林工程计价与招投标[M]. 北京:中国建筑工业出版社,2009.
[2] 徐云和. 园林工程预算[M]. 北京:中国劳动社会保障出版社,2008.
[3] 宋春岩,付庆向. 建设工程招投标与合同管理[M]. 北京:北京大学出版社,2008.
[4] 吴立威,周业生. 园林工程招投标与预决算[M]. 北京:科学出版社,2010.
[5] 张明轩. 园林绿化工程工程量清单计价实施指南[M]. 北京:中国电力出版社,2009.
[6] 国家住房与城乡建设部. GB 50500—2008 建设工程工程量清单计价规范[S]. 北京:中国计划出版社,2008.
[7] 建设工程工程量清单计价规范编写组. 建设工程工程量清单计价规范 GB 50500—2008 宣贯辅导教材[M]. 北京:中国计划出版社,2008.